科技廠房設計工具書
製程篇

Douglas Yang ◎ 編著

智庫雲端

盲點突破、例題分析

＊ 本冊為科技廠房設計工具書之第二冊【製程篇】

第一冊【空調篇】已上架，可洽網路各書局購買

(全系列另有三、四冊內容) 敬請期待~

第一冊	第三冊	第四冊
A 無塵室設計	A 配管基礎	A 專案工程
B 空調箱設備	B 廠務水系統	B 控制系統
C 空調階段設備	C 特殊氣體系統	C 電力基礎
D 空調終端設備	D 金屬配管材料	D 電力設備
E 保溫材料	E 塑膠配管材料	E 電力計算
F 噪音基礎	F 配管吊架	F 馬達
G 空氣基礎	G 斜撐擎振	G 終端設備
H 熱負荷基礎		H 消防設計
I 單位轉換		I 公共危險品
		J 二次配工程
2023 已出版發行	(規劃中 2024)	(籌劃中 2024)

Douglas Yang 編著

序

第二冊介紹科技廠房的製程系統，內容包含了製程排氣設備與風管系統、製程水管設備與配管系統。本書前段補足第一冊的空調風管與計算相關資料，中段說明製程廢氣的處理設備 (Scrubber、一般排氣+粉塵、VOC)，後段說明製程的需求真空系統、壓縮空氣系統、純水系統，其設備與配管工程。

本書的目標是朝向通用基礎知識、進入專業設計領域、彙整基本理論知識、以表格式說明技術資料、附加簡易例題計算的實用工具書。希望讀者能以查表方式，達成機電工程的規劃設計、施工管理、運轉調整及竣工驗收的方向。

實務上製程的廢氣、CDA，......等系統，於科技產業中每一種廢氣處理設備都是一門專業課題，其處理技術因環保要求也不段的更新中。編者希望用簡單容易明瞭方式說明各系統，書中內容不足之處，我必須道歉，尚請讀者不吝指教，以便本手冊的未來版本能夠越來越有用，也感謝對本書的厚愛。

個人重要資歷：
(1) 怡威建材股份有限公司
(2) 力新工業技師事務所
(3) M+W Zander，M+W GROUP
(4) 睿迪工程、喬山工程

本書紀錄的內容，總覺得不夠詳盡，望先進批評指教，本人將持續改善及請益缺失，希望提供後學者設計、施工的參考。感謝。

寫書歷程，感謝-帶我入門、引導方向的公司，感謝-給我工作機會、學習的公司，感謝-讓我有機會寫書的公司，感謝-協助的摯友，感謝-提供建議的同好與讀者，謝謝讀者的支持。

個人感受，寫書時間有限，知識技術存在於市售的書籍、Code、Standard與網路，但基本知識的資料來源零散，本書初衷共享、整理資料與相關系統的聯結，期盼讀者擁抱本書而技術精進。

Douglas Yang
retech@rdtech.com.tw
ydx0724@gmail.com
於台北-睿迪工程
2023 年 11 月 16 日

目 錄

Chapter D. 製程廢氣基礎 Process Air Basic ... 162

Chapter A

風機基礎
Fan Basic

Chapter A. 風機基礎 Fan Basic

● 本章接續第一冊的內容，進一步說明風系統的驅動力，介紹風機設備、風管材料、and 風管設計。風管的設計包含風管壓損計算的例題，須注意計算的系統屬性，是空調或是排氣其元件的壓損係數完全不同 (氣流方向不同)，要謹慎選用。

● 本章介紹風機的機械相關內容，風機的基礎、風機的性能、風機效應、風機的啟動與保養，最後提供選機資料-其中說明各部件的依據標準。其他風機馬達-詳第4篇馬達，風機溫昇-詳第一篇空調階段設備，風機驗證-詳第4篇控制工程。

A.1. 風機定義

● 風機是一個裝有2個或多個葉片的旋轉軸推動氣流的機，葉片將施加於軸上的旋轉的機械能，轉變為壓力的增加來推動氣流的流動，這種轉換伴隨著流體的運動。

A.1.1. ASME定義

● 依據美國機械工程師協會 (ASME) 定義：空氣動力
氣體由進風口 (inlet) 到出風口 (outlet) 的密度增加不得超過 7%。這大約是標準空氣的條件下增壓至 30 inAq (大約是 7,620 Pa)。(取材：Bureau of Energy Efficiency)

Equipment	壓縮比 Specific Ratio	增壓壓力 Pressure Rise [mmAq]
Fans 風機	Upto 1.11	1,136
Blowers 鼓風機	1.11 ~ 1.20	1,136 ~ 2,066
Compressors 壓縮空氣	more than 1.20	------

電子科技產業的製程排氣風機，最大到 4,000~5,000Pa。
生技產業其特殊製程的排氣風機，會達到~10,000Pa。
Specific Ratio = Discharge / Suction pressure。

(Ex) 壓縮空氣 $CDA = \frac{7\,kg}{1\,kg} = \frac{P_2 絕對出口壓力 (排氣)}{P_1 絕對入口壓力 (進氣)} = 7$

A.1.2. 空氣/風機動力

● 空氣動力是指送風機單位時間內，供應空氣之有效能量。可用於預估系統耗電

壓縮比 $= \dfrac{P_2 (絕對排氣壓力)}{P_1 (絕對進氣壓力)}$ ，壓力單位 kg/cm^2。

(1) 空氣動力 壓縮比 r > 1.03，且絕熱變化	單段-空氣的動力：$kW = Q \times \frac{P1}{6,120} \times \frac{K}{K-1} * (\frac{P2}{P1}^{\frac{K-1}{K}} - 1)$
	多段-空氣的動力：$kW = Q \times \frac{P1}{6,120} \times \frac{nK}{K-1} * (\frac{P2}{P1}^{\frac{K-1}{nK}} - 1)$
(2) 風機動力 壓縮比 r < 1.03，簡化公式	$kW = Q_{cmm} \times \frac{P_{sp-mmAq}}{6120\,\eta} \times K \fallingdotseq Q_{CMS} \times \frac{P_{SP-Pa}}{1,020\,\eta} \times K$
	η：馬達效率。K：風機傳動效率；皮帶 1.15，直結 1.0。

絕熱變化 adiabatic change，又稱為 entropy 等熵變化。

- 計算動力前：先判斷壓縮比後，再決定採用的計算公式。
  [例題] 公式符號/單位說明：

$P_{1\text{-Suct}}$ 吸入靜壓力	$P_{1\text{-abs}}$ 吸入絕對靜壓力	$P_{2\text{-Suct}}$ 排放靜壓力	$P_{2\text{-abs}}$ 排放絕對靜壓力	壓縮比 = $\dfrac{\text{排氣 } P_{2-abs}}{\text{吸入 } P_{1-abs}}$	決定應用公式 (1) 空氣動力 (2) 風機動力
mmAq	mmAq	mmAq	mmAq	Rate：1.03	
0	10,133	200	10,333	1.020	風機動力簡化公式
0	10,133	300	10,433	1.030	風機動力簡化公式
0	10,133	400	10,533	1.039	風機動力/空氣動力
0	10,133	500	10,633	1.049	空氣動力

- [例題] 已知風量、靜壓，計算風機動力
  風機(壓縮比) r = 出口壓力(200 mmAq) /入口大氣壓(0 mmAq) = 1.019 < 1.03。
  所以風機動力簡化公式為：
  kW =Q_{cmm} x $T_{SP\text{-}mmAq}$ / (6,120 x η) x K ≒ Q_{CMS} x $T_{SP\text{-}Pa}$ / (1,020 x η) x K
  [Ans] 以不同單位計算，讀者須注意業界使用的單位並沒有統一。
  (1) kW =Q_{cmm} x $T_{SP\text{-}mmAq}$ / (6,120 x η) x K
  [例題] 公式符號/單位說明：

System	Q 風量 cmm	P_T 全靜壓 mmAq	6,120 係數 6,120	η 馬達效率 none	K 傳動係數 1.15	kW 空氣動力 kW
HVCA MAU	2,000	220	6,120	0.8	1.15	103.3
HVCA MAU	2,000	220	6,120	0.8	1	89.9
Exh-GEX	1,500	220	6,120	0.8	1.15	77.5
Exh-GEX	1,500	220	6,120	0.8	1	67.4

(2) kW = Q_{CMS} x $T_{SP\text{-}Pa}$ / (1,020 x η) x K。
[例題] 公式符號/單位說明：

System	Q 風量 cms	P_T 全靜壓 Pa	1,020 係數 1,020	η 馬達效率 none	K 傳動係數 1.15	kW 空氣動力 kW
HVCA MAU	33.33	2,200	1,020	0.80	1.15	103.3
HVCA MAU	33.33	2,200	1,020	0.80	1	89.9
Exh-GEX	25.00	2,200	1,020	0.80	1.15	77.5
Exh-GEX	25.00	2,200	1,020	0.80	1	67.4

Note：
(1) 傳動係數：皮帶選 1.15，直結選 1.0。
(2) 注意計算單位會影響計算採用係數。正確的係數計算結果是相同的。

A.2. 風機性能基礎

● 風管中的氣流特性，決定於 (1) 風量 (2) 風壓.
(1) 風量：單位時間內，流動的空氣量 (沒有分流或漏風)。
(2) 風壓：P_t (全壓) = 靜壓-SP (P_{st}) + 動壓-VP (P_d)

● 靜壓：單位表面積上，承受各方向上的力。
靜壓即氣流中某一點的 (或充滿氣體的空間某點的) 絕對壓力與大氣壓力之壓差。
靜壓：單位表面積上，風對各方向上所作用的力，相當於將動能轉化為壓力能的力。
該點壓力高於大氣壓力時為正值，低於環境大氣壓力時則為負值。
它同樣作用於各方向，與速度無關，是氣流中潛能的量度. (Potential Energy)，與氣流動方向垂直。

● 動壓：將氣體從零速度加速至某一速度所需的壓力，與氣流動能 (Kinetic Energy) 成正比，和氣流相向平行。
風機的動壓：不能被直接測量，以計算方式取得。
動壓只作用於氣流方向，並且永遠是正值。
$V_P = (V / 1.3)^2$
V_P：動壓，單位 Pa
V：速度，單位 m/s，風量 = 速度 x 面積 (面積是風機出口大小)。

● 照片取材：Bureau of Energy Efficiency、NASA、網路

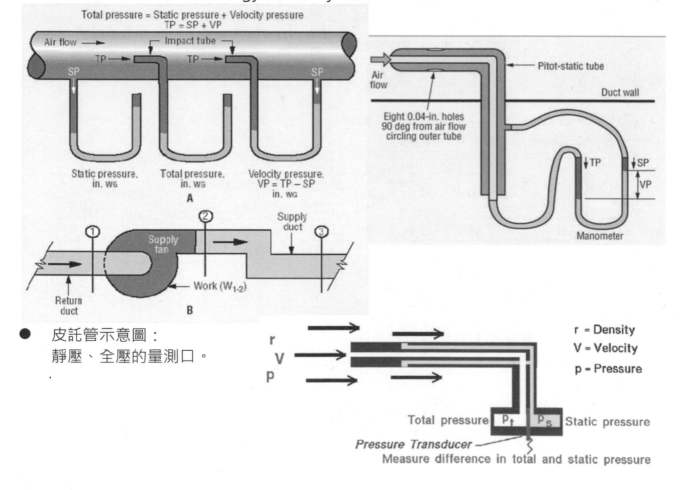

● 皮託管示意圖：
靜壓、全壓的量測口。

A.2.1. 風機各部名稱

● 風機組成：由風機爆炸圖-可以清楚分解風機的組成
  (1) 葉輪、(2) 殼體、(3) 驅動設備-馬達。

A.2.1.1. 軸流式風機

● 取材：ASHRAE Handbook

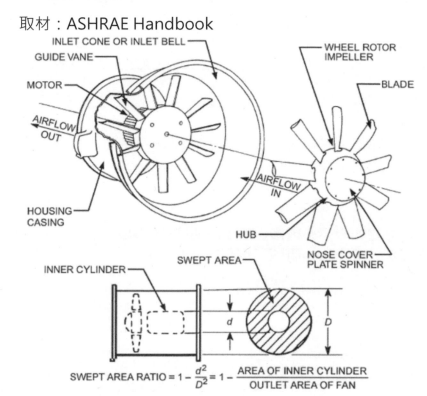

Note: The swept area ratio in axial fans is equivalent to the blast area ratio in centrifugal fans.

A.2.1.2. 離心式風機

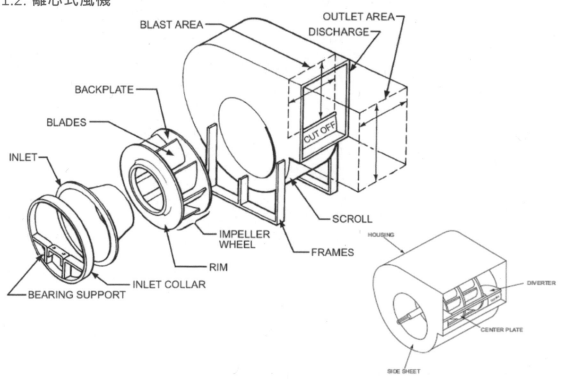

A.2.2. 風機製造標準

A.2.2.1. 標準風機

- 空氣標準

空氣狀態	縮寫	溫度	絕對壓力	相對濕度	密度
基準狀態 (STP)	S	0°C	760mmHg	0%rh	1.293 kg/m³
標準狀態 (NTP)	N	20°C	760mmHg	65%rh	1.205 kg/m³
運轉狀態 (Actual)	A	25°C(視需求)	760mmHg	65%rh	1.185 kg/m³

- 各製造廠商型錄的空氣標準不一，製造商的性能曲線，詳細資料請詢問供應商：
  [例如] 參考不同製造商的型錄標示：
  (1) 製造商產品型錄：空氣標準 15°C，760mmHg，密度 1.22Kg/m³.
  (2) 製造商產品型錄：空氣標準 20°C，760mmHg，密度 1.20Kg/m³.

A.2.2.2. 修正風機操作規格

- 當操作規格不同於標準狀態，型錄的規格必須修正如下說明-注意事項：
  (1) 下標 A：t_A：實際工作溫度°C。(Ex) P_A：實際工作壓力 mmAq。
  (2) 下標 N：標準值。
  (3) P_1：風機吸入口壓力。P_2：風機吐出口壓力。

- (1) 溫度變化影響風量、動力、壓力

(1)	當空氣溫度變化時： 送風機所需之風量會改變， A：實際條件	$Q_A = Q_N \times \dfrac{273+T_A}{273} \times \dfrac{10{,}132}{10{,}122+P_A}$
(2)	當空氣溫度變化時： 送風機所需之動力會改變， 假設標準空氣是 t_N：20°C	$kW_A = kW_N \times \dfrac{273+20 \left(\text{標準空氣溫度°C：} t_N\right)}{273+t_A}$
(3)	空氣溫度變化時： 送風機所需之壓力會改變， 當標準空氣是 20°C (P_S)	$P_A = P_N \times \dfrac{273+t_A}{273+20(P_S\text{的條件})}$

- (2)修正風機入/出口壓力變化

(1)	修正風機吸入口壓力， 吸入口不是 1atm P_1 吸入壓力，P_2 吐出壓力	$P_{\text{型錄顯示規格}} = \left(\dfrac{10{,}132+P_2}{10{,}132+P_1}\right) \times 10{,}132$
(2)	修正風機吐出口壓力， 出口壓力不是 1atm	$P_{\text{型錄顯示規格}} = \left(\dfrac{10{,}132+P_1}{10{,}132+P_2}\right) \times 10{,}132$

A.2.3. 風機性能曲線

- 風機的性能曲線
  (取材：SMACNA 201)
  P_t：全壓力
  P_s：靜壓
  η_t：全壓效率
  η_s：靜壓效率
  Power H：軸動力

  Note：
  各製造商的曲線，
  有採用全壓力，
  也有採用靜壓

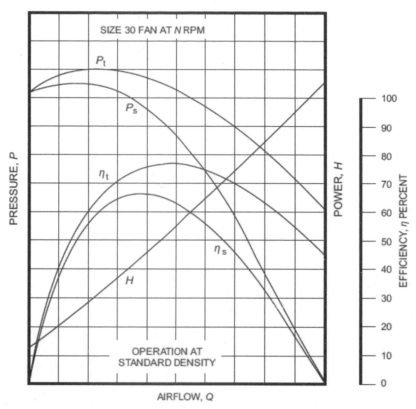

- 效率 (靜壓、全壓)

靜壓效率 (S.E.)	機械效率 (M.E.)
SE=靜壓有效功率 (AKW) / 風機輸入的能量.	亦稱全壓效率 (T.E.) = 輸出能量 ÷ 輸入能量比.
SE=輸出功率/輸入功率 =QxSP/1020/BKW	M.E. (T.E.) = Q x TP / 1020 / BKW

現行多採用直結式風機，因此靜壓效率能夠表現風機本體性能效率。

- 全開、全閉 (類似水泵的全開、全閉揚程的觀念)

全閉靜壓 (BTSP)：	全開氣體流量 (WOCMS)：
當風機出口完全封閉而無氣流運動的情況.	亦稱全開 CMS (WOCMS). 在運行時風機靜壓 = 0

- 性能點說明：
  實線設計曲線、虛線運轉
  曲線
  ① 設計點：壓損
  ② 運轉點風機效應壓損
  (靜壓 x 10~15%)
  ③ 系統壓力不足
  ④ 運轉點：系統效應對
  實際流量的影響
  (增加靜壓，減少風量)

  ②~① and ③~④：
  受系統效應的影響

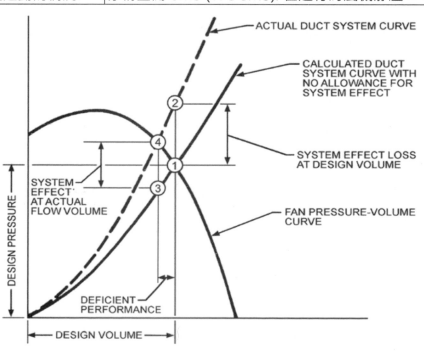

● 串聯、並聯風機性能(取材：SMACNA 201)： 虛線1台運轉、實線2台同時運轉

串聯風機性能：靜壓相加、風量相同。

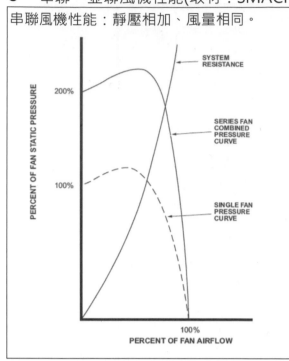

並聯風機性能：風量相加、靜壓相同。

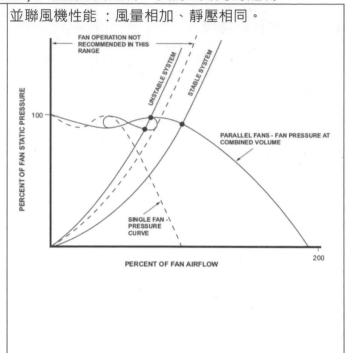

● 各種風機性能比較：風機性能曲線、風機效率。

風量與壓力 / 軸功率

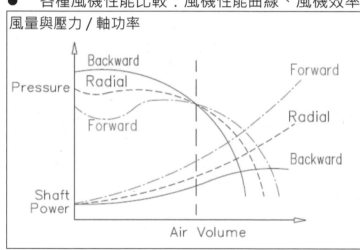

風量與效率

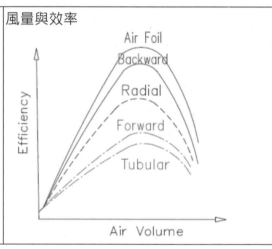

● 不同頻率60Hz、50Hz 性能曲線
(取材：orientalmotor.com)
60Hz 、50Hz 的簡易性能差異：
(1) 風量 60Hz：50Hz ≒ 6：5。
(2) 靜壓 60Hz：50Hz ≒ 6：5。
(3) 噪音 60Hz：50Hz ≒ 6：5。

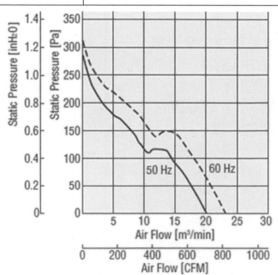

- 風機驅動方式，依連結方式分類：(1) 皮帶、(2) 直接、(3) 聯軸 (直結接 Couplings)、(4) EC Fan-類似 Plug in (取材：歐陸)。

(1) 皮帶型式有： (1.1) V 形皮帶。 (1.2) 平板皮帶-無塵室專用無粉塵產生，費用高，不容易斷裂-維護少。 箱體材質：金屬。 應用：HVAC 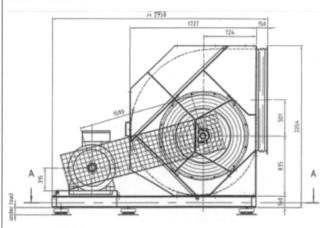	(2) 直結： 馬達選配長軸心直接連接風機。必須搭配變頻運轉。 箱體材質：金屬。 應用：HVAC、製程排氣。 
(4) EC Fan：將電源與控制整合於 PCB。 (供應交流電，PCB 轉換成直流電) EC Fan = DC + PCB electronics + 馬達 應用：HVAC、通風 特性：翼截式鋁合金葉片，直流無刷馬達(同 IE5 效率)。控制類比與通訊接口。 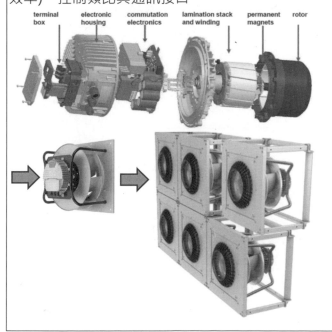	(3) 聯軸： 馬達與風機間有一連軸器銜接馬達與風機。 箱體材質：FRP。 應用：製程排氣。 

A.2.4. 風機定律

A.2.4.1. 風機定律

第一定律 (變轉速-空氣密度不變)	Q 正比 N。 SP 正比 N^2。 BHp 正比 N^3。	公式符號/單位說明		
第二定律 (變空氣密度-風量不變)	SP 正比ρ。 BHp 正比ρ。	Q	風機風量	[m^3/sec]
		N	風機轉速	[rpm]
第三定律 (變空氣密度-靜壓不變)	Q 正比 $1/\rho^{1/2}$。 N 正比 $1/\rho^{1/2}$。 BHp 正比 $1/\rho^{1/2}$。	SP	風機靜壓	[Pa]
		BHp	風機動力	[W]
		ρ	空氣密度	[kg/m^3]

A.2.4.2. 風機功率

軸動力	送風機之效率是空氣動力與風機之軸動力之比。 若將風機之主傳動軸與馬達之出力軸相接，則電動機之輸出可以視為該風機之軸動力(以 L 表示)。 馬達若需經過皮帶輪或齒輪傳動時，仍有部份功率消耗在傳輸之過程上，在大型風機中，這項損失有時亦必須加以考慮。此稱為機械效率。
風機效率	風機效率（Efficiency）是通風效率評估值（Ventilating Efficiency Rating, VER），早期習用單位為 cfm/W，現多採用 m^3/s-kW。 風機 VER 值大約 10~20 cfm/W 之間，常用者大部分在 12~13 cfm/W 間。 風機 VER 值大約 4.72~9.44 cms-kW 間，常用者大部分在 5.66~6.14 cms-kW 間 VER 值類似，EER 值可用來評估冷卻 / 冷凍設備之性能，其意義為每小時所能帶走的熱量除以每千瓦的電力輸入，單位為 BTU/kWh。
內部功率 (AKW)	風機的內部功率是對一個既定體積克服既定壓力而運動所需的功率(稱為有效功率或內部功率)。
軸功率 (BKW)	風機實際功率。因為風機效率實際上不會 100%有效，所以比內部功率(AKW)要大。 BKW = Q x T_P / 1024 / h_t (風機的總效率) 電動機輸出 = BKW x 機械效率。(機械效率=連結效率=皮帶輪或齒輪傳動的效率)。

靜壓效率 (S.E.)		機械效率 (M.E.)	
靜壓有效功率 (AKW) / 風機輸入的能量.		全壓效率 (T.E.) = 輸出能量 ÷ 輸入能量比.	
SE=輸出功率/輸入功率= Q x SP / 1020 / BKW		M.E. (T.E.) = Q x TP / 1020 / BKW	

- 風機動力公式 W_{BKW} = Q_{CMS} * T_{SP} / 1020 / η * K

  [例題] 公式符號/單位說明 :

System	Q	P_T	1,020	η	K	kW
	風量	全靜壓	係數	馬達效率	傳動係數	空氣動力
	cms	Pa	1,020	none	1~1.15	kW
HVCA MAU-皮帶	33.33	2,200	1,020	0.80	1.15	103.3
HVCA MAU-直結	33.33	2,200	1,020	0.80	1	89.9
Exh-GEX-皮帶	25.00	2,200	1,020	0.80	1.15	77.5
Exh-GEX-直結	25.00	2,200	1,020	0.80	1	67.4

A.2.5. 變頻風機

● 變頻風機性能曲線

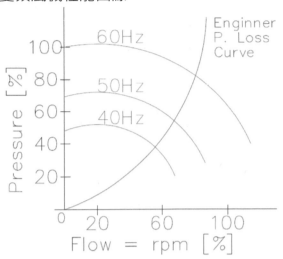
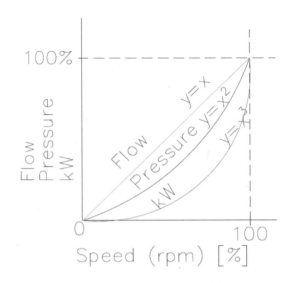

A.2.5.1. 變更流量

● [例題] 公式符號/單位說明：變更流量 (頻率 = 轉速變更) 0。$Q_1 / Q_2 = N_1 / N_2$

已 知 風 機 資 料					變 更 後 風 機 資 料				
Hz_1	N_1	Q_1	SP_1	BHp_1	Hz_2	N_2	Q_2	SP_2	BHp_2
Hz	r.p.m.	CMH	Pa	kW	Hz	r.p.m.	CMH	Pa	kW
60	1,780	120,000	2,200	90.0	50	1,483	100,000	1,528	52.1
60	1,780	120,000	2,200	90.0	40	1,187	80,000	978	26.7
60	1,780	120,000	2,200	90.0	30	890	60,000	550	11.3
60	1,780	120,000	2,200	90.0	20	593	40,000	244	3.3

A.2.5.2. 變更壓力

● [例題] 公式符號/單位說明：變更壓力。$SP_1 / SP_2 = N_1^2 / N_2^2$

已 知 風 機 資 料				變 更 後 風 機 資 料			
SP_1	N_1	Q_1	$BHp\ 1$	SP_2	N_2	Q_2	$BHp\ 2$
Pa	r.p.m.	CMH	kW	Pa	r.p.m.	CMH	kW
2,200	1,780	120,000	90.0	1,528	1,483	100,000	52.1
2,200	1,780	120,000	90.0	978	1,187	80,000	26.7
2,200	1,780	120,000	90.0	550	890	60,000	11.3
2,200	1,780	120,000	90.0	244	593	40,000	3.3

A.2.5.3. 變更馬力

● [例題] 公式符號/單位說明：變更馬力。$BHp_1 / BHp_2 = N_1^3 / N_2^3$

已 知 風 機 資 料			變 更 後 風 機 資 料		
BHp_1	N_1	Q_1	BHp_2	N_2	Q_2
Kw	r.p.m.	CMH	Kw	r.p.m.	CMH
90.0	1,780	120,000	52.1	1,483	100,000
90.0	1,780	120,000	26.7	1,187	80,000
90.0	1,780	120,000	11.3	890	60,000
90.0	1,780	120,000	3.3	593	40,000

A.2.5.4. 變頻失效

- 選機技術資料 (參考 Kruger Fan)

[例題] 公式符號/單位說明：

風機機型 FAN MODEL	電源 Φ/V/Hz	風量 CMH	靜壓 Pa	風速 m/s	軸動力 kW	全壓效率 EFF %	音功率 dB(A)	風機轉速 RPM	建議馬達 HP/P	馬達轉速 RPM	變頻器設定頻率 Hz	當變頻器失效/故障時 或 無變頻器時 CMH	Pa	kW	VFD 超/低
BDB 800 X - 直結式	3/480/60	41,875	1,375	11.49	20.67	81.8	95.6	1,210	30/6	1,175	61.8	40,664	1,297	18.9	超頻
BDB 450 T2 - 直結式	3/480/60	30,000	550	12.92	9.38	57.7	96.6	1,858	15/4	1,750	63.7	28,256	488	7.8	超頻
BDB 900 T - 直結式	3/480/60	49,000	990	10.66	17.60	82.1	91.2	934	18.5/6	1,175	47.7	61,643	1,567	35.0	低頻
BDB 800 X - 直結式	3/480/60	49,000	1,200	13.45	22.50	79.3	98.0	1,280	30/4	1,750	43.9	66,992	2,243	57.5	低頻
BDB 900 T - 直結式	3/480/60	49,000	1,200	10.66	20.80	83.0	94.5	996	22/6	1,175	50.9	57,806	1,670	34.2	低頻

因為變頻風機的節能功能，現代選用的風機都會加變頻設備。為減少維護也都採用直結式風機。
變頻的應用是在選機時風機風機轉速無法配合適當的設計規格 (風量/靜壓)，造成選機馬達過大或過小，此時可用變頻去補足需求。

- 選風機頻率設定低於60Hz，若馬達動力的預留容量不夠，當變頻器故障時會有過載現象，此時將導致馬達燒毀，所以選機時要參考變頻故障時風機運轉的轉速。選適當的馬達規格。因此選機時加入10%~15%的安全係數選擇馬達規格。

(Ex.) 例題中 - 第三、四、五列的選機。

- 選風機頻率設定高於60Hz，必須注意設備的安全壽命與容量是否足夠，如馬達、風機都是超額定的運轉。

(Ex.) 例題中 - 第一、二列的選機。

A.2.5.5. 馬達轉速

- 概估馬達轉速 RPM=120*f/極數 = 7,200/極數

120	頻率	極數	rpm
120	60	2	3,600
120	60	4	1,800
120	60	6	1,200

A.2.6. 風機分類及性能

● 本節介紹一般HVAC常用的風機類型：軸流式與離心式。（取材：ASHRAE Handbook Chapter Fan）

A.2.6.1. 依風機本體材料分類

● 風機本體的材質分類：
(1) 金屬類：碳鋼+烤漆、鍍鋅、不銹鋼、(2) 塑膠類：本體-PP (PPs)、葉輪-碳鋼+PP 包覆、(3) 樹脂類：本體-FRP、葉輪-碳鋼+FRP 包覆。

A.2.6.2. 軸流式風機

● 軸流式風機特性

型式	說明	特性	應用	效率	葉輪	外觀	照片
螺旋槳式 葉片 Propeller	低靜壓、大流量、效率低	低靜壓、大流量、效率低、接近自由空氣輸送點的峰值效率（零靜壓）。通常低成本的葉輪有兩個或多個單一厚度的葉片，連接到相對較小的輪轂上。通過速度壓力傳遞初級能量。	空氣循環、通風、排氣	45～50	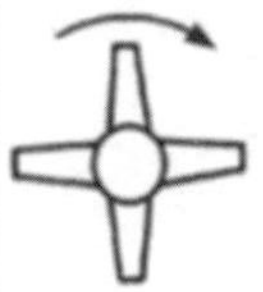	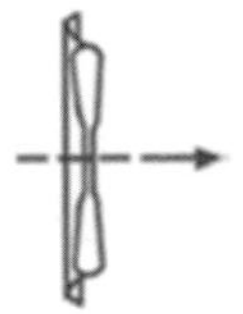	
管軸扇 Tube-axial	中靜壓、大流量、效率 > Propeller	中靜壓、大流量。比螺旋槳式效率更高、峰值壓力點之前的壓力-流量曲線下降。通常有 4 到 8 個翼型或單厚度截面葉片	空調系統、通風、排氣	67～72		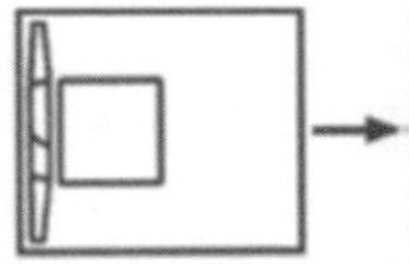	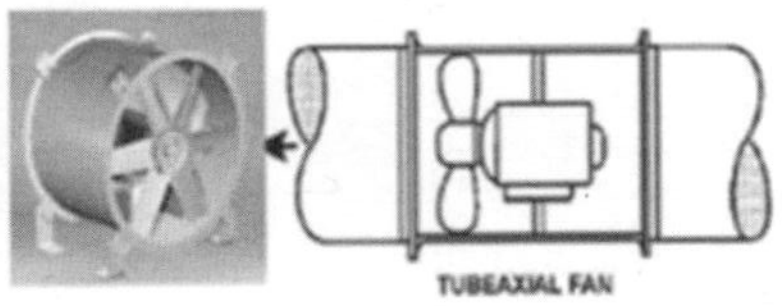
葉片式 軸流風扇 Vane-axial	高靜壓、中流量、可調效率	高靜壓、中等流量。壓入流量曲線、用導葉提高效率。最有效的有翼型葉片，葉片可以具有固定的、可調節的或可控的節距。輪轂通常大於風扇尖端直徑的一半。	高壓應用包括：空調系統、排氣系統	78～85	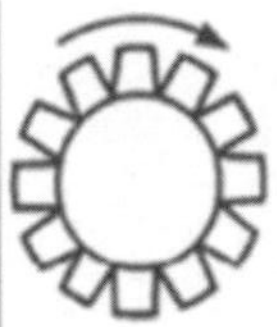	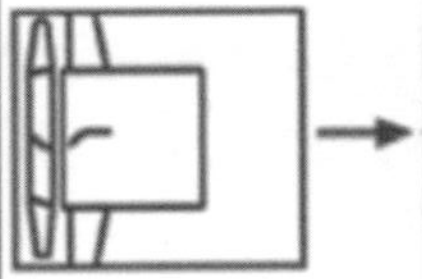	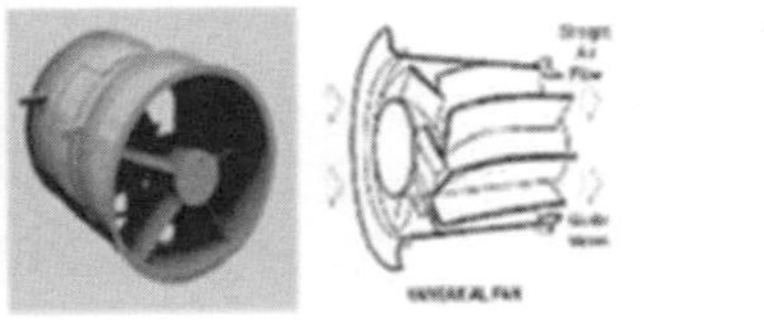

軸流式風機性能曲線

風機型式	性能曲線	特性性能	應用
螺旋槳式葉片 Propeller	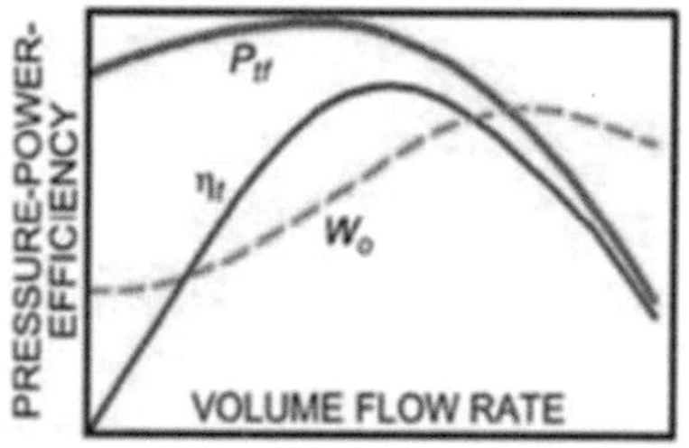	高流速，但非常低的靜壓力能力。最高效率達到接近風量最大值。排放模式為圓形和氣流渦渦。"	對於低壓、大容量的空氣流動應用。例如空間中的空氣循環或通過沒有管道系統的牆壁通風。用於補充空氣應用。
管軸扇 Tube-axial	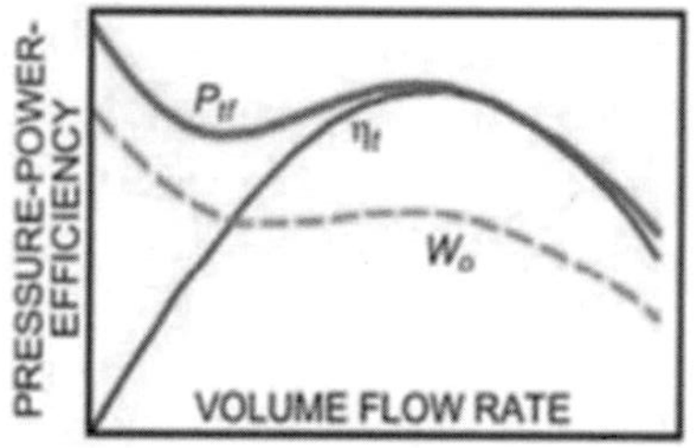	高流速，中等壓力能力。壓力曲線下降到峰值壓力的左側，在該區域運行風扇。排放模式為圓形，氣流旋轉或渦渦。	下游空氣分配不重要的低壓和中壓管道通風應用。用於某些工業應用，例如烘箱、噴漆房和透氣排放。
葉片式軸流風扇 Vane-axial	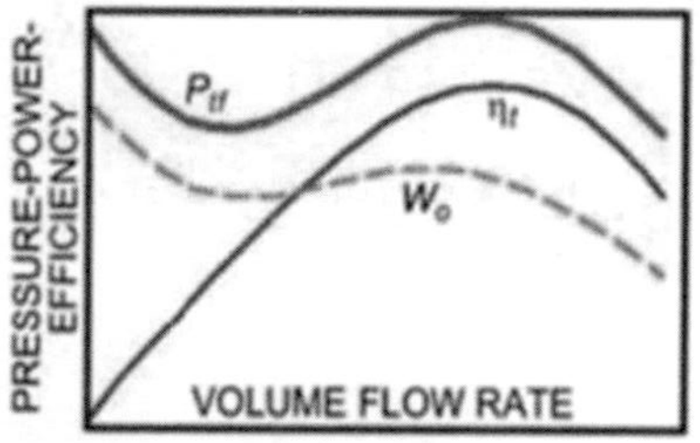	具有中等體積流量能力的高壓特性。壓力曲線下降到峰值壓力的左側，避免在該區域運行風扇。導向葉片糾正葉輪傳速的圓周運動，提高風扇的壓力特性和效率。	在需要直通流和緊湊安裝的低壓、中壓和高壓應用中的通用 HVAC 系統。具有良好的下游空氣分佈。在工業應用中代替管軸風扇。對於相同的任務，比離心風機更緊湊。

符號說明：X 橫軸：風量。Y 縱軸：壓力、效率。
P：靜壓。η：效率。W：輸入電能。

A.2.6.3. 離心式風機

● 離心式風機特性

型式	說明	特性	應用	效率	葉輪	外觀	照片
經向型 Radial (R) Radial Tip (Rt)	高靜壓, 中流量	高靜壓,中等流量, 效率接近於軸流風機,功率不斷增加。	各種工業應用 適合載於塵潮濕的空氣/氣體	69~75	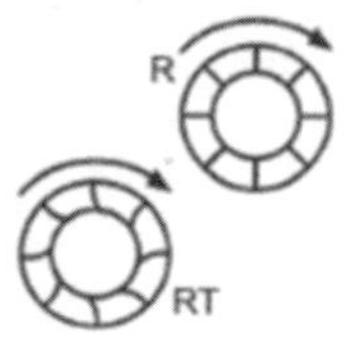	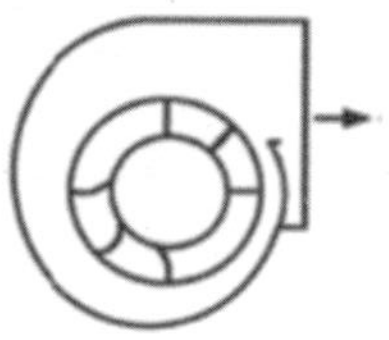	
前傾式 Forward curved blades	中靜壓, 大流量, 效率 > 幅流式	中靜壓,大流量, 壓力曲線下降,效率高於徑向風扇,功率不斷提高	低壓 HVAC, 適用於清潔和充滿灰塵的空氣/氣體	60~65		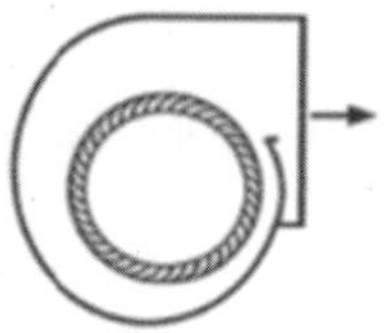	
後傾式 Backward curved blades	高靜壓, 大流量, 高效率	高靜壓,大流量, 高效率,功率隨流量增加而超過最高效率點而降低	HVAC 空調, 各種工業應用,強制通風風扇等。	78~83		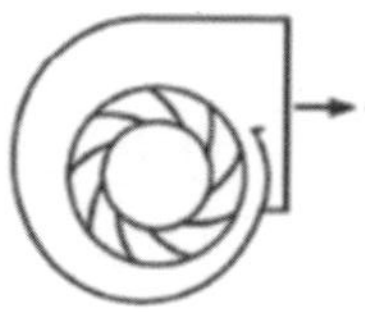	
機翼型 Airfoil type	高靜壓, 大流量, 更高效率>後傾式	與後傾式相同, 效率最高	跟向後傾式一樣, 但適用於清潔空氣	78~83		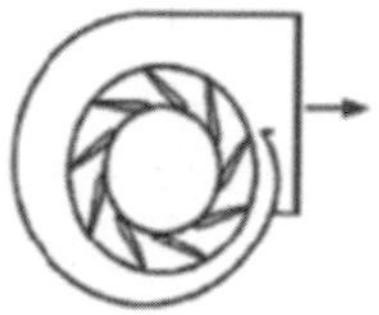	
無殼風機 Plenum/Plug	與後傾式/機翼型相同。 更高效率>機翼型	無殼風扇的獨特之處在於它們在沒有外殼的情況下運行。無殼風扇的驅動系統組件位於氣流之外。應用與後傾式/機翼型相同		78~83		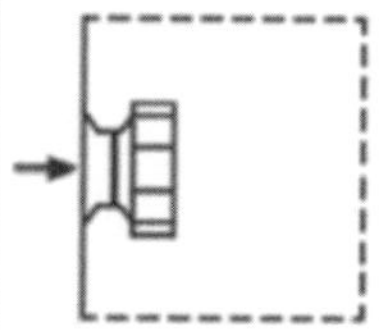	與後傾式/機翼型相同

14

離心式風機性能曲線

風機型式	性能曲線	特性性能	應用
徑向型 Radial (R) Radial Tip (Rt)	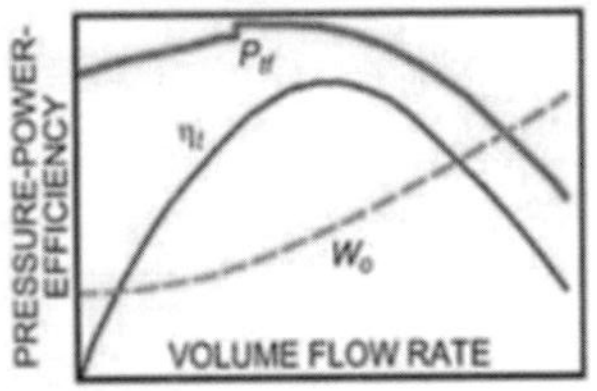	比翼型和向後彎曲的風扇更高的壓力。 壓力可能會在峰值壓力左側突然下降，但這通常不會引起任何問題。 功率不斷上升到自由輸送。這是一種過載特性。 弧形刀片比直刀片效率稍高。"	主要用於工廠中的材料處理。 也適用於一些高靜壓工業要求。 堅固的葉輪易於在現場維修，葉輪有時塗有特殊材料。 暖通空調應用並不常見。
前傾式 Forward-Curved	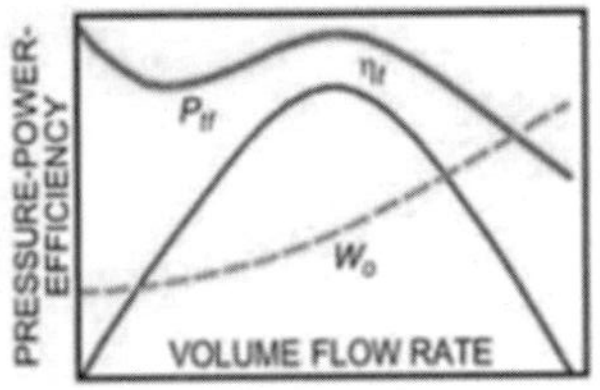	壓力曲線和向後彎曲的風扇那陡峭陡降。曲線下降到峰值壓力的左側。 最高效率出現在40%到50%的全開容積。 在峰值壓力右側操作風扇。 功率不斷上升到風量最大值。這是一種過載特性。	主要用於低壓HVAC應用，例如住宅壁爐、中央站裝置和成套空調。
後傾式 Backward-Inclined Backward-Curved	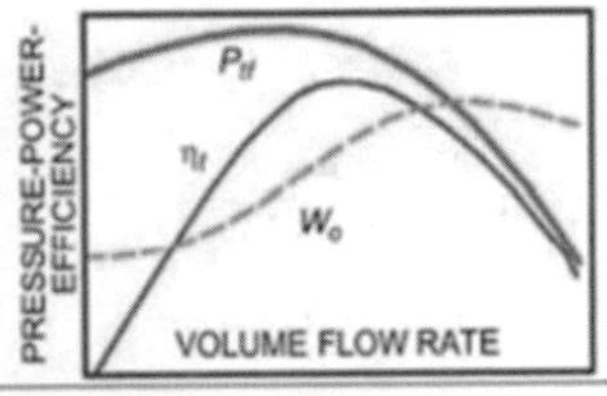	類似於翼型風扇。但峰值效率略低。 弧形刀片比直刀片效率稍高。	與翼型風扇相同的加熱、通風和空調應用。 用於某些環境可能腐蝕或侵蝕型葉片的工業應用。
翼型 Airfoil	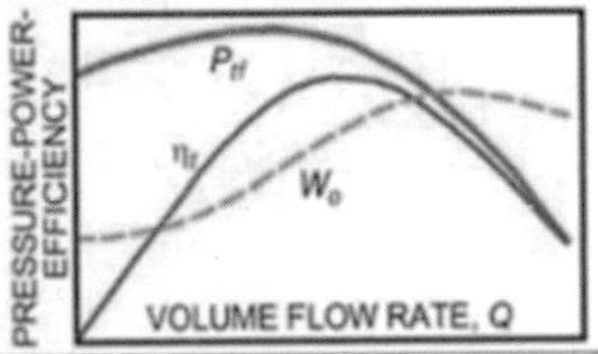	所有離心風機設計的最高效率和峰值效率出現在50%到60%的全開容積。 風扇具有非過載特性，這意味著功率在接近值效率時達到最大，然後變得更低，或自由限性。	一般加熱、通風和空調應用。僅適用於大型系統。可能是低壓、中壓或高壓應用。 應用於大型清潔空氣工業運營，可顯著節省能源。
無殼風機 Plenum/Plug	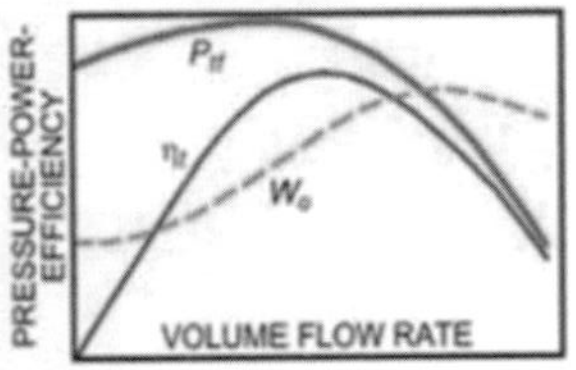	增壓風扇和無殼風扇類似於類似的帶殼翼型/後彎風扇，但通常效率較低，因為排氣流中的動能轉換效率低下。 它們更容易因安裝不當而導致性能下降。	增壓和插頭風扇用於各種HVAC應用，例如壓和空氣處理機，尤其是在需要直接驅動佈置的靈活性情況下。 這些風扇的其他優點是排放配置的潛力和更小的佔地面積單元的潛力。

A.2.6.4. 其他類風機的葉片

- 風機特性

Type	Impeller Design	Housing Design
Mixed-Flow	軸向和離心特性的結合。非常適合空氣必須軸向流入或流出的應用。比軸流風機更高的壓力特性。	 大多數混流風扇都在管狀外殼中，並包括出口轉向葉片。可以在沒有外殼的情況下或在導管和管道中運行。 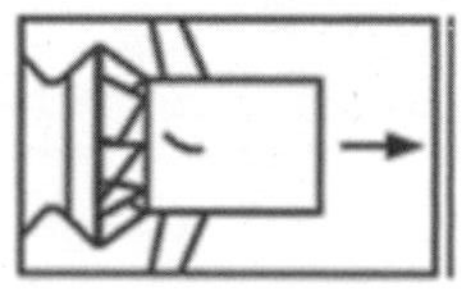
Cross-flow	向前彎曲的刀片。在旋轉期間，空氣流通過轉子葉片的一部分進入轉子，該區域與導向系統一起工作，將氣流偏轉通過轉子的另一部分進入風扇外殼的排放管道。效率最低的任何類型的風扇。	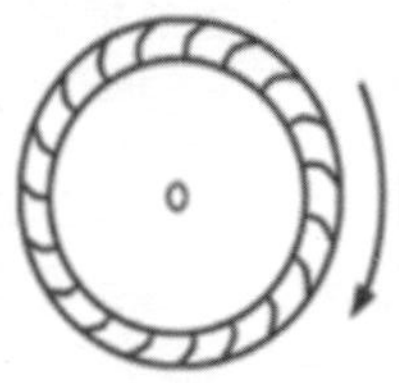 專為90°或直通氣流設計的外殼。 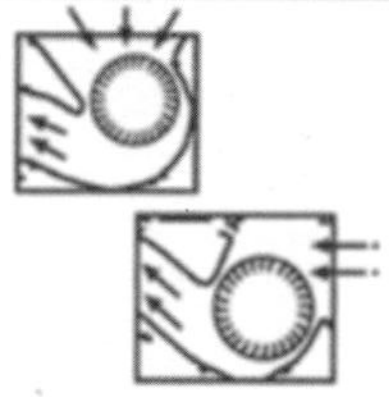
Tubular Centrifugal	性能與後彎風機相似，但容量和壓力力較低。效率比後彎風扇低。性能曲線可能會向峰值壓力的左側傾斜。	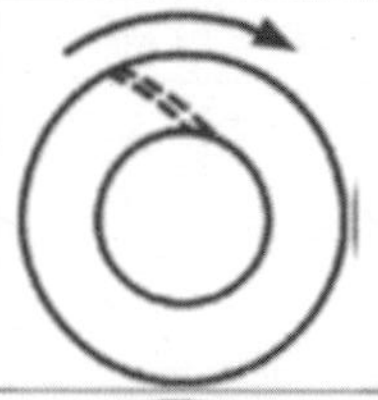 圓柱管類似於軸流式風扇，但與葉輪的間隙不那麼接近。空氣從葉輪徑向排出並旋轉90°流過導葉。 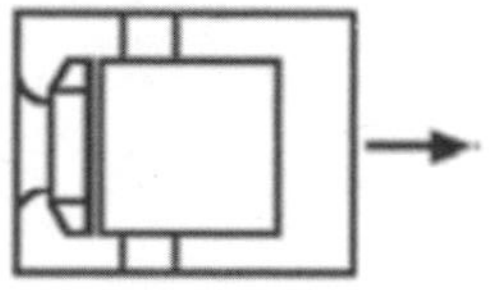
Power Roof Ventilators Centrifugal	一般工廠，廚房，倉庫和一些商業設施等低壓排氣系統。提供正排氣通風，這是優於重力式排氣裝置的優勢。離心式裝置比軸流式裝置稍微安靜一些。	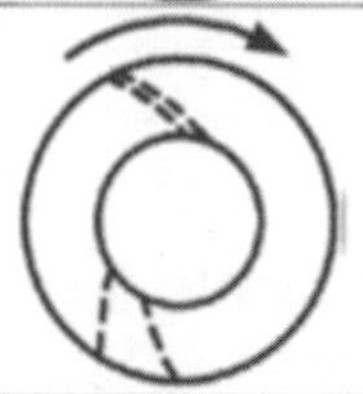 不使用普通外殼。因為空氣從葉輪全周環排出。通常不包括用於恢復速度壓力分量的配置。 
Power Roof Ventilators Axial	一般工廠，廚房，倉庫和一些商業設施等低壓排氣系統。提供積極的排氣通風，這是優於重力式排氣裝置的優勢。罩可保護風扇免受天氣影響並充當安全衛士。	 本質上是安裝在支撐結構中的螺旋槳風扇，空氣從防風兩罩底部的環形空間排出。 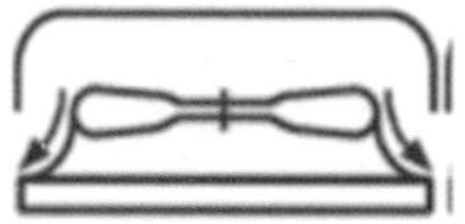

A.2.6.5. 其他類風機的曲線

- 葉片的性能曲線

Type	Performance Curve	Performance Characteristics	Applications
Mixed-Flow	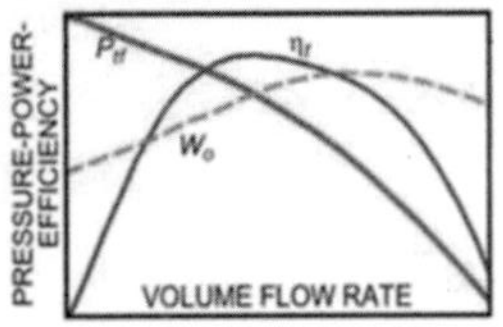	軸流風機和離心風機之間的特徵壓力曲線。壓力高於軸流風機，體積流量高於離心風機。	類似於離心風機的 HVAC 應用或軸流風機無法產生足夠壓升的應用。"
Cross-flow	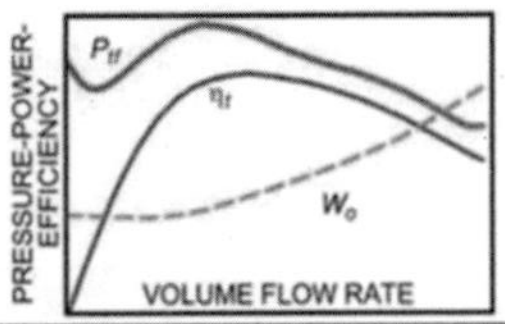	類似於前彎風扇。功率不斷上升到自由輸送，這是一種過載特性。與所有其他風扇不同，性能曲線包括電機特性。效率最低的任何風扇類型。	低壓暖通空調系統，例如風扇盤加熱器，壁爐插件，電子冷卻和空氣幕。
Tubular Centrifugal	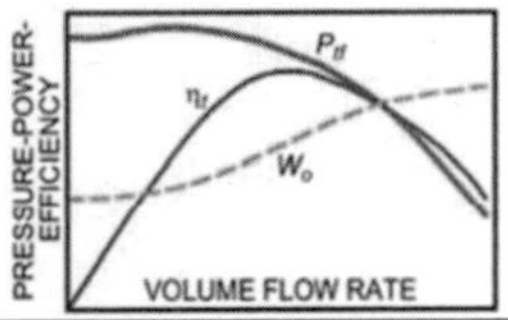	性能類似於後彎風機，但容量和壓力較低。由於空氣旋轉 90°，因此效率低於後彎風扇。某些設計的性能曲線類似於軸流風扇，並且會向峰值壓力的左側傾斜。	主要用於暖通空調應用中的低壓回風系統。有直通流量。
Power Roof Ventilators Centrifugal	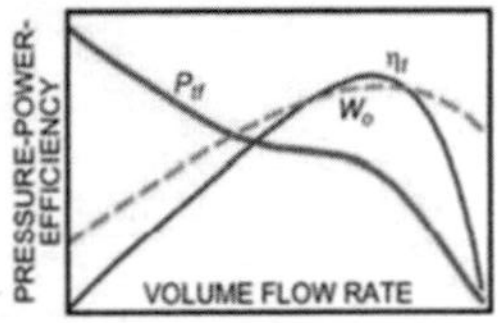	通常在沒有管道系統的情況下運行；因此，在非常低的壓力和高容量下運行。	離心機組比軸流式機組安靜一些。低壓排氣系統，如一般工廠，廚房，倉庫和一些商業裝置。與重力流排氣系統相比，低初始成本和低運營成本具有優勢。
Power Roof Ventilators Axial	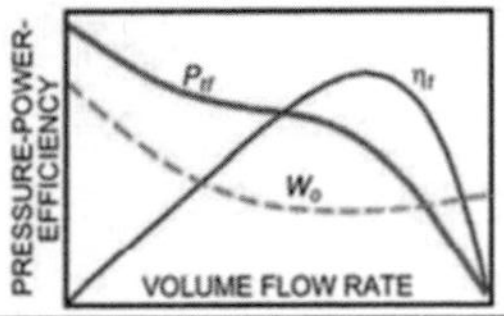	通常在沒有管道系統的情況下運行；因此，在非常低的壓力和高容量下運行。	低壓排氣系統，如一般工廠，廚房，倉庫和一些商業設施。與重力流排氣系統相比，低初始成本和低運營成本具有優勢。

A.3. 風機方向

● 本節主要是介紹說明風機的方向,而各製造商與各Standard都有風機風向的編號。
舉例如下:ISO 13349、SMACNA、AMCA-99 的說明類同,僅是標稱不同。

A.3.1. ISO 13349

● ISO 13349:離心式風機的排風方向,以馬達運轉方向、馬達出力方向為基準看馬達
CCW 風機稱為 LG,即左旋旋轉。出力軸端看之逆時鐘方向之迴轉。
CW 風機稱為 RD,即右旋旋轉。出力軸端看之順時鐘方向。
(Ex) CCW and CW

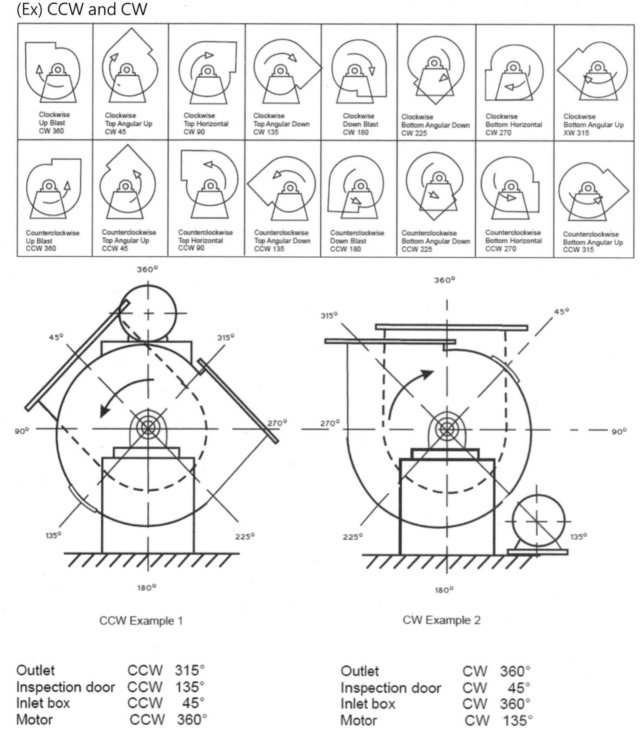

CCW Example 1

CW Example 2

Outlet	CCW	315°
Inspection door	CCW	135°
Inlet box	CCW	45°
Motor	CCW	360°

Outlet	CW	360°
Inspection door	CW	45°
Inlet box	CW	360°
Motor	CW	135°

A.3.2. SMACNA

● SMACNA 精簡說明風機的出口與驅動設備在另一側。
各標準的說明大致相同，僅標稱不同。同樣的各製造商的標稱也不同。尤其是驅動馬達位置在經常會誤解，訂購時必須做最後確認。

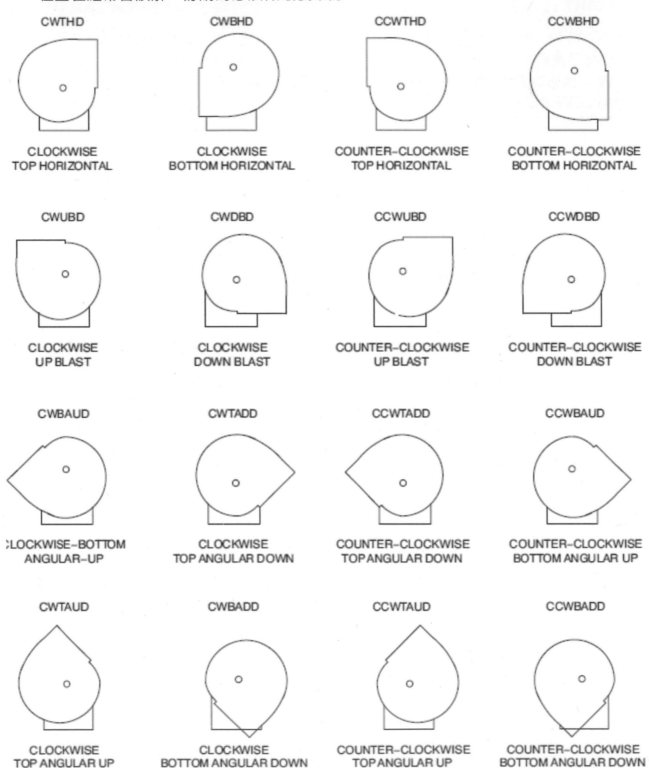

A.3.3. AMCA 99

A.3.3.1. 離心式風機

● AMCA 99 的標示方法，離心式風機的驅動 (馬達) 設備位置

AMCA 驅動器位置	說明	標準風機、馬達	替代風機、馬達
		圖示	
1. SWSI	應用於皮帶或直接驅動。葉輪懸在軸上，兩個軸承安裝在基座上。替代方案：軸承安裝在獨立的基座上，附、或不附進風箱。	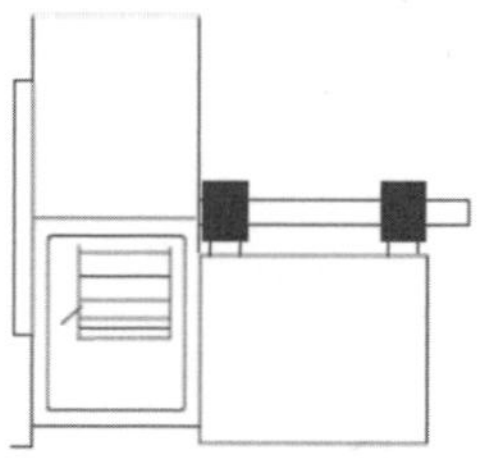	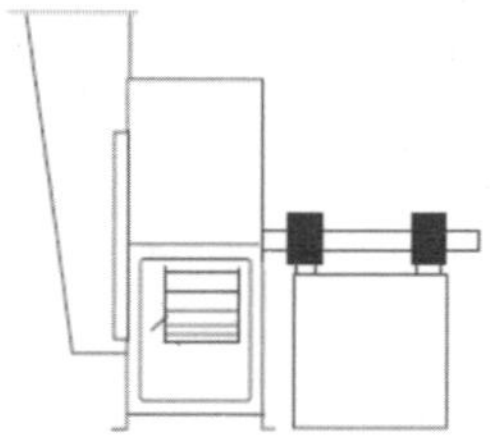
2. SWSI	應用於皮帶或直接驅動。葉輪懸在軸上，軸承安裝在由風扇外殼支撐的支架中。替代方案：附進風箱。	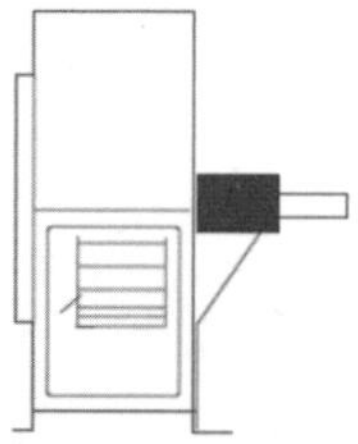	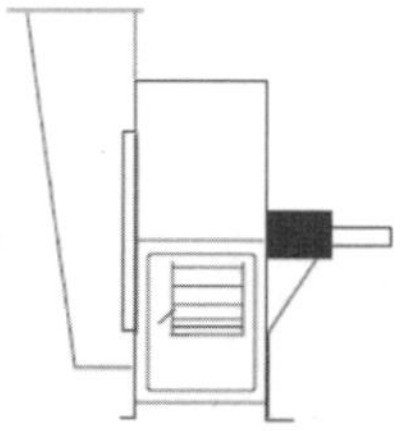
3. SWSI	應用於皮帶或直接驅動。葉輪安裝在由風扇外殼支撐的軸承之間的軸上。替代方案：軸承安裝在獨立的基座上，附、或不附進風箱。	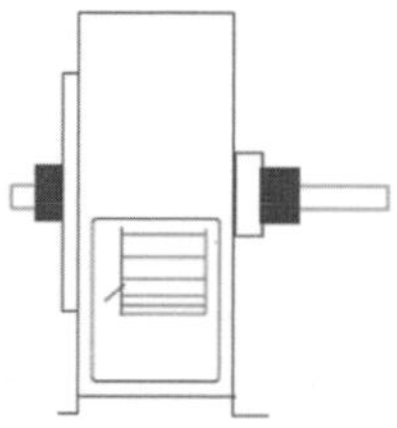	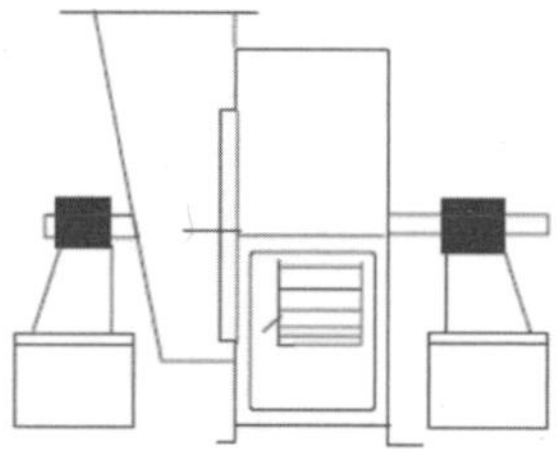
3. DWDI	應用於皮帶或直接驅動。葉輪安裝在由風扇外殼支撐的軸承之間的軸上。替代方案：軸承安裝在獨立的基座上，附、或不附進風箱。	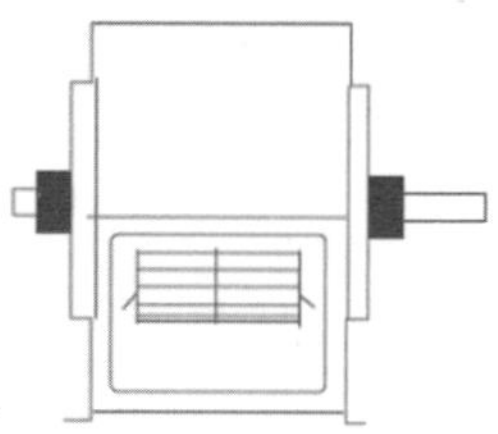	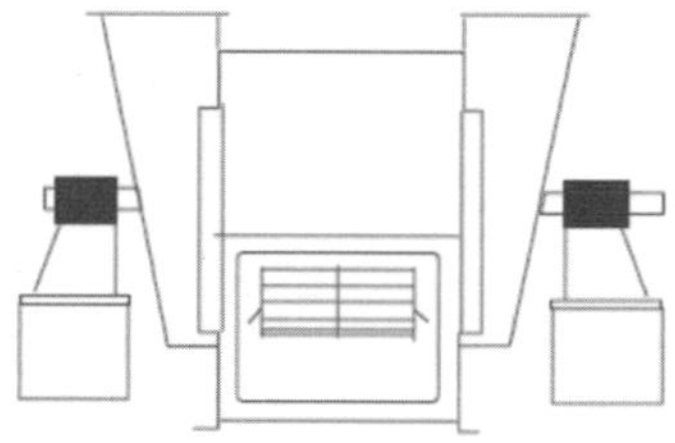
4. SWSI	應用於直接驅動。葉輪懸在馬達軸上。風扇上沒有軸承。馬達安裝在底座上。替代方案：附進風箱。	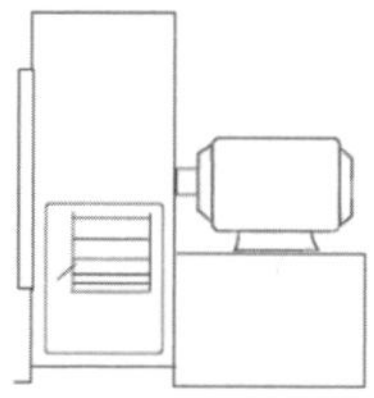	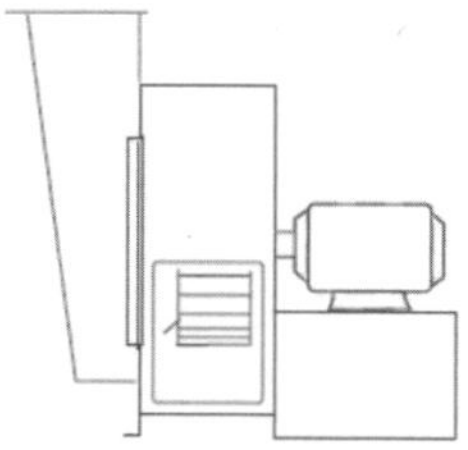
5. SWSI	應用於直接驅動。葉輪懸在馬達的軸上。風扇上沒有軸承。馬達聯軸器安裝在外殼上。替代方案：附進風箱。	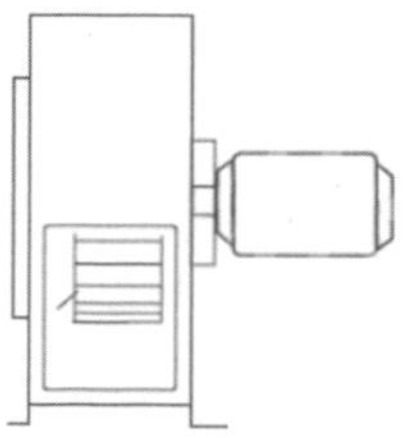	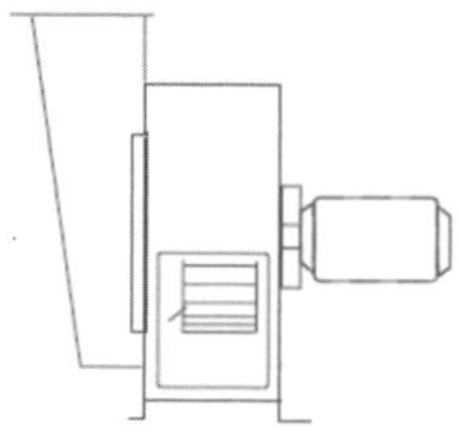

AMCA 驅動器位置	說明	標準風機、馬達	替代風機、馬達
		圖示	
7. SWSI	應用於聯軸器驅動。一般與佈置 3 相同，帶有原動機的底座。替代方案：軸承安裝在獨立的基座上，附、或不附進風箱。	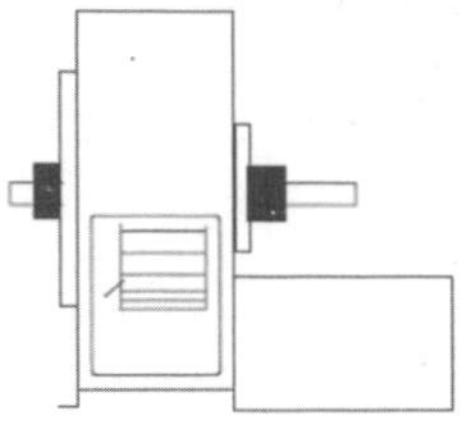	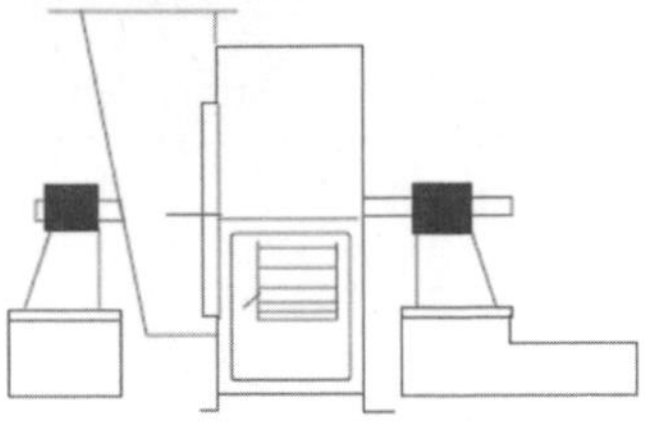
7. DWDI	應用於聯軸器驅動。一般與佈置 3 相同，帶有原動機的底座。替代方案：軸承安裝在獨立的基座上，附、或不附進風箱。	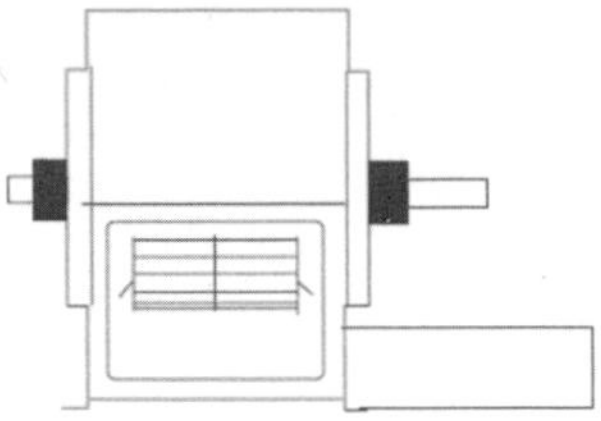	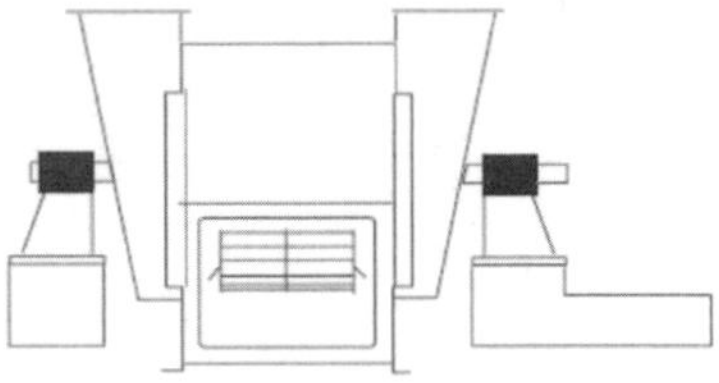
8. SWSI	應用於直接驅動。通常與佈置 1 相同，帶有原動機的底座。替代方案：軸承安裝在獨立基座上，附、或不附進風箱。	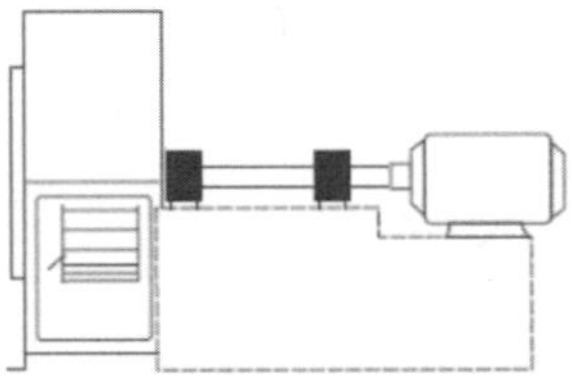	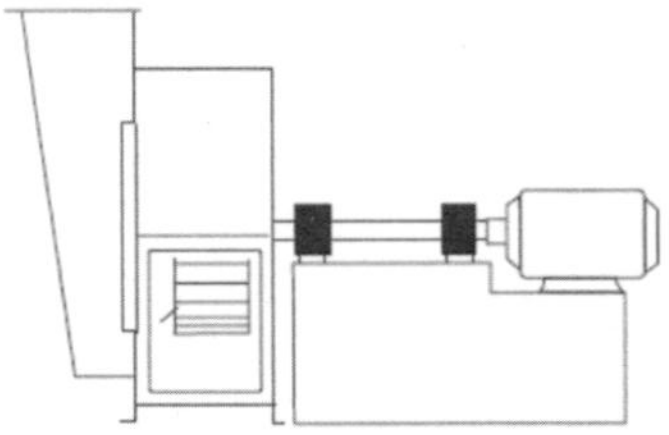
9. SWSI	應用於皮帶傳動。葉輪懸在軸上，兩個軸承安裝在基座上。馬達安裝在軸承座的外側。替代方案：附進風箱。	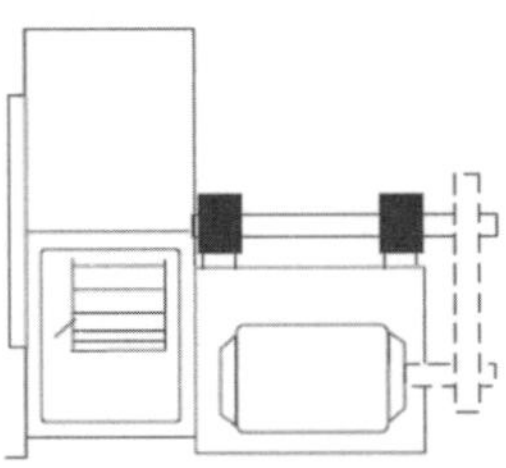	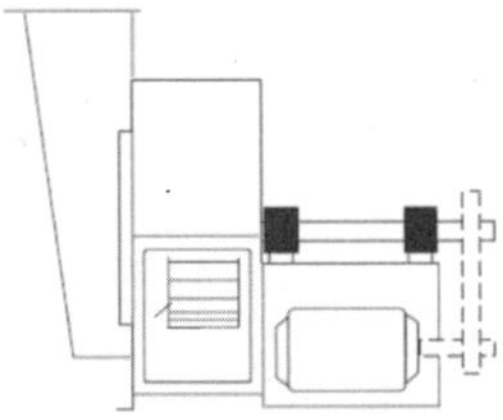
10. SWSI	應用於皮帶傳動。一般與佈置 9 相同，馬達安裝在軸承座內。替代方案：附進風箱。	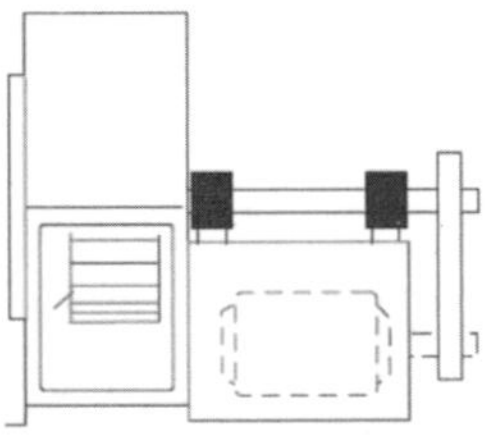	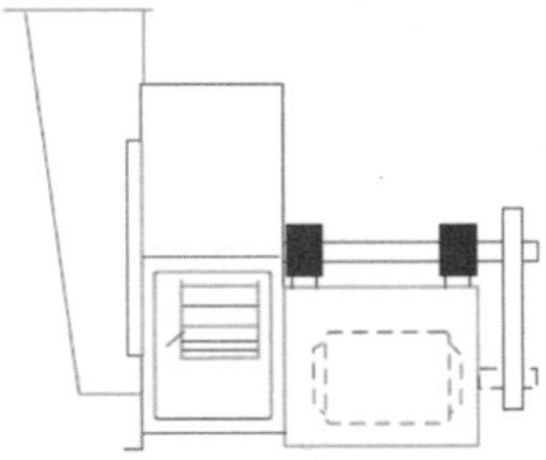

Note：

DWDI (雙吸風機)：兩組葉輪 DW：Double Width DI：Double Inlet。	SWSI (單吸風機)：單組葉輪 SW：Single Width SI：Single Inlet。

A.3.3.2. 軸流式風機

- AMCA 99 的標示方法，軸流式風機的驅動 (馬達) 設備位置

AMCA 驅動器位置	說明	標準風機、馬達	替代風機、馬達
		圖示	
1	用於皮帶或直接驅動。 葉輪懸在軸上，兩個軸承安裝在葉輪的上游或下游。 替代方案：單級或兩級風機可配備進氣箱和/或排氣罩。	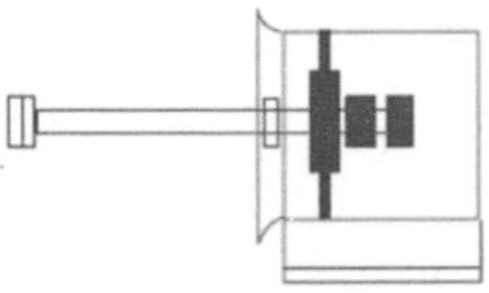	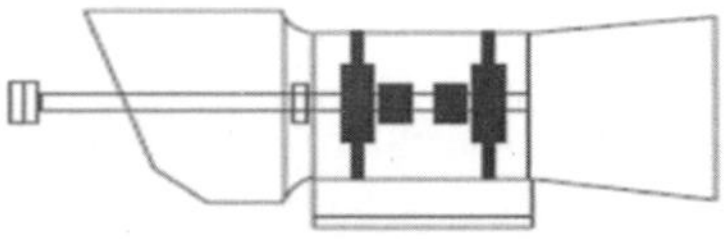
3	用於皮帶或直接驅動。 葉輪安裝在軸上，位於內部支撐上的軸承之間。 替代方案：風扇可以配備進風箱和/或排氣罩。	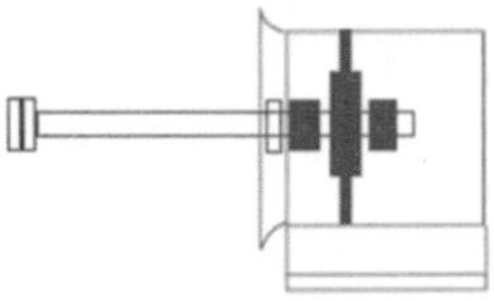	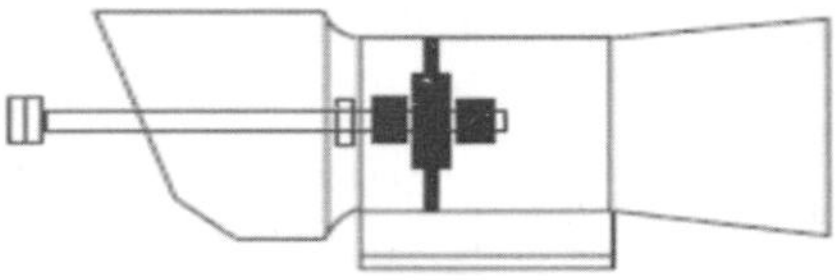
4	用於直接驅動。 葉輪懸在電機軸上。 風扇上沒有軸承。電機安裝在底座上或整體安裝。 替代方案：帶進水箱和/或帶排放口。	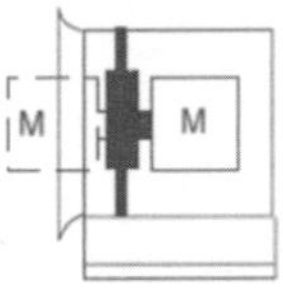	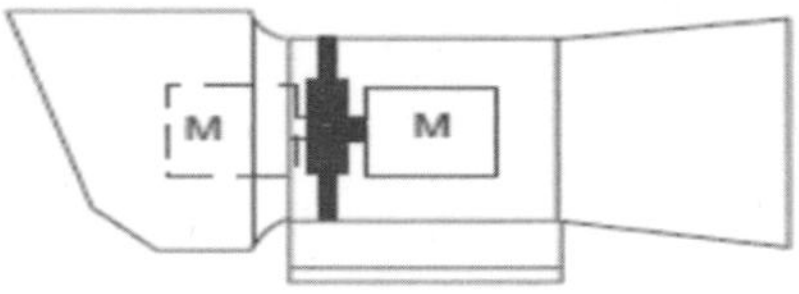
7	用於直接驅動。 一般與配置 3 相同，帶有原動機的底座。 替代方案：帶進水箱和/或排放口。	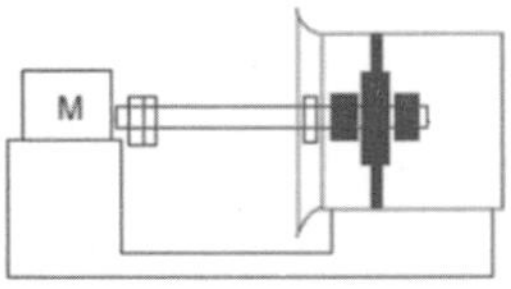	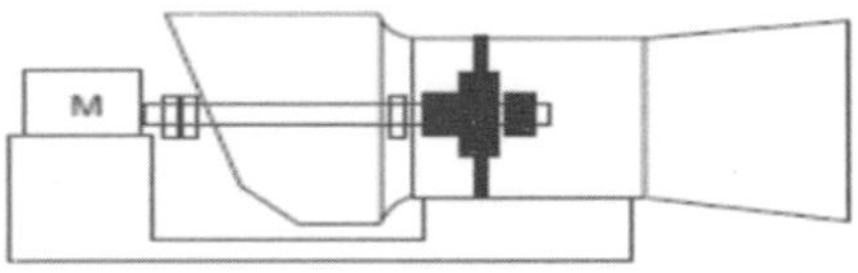
8	用於直接驅動。 通常與配置 1 相同，帶有原動機的底座。 替代方案：單級或兩級風機可配備進氣箱和/或排氣罩。	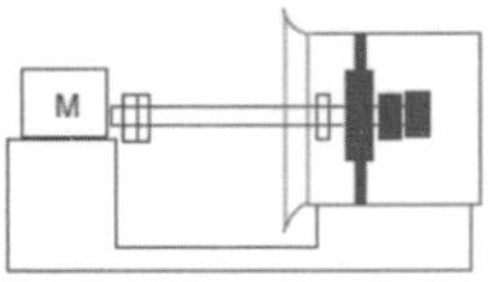	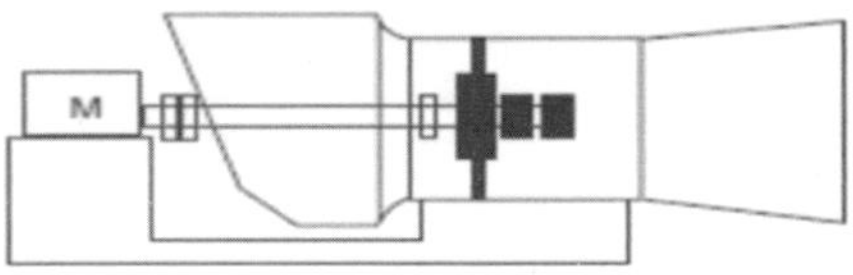
9	用於皮帶傳動。 通常與佈置 1 相同，電機安裝在風扇外殼和/或整體底座上。 替代方案：帶進水箱和/或排放口。	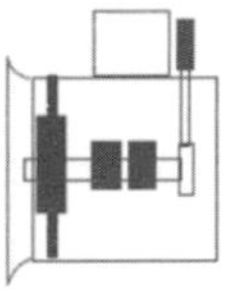	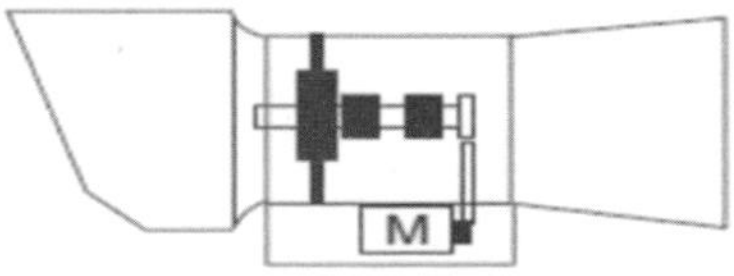

Note：所有風扇方向都可以是水平的或垂直的。

- 本書僅介紹常用的風機，其他類型式可參照AMCA的詳細說明。

A.3.4. Comefri-美製風機

● AMCA 99在實務上其標示太複雜，下面用廠商提供的技術資料說明-容易判斷送風方向與驅動器 (馬達) 的位置。
 (1) HVAC sysetm：美商 COMEFRI。
 (2) 製程排氣系統：德商 HF。

● 直結式風機的方向說明：
 (1) 先看到風機馬達的支撐框架 (在前面)
 (2) 次看到風機的鍋牛殼的外觀 (在後面)
 (3) 紅線是風機的出口，出口藍色箭頭是氣流的方向。
 (4) 右下角是廠 商的代碼 LG 90°，RD90°(與 AMCA 相同)。各製造商代碼略有不同，詳細資料請詢問供應商。

● 另種標示風機的方向 (取材：美商 COMEFRI)

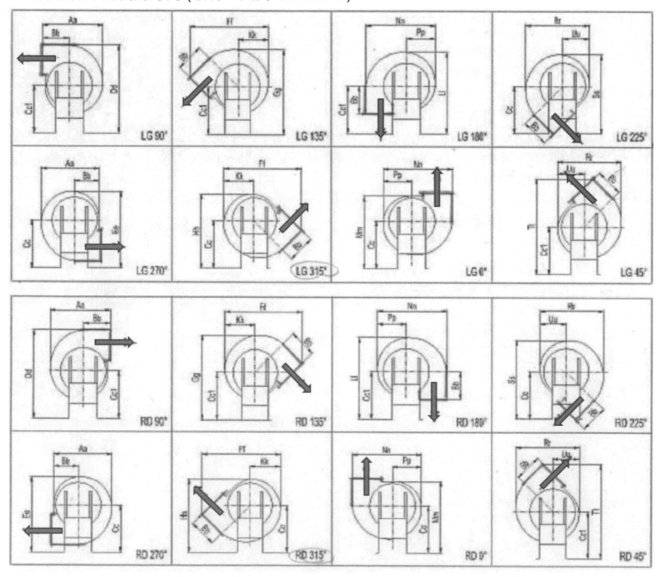

A.3.5. HF-德製風機

● 直結式風機的方向說明：
(1) 先看到風機馬達 (在前面)，馬達下方三角架是馬達的支撐。
(2) 次看到風機的鍋牛殼的外觀 (在後面)，也看到鍋牛殼內部氣流的方向。
(3) 鍋牛殼圖示出口一直粗線，表示氣流的方向與直粗線垂直。
(4) 正上方是廠商的代碼，CR 360˚，CL 360˚。各製造商代碼不同。

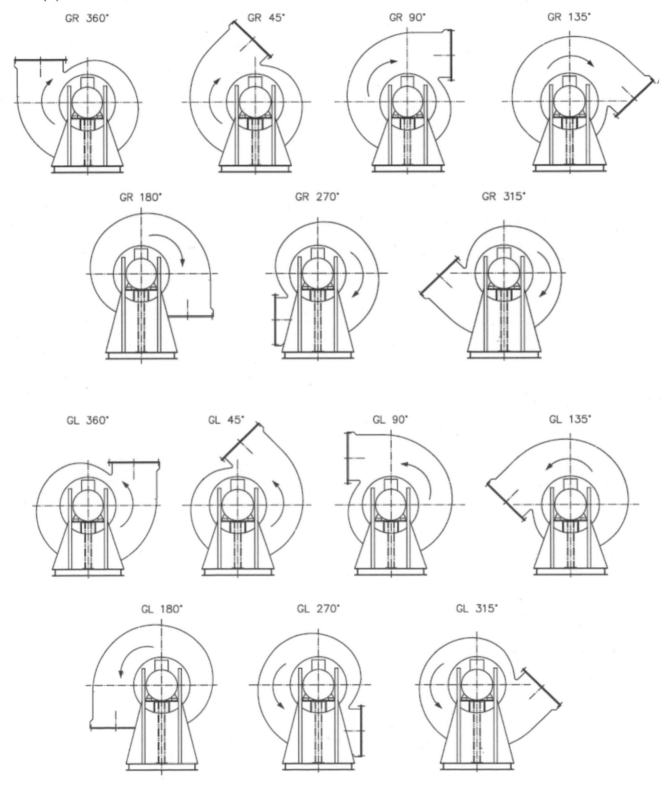

A.4.　風機效應

● 風機效應造成設備的影響：(取材：AMCA)
  (1) 減低風機性能，
  (2) 增加震動，
  (3) 增加噪音，
  (4) 增加耗能，
  (5) 震動會造成風機損害。

A.4.1. 風機效應

A.4.1.1. 選購風機-澄清規格

● 訂購風機，設計者須提供相關資料

<1>	性能需求	(ex) 風量，靜壓
<2>	操作溫度	
<3>	風機型式	(ex) 單吸、雙吸，....等。
<4>	葉片型式	(ex) 前傾、後傾、翼截式，....等。
<5>	排氣側的角度	(ex) 0°、45°、90°，......等。
<6>	驅動馬達的位置	
<7>	避震氣需求	
<8>	電力規格	(ex) 1P、3P；220V、380V、480V，......等。
<9>	馬達規格	(ex) 標準、變頻、耐溫、防爆、防塵、無火花，....等。
<10>	馬達保護	(ex) 過熱保護、空間加熱
<11>	顏色規格	
<12>	指定標準	
<13>	特殊要求規格	

A.4.1.2. 風機效應發生原因

Inlet Conditions 進風側影響	Outlet Conditions 離風側影響
elbow too close to fan inlet 風管彎頭太接近風機入口端	elbow too close to fan outlet 風管彎頭太接近風機出口端
abrupt duct transition 風管突然擴管， 進風處必須保有至少 3~5 倍的當量直徑	abrupt transition 風管突然擴管， 出風處必須保有至少 2.5 倍的當量直徑
dampers not fully open 風門沒有全開	free discharge 排放大氣中
damper locations 風門安裝位置	damper locations 風門安裝位置
poorly designed guards 設計不良的進風保護罩	Weatherhoods 防風罩
inlet too close to wall or bulkhead 進風口太靠近牆壁	discharge guards 設計不良的出風保護罩
inlet boxes 進風箱	discharge too close to wall or bulkhead 出風口太靠近牆壁

A.4.1.3. 避免風機效應設計

● 避免風機效應的原則
(1) Minimum 2.5D duct diameters on Outlet
(2) Minimum 3~5D duct diameters on Inlet (另種說法 5~8D，詳細請詢問供應商)
(3) 避免入口渦流 (Swirl)

● 避免風機效應，風管直管的有效長度，至少2.5倍長度的等效管道直徑。速度大於 13m/s（2,500fpm）增加1個管道直徑。以增加 5m/s（1,000 fpm）為1單位，每增加 5 m/s 增加1個管道直徑。
(Ex) 25.4 m/s (5,000 fpm) = 5 倍風管的等效當量長。
(1) 圓管的直徑 D = 5D 倍風管的等效當量直管長度。
(2) 方管 a * b = $(4ab/\pi)^{0.5}$，5 倍的當量長度 = $5 * (4ab/\pi)^{0.5}$。

● 若安裝時無法達到有效的直管當量長度時，就需要考慮風機效應的影響。

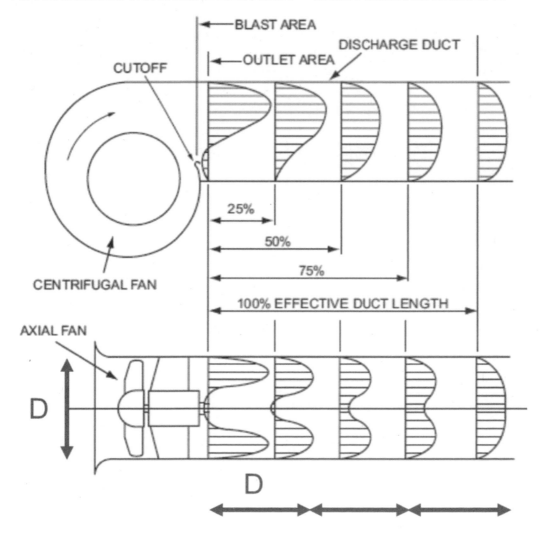

A.4.1.4. 風機效應的影響

● 風機效應的影響：參考下圖可以損失比率 (取材：網路)

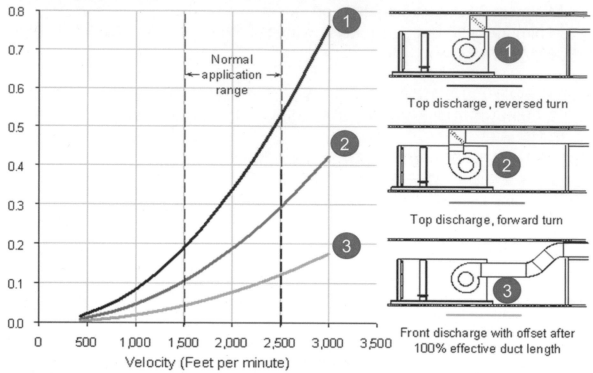

● 效率說明：

①	風機送風出口的距離太短而且風機送風的風向不順氣流風向。所以系統損失，產生風機效應損失比②號嚴重。
②	風機送風出口的距離太短。所以系統損失，有產生風機效應損失。
③	風機送風出口的距離夠長達到標準。所以系統損失，沒有風機效應損失。

結論：避免必要的風機效應，風機前後距離要夠長
(1) 風機的進風側 3~5 倍的當量直徑，
(2) -風機的吐出端 2.5 倍的當量直徑。

A.4.1.5. 風機出口設計

● ANSI/AMCA 210 指定風機的出口接風管尺寸在風機出口的95%~105%之間，出口接用大小頭角度小於15度，出口接用縮管角度不大於7度。
(取材：ASHRAE 2019-Ch49-避免風機效應與噪音的產生。)

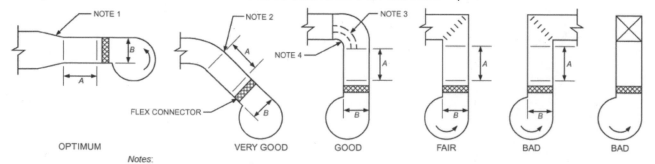

A.4.2. 軸流式-風機效應

● 軸流式風機分為：(1)壁扇Propellor-螺旋槳式、(2) 管流式-軸流式Tube，葉片式直的，沒有角度、(3) 直流式-軸流式Vane，屬於高靜壓，高效率型風機。其各部名稱：

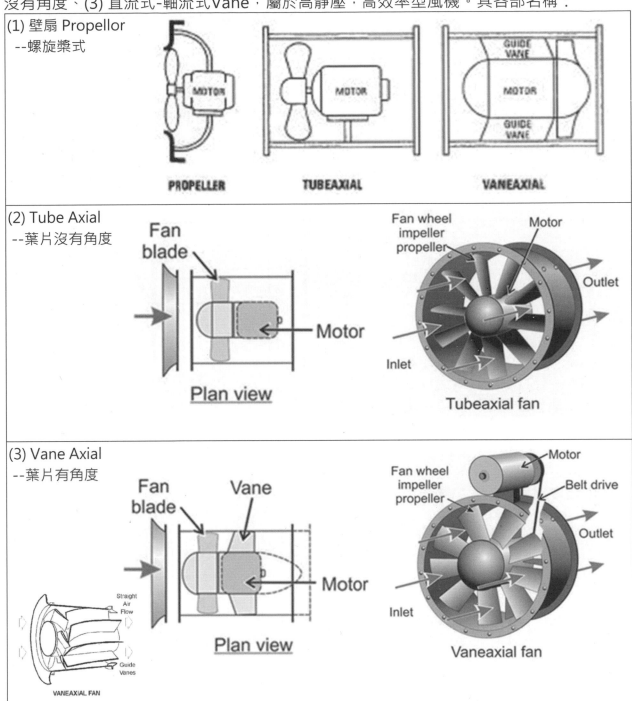

A.4.2.1. 風機效應損失係數

● 軸流式風機效應的類型分為：
(1) 入口沒有風管，出口接風管
(2) 入口端彎頭
(3) 出口端彎頭。

- 軸流風機-出口面積比 = Blast Area/Outlet Area=風機內部出口面積/外型出風口面積。SEF (SEF的詳細數據，詢問製造商。)

$$SEF = System\ Effect\ Coefficients = \frac{Blast\ Area}{Outlet\ Area} = C * \left(\frac{V}{1.414}\right)^2 * \rho$$

- C：動壓損失係數
Dynamic Pressure Loss Coefficient

Curve in amca	動壓損失係數 C
Q	1.50
R	1.20
S	0.75
T	0.50
U	0.40
V	0.25
W	0.17
X	0.10

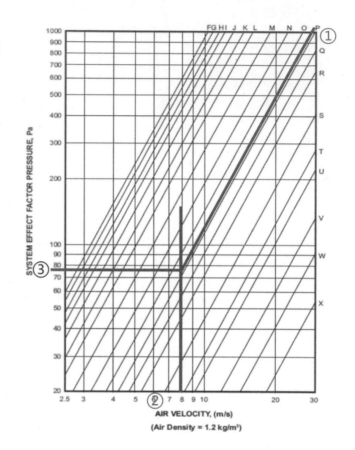

- (Ex)求風機效應壓損?
已知，風速 8m/s，損失係數 P
(Ans) 公式 SEF = C (V/1.414)^2 ρ
SEF = 1.9 (8/1.414)^2 1.2 = 73 Pa
圖示藍色曲線：P 曲線→風速→壓損

A.4.2.2. 入口無風管出口有風管

- 入口沒有風管，出口接風管

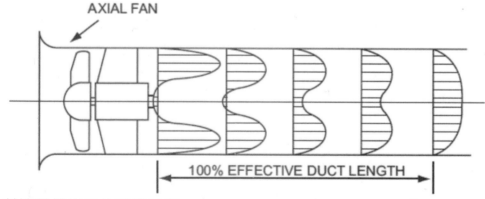

- 軸流風機出口的風機效應

Axial Fan	No Duct	12% Effective Duct	25% Effective Duct	50% Effective Duct	100% Effective Duct
Tubeaxial Fan	---	---	---	---	---
Vaneaxial Fan	U	V	W	---	---

Tube 這型風機出口沒有風機效應的損失。

A.4.2.3. 出口端彎頭

● 出口有彎頭

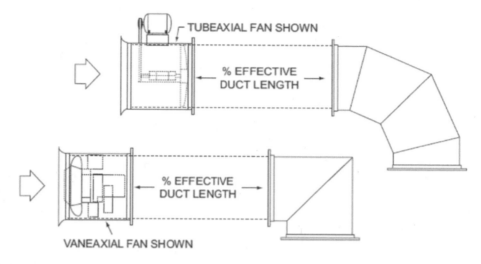

● 出口有彎頭的風機效應

Axial FANS	90 度彎頭	No Duct	12% Effective Duct	25% Effective Duct	50% Effective Duct	100% Effective Duct
Tube	2 & 4 片	---	---	---	---	---
Vane	2 片	U	U - V	V	W	---
Vane	4 片	W	---	---	---	---

A.4.2.4. 入口端彎頭

● 入口有風管、有彎頭

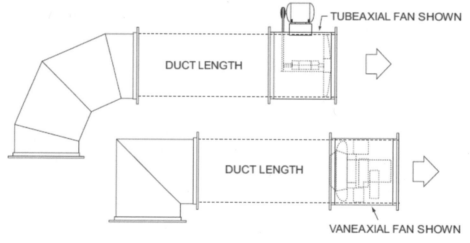

● 軸流風機入口的風機效應

Axial Fan	H / T	90° 彎頭	No Duct 詳 Note:1 , 2	0.5D 詳 Note:1 , 2	1.0D 詳 Note:1 , 2	3.0D
Tube	0.25	2 片	U	V	W	---
Tube	0.25	4 片	X	---	---	---
Tube	0.35	2 片	V	W	X	---
Vane	0.61	2 片	Q - R	Q - R	S - T	T - U
Vane	0.61	4 片	W	W - X	---	---

Note 1：軸流風機運轉不穩定時，可以觀察振動與噪音來判別。風機不穩定的運轉，會造成風機的損壞。

Note 2：軸流風機靜壓效率約為 ~60%至70%。

A.4.3. 離心式-風機效應

A.4.3.1. 風機效應損失係數

- 離心風機：出口面積比,SEF
  (SEF 的詳細數據,詢問製造商。)
  = Blast Area ÷ Outlet Area
  = 風機內部出口面積/外型出風口面積

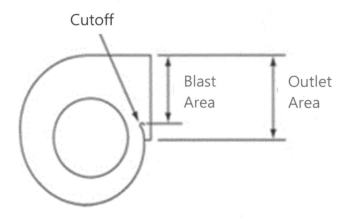

項目	出口面積比 SEF.	Kruger
後傾式	0.7	0.75
徑向式	0.8	
前傾式	0.9	0.80

$$SEF = System\ Effect\ Coefficients = \frac{Blast\ Area}{Outlet\ Area} = C * \left(\frac{V}{1.414}\right)^2 * \rho$$

- C:動壓損失係數 Dynamic Pressure Loss Coefficient

Curve in amca	動壓損失 係數 C
F	16.00
G	14.20
H	12.70
I	11.40
J	9.50
K	7.90
L	6.40
M	4.50
N	3.20
O	2.50
P	1.90
Q	1.50
R	1.20
S	0.75
T	0.50
U	0.40
V	0.25
W	0.17
X	0.10

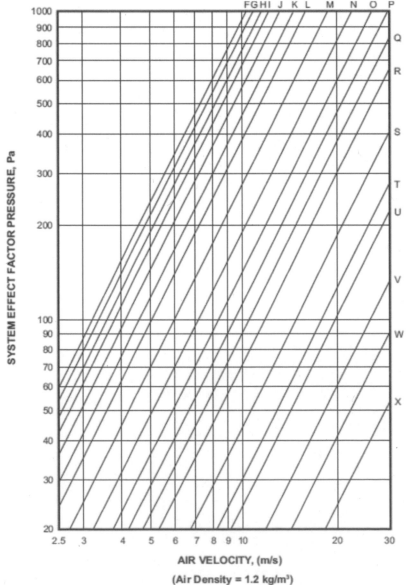

查圖順序:① → ② → ③
① F~P~X 曲線 →
② 風速 →
③ 壓損。

- 離心式風機效應的類型分為：
  (1) 出口接風管
  (2) 出口端彎頭
  (3) 吸入端彎頭
  (4) 吸入端障礙物
  (5) 吸入端與障礙物間距。

A.4.3.2. 出口端風管

- 入口無風管，出口接風管

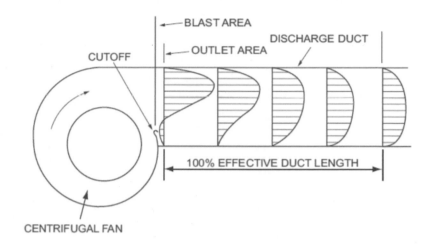

- 離心風機：出口的風機效應

Centrifugal Fan Centrifugal Fan = SEF = Blast Area ÷ Outlet Area = 出口面積 / 出風口面積	No Duct	12% Effective Duct	25% Effective Duct	50% Effective Duct	100% Effective Duct
	System Effect Curve				
0.4	P	R-S	U	W	---
0.5	P	R-S	U	W	---
0.6	R-S	S-T	U-V	W-X	---
0.7	S	U	W-X	---	---
0.8	T-U	V-W	X	---	---
0.9	V-W	W-X	---	---	---
1.0	---	---	---	---	---

A.4.3.3. 出口端彎頭

- 如果出風風管有彎頭時，應具有最小半徑與管道直徑之比1.5，應該安排給予最多均勻的氣流。

- 右圖：SWSI風機出口風管的彎頭位置。
  彎頭的方向有4種，
  標示：A、B、C、D。

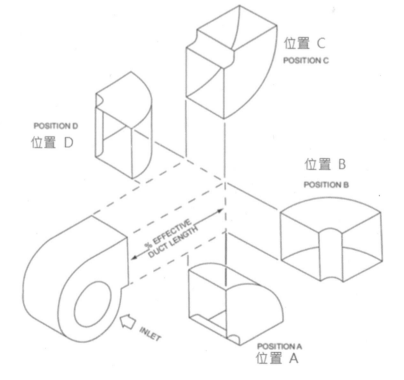

- SWSI 出口有彎頭的風機效應

SWSI FANS 風機 出口面積比	出口 彎頭位置	No Duct	12% Effective Duct	25% Effective Duct	50% Effective Duct	100% Effective Duct
0.4	A	N	O	P - Q	S	
	B	M - N	N	O - P	R - S	
	C	L - M	M	N	Q	
	D	L - M	M	N	Q	
0.5	A	O - P	P -Q	R	T	
	B	N - O	O - P	Q	S - T	
	C	M - N	N	O - P	R - S	
	D	M - N	N	O - P	R - S	
0.6	A	Q	Q - R	S	U	
	B	P	Q	R	T	
	C	N - O	O	Q	S	
	D	N - O	O	Q	S	
0.7	A	R - S	S	T	V	
	B	Q - R	R - S	S - T	U - V	
	C	P	Q	R - S	T	
	D	P	Q	R - S	T	
0.8	A	S	S - T	T - U	W	
	B	R - S	S	T	V	
	C	Q - R	R	S	U - V	
	D	Q - R	R	S	U - V	
0.9	A	T	T - U	U - V	W	
	B	S	S - T	T - U	W	
	C	R	S	S - T	V	
	D	R	S	S - T	V	
1.0	A	T	T - U	U - V	W	
	B	S - T	T	U	W	
	C	R - S	S	T	V	
	D	R - S	S	T	V	

No System Effect Factor 沒有風機效應

- DWDI的風機，同樣使用SWSI SEF的曲線，但要乘係數：

彎頭位置 (Elbow Position)			
A	B	C	D
ΔP x 1.00	ΔP x 1.25	ΔP x 1.00	ΔP x 0.85

- 風機出口設計風量控制風門：右圖

出口面積比	0.4	0.5	0.6	0.7	0.8	0.9	1.0
壓降乘係數	7.5	4.8	3.3	2.4	1.9	1.5	1.2

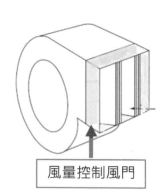

風量控制風門

A.4.3.4. 吸入端彎頭

● 風機吸入端：入口風管是圓管的風機效應

圓管，90度蝦節彎頭，2片式，沒有導風片：System Effect Curves			
R/D	No Duct	2D Duct	5D Duct
---	N	P	R - S

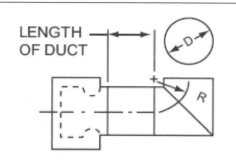

圓管，90度蝦節彎頭，3片式，沒有導風片 System Effect Curves			
R/D	No Duct	2D Duct	5D Duct
0.5	O	Q	S
0.75	Q	R - S	T - U
1.0	R	S - T	U - V
2.0	R - S	T	U - V
3.0	S	T - U	V

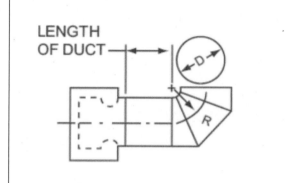

圓管，90度蝦節彎頭，4片以上，沒有導風片 System Effect Curves			
R/D	No Duct	2D Duct	5D Duct
0.5	P - Q	R - S	T
0.75	Q - R	S	U
1.0	R	S - T	U - V
2.0	R - S	T	U - V
3.0	S - T	U	V - W

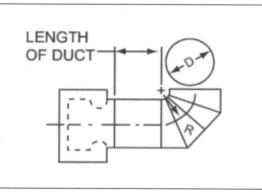

● 風機吸入端：入口風管是方管的風機效應

方管，90度彎頭，沒有導風片：System Effect Curves			
R/D	No Duct	2D Duct	5D Duct
0.5	O	Q	S
0.75	P	R	S - T
1.0	R	S - T	U - V
1.0	S	T - U	V

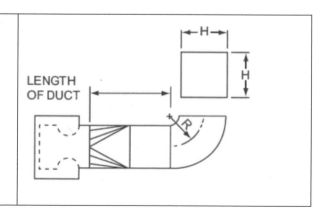

方管，90度彎頭，3片長導風片 System Effect Curves			
R/D	No Duct	2D Duct	5D Duct
0.5	O	Q	S
0.75	Q	R - S	T - U
1.0	R	S - T	U - V
2.0	R - S	T	U - V
3.0	S	T - U	V

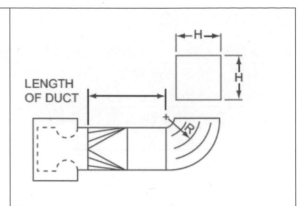

方管，90度彎頭，短導風片 System Effect Curves			
R/D	No Duct	2D Duct	5D Duct
0.5	P - Q	R - S	T
0.75	Q - R	S	U
1.0	R	S - T	U - V
2.0	R - S	T	U - V
3.0	S - T	U	V - W

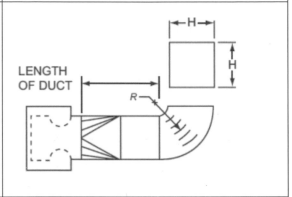

A.4.3.5. 吸入端障礙物

● 常見的入口障礙物。一些附件，如風扇軸承，軸承座，入口葉片，入口阻尼器，驅動器護罩和電機也可能導致入口阻塞。
許多風扇的入口錐體的形狀，有時難以確定風扇入口的面積。

● 風機入口端加鐘形口(錐體的形狀)的風機效應曲線)

無障礙物 占入口區域 百分比	從障礙物到入口平面的距離				
	0.75 倍 距離	0.5 倍 距離	0.33 倍 距離	0.25 倍 距離	在入口 位置
100	---	---	---	---	---
95	---	---	X	W	V
90	---	X	V - W	U - V	T - U
85	X	W - X	V - W	U - V	S - T
75	W - X	V	U	S - T	R - S
50	V - W	U	S - T	R - S	Q
25	U - V	T	S - T	Q - R	P

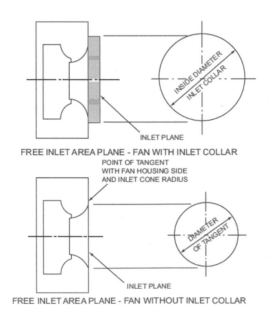

FREE INLET AREA PLANE - FAN WITH INLET COLLAR

FREE INLET AREA PLANE - FAN WITHOUT INLET COLLAR

A.4.3.6. 吸入口與障礙物間距

<table>
<tr>
<td>
系統效應曲線
<table>
<tr><th>L：
入口與牆壁距離</th><th>系統效應曲線</th></tr>
<tr><td>入口直徑 x 0.75</td><td>V - W</td></tr>
<tr><td>入口直徑 x 0.5</td><td>U</td></tr>
<tr><td>入口直徑 x 0.4</td><td>T</td></tr>
<tr><td>入口直徑 x 0.3</td><td>S</td></tr>
</table>
</td>
<td>
離心式風機 2 台風機的間隔距離，集風箱間的距離 (L & 2L)

L
2L
L
INLET DIA.
EQUAL
EQUAL

離心式風機：
雙吸入口與牆壁間的距離 L，
單吸入口與牆壁間的距離 L。

L
L
L
DWDI
SWSI

軸流式風機入口端與牆壁間的距離 L。

DIAMETER OF INLET
L
</td>
</tr>
<tr>
<td>
系統效應曲線
<table>
<tr><th>L：
入口與牆壁距離</th><th>系統效應曲線</th></tr>
<tr><td>入口直徑 x 0.75</td><td>X</td></tr>
<tr><td>入口直徑 x 0.5</td><td>V - W</td></tr>
<tr><td>入口直徑 x 0.4</td><td>V - W</td></tr>
<tr><td>入口直徑 x 0.3</td><td>U</td></tr>
</table>
</td>
<td>
離心式風機雙吸入口一邊與牆壁間的距離 L。

L
</td>
</tr>
</table>

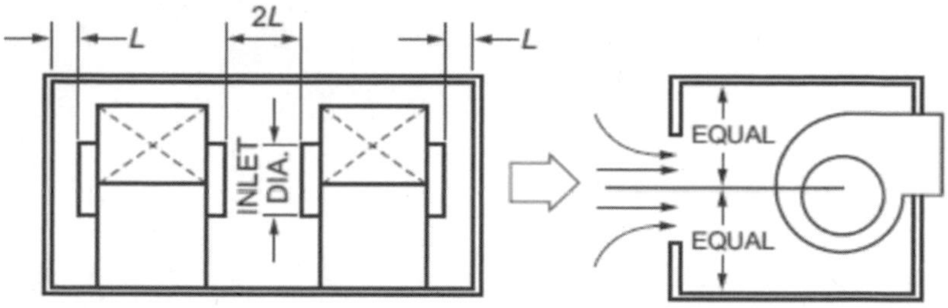

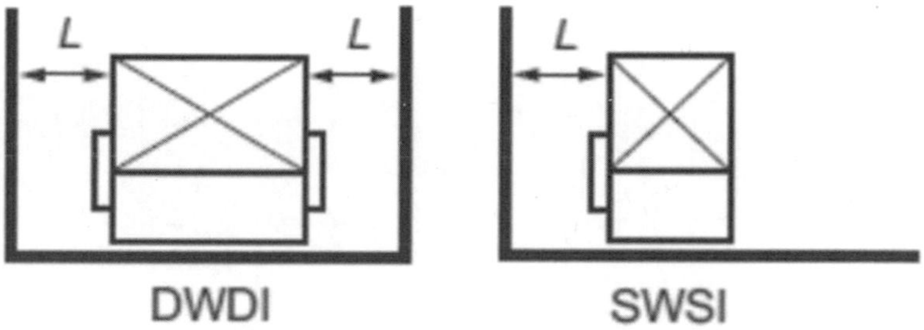

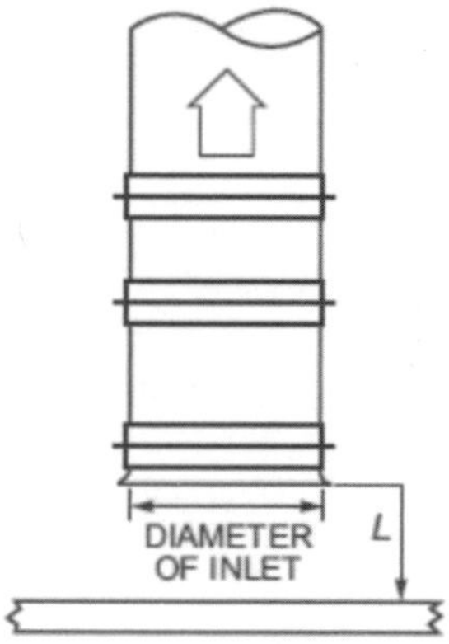

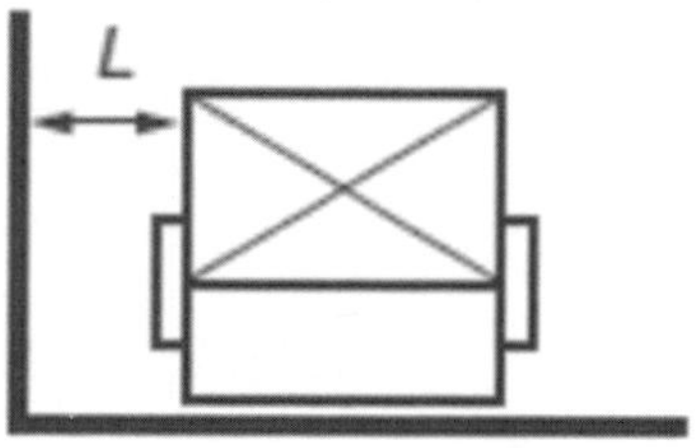

風機安裝位置，其氣流模式類似屋頂冷卻水塔安裝模式。

A.4.3.7. 入口端風管設計

● 吸入端

平滑入風口		鐘形入口	尖銳邊緣孔	錐形入口	法蘭入口
理想設計		可以	不好的設計	可以	可以

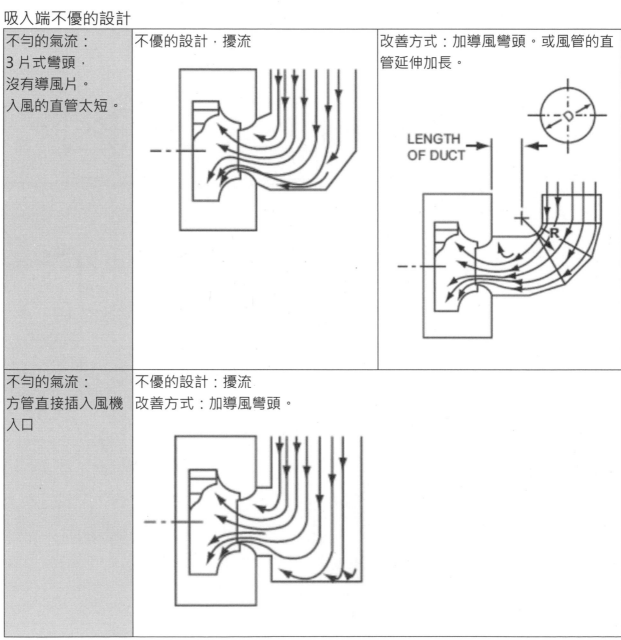

● 吸入端不優的設計

不匀的氣流： 3 片式彎頭， 沒有導風片。 入風的直管太短。	不優的設計，擾流	改善方式：加導風彎頭。或風管的直管延伸加長。
不匀的氣流： 方管直接插入風機入口	不優的設計：擾流 改善方式：加導風彎頭。	

37

● 吸入端渦流

風機入口端氣流的旋轉渦流會減少風機的性能，
應避免減少氣流的渦流設計。

設計原理，進風的風向配合風機葉片旋轉的方向，
進風避免直角彎頭可用有弧度的彎頭。

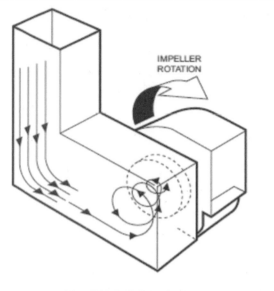

COUNTER-ROTATING SWIRL

不適當設計：直角彎頭。

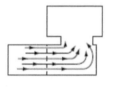

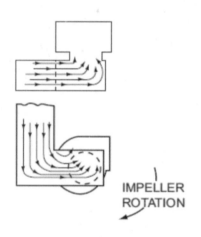

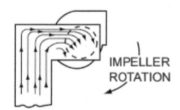

PRE-ROTATING SWIRL

COUNTER-ROTATING SWIRL

改善設計：加彎頭，導風片。

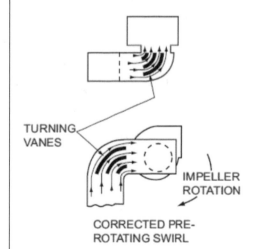

CORRECTED PRE-
ROTATING SWIRL

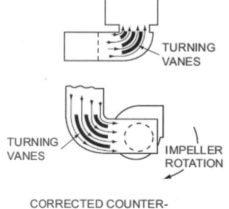

CORRECTED COUNTER-
ROTATING SWIRL

● 風機進風口的對稱

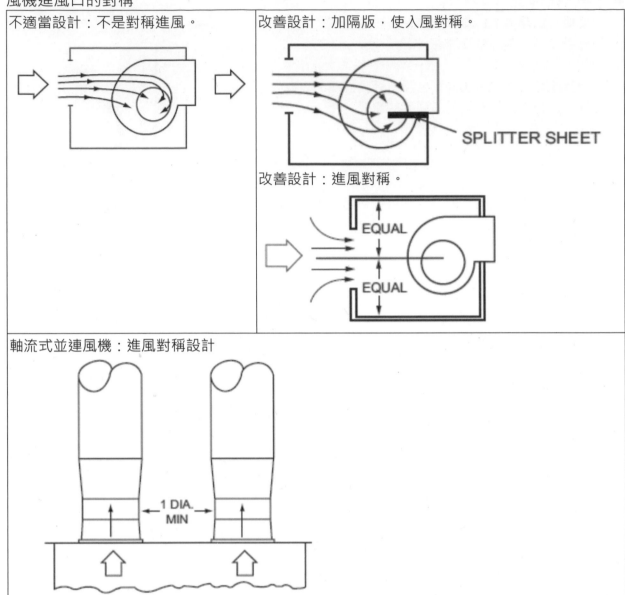

| 不適當設計：不是對稱進風。 | 改善設計：加隔版，使入風對稱。 |

改善設計：進風對稱。

SPLITTER SHEET

EQUAL
EQUAL

軸流式並連風機：進風對稱設計

1 DIA. MIN

A.4.4. 風機效應計算

● 本節以4種模式說明風機效應 (取材：amca 201)。

A.4.4.1. 風機效應計算-Ex. 1

● 風機入口端沒有風管，風機出口端接風管
(無風機效應產生)

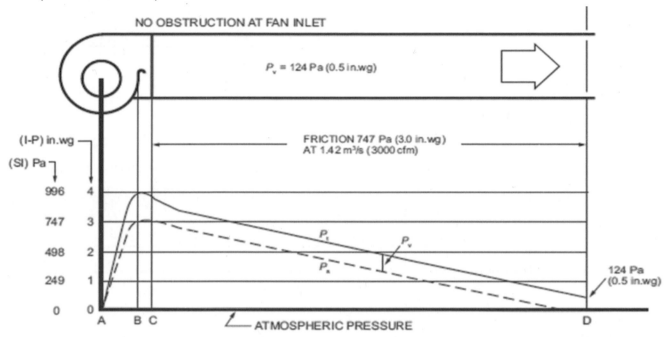

● 計算資料

item	Description	Pa
A	風機入口沒有風管 (無風機效應產生) Free inlet	0.0
B-C	風機出口接風管 2D 以上的距離 (無風機效應產生) Outlet with straightduct attached for two or more diameters.	0.0
C-D	風管損失在風量 1.42 m³/s 的狀態下 Duct friction at Q = 1.42 m³/s	747.0
	Required Fan Ps.	747.0

A.4.4.2. 風機效應計算-Ex. 2

● 風機入口端沒有風管，風機出口端銜接風管後接有集風管，再供應給系統主風管
(無風機效應產生)

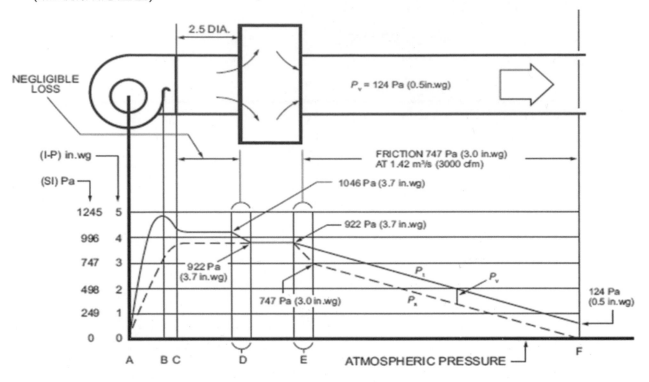

● 計算資料

item	Description	Pa
C-D	風機出口 (無風機效應產生) Outlet duct on fan as tested	0.0
D	由於空氣速度降低而導致的 Pv 損失（也稱為 Pt 損失）。 Ps 從管道到 D 的靜壓室沒有變化。 Pv loss (also Pt loss) as result of air velocity decrease. Ps does not change from duct to plenum at D.	0.0
E	集風管的收縮/擴管 Contraction loss - plenum to duct	49.8
E	在 E 處產生速度所需的靜壓能量 Ps energy required to create velocity at E	124.5
E-F	風管壓損 Duct friction at Q = 1.42 m^3/s	747.0
	Required Fan Ps.	921.3

A.4.4.3. 風機效應計算-Ex. 3

● 風機入口端沒有風管，風機出口端直接接集風箱，再供應給系統主風管

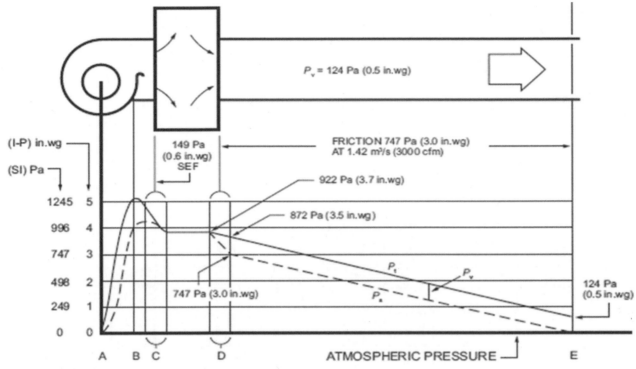

● 計算資料

item	Description	Pa	Remaek
B-C	SEF (風機效應產生，詳圖說明-曲線 R)	149.4	See below
C	風速降低導致的 Pv 損失（也稱為 Pt 損失）。 Ps 在 C 處從風管到靜壓室沒有變化 Pv loss (also Pt loss) as result of air velocity decrease. Ps does not change from duct to plenum at C	0.0	
D	風管另件損失 – 集風管道管道 contraction loss - plenumto duct	49.8	part of duct system
D	Ps 在 D 產生速度所需的能量 Ps energy required to create velocity at D	124.5	part of duct system
D-E	風管壓損 Duct friction at Q = 1.42 m^3/s	747.0	duct design
	Required Fan Ps .	1,070.7	

Fan Blast area / fan Outlet Area = 0.6

Fan Outlet Velocity = 14.4 m/s，No outlet duct

System Curve Effect Curve = R

SEF = 149.4 Pa (③) at 14.4 m/s (②) velocity and system curve R (①)。

- 查表：Blase area ÷ Outlet area = 0.6，無風管。曲線 R

Centrifugal Fan = Blast Area ÷ Outlet Area	No Duct	12% Eff. Duct	25% Eff. Duct	50% Eff. Duct	100% Eff. Duct
		System Effect Curve			
0.4	P	R-S	U	W	---
0.5	P	R-S	U	W	---
0.6	R-S	S-T	U-V	W-X	---
0.7	S	U	W-X	---	---
0.8	T-U	V-W	X	---	---
0.9	V-W	W-X	---	---	---
1.0	---	---	---	---	---

- 查圖

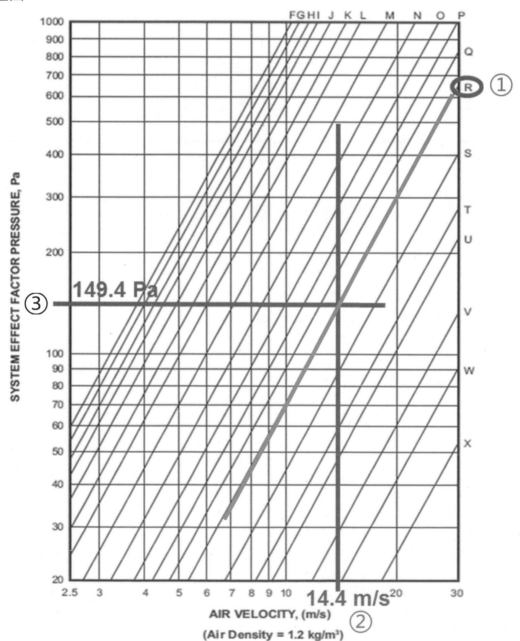

A.4.4.4. 風機效應計算-Ex. 4

● 排氣風機，沒有出口端排氣風管，入口端風管有彎頭

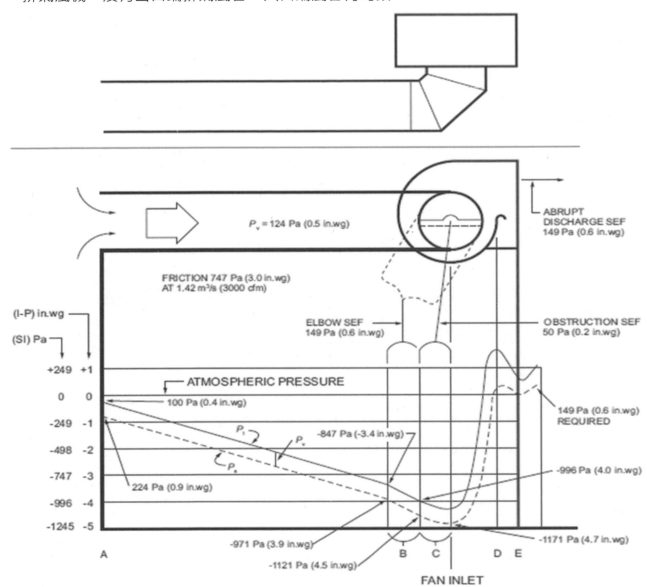

● 計算資料

item	Description	Pa	Remaek
A	Entrance loss - sharp edge duct	99.6	duct design
A-B	Duct friction at 1.42 m³/s	747.0	duct design
B	SEF 1 (風機效應產生，詳圖說明)	149.4	See below
C	SEF 2 (風機效應產生，詳圖說明)	49.8	See below
E	Fan Pv	124.5	
E	SEF 3 (風機效應產生，詳圖說明)	149.4	See below
	Required Fan Ps	1,319.7	

● 風機效應的損失：
SEF 1 (149.4Pa) + SEF 2 (49.8Pa) + SEF 3 (149.4Pa) = 總損失 348.6Pa。

- SEF 1：查圖說明-曲線 R/D =1 and No Duct。曲線 R。

圓管，90 度蝦節彎頭，3 片式，沒有導風片

R/D	No Duct	2D Duct	5D Duct
0.5	O	Q	S
0.75	Q	R - S	T - U
1.0	R	S - T	U - V
2.0	R - S	T	U - V
3.0	S	T - U	V

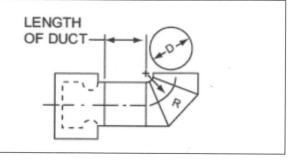

- SEF 2：查圖說明-風扇入口處的軸承阻礙了 10%進口。曲線 U。

入口阻塞的系統影響曲線

無障礙物占入口區域百分比	從障礙物到入口平面的距離				
	0.75 倍距離	0.5 倍距離	0.33 倍距離	0.25 倍距離	在入口位置
100	---	---	---	---	---
95	---	---	X	W	V
90	---	X	V - W	U - V	T - U
85	X	W - X	V - W	U - V	S - T
75	W - X	V	U	S - T	R - S
50	V - W	U	S - T	R - S	Q
25	U - V	T	S - T	Q - R	P

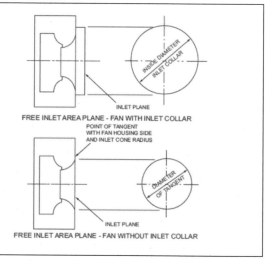

- SEF 3：查圖說明 -

離心風機-出口面積比 0.6，出口無風管 曲線 R

離心式風機 $=\dfrac{Blast\ area}{Outlet\ area}$	No Duct	12%	25%	50%	100%
	System Effect Curve				
0.4	P	R-S	U	W	---
0.5	P	R-S	U	W	---
0.6	R-S	S-T	U-V	W-X	---
0.7	S	U	W-X	---	---
0.8	T-U	V-W	X	---	---
0.9	V-W	W-X	---	---	---
1.0	---	---	---	---	---

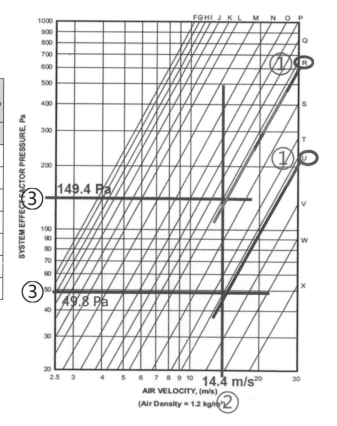

A.5. 風機震動

A.5.1. 風機的構造

- 風機的結構強度與風機的供風壓力、風量、尺寸有關。本節介紹風機結構以國內的 Kruger製造商的產品說明。
  風機的元件包含：風機鍋牛殼、框架、軸心、軸承，介紹部分是風機廠商常用的產品。

A.5.1.1. 風機結構

- 本節說明風機結構 (取材：科祿格 Kruger)
- Fan：Class 結構承受的轉速，建議轉速額定的 80%，Max 90%。
  Class：用於決定的轉速的最大值.

Type	Model 315 ~ 710	Model 800 ~ 1,400
S – C	Class 1	-----
T	Class 2	Class 1
X	Class 3	Class 2
Z	-----	Class 3

- 科祿格風機Fan：C，T，X，Z 鍋牛殼結構承受的轉速：

Type	Fan Size	風量 (cmh)	壓力 (Pa)
S	315 ~ 710	1,900 ~ 50,000	up to 2,000
C	315 ~ 710	1,900 ~ 50,000	up to 2,000
T	315 ~ 1,400	1,900 ~ 190,000	up to 2,500
X / Z	315 ~ 1,400	1,900 ~ 260,000	up to 3,200

- 風機結構圖：風機按風量、靜壓選擇不同的結構型式，有S、C、T、X的架構。

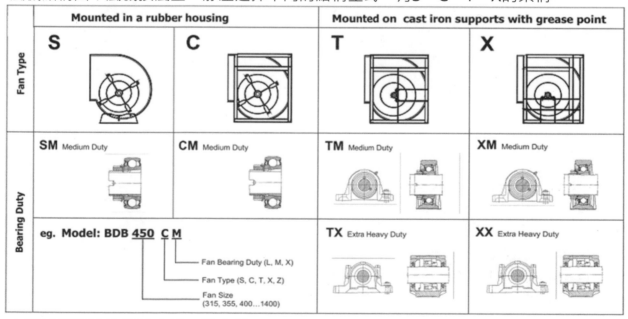

- 大型風機附設維修檢查口，排水口。

A.5.1.2. 風機的軸承

● 軸承的使用規範ISO 281。軸承的滾珠種類很多,風機廠商依經驗配置適當的規格,當有故障時必須依照相同規格更換。
軸承在風機系統是非常重要的元件,風機在運行有問題時,第一個傷害是軸承,再來會傷害軸心,最後導致風機結構破壞。

● 風機的軸承Bearing,含有軸承箱、軸承與軸承套。大型風機廠商常用的是品牌SKF。
(Ex) 軸承分解圖 (取材:remotion.en.alibaba.com)

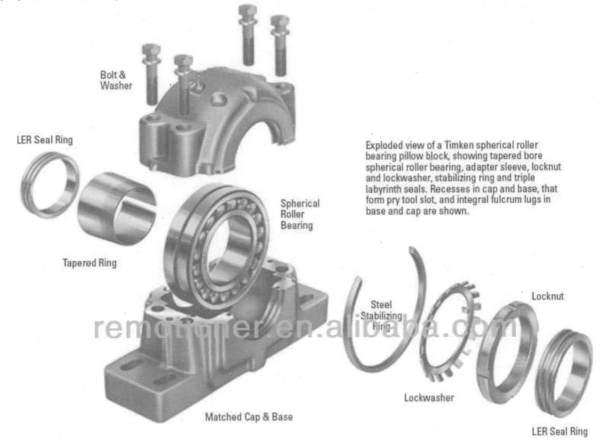

● (Ex) 說明常用軸承的規格:
風機軸承箱:SKF SNL-517;風機軸承套:SKF H317;風機軸承:SKF 22217K-C3。

A.5.2. 皮帶-滑輪 Belt-Pulley

● 常用風機的皮帶可分：(1) V形皮帶 (2) 平板皮帶-用於MAU風機。平板不會產生粉塵，V 形會產生粉塵。平板單價貴且要定製交貨時間長。故多採用 V 形皮帶。

A.5.2.1. 皮帶滑輪公式

● $d_{fan} \times n_{fan} = d_{motor} \times n_{motor}$

工程名稱	d motor 馬達滑輪	n motor 馬達轉速	d fan 風機滑輪	n fan 風機轉速	實際量側值
Fan No.	mm	rpm	mm	rpm	rpm
xxx	250	3,600	500	1,800	
xxx	216	1,750	355	1,064	1,009

● 符號說明：

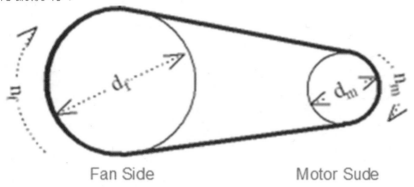

Fan Side　　　　　　Motor Sude

公式符號/單位說明

Project		主動側 (馬達) mm		被動側 (風機) mm		皮帶長度 x 數量 [mm]	Remark	
Fan No.	馬達 rpm	皮帶輪-溝數	錐套-孔徑	皮帶輪-溝數	錐套-孔徑		皮帶輪-溝數	皮帶長-數量
EF	1,725	SPZ118-02 溝	1610-28	SPZ106-02 溝	1610-30	SPZ1437x2 條	118mm-2 溝	1437mm-2 條
TEF	1,680	SPZ100-02 溝	1610-14	SPZ106-02 溝	1610-20	SPZ1024x2 條	118mm-2 溝	1024mm-2 條

皮帶輪 Ø-mm/溝數：SPZ118-02。品牌：SPZ；輪的規格：Ø118 mm；數量：2 溝。
皮帶長度-mm/數量：SPZ1437*2。品牌：SPZ；皮帶長度：1,437 mm；數量：2 條。

A.5.2.2. 皮帶調整

● 皮帶傳動運轉前，須調整皮帶的張力達最佳狀態。
皮帶張力計種類有：聲波張力計，振動張力計，筆型張力計。本節介紹筆型張力計。

● 皮帶張力計使用方法：
(1) 當皮帶安裝後是否達到適當的張力 T。於皮帶跨距中央垂直向下給一 K 值的力，此 K 值要滿足在每 1,000mm 上的跨距造成 15mm 的彎曲量。
(2) K = 0.06T [N]。
(3) 使用張力計計算出 K 或依下表所列 K 範圍搭配曲折量σ值來調整張力值到適當。
(4) σ= 中心軸距[mm] x sin(接觸角度/2) x 15 /1,000
(5) 張力計調整刻度 = 兩軸中心距離 / 1,000 (固定值) x 15 (固定值)

A.5.2.3. 操作說明

● 風機皮帶調整的操作步驟如下：(照片取材：伍得福企業)

(1) 600mm (兩軸中心距離) / 1,000 (固定值) x 15 (固定值) = 9mm (張力計調整刻度)

(2) 查表小皮帶輪徑 90mm (SPZ)得知：最大張力值=19 Nt，最小張力值=14 Nt。

(3) 取皮帶輪中心點，將張力計下壓制 9mm 處，取下張力計，查看張力計是否在 14 ~ 19 範圍內：若大於 19 則放鬆皮帶，若小於 14 則放鬆皮帶。

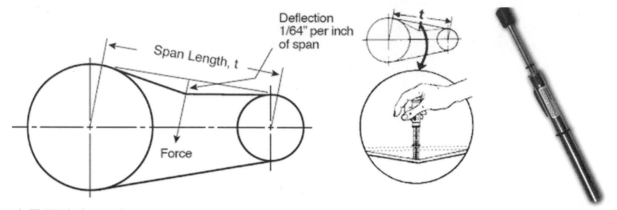

● 皮帶下陷力 Deflection Force kNt

| 小皮帶輪徑 | 高張力三角皮帶 (Narrow V-Belt | | | | | | | | |
| Dd | SPZ/3V | | SPA | | SPB/5V | | SPC | | 8V | |
mm	Kmin	Kmax	Kmin	Kmax	Kmin	Kmax	Kmin	Kmax	Kmin	Kmax
63	9	13								
71	11	15								
80	12	17								
90	14	19	14	20						
100	15	21	17	23						
112	16	22	20	26						
125	17	23	22	30						
140	18	24	24	32	27	37				
160	19	26	26	35	32	43				
180	20	26	28	38	37	49				
200	20	27	30	40	40	53				
224	21	28	31	41	43	57	43	71		
250			32	43	46	60	61	80		
280			33	44	48	63	68	89		
315			34	45	51	66	75	97	88	117
355					53	68	81	104	100	132
400					55	71	87	110	110	145
450					57	72	92	115	120	156
500					59	74	96	119	127	165
560							99	129	134	173
630							103	132	142	181
710							106	135	148	187
800										

A.5.3. 校心

● 軸承生命週期中，對軸承使用壽命有重要影響的階段就是：安裝和初次潤滑、對中、補充潤滑、基本狀態監測和拆卸。

● 旋轉設備的故障有50%是因為軸承的心不對正。不對正的旋轉設備會增加軸承額外的負荷、摩擦和振動。這會加速軸承的疲勞、縮短軸承的使用壽命。

● 校心的注意事項：風機與水泵校心理論相同，以下用水泵說明風機的校心觀念。
(1) 正確的校心：平行不對中、角度不對中。(取材：億寶軸承)
旋轉設備從製造或組裝工廠出廠經過了運輸過程可能造成設備軸不對正心。所以，風機轉動設備抵達現場運轉前需要校心。需要針對風機的主動輪與被動輪間的水平方向、垂直方向與軸向方向的校心對正。如圖的水泵法蘭類似風機轉輪。

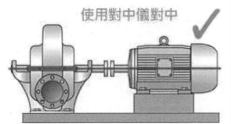
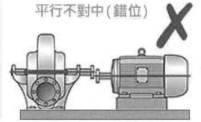
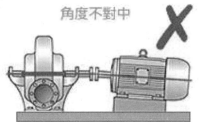

(2) 校心的工具、儀器，分為：直尺、表、雷射

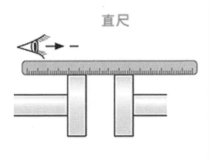
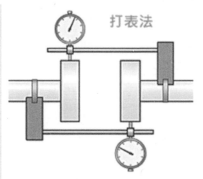
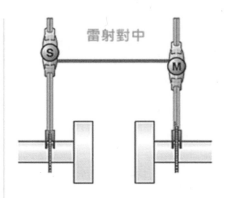

(3) 校心標準：剛性連結 3~5 條內 (1 條 = 1μm)。10 條內勘用。

● 旋轉設備校心後，依原廠建議的品牌使用潤滑油，潤滑脂的用量和潤滑方法也會影響到軸承的使用壽命。
經過一定的時間運轉後，軸承到達使用壽命的終點，就需更換軸承。且使用正確的方法把軸承拆下來，這樣才不會影響後來新更換軸承的使用壽命。

● 正確的拆卸方法、工具是要防止損壞其它相關元件，可能可以重複使用軸、軸承座；錯誤的拆卸方法還會對操作人員造成危險。
大型風機 SKF 系列檢測機器覆蓋了測量機器狀態以下的參數：溫度、速度、噪聲、油質狀態、振動、軸承狀態，為獲得最佳的軸承運行性能。

A.5.4. 振動

● 振動標準有：取材-AMCA 204-5與ISO-10816 (ISO-10816是ISO-2372的升級版)。
  彈性系統的交替機械運動，其組成部分是振幅，頻率和相位。 在一般實際的振動值報告
  為：位移 mm (mils)，速度 mm/s (in/s)，加速度 m/s^2 (in/s^2)。
  微振動的定義泛指頻率在 2~100 Hz，振幅在 50 μm/s 以下之振動量。都是屬於設備機
  台的振動，不在本書討論範圍。

● 風機的震動量測方式有兩種：(1)單點量測、(2)振動分析儀-可看到風機各振動頻率。

A.5.4.1. 振動標準

● AMCA 204-5：Table 4.1風機的平衡和振動應用類別

Application	Examples	Drive Power kW (hp) Limits	Fan Application Category BV
Residential 住宅	Ceiling fans，attic fans，window AC	<= 0.15 (0.2) > 0.15 (0.2)	BV-1 BV-2
HVAC & Agricultural 空調系統，農業的	Building ventilation and air conditioning，commercial systems	<= 3.7 (5.0) > 3.7 (5.0)	BV-2 BV-3
Industrial Process & Power Generation，Etc. 工廠製程，發電機，...	Baghouse，scrubber，mine，conveying，boilers，combustion air，pollution control，wind tunnels	<= 298 (400) > 298 (400)	BV-3 BV-4
Transportation & Marine 運輸與海運	Locomotives，trucks，automobiles	<= 15 (20) > 15 (20)	BV-3 BV-4
Transit / Tunnel 隧道	Subway emergency ventilation，tunnel fans，garge ventilation	<= 75 (100) > 75 (100)	BV-3 BV-4
	Tunnel Jet Fans	All	BV-4
Petrochemical Process 石化業	Hazzardous gases，process fans	<= 37 (50) > 37 (50)	BV-3 BV-4
Computer Chip Manufacturer 晶圓廠	Clean room	All	BV-5

● AMCA 204-5：Table 5.1 BV類別和平衡質量等級

Fan Application Category	Balance Quality Grade for Rigid Rotors/Impeller	Rigidly Mounted Support System		Flexibly Mounted Support System	
		mm/s	in/s	mm/s	in/s
BV-1	G 16	12.7	0.50	15.2	0.60
BV-2	G 16	5.1	0.20	7.6	0.30
BV-3	G 6.3	3.8	0.15	5.1	0.20
BV-4	G 2.5	2.5	0.10	3.8	0.15
BV-5	G 1.0	2.0	0.08	2.5	0.10

HVAC 可以用 BV-2 與 BV-3，也就是 G 16 與 G 6.3。
G：重力加速度，單位 m^2/s。

A.5.4.2. ISO-10816

- ISO-10816 (ISO-10816是ISO-2372的升级版)
  適用於以下機器的振動嚴重程度範圍：極限（速度）

inch/sec	mm/sec	Class I	Class II	Class III	Class IV
(PK)	(RMS)	< 20 HP	20-100 HP	>100 HP	>100 HP
0.015	0.28	A			
0.025	0.45	(Good)	A	A	A
0.039	0.71	B			
0.062	1.12	(Allowable)	B		
0.099	1.80	C		B	
0.154	2.80	(Tolerable)	C		B
0.248	4.50			C	
0.392	7.10				C
0.617	11.20	D			
0.993	18.00	(Not	D	D	
1.540	28.00	Permissible)			D
2.480	45.00				
3.940	71.00				

- 說明：
  A：好。
  B：允許
  C：可容忍
  D：不允許
  Class I：馬力不超過 15kW。
  Class II：15kW~75kW 機器通用基礎，或大型高達 300kW，剛性安裝在特殊基礎上
  Class III：大型旋轉機器剛性安裝在基礎上，在振動測量方向上是剛性的。
  Class IV：大型旋轉機器安裝在基礎上，在振動測量方向上是靈活的。

A.5.4.3. 振動強度基準

- AMCA 振動速度

mm/s	in/sec	status
0 ~ 0.13	0 ~ 0.01	EXTREMELY SMOOTH
0.13 ~ 0.25	0.01 ~ 0.01	VERY SMOOTH
0.25 ~ 0.51	0.01 ~ 0.02	SMOOTH
0.51 ~ 1.02	0.02 ~ 0.04	VERY GOOD
1.02 ~ 2.03	0.04 ~ 0.08	GOOD
2.03 ~ 4.06	0.08 ~ 0.16	FAIR
4.06 ~ 8.13	0.16 ~ 0.32	SLIGHTLY ROUGH
8.13 ~ 16.3	0.32 ~ 0.64	ROUGH
Above 0.64		VERY ROUGH

A.5.4.4. 振動警報

● 啟動、警報、停止

ANSI / AMCA FIELD VIBRATION SPEC'S for FANS MOUNTED					Rigidly Mounted mm/s (in/s)			Flexibly Mounted mm/s (in/s)		
APPLICATION EXAMPLES	EQUIPMENT EXAMPLES	Driver HP	AMCA	ISO Grade	Start-Up	Alarm	Shut-Down	Start-Up	Alarm	Shut-Down
HVAC & AGRICULTURAL	Building Ventalation & AC commercial systems	≦ 5	BV-1	G16	14.0 (0.55)	15.2 (0.6)	Note 1	15.2 (0.6)	19.1 (0.75)	Note 1
		> 5	BV-2	G16	7.6 (0.3)	12.7 (0.5)	Note 1	12.7 (0.5)	19.1 (0.75)	Note 1
INDUSTRIAL PROCESS & POWER GENERATION, ETC.	Baghouse, Scrubber,Mine, Convying	≦ 400	BV-3	G 6.3	6.4 (0.25)	10.2 (0.4)	12.7 (0.5)	8.8 (0.35)	16.5 (0.65)	17.8 (0.7)
			BV-4	G2.5	4.1 (0.16)	6.4 (0.25)	10.2 (0.4)	6.4 (0.25)	10.2 (0.4)	15.2 (0.6)
TRANSPORTATION & MARINE	Locomotove, Trucks Auotmotive	≦ 20	BV-3	G 6.3	6.4 (0.25)	10.2 (0.4)	12.7 (0.5)	8.8 (0.35)	16.5 (0.65)	17.8 (0.7)
		>20	BV-4	G2.5	4.1 (0.16)	6.4 (0.25)	10.2 (0.4)	6.4 (0.25)	10.2 (0.4)	15.2 (0.6)
TRANSIT / TUNNEL	Subway, Tunnel, Garage Ventilation	≦ 100	BV-3	G 6.3	6.4 (0.25)	10.2 (0.4)	12.7 (0.5)	8.8 (0.35)	16.5 (0.65)	17.8 (0.7)
		>100	BV-4	G2.5	4.1 (0.16)	6.4 (0.25	10.2 (0.4)	6.4 (0.25)	10.2 (0.4)	15.2 (0.6)
PETROCHEMICAL PROCESS	Hazardous Gas Process Fans	≦ 50	BV-3	G 6.3	6.4 (0.25)	10.2 (0.4)	12.7 (0.5)	8.8 (0.35)	16.5 (0.65)	17.8 (0.7)
		>50	BV-4	G2.5	4.1 (0.16)	6.4 (0.25	10.2 (0.4)	6.4 (0.25)	10.2 (0.4)	15.2 (0.6)
Computer CHIP Manufacturers	Clean Room	NY	BV-5	G 1.0	2.5 (0.1)	5.7 (0.2)	7.6 (0.3)	4.1 (0.16)	7.6 (0.3)	10.2 (0.4)

● Note 1 : Shutdown levels in Grades BV-1 & BV-2 must be established based on historical data.

A.5.4.5. 微振動

● 微振動與機台相差1,000倍-屬於製程需求，不在本書研究範圍。
微振動的定義泛指頻率在 2~100 Hz，振幅在 50 μm/s 以下之振動量。

振動規範	最大振動量		適用製程	振動描述
	速度 m/s	Hz	微米 10^{-3}m	
VC-A	260 μg	4 ~ 8	8	適用放大倍率低於 400 倍之光學顯微鏡
	50 μm/s	8 ~ 80		
VC-B	130 μg	4 ~ 8	3	適用放大倍率低於 1,000 倍之光學顯微鏡
	25 μm/s	8 ~ 80		精度在 3 為微米之製版印刷或檢驗儀器
VC-C	12.5 μm/s	1 ~ 80	1	精度在 1 為微米之製版印刷或檢驗儀器
VC-D	6.25 μm/s	1 ~ 80	0.3	適用於大多數之儀器, 包含電子顯微鏡 (TEM and SEM)
VC-E	3.1 μm/s	1 ~ 80	0.1	大多數情形, 這是嚴格的標準, 應可滿足對振動敏感的設備
VC-F	1.6 μm/s	1 ~ 80	0.1 <	16 奈米以下量測設備均要求達到此等級甚至更高.
VC-G	0.78 μm/s	1 ~ 80	0.1 <	10 奈米以下量測設備均要求達到此等級甚至更高.

A.5.4.6. 振動量測位置

● 為預防轉動設備故障，有時會安裝振動偵測器於設備上，
例如：離心式風機三項位置。(取材：AMCA 200-50)
安裝位置要接近風機的軸心處：(1)垂直 Vertical (2)水平 Horizontal (3)軸心 Axial。

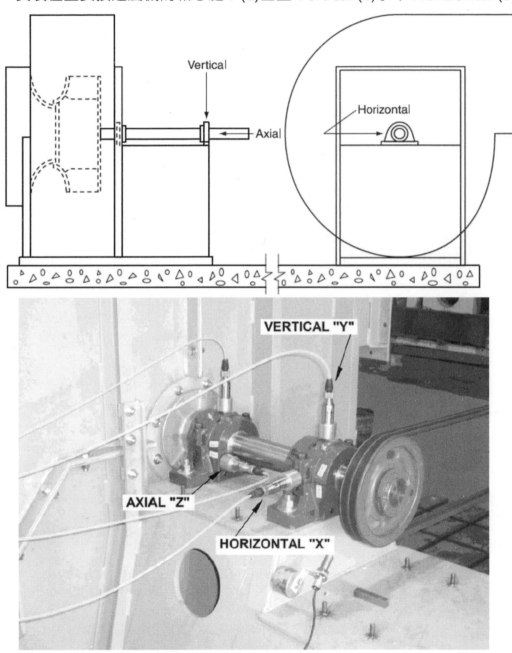

● AMCA 204-5：Table 6.1 建議最大的位移量

條件	建議最大值位移佔可用徑向間隙 （任意軸）的百分比	備註
啟動	< +25%	注意：聯繫軸承供應商以獲得所使用的特定套筒軸承內的可用徑向和軸向間隙。
警報等級	50%	
停機等級	70%	

A.5.4.7. 風機振動量測儀器

● 工廠在重要轉動設備上，為預防設
  備損壞會在設備上加裝的監測器。
  警報的標準比照各工廠的需求。
  監測儀器可以傳輸到中控室，也可
  以攜帶隨身顯示器現場查驗核對。
  監測的範圍：2Hz~10kHz；使用
  環境-25℃~90℃；4~20mA 輸
  出。
  使用者可以選擇：監測的儀器規格
  種類及監測範圍，選擇適用的型
  式。

● 單點量測儀器

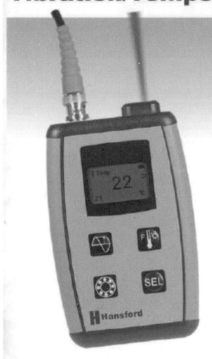

● 頻譜量測儀器

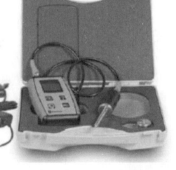

Vibration Analysis Certificate

Measure Date :   24/01/2018-15:19:02
N600 S/N: 34584
Part Name: EAF-01
                   CFT-D560 17F4411

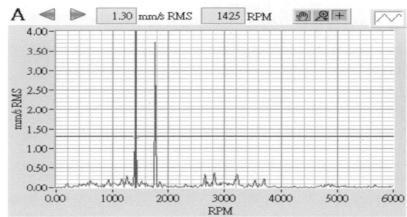

	ChA Peak List	
	mm/s	RPM
1	3.77	1768
2	1.71	1415
3	0.404	2830
4	0.368	3231
5	0.367	2661

ChA Overall: 4.42   mm/s RMS

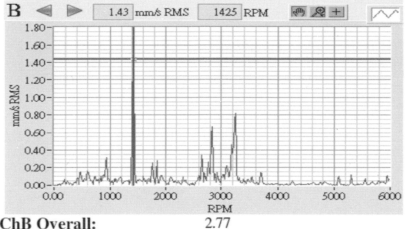

	ChB Peak List	
	mm/s	RPM
1	1.91	1415
2	1.11	6011
3	0.919	3234
4	0.736	2829
5	0.492	3185

ChB Overall: 2.77   mm/s RMS

A.6. 風機啟動

● 風機啟動操作檢查表：
將任何風機投入前的初始操作，必須完成以下檢查清單：
(1) 應對所有管道系統和風扇內部進行全面檢查。確保沒有任何異物可以被吸入或吹過風扇或管道系統。
(2) 應使用護目鏡或其他適當的方法，保護眼睛免受未檢測到的異物侵害。
(3) 確保基礎或安裝佈置和管道連接的設計，符合公認的可接受的工程設計。
(4) 實踐和 acme 的建議。
(5) 檢查並擰緊所有壓緊（固定）螺栓。
(6) 檢查風扇組件和軸承是否正確接地，以防止靜電放電。
(7) 旋轉葉輪以確定它是否可以自由旋轉，並且不會嚴重失衡。
(8) 檢查葉輪是否正確旋轉風扇設計。
(9) 檢查所有固定螺釘並擰緊。
(10) 檢查皮帶傳動或聯軸器校準，使用推薦的皮帶張力。
(11) 檢查皮帶傳動裝置是否正確，選擇皮帶輪並確保它們沒有反轉。
(12) 妥善保護所有安全防護裝置。
(13) 固定風扇和管道系統的所有檢修門。
(14) 瞬間激勵風扇檢查旋轉方向。
(15) 接通電源並使風扇達到全速。

● 風機啟動：
(1) 關閉出口風門, 開啟進風風門.
(2) 啟動風機, 等待靜壓建立後 (風機正常運轉)，再開啟出口風門。這是避免風機啟動電流太大，造成電機損傷。
(3) 風機正常運轉後. 檢查運轉狀況。

● 風機運轉後檢查：
(1) 電流，電壓。
(2) 不尋常的噪音。
(3) 軸承溫度，適當的潤滑。
(4) 正確的皮帶對齊，軸心。
(5) 風機及馬達的震動。
(6) 風機風量，靜壓。
(7) 風管的氣密，保溫。
(8) 風管吊架，制震。

● 風機啟動時間：

馬達極數	2 P	4 P	6 P	8 P
啟動時間	3～4 秒	4～6 秒	4～8 秒	5～10 秒

A.7. 風機保養風機

● 風機保養分季與年度項目

保養、檢查項目	保養情形：正常／異常				保養項目時間			
	日	月	季	年	日	月	季	年
1、馬達部分								
1.a.聆聽是否有異常聲音					Y	Y	Y	Y
1.b.檢查馬達表面的損壞情況					Y	Y	Y	Y
1.c.檢查馬達之電流狀況(鉤錶)					Y	Y	Y	Y
1.d.檢查並鎖緊接線端子						Y	Y	Y
1.e.檢查馬達之振動狀況(振動分析儀)								Y
1.f.檢查軸承有無異常(振動計、軸承聽診器)								Y
2、風機部份								
2.a.檢查風機表面的損壞狀況					Y	Y	Y	Y
2.b.風機內積水排除					Y	Y	Y	Y
2.c.螺絲鬆緊確認						Y	Y	Y
2.d.清潔風機外殼、扇葉							Y	Y
2.e.檢查風機的振動狀況(振動分析儀(年))								Y
3、皮帶部份								
3.a.檢視皮帶運轉時是否有異常跳動或雜音					Y	Y	Y	Y
3.b.檢查皮帶之張力及調整 (皮帶張力計)						Y	Y	Y
3.c.檢查及調整皮帶輪的位置							Y	Y
3.d.檢查皮帶及皮帶輪的磨損狀況							Y	Y
4、其它								
4.a.檢查維修門的密封狀況及把手					Y	Y	Y	Y
4.b.本體外表						Y	Y	Y
4.c.檢查避震器之狀況							Y	Y
4.d.使用振動分析儀校正並確認結構及振動良好								Y

● 軸承之即時溫度應為70℃以下。
馬達軸承振動值：振動值大於4.5mm/s，應更換馬達軸承。

A.8. 選機資料

A.8.1. Kruger 科祿格

● 取材：Kruger製造商是擁有AMCA認證的製造商。

Date	2018/8/10	Kruger Ventilation Industries Pte Ltd
Company	-	No. 17 Tuas Avenue 10
Attention	-	Singapore 639141
Project	-	
Reference	-	Tel: +65 6861 1577 Fax: +65 6861 3577
		Email: mktg@krugerasia.com

Fan Selection

Fan Type	
Unit	BSB1000/UIIM (II)
Operating Conditions	Ducted
Air Volume	40,000 m³/h
Static Pressure	800 Pa
Velocity Pressure	85 Pa
Total Pressure	885 Pa
Outlet Velocity	13.24 m/s
Fan Total Efficiency	74.4 %
Fan Static Efficiency	67.2 %
Fan Speed	948 rpm
Air Temperature	90 °C
Altitude	0 m
Fan Absorbed Power	13.2 kW

Motor Selection

Recommended Motor	D200L (18.5 kW)
Motor Speed	1150 rpm
Service Factor	10 %

Operating Limits

Max. Absorbed Power	40.00 kW
Max. Fan Speed	1250 rpm
Temperature (Min-Max)	-20° to 180°C

Q - Volume Flow (m³/h)

Hz	63	125	250	500	1k	2k	4k	8k	Overall
Lwi(Lin)	89	98	95	91	88	82	76	71	101 dB
Lwi(A)	63	82	86	88	88	83	77	70	93 dB(A)
Lpi(A)	56	75	79	81	81	76	70	63	86 dB(A)

* Sound data is for the inlet side * Sound Pressure Level 1m, Room Conditions

(CCW90)

0DL	A	B	C	D	E	F	F1	G	H	J	K	L	M	N	P	Q	R	S	t	t1	UxS	V	v1	v2	w	X	Y	z
60	181	154	106	126	663	500	200	656	145	713	763	144	110	719	90	510	9	132	18	11	17x	100	104	108	90	691	129	64

A.8.2. Gebhardt

● 本節說明，選風機時必須知道的選擇基準項目 (取材：網路 NICOTRA Ⅱ Gebhardt)。
Specification of：REM 13-0630-4W-23-C
High performance Centrifugal fan Gebhardt rotavent with external HIGH
EFFICIENCY motor in efficiency class IE 2 (IEC 60034-30)
single side with direct drive.
Rugged casing execution made of step welded steel sheet painted, without feet,
for use with horizontal or vertical shaft.
Suitable for handling temperatures up to + 60 °C.
Radial impeller with backward curved aerofoil blades, grease free, iron
phosphated and coated.
Motor B5, mounted outside the airstream.
Impeller and shaft statically and dynamically balanced in accordance with DIN ISO
1940, completely maintenance free.
The motor is equipped with PTC Thermistors as a standard.
Three phase 400 V, 50 Hz, single speed.

● Fan Curve to REM 13-0630-4W-23-C

Technical data of the fan: REM 13-0630-4W-23-C fulfills the ErP-directive 2015

Description	Value	Dimension
Specified duty point		
Air flow rate (V)	17,500	m³/h
Static pressure rise (dp_{fa})	500	Pa
Actual duty point		
Installation acc. DIN 24163 Part 1		B
Reference density (Rho1)	1.2	kg/m³
Medium temperature (t)	20	C
Air flow rate (V)	18,536	m³/h
Total pressure rise (dp_t)	717	Pa
Dynamic pressure at discharge (pd_2)	156	Pa
Static pressure rise (dp_{fa})	561	Pa
Fan speed (n_v)	-	min⁻¹
Absorbed power of the system (P_1)	6.63	kW
Current (I)	-	A
Total efficiency (ETA_{ts})	-	%
Static efficiency (ETA_{fa})	-	%
System efficiency (ETA_{faS})	-	%
Specific Fan Power (SFP-factor)	-	W/(m³/s)
Nozzle calibration factor (K_{10})	365	m²s/h
Differential pressure on nozzle (dp_D)	1,547	Pa
Velocity at discharge area (c)	16.1	m/s
Fan weight	145	kg

A-weighted sound power level discharge/intake $L_wA_{6/7}$		
Unweighted octave sound power level	92/92	dB
	Octave mid frequencies	
	63/125/250/500/1k/2k/4k/8k...	Hz
	94/89/87/89/87/83/80/71...	dB discharge $LwOkt_4$
	82/84/84/90/86/84/81/74...	dB intake $LwOkt_7$

1) The octave sound power levels can be higher at octave bands at or close to blade passing frequency.

Rated data		
Phase-Voltage-Frequency	3~400 D-50	V-Hz
Frame size-poles:	132M / IE2-4	
Motor rating (P_N)	7.5	kW
Max. absorbed power (P_{1max})	-	kW
Rated motor speed (n_N)	1,455	min^{-1}
Rated motor current (I_N)	14.5	A
Capacitor (C)	-	uF
Temperature range for conveying medium ($t_{min}...t_{max}$)	-20...60	C

ErP - Data at optimum efficiency and density 1.20 kg/m^3		
measurement- / efficiency category	B / total	
design status of VSD	without VSD	
overall efficiency (ETA_{opt})	72	%
achieved efficiency grade (N_{ist})	75.3	
required efficiency grade in 2013 / 2015 (N)	61 / 64	61 / 64
Air flow rate (V_{opt})	12,220	m³/h
pressure rise (dp_{opt})	1,338	Pa
Fan speed (n_{vopt})	1.465	min-1
motor power input with V-belt / flat belt drive (P_{1opt})	6021	kW
specific ratio (d_{dpopt})	1.013	

● Rotation : RD 。Handing : 90

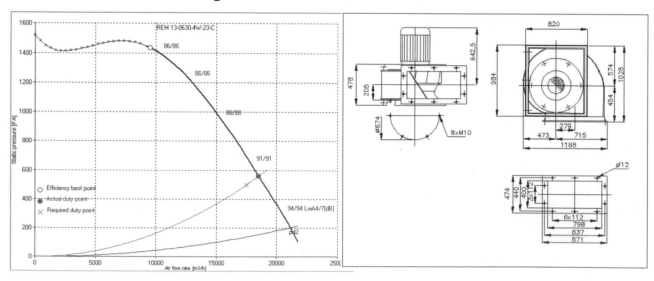

Chapter B
風管工程
Ductwork

Chapter B. 風管工程 Ductwork

- 本章介紹風管系統相關知識，含HVAC風管、製程排氣風管。
  風管的說明包含：風管種類、製造工法、風管配件，風管安裝，.....等，提供讀者風管設計基準入門，並提供計算公式及查表資料令工程師容易快速查到需求技術資料。
  (取材：SMACNA Duct Design/Construction/Industry Round/Application)

B.1. 風管材質

- 風管依材質分類：

風管分類	材質分類
金屬風管	鍍鋅、不銹鋼與不銹鋼+內部鐵氟龍。依系統需求設計風管材質。
FRP 風管	一般風管 FRP 與 FM 認證 FRP 風管。
塑膠風管	PP 與 PPs。
其他	鋁材、布、特殊防爆風管，.....等。這部分不在本章介紹範圍內。

本章介紹 (1) 金屬、(2) FRP 風管、(3) 塑膠。

B.1.1. 金屬類

- 本節介紹金屬類的風管，其他相關更多金屬材料與塑膠材料的特性，可參考本書系列第三冊配管系統，Chapter 金屬配管材料-金屬材料。

B.1.1.1. 風管外型分類

- 金屬風管的外觀上有：矩形、圓形、橢圓形。本章主要介紹矩形和圓形類的風管。
  風管外型設計分類：按管內空氣的性質區分，目的在現場能依外觀立即判別風管的用途功能，另外排氣風速快-圓形風管結構比方管強 (耐高壓)。
  矩形/圓形在安裝現場以視覺上判斷風管的功能與風管內的氣體種類：

HVAC 系統：矩形風管	一般空調與通風，例如-外氣風管、循環空調風管、通風風管。
排氣/通風系統：圓形風管	排氣類，例如-消防排煙、製程排氣、廁所排氣。 在工業通風、空氣污染控制和除塵系統中通常首選圓形管道。

B.1.1.2. 風管材料

- 空調/通風系統風管材質選用：(1) 鍍鋅鋼板 (2) 不銹鋼板 (3) 其他-鋁材。
  製程排氣系統風管材質選用：現狀高科技產業常用選擇性材料

廢氣類型	鍍鋅鋼板		不銹鋼板			塑膠類		玻璃纖維
	螺旋風管	全焊管	螺旋風管	全焊管	SUS+鐵氟龍	PP	PPs	FRP
一般排氣	Yes	Yes	Yes	Yes				
酸類					Yes	Yes	Yes	Yes
鹼類			Yes	Yes	Yes	Yes	Yes	Yes
有機類				Yes				
粉塵類				Yes				

風管厚度的選擇方式：
(1) 配合需求與使用者要求，其中僅是主觀材料的選項。
(2) 或依據-SMACNA Duct Design and Industry Round Duct。
(3)建議在溫度超過 400°F (~204°C) 時，不使用鍍鋅結構。

B.1.1.3. 鐵皮重量

材料規格		不鏽鋼板			鍍鋅鋼板			碳鋼板			鋁板		
		SUS 304	密度 7,930	單位重量	GIS	密度 7,974	單位重量	CS	密度 7,874	單位重量	Al	密度 2,710	單位重量
番號	分數	mm	kg/m³	kg/m²	mm	kg/m³	kg/m²	mm	kg/m³	kg/m²	mm	kg/m³	kg/m²
30		0.33	7,930	2.62	0.40	7,974	3.19	0.30	7,874	2.36	0.25	2,710	0.68
29		0.36	7,930	2.85	0.44	7,974	3.51	0.34	7,874	2.68	0.29	2,710	0.79
28	1/64	0.41	7,930	3.25	0.47	7,974	3.75	0.38	7,874	2.99	0.29	2,710	0.79
27		0.43	7,930	3.41	0.51	7,974	4.07	0.42	7,874	3.31	0.36	2,710	0.98
26		0.48	7,930	3.81	0.55	7,974	4.39	0.45	7,874	3.54	0.40	2,710	1.08
25		0.56	7,930	4.44	0.63	7,974	5.02	0.53	7,874	4.17	0.46	2,710	1.25
24		0.64	7,930	5.08	0.70	7,974	5.58	0.61	7,874	4.80	0.51	2,710	1.38
23		0.71	7,930	5.63	0.78	7,974	6.22	0.68	7,874	5.35	0.58	2,710	1.57
22	1/32	0.79	7,930	6.26	0.85	7,974	6.78	0.76	7,874	5.98	0.64	2,710	1.73
21		0.86	7,930	6.82	0.93	7,974	7.42	0.84	7,874	6.61	0.71	2,710	1.92
20		0.95	7,930	7.53	1.01	7,974	8.05	0.91	7,874	7.17	0.81	2,710	2.20
19		1.10	7,930	8.72	1.16	7,974	9.25	1.06	7,874	8.35	0.91	2,710	2.47
18		1.27	7,930	10.07	1.31	7,974	10.45	1.21	7,874	9.53	1.02	2,710	2.76
17		1.40	7,930	11.10	1.46	7,974	11.64	1.37	7,874	10.79	1.10	2,710	2.98
16	1/16	1.59	7,930	12.61	1.61	7,974	12.84	1.52	7,874	11.97	1.29	2,710	3.50
15		1.80	7,930	14.27	1.80	7,974	14.35	1.71	7,874	13.46	1.40	2,710	3.79
14	5/64	1.98	7,930	15.70	1.99	7,974	15.87	1.90	7,874	14.96	1.63	2,710	4.42
13	3/32	2.40	7,930	19.03	2.37	7,974	18.90	2.28	7,874	17.95	1.80	2,710	4.88
12	7/64	2.78	7,930	22.05	2.75	7,974	21.93	2.66	7,874	20.94	2.05	2,710	5.56
11	1/8	3.18	7,930	25.22	3.13	7,974	24.96	3.04	7,874	23.94	2.30	2,710	6.23
10	9/64	3.57	7,930	28.31	3.51	7,974	27.99	3.42	7,874	26.93	2.59	2,710	7.02
9	5/32	3.97	7,930	31.48	3.89	7,974	31.02	3.80	7,874	29.92	2.91	2,710	7.89
8	11/64	4.37	7,930	34.65	4.27	7,974	34.05	4.18	7,874	32.91	3.26	2,710	8.83
7	3/16	4.76	7,930	37.75	---			4.55	7,874	35.83	3.67	2,710	9.95
6	13/64	---			---			4.94	7,874	38.90	4.10	2,710	11.11
5	7/32	---			---			5.31	7,874	41.81	---		
4	15/64	---			---			5.69	7,874	44.80	---		
3	1/4	---			---			6.07	7,874	47.80	---		

● 鍍鋅板的鍍鋅量計算以50g/m²，2面=100g/m²。
● 表格數值是以計算方式得到，實際資料請詢問供應商。
 製造標準可參考 SMACNA 或 ANSI B32.3。

B.1.1.4. 不銹鋼鐵皮

● ASTM A167 不銹鋼板厚度

鐵皮番號	厚度 [mm]			標準重量 kg / m²	
	標準	最低	最高	300 系列	400 系列
28	0.3962	0.3462	0.4462	3.200	3.142
26	0.4775	0.3975	0.5575	3.844	3.771
24	0.6350	0.5550	0.7150	5.122	5.025
22	0.7950	0.6950	0.8950	6.405	6.283
20	0.9525	0.8525	1.0525	7.683	7.537
18	1.2700	1.1400	1.4000	10.245	10.050
16	1.5875	1.4375	1.7375	12.806	12.562

常用鐵皮厚度，實務上不同製造廠商有厚度誤差，詳細資料請詢問工供應商。

B.1.1.5. 鍍鋅鐵皮

● 鋼板防鏽處理 (取材：峻宏)

種類	說明	特性	應用	表面處理	厚度 [mm]
熱軋鋼板 (黑鐵板) SPHC	經過高溫的延展處理出來的鋼板材。硬度低、加工容易，韌性及延展性能佳	塑性高、沖壓性能、耐候性、焊接性能佳	輸送石油天然氣用管線、建築結構物、樓梯、C 型鋼、汽車零件、外觀比較不重要	烤漆、電鍍	1.2~4.0
冷軋鋼板 (光板) SPCC	冷軋是以熱軋鋼捲為原料，經過冷軋生產的鋼板。硬度高，不易變形，表面光潔。	表面光滑、漂亮	汽車鈑金、家電產品捲門、食品罐頭、商品貨架	烤漆、電鍍	0.25~2.5
鍍鋅鋼板 SECC	以 SPCC 冷軋/熱軋鋼板為基材，送入鍍鋅槽中通電鍍鋅，達到防銹、防蝕與抗酸等功能	防鏽、耐蝕、塗裝性佳、美觀	電腦及家電產品外殼及配件、建材、家具五金	裸材或烤漆	0.4~2.5
熱浸鍍鋅板 SGCC (GI-Z)	用 SPCC 或 SPHC 鋼板放入熱鍍鋅槽中鍍鋅，表面鍍鋅層較厚	防鏽、耐蝕比 SECC 鍍鋅鋼板耐用	空調設備、風管、建材浪板、C 型鋼、輕鋼架、止滑板	(1) 一般鋅花 (2) 微細鋅花 (3) 平滑表面	0.2~2.0

厚度 [mm]：各家製造廠受限於製造設備不同，(Ex.) SPHC 厚度 max. 4.0~12.0mmt，詳細資料請詢問供應商。

SECC 缺點：成品再次加工其切斷面無鍍鋅層保護，容易生鏽。

● 熱浸鍍鋅 SGCC (GI-Z) 的表面有：

花色	應用
(1) 一般鋅花-大花	MAU 的箱體
(2) 微細鋅花-小花	排氣風管
(3) 平滑表面-無花	空調風管

- 台灣風管廠商鐵皮厚度的參考值。實際厚度請供應商提供厚度精確值。

厚度	0.5 mmt	0.6 mmt	0.8 mmt	1.0 mmt	1.2 mmt	1.6 mmt
番號	# 26	# 24	# 22	# 20	# 18	# 16

- ASTM A525 熱浸鍍鋅鐵皮

鐵皮番號	厚度 [mm]			標準重量
	標準	最低	最高	kg / m^2
#28	0.4750	0.3950	0.5550	3.81
#26	0.5512	0.4712	0.6312	4.42
#24	0.7010	0.6010	0.8010	5.64
#22	0.8534	0.7534	0.9534	6.86
#20	1.0060	0.9060	1.1060	8.08
#18	1.3110	1.1810	1.4410	10.52
#16	1.6130	1.4630	1.7630	12.96

- 鍍鋅鋼板是一種普遍採用防蝕有效方法。鍍鋅工法、位置

鍍鋅工法	鍍鋅位置
熱浸鍍鋅 FD-Hot-Dip	雙面 TST = Triple Spot Test
電鍍 EG-Electrogalvanize	單面 SST = Single Spot Test

鍍鋅量的標準代碼,

JISG 3302	代碼	Z 12	Z 18	Z 22	Z 25	Z 27	Z 35	Z 43	Z 50	Z 60
	鍍鋅量 g/m^2	120	180	220	250	270	350	430	500	600
ASTM A653	代碼	A40	A60	G60	G90	G115	G140	G165	G185	G210
	鍍鋅量 g/m^2	Z122	Z183		Z275	Z351	Z427	Z503	Z564	Z640
DIN 1716	代碼	100		200		275	350	450		600
	鍍鋅量 g/m^2	100		200		275	350	450		600

ASTM A525 及 A527 標準已於 1994 年廢除,全部併入於 A653。

代碼 (英文字+數字):G90 = Z275。G:IP 單位,Z:SI 單位。數字(90、275):重量。
G90 (0.90 oz/ft^2)=Z275 (275 g/m^2)。1.00 oz/ft^2=0.00168 in=305g/m^2=0.0427mm
A653 標準中的一個鍍鋅量代碼,(Ex) G90 的意思為兩面鍍鋅量 90g/m^2。

ASTM A90 也是標準的編號,如同 A653 一樣,內容是說明檢驗鍍鋅量、附著性、均勻性等的方法,(Ex) 檢驗 G90 鍍鋅鋼板之鍍鋅量是否達到 90g/m^2 以上。

- 產品標準

JISG3302-94	鍍鋅鋼板
JISG3312-94	塗色鍍鋅鐵皮
JISG3313-90(96)	電鍍鋅鋼板及鋼帶

試驗方法標準

JISH0401-83	熱浸鍍鋅試驗方法
DIN50952-69	熱浸鍍鋅試驗方法

B.1.2. FRP類

● FRP (Fibre-glass Reinforced Plastic)：RFP的工業應用廣泛如耐酸鹼的風管、風機、水洗設備(Scrubber)、桶槽，......等。
FRP 風管可以配合需求、設計製造需要的型式，例如有圓管、方管與橢圓。其中包含風管配件 (彎頭、三通、法蘭、風門，......等)。

● FRP的材料有：(1) FM認證、(2) 無FM認證，一般製造的FRP分別。

B.1.2.1. FM認證

● FRP風管FM認證風管，FM認證產品依據FM4910及FM4922，其優點：
(1) 依據 FM 的規範，FM 認證的 FRP 風管可以免設風管內消防的撒水。
(2) 於運轉中的新增 take off 有其工法能夠配合系統不停機中施工。

● FM認證風管規格 (取材：製造商 ATS)

1	允許的真空。 管道應能承受 15 英寸 WC 的負壓。
2	允許正壓力。 管道應能承受 30 英寸 WC 的正壓
3	最高工作溫度：230 ℉
4	Duct size：Φ12"~Φ60"
5	<1>. FM4910：Cleanroom Materials Flammability Test Protocol
	<2>. FM 4922：Standard for Fume Exhaust Ducts or Fume and Smoke Exhaust Duct
	<3>. NFPA318：Standard for Protection of Clean-rooms
	<4>. BS 476 Part 6 & Part 7– Method of test for fire propagation for product and to determine the tendency of the surface of a material to support the spread of flame.
6	耐化學性：管道應能抵抗使用的化學品：詳細資料請詢問製造商
	<1>. 硫酸 75%＠ 100°F
	<2>. 硝酸 20%＠ 100°F
	<3>. 氫氧化鈉 50%＠ 100°F
	<4>. 氫氟酸 20%＠ 100°F
	<5>. 鹽酸 37%＠ 100°F

B.1.2.2. 直管規格

● 標準型直管長度：標準3m，依需求可以到6m長。

Nominal Diameter		Inner Diameter (ID)		Outer Diameter (OD)		Wall Thickness		Weight	
in.	mm	in.	mm	in.	mm	in.	mm	lbs/ft	kgs/m
2	50	2 1/4	57	2 7/16	62	5/32	4	1	1.5
4	100	4 1/4	108	4 7/16	113	5/32	4	2	3
12	300	12 1/4	311	12 7/16	316	5/32	4	6	8.9
20	500	20 1/4	514	20 1/2	521	7/32	5	12	17.9
28	700	28 1/4	718	28 7/16	722	7/32	5	20	29.8
38	950	38 3/8	975	38 11/16	983	1/4	6	27	40.3

表列簡易尺寸、重量，實務上風管直徑Φ50mm~Φ950mm，詳細資料請詢問供應商。
加強型風管直管：風管直徑Φ1,000mm~Φ4,000mm。詳細規格詢問製造商。

B.1.2.3. FRP風管配件

● 配件包含：彎頭、三通、大小頭、Offset管、閘門、終端盲板，.....等，與一般金屬風管所有的配件相同都能製造，詳細規格請詢問製造商。

● 彎頭：FRP風管配件與一般鐵風管相同，有彎頭(90°，45°)、閥門，.....等。

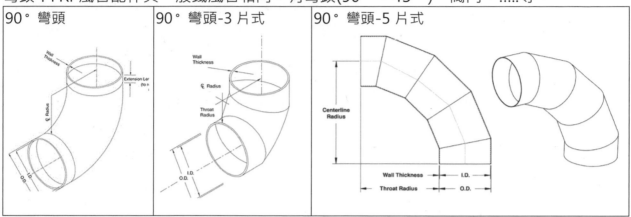

● 分歧管

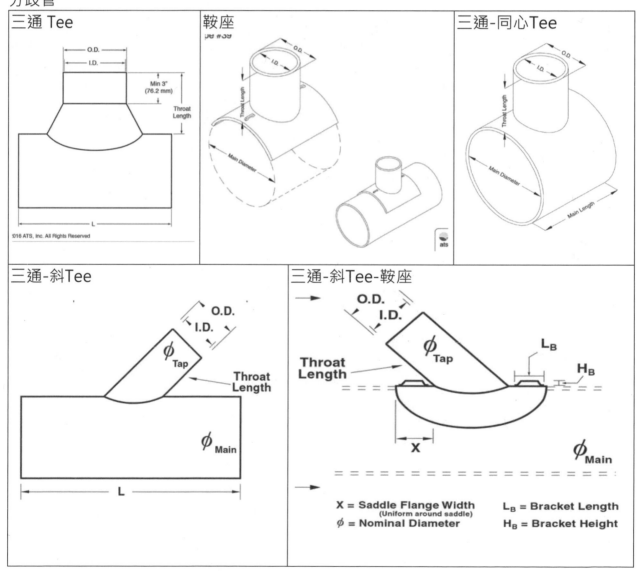

B.1.3. 塑膠類材質

B.1.3.1. 塑膠類風管

● 製程排氣常用的塑料風管材質：PP與PPs，PVDF(材料成本高)。

● PVC對許多化學物質有良好的阻抗性，但某些有機溶劑溢流時會對此材質造成腐蝕。約PVC材料約60℃時會軟化但不會立即燃燒，其燃燒產物為氫氯酸會對電氣設備及人產生傷害。實務上，製程廢氣的系統多採PPs，PVC常用於配管，因為便宜。

● PP熱阻性方面比PVC略好，但它仍然會燃燒且燃燒時會滴落。對許多溶劑有阻抗性。

PPs	PPs 也是 PP 材料的一種，但是 PPs 添加耐燃燒的成份 (阻燃)，s-阻燃的意思。
PPs-EL	導電阻燃聚丙烯 (規格厚度同 PPs)。

● 其他相關塑料材料的特性，可參考本書系列中，Chapter 塑膠配管材料-說明配管工程中會使用的材料，亦有相關材塑膠類料特性說明。

B.1.3.2. 材料特性

● 酸鹼類排氣風管

項次	說明	聚丙烯 PP	聚丙烯自熄滅 PPs	Sus+鐵氟龍塗佈	纖維玻璃 FRP
1	運轉-溫度限制	最高 90℃	最高 90℃	最高 149℃	最高 110℃
2	運轉-壓力限制	+10,000Pa 正壓 -5,000Pa 負壓	+10,000Pa 正壓 -5,000Pa 負壓	最高 2,500 Pa	+7,500Pa 正壓 -3,750Pa 負壓
3	耐化學品-氫氟酸	最高 80℃	最高 80℃	最高 120℃	最高 65℃
4	耐化學品-鹽酸	最高 80℃	最高 80℃	最高 150℃	最高 82℃
5	耐化學品-鹼廢氣 Amonia	最高 80℃	最高 80℃	最高 150℃	最高 38℃
6	安裝-施工法	焊接	焊接	法蘭	樹脂粘合
7	安裝-修改	容易	容易	困難	容易
8	防火需求	可燃	不易燃	不燃	不燃
9	防火參考法規	DIN 4102-B2	DIN 4102-B1	ASTM E-84	ASTM E-84
10	FM Approval, 消防撒水需求	Φ300 mm 以上	Φ300 mm 以上	不用	(1)FM 認證-不用 (2)沒認證-需要
11	工期	1 Week	1 Week	4-6 Weeks	4-8 Weeks
12	價格	100%	120%	150%	200%

B.1.3.3. 防火法規

● DIN 4102 塑料分類A、B等級

A 類	不可燃材料	---
B 類	可燃材料 (塑料) B 類分 3 等級	B1：阻燃劑
		B2：通常可燃
		B3：易燃

● 塑料材料防火等級

材料	DIN 4102 等級	火源 ℃ ASTM 1929	氧氣指數% ASTM 2863	UL 94 等級
PE-FD	B2	340	18	
VPE				
PE-EL				
PB				
PP Typr 1		345		
PP Typr 2				
PP Typr 3				
PVC	B1	> 390	40	V-0
PPs		> 380	28	V-0
PVDF		> 600	78	V-0

B.1.3.4. PP / PPs / PVDF風管規格

● PP / PPs / PVDF耐壓等級：Max. 1 bar (14.5psi) 正壓 and Max. 0.5 bar 負壓。
PP / PPs / PVDF 風管尺寸與厚度 (各製造商不同，詳細資料詢問供應商)

PPs 風管Φ		厚度	PP 風管Φ		厚度	PVDF 風管Φ		厚度
inch	mm	mm	inch	mm	mm	inch	mm	mm
3"	90	3	3"	90	3	3"	90	3
4"	110	3	4"	110	3	4"	110	3
6"	160	3	6"	160	3	6"	160	3
8"	200	3	8"	200	3	8"	200	3
10"	250	3.5	10"	250	3.5	10"	250	3.5
12"	315	5	12"	315	5	12"	315	5
14"	355	5	14"	355	5	14"	355	5
16"	400	6	16"	400	6	16"	400	6
18"	450	7	18"	450	7	18"	450	7
20"	500	8	20"	500	8	20"	500	8
24"	630	10	24"	630	10			

塑膠類的配件與鐵風管相同，包含彎頭、三通、大小頭、閘門，......等，詳細規格請詢問材料供應商。

B.1.4. 風管等級

● 本節說明風管的分類依：壓力，氣密、補強方式。(取材：SMACNA Duct Construction Standard)。

B.1.4.1. 風管壓力等級

● 風管的壓力可分為：(1)低壓 (2)中壓 (3)高壓。矩形、風管圓形都適用的原則。

等級分類	低壓	中壓	高壓
第一級	125Pa (正 or 負靜壓) 風速低於 10m/s	750Pa (正 or 負靜壓) 風速低於 20m/s	
第二級	250Pa (正 or 負靜壓) 風速高於 12.7m/s	1,000Pa (正靜壓) 風速高於 10m/s	2,500Pa 水柱之正靜壓，風速高於 10m/s
第三級	500Pa (正 or 負靜壓) 風速高於 12.7m/s	1,500Pa (正靜壓) 風速高於 10m/s	
風管構造	適用於靜壓不超過 500Pa，管內風速不超過 12.7m/s	靜壓不超過 750Pa 的系統，不考慮管中的風速。	靜壓大於 750Pa 的系統，風速高於 10m/s。

B.1.4.2. 風管厚度

● 依壓力分類-風管厚度

圓管直徑 D 或 矩形邊長尺寸 (b)	圓管直徑 mmt	矩形風管 [mmt] 中、低壓	矩形風管 [mmt] 高壓	除塵系統 mmt
D (b) ≦ 320	0.5	0.5	0.75	1.5
320 < D (b) ≦ 450	0.6	0.6	0.75	1.5
450 < D (b) ≦ 630	0.75	0.6	0.75	2.0
630 < D (b) ≦ 1,000	0.75	0.75	1.0	2.0
1,000 < D (b) ≦ 1,250	1.0	1.0	1.0	2.0
1,250 < D (b) ≦ 2,000	1.2	1.0	1.2	按設計
2,000 < D (b) ≦ 4,000	按設計	1.2	按設計	按設計

(1) 螺旋風管的鋼板厚度可適當減小 10% ~ 15%。
(2) 排煙風管鋼板厚度可按高壓系統。
(3) 特殊除塵系統風管鋼板厚度應符合設計要求。
(4) 本表不適用於地下人防與防火隔牆的預埋管。

B.1.4.3. 風管工法-氣密

● 風管製造工法依：(1) 氣密 (2) 壓力來決定工法。風管氣密等級

氣密等級	氣密需求	管內靜壓等級
A	風管短向、長向與穿牆的要氣密	大於 1,000 Pa
B	風管短向、長向的要氣密	750 Pa
C	風管短向的要氣密	500 Pa

除上述外，任何 VAV 系統為 250 Pa 和 125 Pa VAV 箱體上游風管應符合氣密等級 Class C。

B.2. 矩形風管製造

● 風管元件：包含鐵皮風管、法蘭、墊片、補強，.....等。

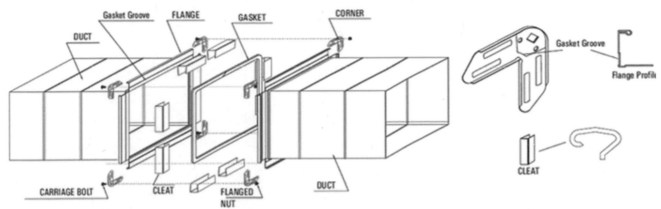

● 傳統的金屬風管管段之間的連接是將角鋼或扁鋼法蘭與管端採用翻邊、鉚接或焊接方法固定後，再用多個螺栓把管段連接的方法。
金屬風管轉角縫或閉合縫有三種連接方法：(1) 焊接、(2) 鉚接、(3) 咬口連接。

● 矩形金屬風管的組成注意事項：風管縫的咬合 (如 Drive and Slip、匹茨堡工法)，風管節的銜接 (法蘭、焊接)、風管補強 (線條凸溝、外部角鐵、內部補牆鐵桿)。這些組成須配合風管的設計要求，如靜壓等級、氣密條件、安裝，.....等。
常見的轉角縫咬口形式為聯合角咬口、按扣式咬口和轉角咬口，常見的閉合縫咬口形式為單平咬口和單立咬口。 在 80 年代之前大多採用手工敲打作業。

● 矩形風管的製造分為：(1) 傳統風管 (2) CGF Continuous Girth Flange (3) TDC-Transverse Duct Connections (4) TDF。各家製造商名稱不同 (取材：晨達)。
(1) CGF：矩形風管與法蘭一體成型的生產線機具設備。
優越的抗張力、抗壓力與氣密性。雙層連續環繞法蘭一體成型風管 CGF，法蘭為雙層結構，強度較 TDC 與 TDF 為佳。
(2) TDF：是一種 4 螺栓管道連接系統，可節省施工時間。
TDF 法蘭不是使用單獨的連接來組裝您的系統，而是在製造過程中將其滾壓到管道上。這種連接可減少風管洩漏和安裝成，這些 TDF 法蘭消除了管道邊緣周圍的額外內部密封，從而節省了人力和物力。

B.2.1. 機械風管

<1>	經電腦控制，全自動化機械生產，能精準掌控尺寸及穩定品質。
<2>	法蘭在管體上直接滾輪成型，分別提供多種型式 (如 TDC、TDF、TDFⅡ，各廠商產品名稱不同，但都是按照 SMACNA 的標準製造)，節省傳統法蘭成本。
<3>	每 300mm 間隔一道波型補強溝，以增加管身強度。
<4>	接合型式可提供 (1) 單片、(2) L 型、(3) ㄈ 型、(4) 全包式. 四種以利運輸及施工場所的差異有所選擇。
<5>	組合按裝簡易，接合採用 (1) 匹茲堡 (2) 排鈕式扣接，製造生產迅速，可減少人力，縮短工期。

- 機械風管加工方式 (取材鉤浩股份有限公司)

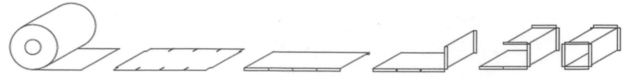

- 機械風管組合方式：
有 2 片(L 型+L 型組合成風管)、3 片(ㄇ字型+1 片組合成風管)、4 片(全包式成型)與 1 片(四片組成風管)的組合工法。

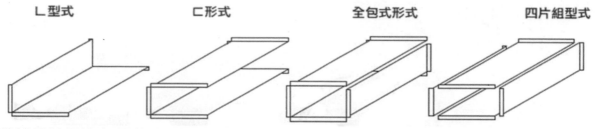

| L 型式 | ㄈ形式 | 全包式形式 | 四片組型式 |

- 機械風管規格表(單位 mm)

風管尺寸	鋼板厚度	法蘭最大間距			法蘭夾片		補強桿	防漏襯條	吊架
		TDF35	TDC35	TDC II	長度	最大間距	最大間距	規格	最大間距
300 以下	0.5 (#26)	1,130	1,130	3,050	50	150	750	25 x 5 t	3,000
301 ~ 750	0.6 (#24)	1,430	1,430	3,050	50	150	750	25 x 5 t	3,000
751 ~ 1,500	0.8 (#22)	1,430	1,430	3,050	50	150	750	25 x 5 t	3,000
1,501 ~ 2,250	1.0 (#20)	1,430	1,430	3,050	50	150	750	25 x 5 t	2,400
2,251 以上	1.2 (#18)	1,430	1,430	3,050	50	150	750	25 x 5 t	2,400

- 各製造商品名稱不同，但都是依據SMACNA的標準工法製造 (取材：鉤浩公司)

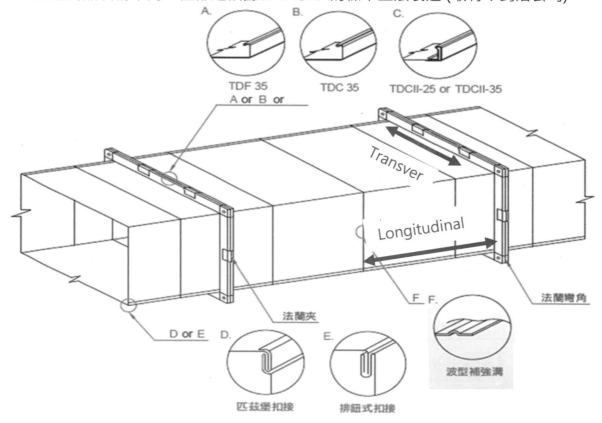

B.2.2. 風管咬合

B.2.2.1. 咬合的種類

- 風管的咬合分為：
短方向與長方向，
兩者的工法不同。

- SMANCA 對每種
咬合工法都有一個
編號，如T-1、
T8，.......等，詳下
面說明。

- 每種咬合方式，有
使用壓力限制，寬
度、長度限制，
SMACNA 有詳細
描述。本節介紹常
用的工法。

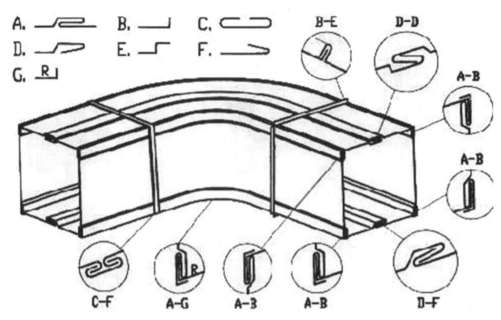

B.2.2.2. 風管短向咬合

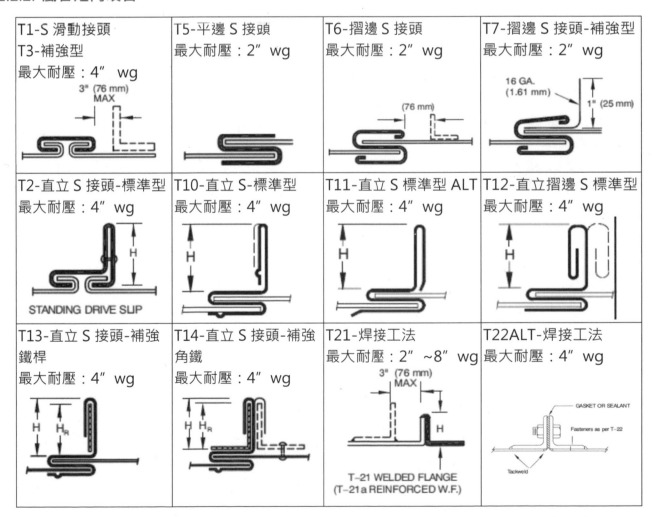

T1-S 滑動接頭 T3-補強型 最大耐壓：4″ wg	T5-平邊 S 接頭 最大耐壓：2″ wg	T6-摺邊 S 接頭 最大耐壓：2″ wg	T7-摺邊 S 接頭-補強型 最大耐壓：2″ wg
T2-直立 S 接頭-標準型 最大耐壓：4″ wg	T10-直立 S-標準型 最大耐壓：4″ wg	T11-直立 S 標準型 ALT 最大耐壓：4″ wg	T12-直立摺邊 S 標準型 最大耐壓：4″ wg
T13-直立 S 接頭-補強 鐵桿 最大耐壓：4″ wg	T14-直立 S 接頭-補強 角鐵 最大耐壓：4″ wg	T21-焊接工法 最大耐壓：2″ ~8″ wg	T22ALT-焊接工法 最大耐壓：4″ wg

B.2.2.3. 風管長向咬合

● 風管長向咬合的工法，其強度比短向強，亦可使用於短向咬合

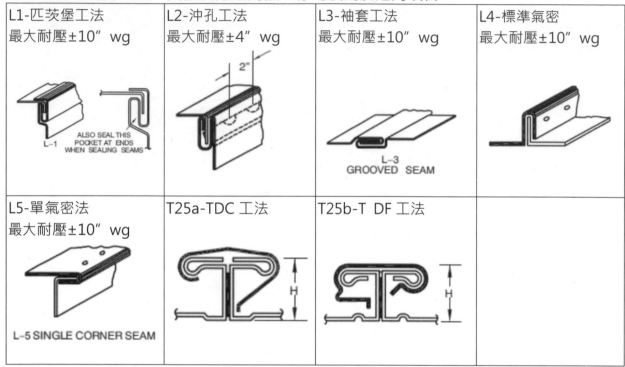

L1-匹茨堡工法 最大耐壓±10″ wg	L2-沖孔工法 最大耐壓±4″ wg	L3-袖套工法 最大耐壓±10″ wg	L4-標準氣密 最大耐壓±10″ wg
L5-單氣密法 最大耐壓±10″ wg	T25a-TDC 工法	T25b-T DF 工法	

B.2.3. 風管法蘭

● 金屬類風管法蘭材質有：鍍鋅鋼板、不銹鋼板、鋁材，...等。本節研究應用在空調及高科技廠房的風管材料鍍鋅鋼板、不銹鋼板。

● 法蘭種類有：角鐵、平板、TDC、Meto (三合一)，.........等。
配件組合圖，各製造商不同，詳細規格請詢問供應商

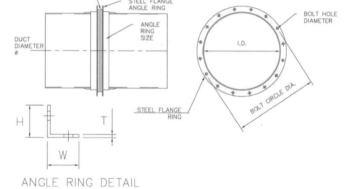

● 矩形風管法蘭

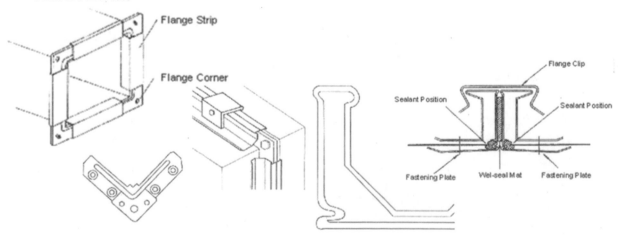

TDF 法蘭彎角 用途：對應機械風管，法蘭連接用。 材質：不鏽鋼板，鍍鋅鋼板 規格：25，35 型	
TDC II 法蘭彎角 用途：搭配 TDC-II 法蘭條使用, 組合成法蘭框.。 材質：不鏽鋼板，鍍鋅鋼板 規格：25，35 型	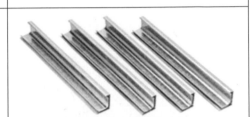
TDC II 法蘭條 用途：搭配 TDC-II 法蘭彎角使用, 組合成法蘭框.。 材質：不鏽鋼板，鍍鋅鋼板 規格：25，35 型	
TDC 法蘭： 插接式法蘭	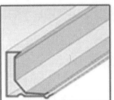 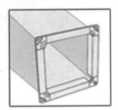
法蘭夾 用途：機械風管連接時固定於法蘭上，增加接合緊密度。 材質：不鏽鋼板，鍍鋅鋼板 規格：100 mm (L) x 1.0 mm (t)。50 mm (L) x 1.0 mm (t)	
螺絲夾 用途：機械風管連接時固定於法蘭上，增加接合緊密度。 材質：不鏽鋼，鍍鋅鋼 規格：3.0 mm (t)	
方形平鐵法蘭 用途：適用於任何方形風管系統之法蘭。 材質：不鏽鋼，鍍鋅鋼 規格：依顧客需求定製 L×W	
方形角鐵法蘭 用途：適用於任何方形風管系統之法蘭。 材質：不鏽鋼，鍍鋅鋼 規格：依顧客需求定製 L×W	

B.2.4. 風管補強

● 風管補強分為風管外部補強與風管內部補強。

B.2.4.1. 風管外部補強

● 風管外部補強方法，用風管咬合的工法，角鐵，風管凸溝。

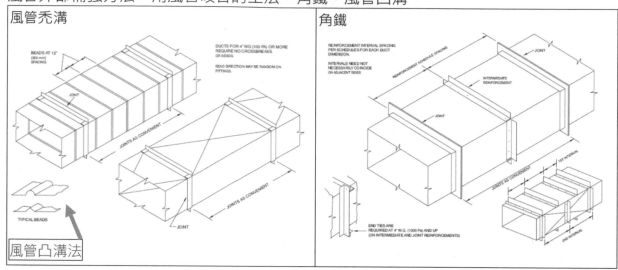

B.2.4.2. 風管內部補強

● 風管內部補強，一般都用鐵桿，補強鐵桿的規格、距離 (0.6m ~ 3m)、數量及補強工法依風管尺寸，靜壓(正壓或負壓)而增加補強數量。
補強鐵桿規格

補強鐵管規格	Φ inch	1/4"	5/16"	3/8"	7/16"	1/2"	3/8"
	Φ mm	6.4	7.9	9.5	11.1	12.7	15.9
載重 kg		217	353	530	725	966	1,533

● 機械風管管體內部以補強鐵桿支撐，管體與鐵桿接合處加裝氣密圓盤，再以防水矽膠填縫，能有效強化管身及增加氣密性。

● 風管補強圖

矩形風管補強

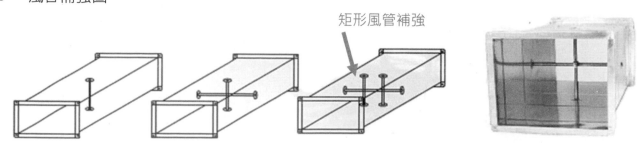

● 補強配件

補強桿配件組	
用途：風管管體內以補強鐵桿支撐，能有效強化管身。 材質：鍍鋅鋼 規格：補強鐵桿、圓盤、螺絲、預埋螺母、十字固定勾。	

B.2.4.3. SMACNA 補強標準

● 風管補強依據風管內壓力大小、風管厚度、單位長度、風管製造工法 (TDC、TDF，....
等) 的不同，補強的方式也不同。本節介紹其中一種壓力等級，詳細資料請詢問供應商。
(取材：SMACNA HVAC Duct Construction)

● 風管內壓力等級分為：

壓力	in. wg	1/2"	1"	2"	3"	4"	6"	10"
正壓/負壓	Pa	125	250	500	750	1,000	1,500	2,500
工作壓力		最高 1/2"	1/2" ~ 1"	1" ~ 2 "	2" ~ 3"	3" ~ 4"	4" ~ 6"	6" ~ 10"

● 風管補強規格，介紹其中一種規格 (Ex) 125 Pa
● 符號說明：
左上角使用壓力等級。如下表 125 Pa. 正壓 / 負壓
①：風管尺寸。
②：鐵皮厚度。
③ ~ ⑩：補強間距離 (3m、2.4m、1.8m、1.5m、1.2m、0.9m、0.75m、0.6m)。
③ ~ ⑩：需要補強的工法(英文字)與鐵皮厚度(數字)。例如." B-0.55"。

125 Pa Static Pos. or Neg. Duct Dimension (mm) ①	No Reinforcement Required (mm) ②	Reinforcement Code for Duct Panel Thickness (mm) Reinforcement Spacing Options							
		3.00 m ③	2.40 m ④	1.80 m ⑤	1.50 m ⑥	1.20 m ⑦	0.90 m ⑧	0.75 m ⑨	0.60 m ⑩
250 and under	0.55								
251 – 300	0.55				Not Required				
301 – 350	0.55								
351 – 400	0.55								
401 – 450	0.55								
451 – 500	0.70	B-0.55	B-0.55	B-0.55	B-0.55	B-0.55	B-0.55	A-0.55	A-0.55
501 – 550	0.85	B-0.55	B-0.55	B-0.55	B-0.55	B-0.55	B-0.55	B-0.55	A-0.55
551 – 600	0.85	C-0.55	C-0.55	C-0.55	B-0.55	B-0.55	B-0.55	B-0.55	B-0.55
601 – 650	1.00	C-0.55	C-0.55	C-0.55	C-0.55	B-0.55	B-0.55	B-0.55	B-0.55
651 – 700	1.31	C-0.70	C-0.55	C-0.55	C-0.55	C-0.55	B-0.55	B-0.55	B-0.55
701 – 750	1.31	C-0.70	C-0.55	C-0.55	C-0.55	C-0.55	B-0.55	B-0.55	B-0.55
751 – 900	1.31	D-0.85	D-0.70	C-0.55	C-0.55	C-0.55	C-0.55	C-0.55	B-0.55
901 – 1000	1.61	E-1.00	E-0.70	D-0.70	D-0.55	C-0.55	C-0.55	C-0.55	C-0.55
1001 – 1200	1.61	E-1.00	E-0.85	E-0.70	E-0.55	D-0.55	D-0.55	C-0.55	C-0.55
1201 – 1300		F-1.31	F-1.00	E-0.85	E-0.55	E-0.55	E-0.55	D-0.55	C-0.55
1301 – 1500		G-1.31	F-1.00	F-0.85	E-0.70	E-0.70	E-0.55	E-0.55	D-0.55
1501 – 1800		H-1.61	H-1.31	F-1.00	F-0.85	F-0.70	E-0.70	E-0.70	E-0.70
1801 – 2100		I-1.61G	H-1.31G	H-0.85G	G-0.70	F-0.70	F-0.70	F-0.70	
2101 – 2400	Not Designed	I-1.61G	I-1.31G	H-1.00G	H-0.85G	G-0.85	F-0.85	F-0.85	
2401 – 2700			I-1.61G	I-1.31G	I-1.31G	H-1.31G	H-1.31G	G-1.31	
2701 – 3000				I-1.61G	I-1.61G	I-1.31G	H-1.31G	H-1.31G	

Table 2–1M Rectangular Duct Reinforcement

- 例如：壓力 +125Pa 風管

風管 400mm	風管鐵皮 0.55mmt 時(詳編號②)，不用補強。
風管 600mm	風管鐵皮 0.85mmt 時，風管長 1.5m，需要補強(詳編號⑥)，補強方法"B"，表列文字 B-0.55。
風管 1,200mm	風管鐵皮 1.61mmt 時，風管長 1.2m，需要補強(詳編號⑦)，補強方法"D"，表列文字 D-0.55。

- 中間補強規格

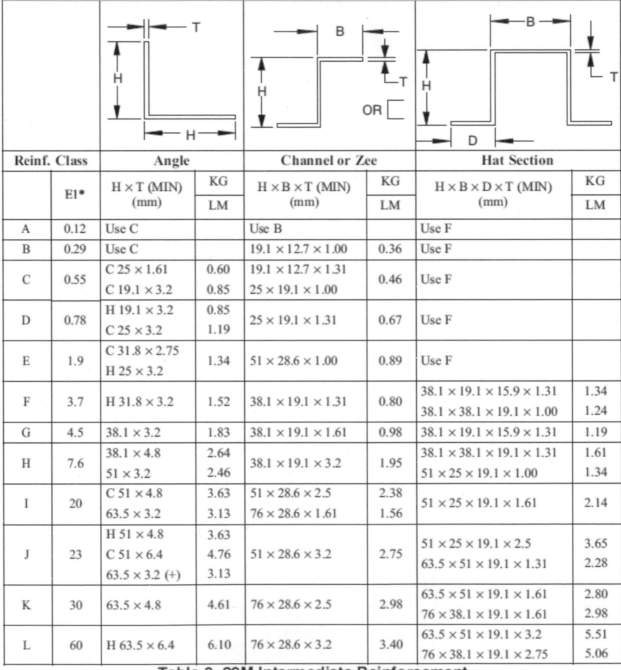

Reinf. Class	E1*	Angle H × T (MIN) (mm)	KG LM	Channel or Zee H × B × T (MIN) (mm)	KG LM	Hat Section H × B × D × T (MIN) (mm)	KG LM
A	0.12	Use C		Use B		Use F	
B	0.29	Use C		19.1 × 12.7 × 1.00	0.36	Use F	
C	0.55	C 25 × 1.61 C 19.1 × 3.2	0.60 0.85	19.1 × 12.7 × 1.31 25 × 19.1 × 1.00	0.46	Use F	
D	0.78	H 19.1 × 3.2 C 25 × 3.2	0.85 1.19	25 × 19.1 × 1.31	0.67	Use F	
E	1.9	C 31.8 × 2.75 H 25 × 3.2	1.34	51 × 28.6 × 1.00	0.89	Use F	
F	3.7	H 31.8 × 3.2	1.52	38.1 × 19.1 × 1.31	0.80	38.1 × 19.1 × 15.9 × 1.31 38.1 × 38.1 × 19.1 × 1.00	1.34 1.24
G	4.5	38.1 × 3.2	1.83	38.1 × 19.1 × 1.61	0.98	38.1 × 19.1 × 15.9 × 1.31	1.19
H	7.6	38.1 × 4.8 51 × 3.2	2.64 2.46	38.1 × 19.1 × 3.2	1.95	38.1 × 38.1 × 19.1 × 1.31 51 × 25 × 19.1 × 1.00	1.61 1.34
I	20	C 51 × 4.8 63.5 × 3.2	3.63 3.13	51 × 28.6 × 2.5 76 × 28.6 × 1.61	2.38 1.56	51 × 25 × 19.1 × 1.61	2.14
J	23	H 51 × 4.8 C 51 × 6.4 63.5 × 3.2 (+)	3.63 4.76 3.13	51 × 28.6 × 3.2	2.75	51 × 25 × 19.1 × 2.5 63.5 × 51 × 19.1 × 1.31	3.65 2.28
K	30	63.5 × 4.8	4.61	76 × 28.6 × 2.5	2.98	63.5 × 51 × 19.1 × 1.61 76 × 38.1 × 19.1 × 1.61	2.80 2.98
L	60	H 63.5 × 6.4	6.10	76 × 28.6 × 3.2	3.40	63.5 × 51 × 19.1 × 3.2 76 × 38.1 × 19.1 × 2.75	5.51 5.06

Table 2-29M Intermediate Reinforcement

Note :

EI 代碼是彈性模量乘以有效轉動慣量乘以 100,000。

(+) 正壓風管。Hat 截面尺寸 B" 可能等於尺寸 H" 的 2 倍，具有相同的加固等級

B.2.4.4. 不用補強

● 取材：SMACNA Rev. 2005，Table 2-47M

風管尺寸		風管壓力等級 (正壓或負壓)						
From	Upto	125	250	500	750	1,000	1,500	2,500
Mm		Pa	Pa	Pa	Pa	Pa	Pa	Pa
0	200	0.55	0.55	0.55	0.70	0.70	0.70	0.85
230	250	0.55	0.55	0.55	0.70	0.85	0.85	1.00
251	300	0.55	0.55	0.55	0.70	0.85	1.00	1.31
301	350	0.55	0.55	0.70	0.85	1.00	1.00	1.31
351	400	0.55	0.55	0.70	0.85	1.00	1.31	1.61
401	450	0.55	0.70	0.85	1.00	1.31	1.31	1.61
451	500	0.70	0.70	1.00	1.31	1.31	1.61	
501	550	0.85	0.85	1.31	1.31	1.31	1.61	
551	600	0.85	0.85	1.31	1.31	1.31	1.61	
601	650	1.00	1.00	1.31	1.31	1.61		
651	700	1.31	1.31	1.31	1.31	1.61		
701	750	1.31	1.31	1.31	1.31	1.61		
751	900	1.61	1.31	1.61	1.61	需要補強區域		
901	1,000	1.61	1.61					
1,001	1,200	1.61	1.61	Reinforcment is required.				

風管間的銜接用 flat type joint，普通 S 和折邊 S 連接器的最大壓力限制為 500Pa。
Slips and drives 銜接工法的重量不得小於管道壁的兩個量規，也不得小於 0.70mm。
對於風管寬度為 762mm 或更小的管道，雙 Slip 必須為 0.70mm，對於更寬的管道，必
須為 0.85mm。

Duct Thickness (mm)	0.55 to 0.85	1.00	1.31	1.61
Minimum Flat Slip & Drive Thickness (mm)	0.70	0.85	1.00	1.31

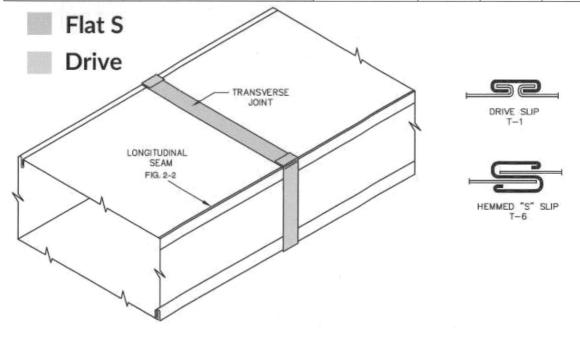

B.3. 圓形風管製造

● 本節介紹工業圓形風管，在工業通風、空氣污染控制和除塵系統中通常首選圓形管道。讀者可參考 SMACNA：ACCEPTED INDUSTRY PRACTICE FOR INDUSTRIAL DUCT CONSTRUCTION，對圓形風管的應用場所、風管材質、風管另件、風管安裝、風管吊架，......等有詳細介紹。SMACNA 工業風管分類：

Class I	包括非磨蝕性應用。
Class II	包括具有中等磨蝕性顆粒的應用。
Class III	包括具有低濃度高磨蝕性顆粒的應用。
Class IV	包括高濃度高磨蝕性顆粒的應用。
Class V	具有腐蝕性的應用，例如酸蒸氣。

● 科技廠房應用於排氣類風管：壓力分為低壓與高壓類系統。材質為：鍍鋅與不銹鋼。

低壓風管	常用螺旋風管，洩漏量大。各製造商的規格不同，詳細資料請詢問供應商。 應用於排氣系統 (Ex) 一般製程排氣-GEX，通風排氣、廁所排氣。 按需求選用材質：鍍鋅與不銹鋼。
高壓風管	常用高壓風管。 (1) 鍍鋅全焊管，應用於排氣系統 (Ex) 製程一般排氣-初設費用低。 (2) SUS 全焊管，應用於排氣系統 (Ex) 有機類排氣，鹼類排氣。 (3) SUS+Coating 全焊管，應用於排氣系統 (Ex) 製程酸 / 鹼 / 腐蝕性的排氣

B.3.1. 風管各部名稱

● 螺旋風管各部分名稱 (取材：CRD 晨達企業)

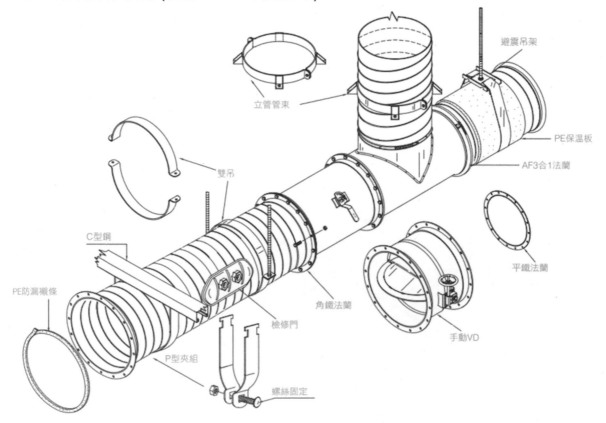

B.3.2. 螺旋風管

- Round 風管分為全焊管、螺旋風管。全焊管管意指長向與短向焊接。一般多是長向部分焊接,以法蘭、平板鐵或角鐵對接。短向焊接常用於製程有腐蝕性管路 (例如:製程排氣系統)。本節主要介紹螺旋風管的氣密工法。

B.3.2.1. 短向風管氣密

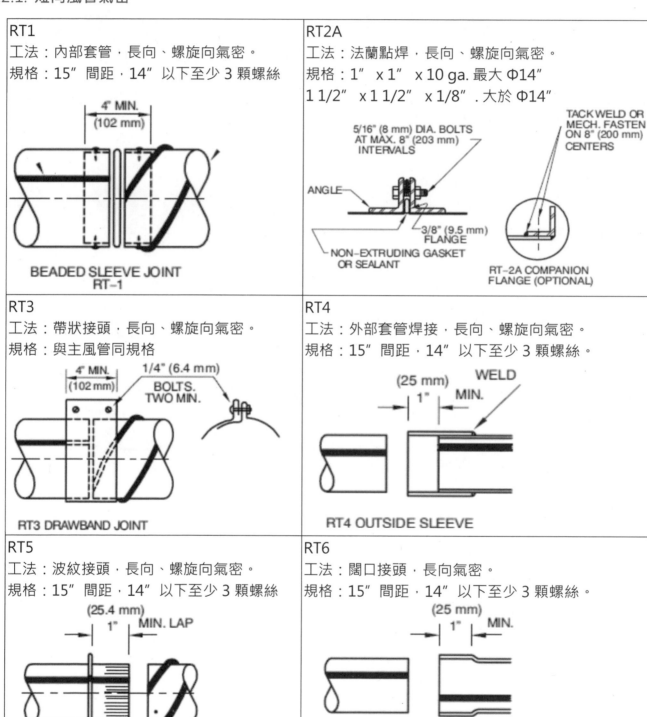

RT1
工法:內部套管,長向、螺旋向氣密。
規格:15″ 間距,14″ 以下至少 3 顆螺絲

BEADED SLEEVE JOINT
RT-1

RT2A
工法:法蘭點焊,長向、螺旋向氣密。
規格:1″ x 1″ x 10 ga. 最大 Φ14″
1 1/2″ x 1 1/2″ x 1/8″. 大於 Φ14″

RT3
工法:帶狀接頭,長向、螺旋向氣密。
規格:與主風管同規格

RT3 DRAWBAND JOINT

RT4
工法:外部套管焊接,長向、螺旋向氣密。
規格:15″ 間距,14″ 以下至少 3 顆螺絲。

RT4 OUTSIDE SLEEVE

RT5
工法:波紋接頭,長向、螺旋向氣密。
規格:15″ 間距,14″ 以下至少 3 顆螺絲

CRIMP JOINT
BEAD OPTIONAL
RT-5

RT6
工法:闊口接頭,長向氣密。
規格:15″ 間距,14″ 以下至少 3 顆螺絲。

SWEDGE (BELL)
RT-6

B.3.2.2. 長向風管氣密

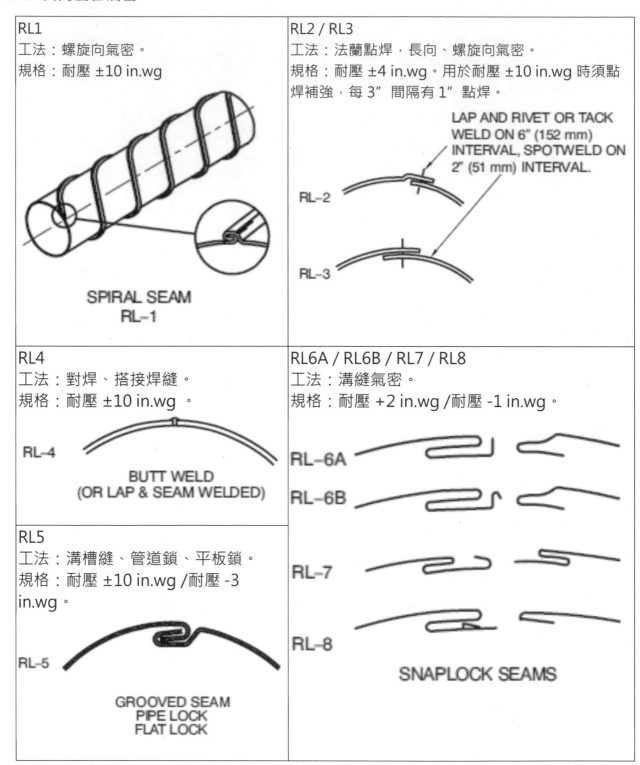

RL1

工法：螺旋向氣密。

規格：耐壓 ±10 in.wg

SPIRAL SEAM
RL-1

RL2 / RL3

工法：法蘭點焊，長向、螺旋向氣密。

規格：耐壓 ±4 in.wg。用於耐壓 ±10 in.wg 時須點焊補強，每 3″ 間隔有 1″ 點焊。

LAP AND RIVET OR TACK WELD ON 6" (152 mm) INTERVAL, SPOTWELD ON 2" (51 mm) INTERVAL.

RL-2

RL-3

RL4

工法：對焊、搭接焊縫。

規格：耐壓 ±10 in.wg 。

RL-4

BUTT WELD
(OR LAP & SEAM WELDED)

RL5

工法：溝槽縫、管道鎖、平板鎖。

規格：耐壓 ±10 in.wg /耐壓 -3 in.wg 。

RL-5

GROOVED SEAM
PIPE LOCK
FLAT LOCK

RL6A / RL6B / RL7 / RL8

工法：溝縫氣密。

規格：耐壓 +2 in.wg /耐壓 -1 in.wg 。

RL-6A

RL-6B

RL-7

RL-8

SNAPLOCK SEAMS

B.3.2.3. 圓管補強

● 圓管風管無補強耐正壓至2,500 Pa時的鐵皮厚度 (取材：SMACNA)
  HVAC DUCT CONSTRUCTION STANDARDS METAL AND FLEXIBLE- table 3-5

圓管	長向縫		螺旋縫		圓管	長向縫		螺旋縫	
Φ mm	mm	gage	mm	gage	Φ mm	mm	gage	mm	gage
100	0.48	28	0.48	28	750	0.85	22	0.70	24
150	0.48	28	0.48	28	900	0.85	22	0.70	24
200	0.48	28	0.48	28	1,000	0.85	22	0.70	24
250	0.48	28	0.48	28	1,200	1.00	20	0.85	22
300	0.48	28	0.48	28	1,300	1.00	20	0.85	22
350	0.48	28	0.48	28	1,500	1.00	20	0.85	22
400	0.55	26	0.55	26	1,650	1.31	18	0.85	22
450	0.55	26	0.55	26	1,800	1.31	18	1.00	20
500	0.70	24	0.55	26	1,950	1.31	18	1.00	20
550	0.70	24	0.55	26	2,100	1.31	18	1.00	20
600	0.70	24	0.55	26	2,250	1.31	18	1.00	20
					2,400	1.31	18	1.00	20

B.3.2.4. 法蘭補強

● 風管的補強可以用角鐵環或風管法蘭補強。

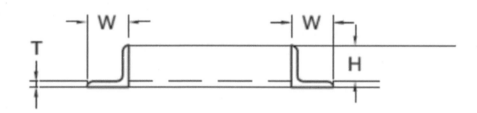

● 規格 (取材：SMACNA HVAC Duct Construction-table 3-2M)

補強等級	圓環角鐵規格 W x H x T (mm)	圓環尺寸 mm	螺絲或點焊 數量	圓風管尺寸 mm	用法蘭來補強
A	25 x 25 x 3.2	Φ150 以下	4	Φ225 以下	25 x 25 x3.2
B	31.8 x 31.8 x 4.8	Φ300 以下	6	Φ250~300	31.8 x 31.8 x 3.2
C	38.1 x 38.1 x 4.8	Φ450 以下	8	Φ301~601	31.8 x 31.8 x 4.8
D	38.1 x 38.1 x 6.4	Φ750 以下	12	Φ650~1,200	51 x 51 x 4.8
E	51 x 51 x 4.8	Φ1,300 以下	16	Φ1,201~1,500	63.5 x 63.5 x 4.8
F	51 x 51 x 6.4	Φ1,950 以下	20	Φ1,501~2,400	76 x 76 x 6.4
G	76 x 76 x 6.4	Φ2,400 以下	24		

B.3.2.5. 風管破壞的承受壓力

● 本節介紹螺旋風管能夠承受的壓力。說明正壓、負壓的承受與破壞壓力規格。
(取材：https://www.spiralmfg.com，Spiral Co.,，屬於美規系統，單位英制為基準)。

● 風管承受破壞的壓力強度

圓管直徑		鐵皮規格 Steel Gauge [ga]		接縫失效 Seam Failure [psi]		接縫失效 Seam Failure [kPa]		管內負壓破壞 Standard Pipe Pressure	
inch	DN mm	Std.	Max.	Std.	Max.	Std.	Max.	psi	kPa
3	75	24	22	*	*	*	*	**	**
4	100	24	20	500	*	3,448	*	**	**
5	125	24	18	350	*	2,413	*	**	**
6	150	24	18	275	*	1,896	*	**	**
7	175	24	18	220	*	1,517	*	**	**
8	200	24	18	175	460	1,207	3,172	**	**
9	225	24	18	150	375	1,034	2,586	11.0	75.8
10	250	24	18	135	325	931	2,241	7.0	48.3
11	275	24	18	115	275	793	1,896	4.0	27.6
12	300	24	18	95	240	655	1,655	3.0	20.7
13	325	24	18	85	220	586	1,517	2.4	16.5
14	350	24	18	80	185	552	1,276	1.7	11.7
15	375	24	18	72	170	496	1,172	1.6	11.0
16	400	24	18	65	160	448	1,103	1.4	9.7
17	425	24	18	58	145	400	1,000	1.3	9.0
18	450	24	18	53	140	365	965	1.25	8.6
20	500	24	18	47	120	324	827	1.2	8.3
22	550	24	18	41	100	283	690	1.2	8.3
24	600	22	18	48	87	331	600	1.2	8.3
26	650	22	18	42	78	290	538	***	***
28	700	22	18	37	68	255	469	***	***
30	750	22	18	33	60	228	414	***	***
32	800	22	18	30	55	207	379	***	***
34	850	22	18	28	52	193	359	***	***
36	900	22	18	27	48	186	331	***	***
42	1,050	22	18	29	37	200	255	***	***
48	1,200	22	18	25	32	172	221	***	***
*	理論上管內小於 500 psi 下，接縫不會失效								
**	在 -14.7 psi (-407 in.H2O) 下，接縫不會失敗								
***	小於 1.2 psi (8.3 kPa) 時，不會失敗								

● 接縫失效-正壓

鍍鋅圓管直徑		爆破壓力、接縫失效 (Bursting Pressure = Seam Failure)							
		#24 (0.701 mm)		#22 (0.8534 mm)		#20 (1.006 mm)		#18 (1.311 mm)	
inch	DN mm	psi	kPa	psi	kPa	psi	kPa	psi	kPa
3	75	*	*	*	*	*	*	*	*
4	100	500	3,448	*	*	*	*	*	*
5	125	380	2,620	480	3,310	*	*	*	*
6	150	310	2,137	360	2,482	500	3,448	*	*
7	175	230	1,586	280	1,931	400	2,758	*	*
8	200	200	1,379	240	1,655	312	2,151	450	3,103
9	225	160	1,103	180	1,241	250	1,724	350	2,413
10	250	147	1,014	170	1,172	225	1,551	325	2,241
11	275	125	862	150	1,034	175	1,207	280	1,931
12	300	112	772	130	896	165	1,138	240	1,655
13	325	95	655	120	827	145	1,000	225	1,551
14	350	85	586	105	724	135	931	185	1,276
15	375	82	565	90	621	120	827	170	1,172
16	400	78	538	85	586	112	772	160	1,103
17	425	63	434	81	558	100	690	145	1,000
18	450	56	386	50	345	82	565	140	965
20	500	54	372	64	441	82	565	120	827
22	550			52	359	71	490	100	690
24	600			48	331	66	455	90	621
26	650			42	290	54	372	82	565
28	700			37	255	50	345	70	483
30	750			33	228	45	310	66	455
32	800			30	207	37	255	58	400
34	850			28	193	37	255	54	372
36	900			27	186	33	228	50	345
38	950					30	207	50	345
40	1,000					30	207	42	290
42	1,050					29	200	36	248
44	1,100					29	200	36	248
46	1,150					29	200	33	228
48	1,200					29	200	33	228
*	理論上管內小於 500 psi 下，接縫不會失效								

● 接縫失效-負壓

鍍鋅圓管直徑		管內負壓破壞							
		#24 (0.701 mm)		#22 (0.8534 mm)		#20 (1.006 mm)		#18 (1.311 mm)	
inch	DN mm	psi	kPa	psi	kPa	psi	kPa	psi	kPa
3	75	**	**	**	**	**	**	**	**
4	100	**	**	**	**	**	**	**	**
5	125	**	**	**	**	**	**	**	**
6	150	**	**	**	**	**	**	**	**
7	175	**	**	**	**	**	**	**	**
8	200	**	**	**	**	**	**	**	**
9	225	11.0	75.8	**	**	**	**	**	**
10	250	7.8	53.8	14.0	96.5	**	**	**	**
11	275	5.5	37.9	8.6	59.3	**	**	**	**
12	300	3.7	25.5	6.6	45.5	14.0	97	**	**
13	325	2.5	17.2	4.9	33.8	7.8	54	**	**
14	350	1.6	11.0	3.2	22.1	4.9	34	**	**
15	375	1.6	11.0	2.2	15.2	4.2	29	14.0	96.5
16	400	1.5	10.3	1.7	11.7	3.8	26	12.0	82.7
17	425	1.3	9.0	1.6	11.0	2.8	19	7.9	54.5
18	450	1.2	8.3	1.4	9.7	1.6	11	6.6	45.5
20	500	1.2	8	1.3	9.0	1.6	11	4.5	31.0
22	550	***	***	1.3	9.0	1.4	10	2.8	19.3
24	600	***	***	1.2	8.3	1.3	9	2.5	17.2
26	650	***	***	1.2	8.3	1.2	8	1.6	11.0
28	700	***	***	***	***	***	***	1.4	9.7
30	750	***	***	***	***	***	***	1.3	9.0
32	800	***	***	***	***	***	***	1.2	8.3
34	850	***	***	***	***	***	***	1.2	8.3
36	900	***	***	***	***	***	***	***	***
**	在 -14.7 psi (-407 in.H2O) 下，接縫不會失敗								
***	小於 1.2 psi (8.3 kPa) 時，不會失敗								

B.3.2.6. 風管另件

- 各製造商產品規格不同，詳細尺寸請詢問供應商，本節主要是介紹正確的規格寫法。
  常用彎頭：取材 SPIRAL Industrial，取其一說明

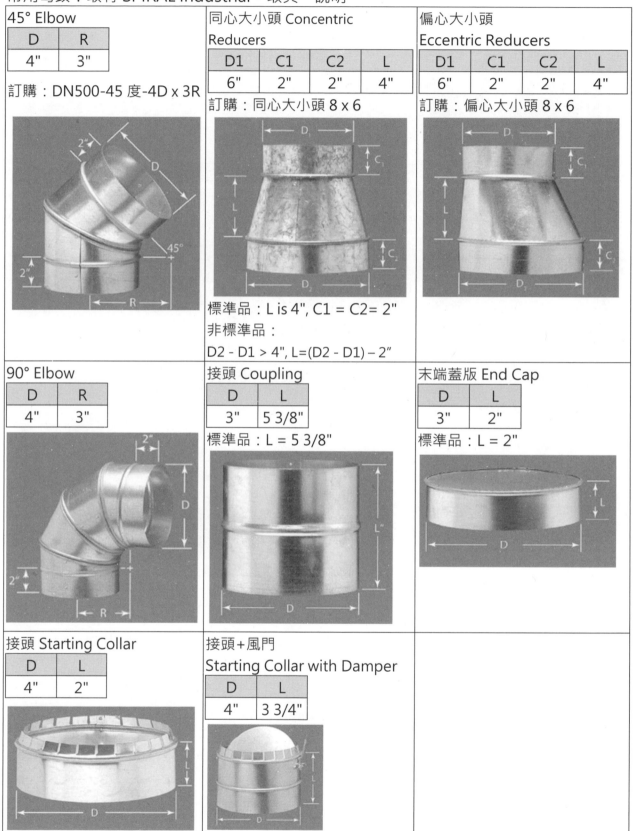

45° Elbow

D	R
4"	3"

訂購：DN500-45 度-4D x 3R

同心大小頭 Concentric Reducers

D1	C1	C2	L
6"	2"	2"	4"

訂購：同心大小頭 8 x 6

標準品：L is 4", C1 = C2= 2"
非標準品：
D2 - D1 > 4", L=(D2 - D1) – 2"

偏心大小頭 Eccentric Reducers

D1	C1	C2	L
6"	2"	2"	4"

訂購：偏心大小頭 8 x 6

90° Elbow

D	R
4"	3"

接頭 Coupling

D	L
3"	5 3/8"

標準品：L = 5 3/8"

末端蓋版 End Cap

D	L
3"	2"

標準品：L = 2"

接頭 Starting Collar

D	L
4"	2"

接頭+風門 Starting Collar with Damper

D	L
4"	3 3/4"

- SMACNA 分歧管

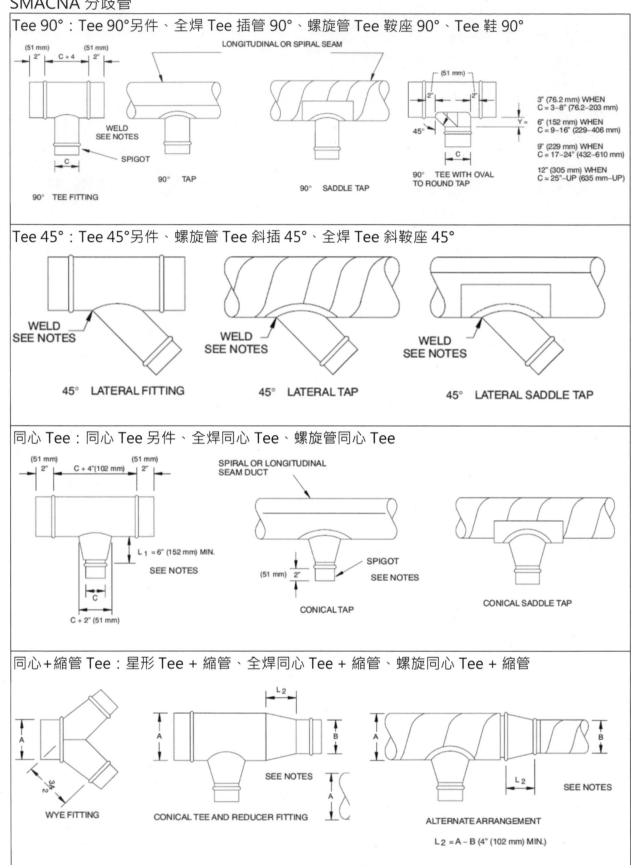

Tee 90°：Tee 90°另件、全焊 Tee 插管 90°、螺旋管 Tee 鞍座 90°、Tee 鞋 90°

LONGITUDINAL OR SPIRAL SEAM

(51 mm) 2"　C + 4　(51 mm) 2"

WELD SEE NOTES

SPIGOT

C

90° TEE FITTING

90° TAP

90° SADDLE TAP

(51 mm) 2"　(51 mm) 2"

45°

C

Y =

90° TEE WITH OVAL TO ROUND TAP

3" (76.2 mm) WHEN C = 3–8" (76.2–203 mm)

6" (152 mm) WHEN C = 9–16" (229–406 mm)

9" (229 mm) WHEN C = 17–24" (432–610 mm)

12" (305 mm) WHEN C = 25"–UP (635 mm–UP)

Tee 45°：Tee 45°另件、螺旋管 Tee 斜插 45°、全焊 Tee 斜鞍座 45°

WELD SEE NOTES

WELD SEE NOTES

WELD SEE NOTES

45° LATERAL FITTING

45° LATERAL TAP

45° LATERAL SADDLE TAP

同心 Tee：同心 Tee 另件、全焊同心 Tee、螺旋管同心 Tee

(51 mm) 2"　C + 4" (102 mm)　(51 mm) 2"

SPIRAL OR LONGITUDINAL SEAM DUCT

L_1 = 6" (152 mm) MIN.

SEE NOTES

C

C + 2" (51 mm)

(51 mm) 2"

SPIGOT

SEE NOTES

CONICAL TAP

CONICAL SADDLE TAP

同心+縮管 Tee：星形 Tee + 縮管、全焊同心 Tee + 縮管、螺旋同心 Tee + 縮管

A

3/4 2

WYE FITTING

L_2

A

B

SEE NOTES

A

CONICAL TEE AND REDUCER FITTING

A

B

L_2

SEE NOTES

ALTERNATE ARRANGEMENT

L_2 = A – B (4" (102 mm) MIN.)

- Tee：取材SPIRAL Industrial，取其一說明標準的細部尺寸規格

45°鞍座 Boot Saddle	
D	L
3"	8 1/4"

訂購寫法：
主管 16″ 、45°鞍座 6″ D
Note：L = (D x 1.414) + 4"

45 斜 Tee (Lateral)	
D	L
3"	2"

訂購寫法：
6 (A) x 6 (L) x4 (D)
Note：L = (D x 1.414) + 6"

90°鞍座 Boot Saddle	
D	L
3"	7"

訂購寫法：
主管 16″ 、90°鞍座 6″ D

90° 鞋插 Shoe Tap	
D	L
3"	4"

訂購寫法：
主管 16″ 、45°鞍座、6″ D
Note：其他規格詢問製造商

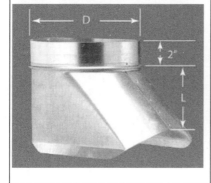

90° High-Efficiency Takeoff			
D	A	B	L
6"	6"	9"	5 1/2"

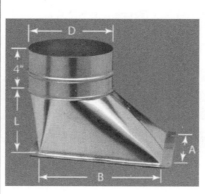

Air Intake Hood	
D	Opening
3	5 x 2

Note：L = 10" standard, H = D + 3, W = D + 4.

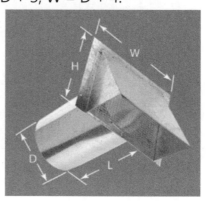

- 軟管

金屬軟管-無保溫	金屬軟管-保溫	非金屬軟管-無保溫	非金屬軟管-保溫

B.3.2.7. 風管重量

- 本節研究螺旋風管重量，實際應用在計算吊掛重量負荷時很重要。
- 直管風管重量公式：鍍鋅風管

> 風管重量 [kg/m] = 鍍鋅鐵皮密度 7,874 [kg/m³] x 風管厚[m] x 管表面積[m²] x 安全係數 1.2
>
> (1) SUS 不銹鋼 & GIS 鍍鋅，主要差異是金屬的密度不同。
>   不銹鋼密度 7,93 [kg/m³]，鍍鋅鐵皮密度 7,874 [kg/m³]，計算會偏差，需要乘上安全係數。
> (2) 鐵皮厚度各製造商有最大與最小厚度的偏差，因此需要乘上安全係數。
> (3) 螺旋風管有多層摺邊部份 (Pitch)，因此需要乘上安全係數。

- 直管風管重量

鍍鋅圓管直徑		#26 0.55mmt	#24 0.70mmt	#22 0.85mmt	#20 1.01mmt	#18 1.31mmt	#16 1.61mmt
inch	DN mm	直管風管重量 [kg/m]					
3	75	1.2	1.6	1.9	2.2		
4	100	1.6	2.1	2.5	3.0		
5	125	2.1	2.5	3.1	3.7	5.1	
6	150	2.4	3.0	3.7	4.5	5.8	7.1
7	175	2.8	3.6	4.3	5.1	6.8	8.3
8	200	3.1	4.2	4.9	5.8	7.7	9.5
9	225	3.6	4.6	5.7	6.5	8.8	10.7
10	250	3.9	5.1	6.3	7.3	9.7	11.9
11	275	4.3	5.7	6.8	8.0	10.6	13.5
12	300	4.8	6.1	7.4	8.8	11.6	14.3
13	325	5.1	6.7	8.0	9.5	12.6	15.9
14	350	5.5	7.1	8.6	10.3	13.5	16.7
15	375		7.6	9.2	11.0	14.6	18.6
16	400		8.2	9.8	11.6	15.5	19.0
17	425		8.6	10.6	12.4	16.5	19.8
18	450		9.1	11.2	13.1	17.4	21.4
20	500		10.1	12.4	14.6	19.3	22.3
22	550		11.2	13.5	16.1	21.3	23.2
24	600		12.2	14.7	17.4	23.2	28.6
26	650		13.2	15.3	18.9	25.1	31.0
28	700			17.3	20.4	27.1	33.3
30	750			18.5	21.7	29.0	35.7
32	800			19.8	23.2	31.0	38.1
34	850			21.0	24.7	32.7	41.5
36	900			22.2	26.2	34.7	42.9
38	950				27.5	36.6	44.3
40	1,000				29.0	38.5	47.6
44	1,100				32.0	42.4	52.4
48	1,200				34.8	46.3	57.0
52	1,300				37.7	50.2	61.9
56	1,400					54.0	66.7
60	1,500					57.7	71.4
64	1,600					64.6	79.5
68	1,700					68.6	84.4
72	1,800					72.6	89.4

B.3.2.8. 型錄-晨達

● SD 螺旋風管標準型：P=120 mm (取材：晨達股份有限公司)

尺寸 Φmm	SD 標準型 厚度 Thickness (mm)					
	0.4	0.5	0.6	0.8	1	1.2
75	▲●■					
100	▲●■					
125	▲●■					
150	▲●■					
175	▲●■					
200	▲●■					
225	▲●■					
250	▲●■					
275	▲●■					
300	▲●		■			
325	▲●		■			
350	▲	●■				
375		●■				
400		▲●	■			
425		▲●	■			
450		▲	●■			
475		▲	●■			
500		▲	●■			
550		▲	●■			
600		▲	●■			
650		▲	●■			
700			▲	●■		
750			▲	●■		
800			▲	●■		
850			▲	●■		
900			▲	●■		
950				▲	●■	
1,000				▲	●■	
1,100				▲	●■	
1,200				▲	●■	
1,300					▲	●■
1,400					▲	●■
1,500					▲	●■
1,600						▲●■
1,700						▲●■
1,800						▲●■

壓力等級：
▲：正壓 500 Pa
●：正壓 1,000 Pa
■：正壓 2,500 Pa

尺寸 Φmm	SD 標準型 厚度 Thickness (mm)						
	0.4	0.5	0.6	0.8	1	1.2	1.5
75	△○	□					
100	△○	□					
125	△○	□					
150	△○	□					
175	△○	□					
200	△○	□					
225	△○	□					
250	△	○□					
275	△	○□					
300	△	○	□				
325	△	○	□				
350	△		○□				
375	△		○	□			
400		△	○	□			
425		△	○	□			
450			△○	□			
475			△○	□			
500			△	○□			
550			△	○□			
600				△○	□		
650				△	○□		
700				△	○	□	
750				△	○	□	
800					△○	□	
850					△○	□	
900					△○	□	
950					△	○	
1,000					△	○	
1,100					△	○	
1,200					△	○	
1,300						△	
1,400						△	
1,500						△	
1,600							△
1,700							△
1,800							△

壓力等級：
△：負壓 500 Pa
○：負壓 1,000 Pa
□：負壓 2,500 Pa

- SSD 螺旋風管加強型：P=120 mm

尺寸	螺旋管距	補強溝間距	厚度 mm			備註
Φ mm	mm	mm	0.5	0.6	0.8	
150	120	30	●			標準長度 3m，可訂製長度。
175	120	30	●			螺旋接縫中間有三條加強型補強
200	120	30	●			溝。
225	120	30	●			強度高、重量傾、施工方便。
250	120	30	●			適用於有重量雇律之風管及建築用
275	120	30	●			預力樑之使用。
300	120	30	●			符合 SMACNA、ASHRAE、DIN 螺
325	120	30	●			旋風管製造標準。
350	120	30	●			
375	120	30	●			
400	120	30	●			
425	120	30	●			
450	120	30	●			
475	120	30	●			
500	120	30	●			
550	120	30	●			
600	120	30	●			
650	120	30	●			
700	120	30		●		
750	120	30		●		
800	120	30		●		
850	120	30		●		
900	120	30		●		
950	120	30		●		
1,000	120	30		●		
1,100	120	30		●		
1,200	120	30		●		
1,300	120	30		●		
1,400	120	30		●		
1,500	120	30		●		
1,600	120	30		●		
1,700	120	30		●		
1,800	120	30		●		

- 製造廠因為設備不同，工法上大致相同，但在節距上各公司都不一樣，如下說明：

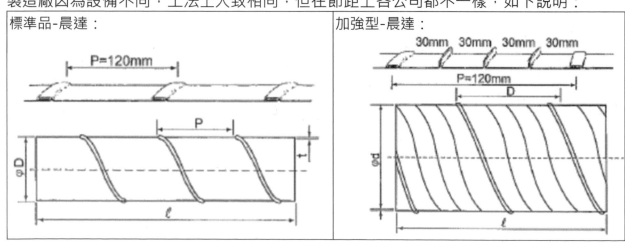

B.3.2.9. 型錄-鈞浩

● SD 螺旋風管標準型 (取材：鈞浩股份有限公司)

尺寸	Thickness (mm)						Remark
Φ mm	0.5	0.6	0.8	1	1.2	1.6	
75	標準品	定製品	定製品	定製品	定製品	定製品	標準長度：3m.
100	標準品	定製品	定製品	定製品	定製品	定製品	按 Pitch 分類：
125	標準品	定製品	定製品	定製品	定製品	定製品	(1) SD85 Model：P = 85 mm
150	標準品	定製品	定製品	定製品	定製品	定製品	(2) SDD132 Model：P=132 mm
175	標準品	定製品	定製品	定製品	定製品	定製品	
200	標準品	定製品	定製品	定製品	定製品	定製品	材質：不鏽鋼鋼板.鍍鋅鋼板
225	標準品	定製品	定製品	定製品	定製品	定製品	
250	標準品	定製品	定製品	定製品	定製品	定製品	風管強度分類：
275	標準品	定製品	定製品	定製品	定製品	定製品	(1) 標準品
300	標準品	定製品	定製品	定製品	定製品	定製品	(2) 加強型-中間加斜紋補強
325		標準品	定製品	定製品	定製品	定製品	
350		標準品	定製品	定製品	定製品	定製品	
375		標準品	定製品	定製品	定製品	定製品	
400		標準品	定製品	定製品	定製品	定製品	
425		標準品	定製品	定製品	定製品	定製品	
450		標準品	定製品	定製品	定製品	定製品	
500		標準品	定製品	定製品	定製品	定製品	
550		標準品	定製品	定製品	定製品	定製品	
600		標準品	定製品	定製品	定製品	定製品	
650			標準品	定製品	定製品	定製品	
700			標準品	定製品	定製品	定製品	
750			標準品	定製品	定製品	定製品	
800			標準品	定製品	定製品	定製品	
850			標準品	定製品	定製品	定製品	
900			標準品	定製品	定製品	定製品	
950				標準品	定製品	定製品	
1,000				標準品	定製品	定製品	
1,100				標準品	定製品	定製品	
1,200				標準品	定製品	定製品	
1,300					標準品	定製品	
1,400					標準品	定製品	
1,500					標準品	定製品	
1,600					標準品	定製品	
1,700						標準品	
1,800						標準品	
1,900						標準品	
2,000						標準品	

● SDD 螺旋風管加強型

尺寸	Thickness (mm)						Remark
Φ mm	0.5	0.6	0.8	1	1.2	1.6	
75	標準品	定製品	定製品	定製品	定製品	定製品	標準長度：3m.
100	標準品	定製品	定製品	定製品	定製品	定製品	按 Pitch 分類：
125	標準品	定製品	定製品	定製品	定製品	定製品	SDD132Model：P=132 mm
150	標準品	定製品	定製品	定製品	定製品		
175	標準品	定製品	定製品	定製品	定製品	定製品	材質：不鏽鋼鋼板.鍍鋅鋼板
200	標準品	定製品	定製品	定製品	定製品		
225	標準品	定製品	定製品	定製品	定製品	定製品	特性：管身節距中另加三道補
250	標準品	定製品	定製品	定製品	定製品	定製品	強溝。管體連接採內插式,，管
275	標準品	定製品	定製品	定製品	定製品	定製品	束或法蘭接合。適用於中空樓
300	標準品	定製品	定製品	定製品	定製品	定製品	板管、預力梁管及有重量顧慮
325		標準品	定製品	定製品	定製品	定製品	之風管。
350		標準品	定製品	定製品	定製品	定製品	
375		標準品	定製品	定製品	定製品	定製品	
400		標準品	定製品	定製品	定製品	定製品	
425		標準品	定製品	定製品	定製品	定製品	
450		標準品	定製品	定製品	定製品	定製品	
500		標準品	定製品	定製品	定製品	定製品	
550		標準品	定製品	定製品	定製品	定製品	
600		標準品	定製品	定製品	定製品	定製品	
650			標準品	定製品	定製品	定製品	
700			標準品	定製品	定製品	定製品	
750			標準品	定製品	定製品	定製品	
800			標準品	定製品	定製品	定製品	
850			標準品	定製品	定製品	定製品	
900			標準品	定製品	定製品	定製品	
950				標準品	定製品	定製品	
1,000				標準品	定製品	定製品	
1,100				標準品	定製品	定製品	
1,200				標準品	定製品	定製品	
1,300					標準品	定製品	
1,400					標準品	定製品	
1,500					標準品	定製品	
1,600					標準品	定製品	
1,700						標準品	
1,800						標準品	
1,900						標準品	
2,000						標準品	

B.3.3. 金屬全焊管

● 金屬全焊管材質：鍍鋅或不銹鋼。全焊的成本費用高，因此大多應用於製程排氣系統。
● 金屬全焊管就是將圓形金屬風管的長向銜接縫以焊接工法銜接，重要製程短向也會用焊接。比較其他類型風管：
  (1) 風管內部承受的壓力也比較高。
  (2) 氣密性高，避免廢氣的洩漏。
  (3) 強化性的氣密：法蘭採用 Double Hole 的螺栓工法強化氣密。或採短向焊接工法
  (4) 針對特殊廢氣內部再加塗佈鐵氟龍，抗腐蝕、耐酸鹼。

B.3.3.1. 全焊應用

● 金屬全焊管的應用：製程一般排氣、製程有機類與製程粉塵類的排氣風管。
  (1) 有機類風管大於Φ250mm 時，需要增設消防撒水(依 NFPA 規定設置)。為預防風管內的排氣體冷凝須做排水。應用上會設計二種排水，一種是冷凝排水管(DN 50mm)，另一種是消防撒水啟動後的排水(~DN 80mm)。
  (2) 粉塵類風管的應用上，須配合風管內粉塵的堆積而需要開清潔口，避免粉塵堆積在風管內，造成排氣風管內徑的減少而影響排氣量的需求。應用上會有二種開孔，一種是清潔用開口(DN 100mm)，另一種是粉塵堆積的洩料口(DN 100mm)。

B.3.3.2. SUS + Coating

● 風管加鐵氟龍(Teflon)塗佈的鐵氟龍種類有：ETFE與ECTFE，風管基材一般採用SUS#304或SUS#316，依業主的需求選擇。
  ETFE 具有高度抗化學酸鹼性、耐衝擊性、抗腐蝕性與耐高溫，其可適用於溫度 -150°F ~300°F (-66℃ ~149℃) 之間。
● Teflon Coating塗佈風管，一般製造商都會符合FM 4922 的認證並符合 ASTM E-84對於煙及火焰之要求。
  鐵氟龍(Teflon)製造塗佈過程：底漆、第一層塗佈、第二層塗佈、第三層面塗。
  完成後的風管要做直流電 2.5KV/260 火花測試器進行針孔測試，避免風管製造過程的砂孔或塗佈補完整。厚度檢查~200μm(各製造商的製作流程與厚度不同，詳細資料須詢問廠商)。
● 風管銜接固定鎖緊螺絲順序，安裝的順序目的是為風管氣密。風管銜接氣密條/力矩

風管尺寸	氣密條寬度	最小力矩
Dia. In	in (mm)	kg/cm^2
Φ1" ~ Φ5"	1/8" (3mm)	75
Φ6" ~ Φ11"	3/16" (5mm)	100
Φ12" ~ Φ24"	1/4" (7mm)	125
Φ24"以上	3/8" (10mm)	125

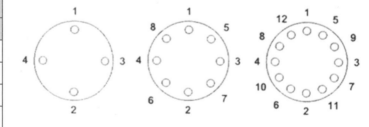

● 螺絲的規格：

風管尺寸	螺絲
Φ100mm ~ Φ250mm	1/4"
Φ300mm ~ Φ1,550mm	3/8"
Φ1,600mm 以上	1/2"

● 圓風管厚度與法蘭規格 (取材：晨達型錄)

風管規格			法蘭規格							
尺寸	長度	厚度	內徑	外徑	厚度	寬度	高度	螺孔距離	螺孔徑	螺孔數量
D	L	t	ID	OU	T	W	H	BC	Hole S	Q'ty
Φ mm	mm	mm	mm	mm	mm	mm	mm	mm	mm	pcs
100	1,200	1.0	103	156	3	25	17	133	7.0	6
150	1,200	1.0	153	206	3	25	17	183	7.0	6
200	1,200	1.0	203	260	3	27	18	233	7.5	8
250	1,200	1.0	253	310	3	27	18	283	7.5	10
300	1,200	1.0	302	368	3	32	20	338	11.0	12
350	1,200	1.0	352	416	3	32	20	388	11.0	12
400	1,200	1.0	402	466	3	32	20	438	11.0	16
450	1,200	1.2	452	516	3	32	20	490	11.0	16
500	1,200/2,420	1.2	502	577	3	38	20	544	11.0	20
550	1,200/2,420	1.2	552	627	3	38	20	594	11.0	20
600	1,200/2,420	1.2	602	677	3	38	20	644	11.0	20
650	1,200/2,420	1.2	652	727	3	38	20	694	11.0	24
700	1,200/2,420	1.2	702	777	3	38	20	744	11.0	24
750	1,200/2,420	1.5	752	827	3	38	20	794	11.0	28
800	1,200/2,420	1.5	802	877	3	38	20	844	11.0	28
850	1,200/2,420	1.5	852	927	3	38	20	894	11.0	32
900	1,200/2,420	1.5	902	977	3	38	20	944	11.0	32
950	1,200/2,420	1.5	952	1,027	3	38	20	994	11.0	36
1,000	1,200/2,420	2.0	1,002	1,077	3	38	20	1,044	11.0	36
1,050	1,200/2,420	2.0	1,052	1,127	4	38	20	1,094	11.0	40
1,100	1,200/2,420	2.0	1,102	1,177	4	38	20	1,144	11.0	40
1,200	1,200/2,420	2.0	1,202	1,277	4	38	20	1,244	11.0	44
1,300	1,200/2,420	2.0	1,302	1,377	4	38	20	1,344	11.0	48
1,400	1,200/2,420	2.0	1,402	1,477	4	38	20	1,444	11.0	52
1,500	1,200/2,420	2.5	1,502	1,577	4	38	20	1,544	11.0	56
1,600	1,200/2,420	2.5	1,602	1,702	5	50	50	1,660	13.5	60
1,700	1,200/2,420	2.5	1,702	1,802	5	50	50	1,760	13.5	64
1,800	1,200/2,420	2.5	1,802	1,902	5	50	50	1,860	13.5	68
1,900	1,200/2,420	2.5	1,902	2,002	5	50	50	1,960	13.5	72
2,000	1,200/2,420	2.5	2,002	2,102	5	50	50	2,060	13.5	74

法蘭規格圖

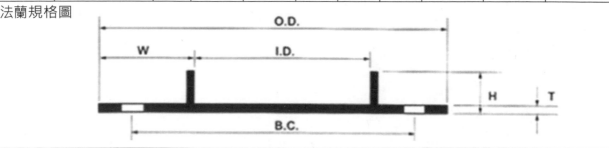

注意事項：各製造商對風管規格與法蘭規格都不一樣，詳細規格請詢問製造商。

B.4. 風管配件

● 風管配件種類多，本節介紹常用的配件。各製造商略不同，詳細資料請詢問供應商。

B.4.1. 風管配件

● 介紹風管標準配件，詳細規格請詢問供應商

旋轉接頭 用途：適用於任何方形風管系統之法蘭。 材質：不鏽鋼，鍍鋅鋼 規格：Φ 75 mm ~ Φ 400 mm	
內套管 用途：螺旋風管連接時之套管，中央有凸形溝可定位兩邊風管之平行。 材質：不鏽鋼，鍍鋅鋼 規格：Φ 75 mm ~ Φ 400 mm	
管束吊架 用途：螺旋風管連接時之管束，搭配全牙吊桿及掛勾可直接吊裝。 材質：不鏽鋼，鍍鋅鋼 規格：Φ 100 mm ~ Φ 600 mm	
輕型吊架 用途：螺旋風管連接時之管束，搭配全牙吊桿及掛勾可直接吊裝。 材質：不鏽鋼，鍍鋅鋼 規格：Φ 100 mm ~ Φ 600 mm	
方形檢修門 用途：安裝於風管上，可進行檢查、維修及清理風管內之物品。 材質：不鏽鋼板，鍍鋅鋼版 規格：L 300 x W300；L 600 x W400。	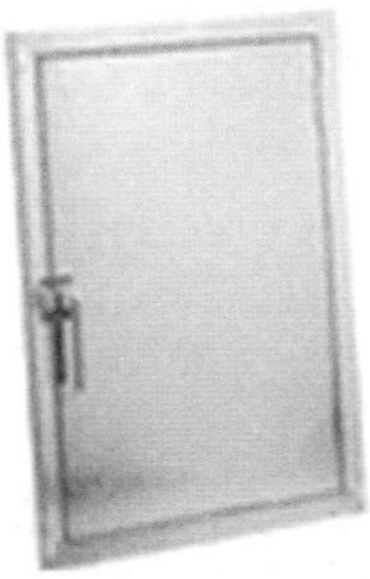
測試口 用途：將儀器棒插入測試孔，以測量風管內之風量。 材質：不鏽鋼板，鋁製 規格：內徑 Ø25mm	

B.4.2. 風管氣密

● 本節介紹常用的墊片材質，包含風管與水管，依流體特性選擇適當的材質。
不同的墊片其材質會有不同的顏色組成顯示。

PE Form Gasket：聚乙烯發泡墊片膠帶
用途：風管氣密，一般空調/通風系統
厚度：2~10mm
長度：~30m

PTFE 防漏襯條 (軟性)
用途：法蘭連接之防漏襯條。耐酸鹼、耐高溫、耐壓力、耐老化。
材質：聚四氟化乙烯 (鐵氟龍)
應用：酸/鹼排氣。規格：

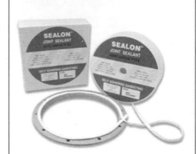

寬度	厚度	長度	
5 mm	2.0 mm	20 m	50 m
7 mm	2.5 mm	15 m	50 m
10 mm	3.0 mm	8 m	50 m
12 mm	5.0 mm	5 m	50 m
14 mm	6.0 mm	5 m	50 m

Full Face Gasket：氣密墊整片成型。
材質：VITON、GFLT
規格：定製品
應用：腐蝕性排氣。

Full Face Gasket：氣密墊整片成型。
材質：PTFE
規格：定製品
應用範圍：耐酸鹼系統。

Full Face Gasket：氣密墊整片成型。
材質：PE + PFTE
墊片標準：ASME B16.21 ASA 150級
尺寸：ANSI B16.5鑽孔
壓力：150 PSI Plus
溫度：-22 o F / -30 o C到300 o F / 150 o C
顏色：黑色（EPDM）+藍色（PTFE）
材料：優質PTFE與EPDM橡膠粘合
應用範圍：對所有化學品均具有優異的耐腐蝕性。配管系統。

Full Face Gasket：氣密墊整片成型。
材質：EPDM
規格：定製品
應用範圍：配管系統。

B.5. 風管吊架支撐

● 風管吊架元件，包含：膨脹螺絲 (或夾具)、風管吊架、吊架間距、斜撐。

● 本節說明-風管吊架。斜撐 (Seismic Brace) 部分請參閱本書配管系列的第3冊-Chapter G 斜撐/摯振，內容包含膨脹螺絲、配管吊架的介紹。

B.5.1. 各部名稱

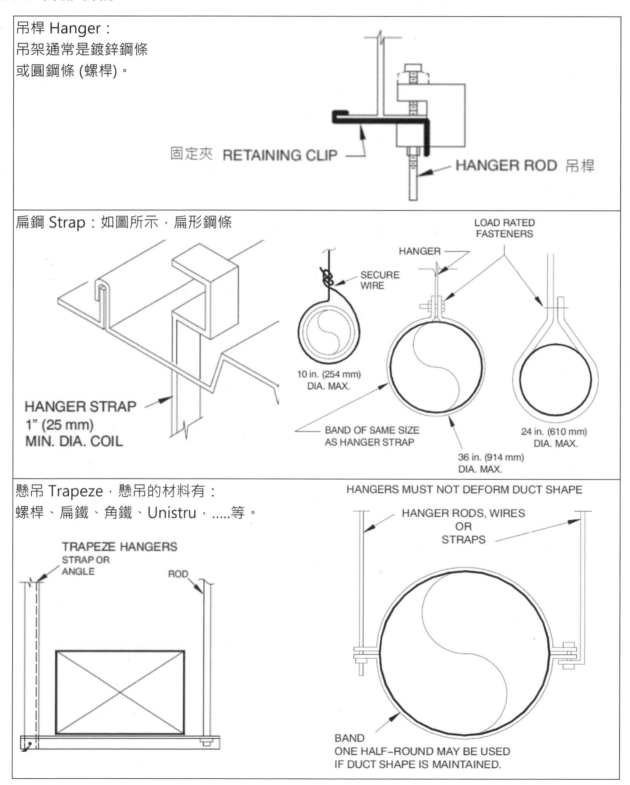

吊桿 Hanger：
吊架通常是鍍鋅鋼條
或圓鋼條 (螺桿)。

固定夾 RETAINING CLIP
HANGER ROD 吊桿

扁鋼 Strap：如圖所示，扁形鋼條

LOAD RATED FASTENERS
HANGER
SECURE WIRE
HANGER STRAP 1" (25 mm) MIN. DIA. COIL
10 in. (254 mm) DIA. MAX.
BAND OF SAME SIZE AS HANGER STRAP
36 in. (914 mm) DIA. MAX.
24 in. (610 mm) DIA. MAX.

懸吊 Trapeze，懸吊的材料有：
螺桿、扁鐵、角鐵、Unistru，.....等。

TRAPEZE HANGERS
STRAP OR ANGLE
ROD

HANGERS MUST NOT DEFORM DUCT SHAPE
HANGER RODS, WIRES OR STRAPS
BAND
ONE HALF-ROUND MAY BE USED IF DUCT SHAPE IS MAINTAINED.

B.5.2. 矩形風管吊架間距

- 本節介紹SMACNA的吊架標準 (取材：SMACNA HVAC DUCT CONSTRUCTION STANDARDS METAL AND FLEXIBLE-3rd 2005)
- 介紹水平風管吊架支撐，用查表方式選用吊架支撐的規格，含
  (1) 小型矩形風管
  (2) 大型矩形風管
  (3) C 型鋼支撐
  (4) 圓管
  討論研究吊架支撐以鍍鋅鋼鐵材質為基準。

B.5.2.1. SMACNA 方管懸吊間距

- 單吊最大負荷重量

扁鐵 Strap		鋼纜/螺桿 (Dia.)	
mm	kg	mm (in)	kg
25.4 × 0.85	118 kg.	2.7 (7/64")	36 kg.
25.4 × 1.00	145 kg.	3.4 (9/64")	54 kg.
25.4 × 1.31	191 kg.	4.1 (5/32")	73 kg.
25.4 × 1.61	318 kg.	6.4 (1/4")	122 kg.
38.1 × 1.61	500 kg.	9.5 (3/8")	308 kg.
		12.7 (1/2")	567 kg.
		15.9 (5/8")	910 kg.
		19.1 (3/4")	1,360 kg.

- Table 5-1M：懸吊方管間距

風管最大間距 =圓周長÷2 單位：[mm]	吊架間距 (Pair at X m Spacing)							
	3 m/一對		2.2 m/一對		1.5 m/一對		1.2 m/一對	
	Strap 扁鐵 [mm]	鋼纜/螺桿 [mm]	Strap 扁鐵 [mm]	鋼纜/螺桿 [mm]	Strap 扁鐵 [mm]	鋼纜/螺桿 [mm]	Strap 扁鐵 [mm]	鋼纜/螺桿 [mm]
P/2 = 760	25.4×0.85	3.4	25.4×0.85	3.4	25.4×0.85	2.7	25.4×0.85	2.7
P/2 = 1,830	25.4×1.31	9.5	25.4×1.00	6.4	25.4×0.85	6.4	25.4×0.85	6.4
P/2 = 2,440	25.4×1.61	9.5	25.4×1.31	9.5	25.4×1.00	9.5	25.4×0.85	6.4
P/2 = 3,050	38.1×1.61	12.7	25.4×1.61	9.5	25.4×1.31	9.5	25.4×1.00	6.4
P/2 = 4,270	38.1×1.61	12.7	38.1×1.61	12.7	25.4×1.61	9.5	25.4×1.31	9.5
P/2 = 4,880	---	12.7	38.1×1.61	12.7	25.4×1.61	9.5	25.4×1.61	9.5
P/2 = More	需要經過計算後							
搭接扁鐵時最小緊固件	(1) 25.4 × 1.31、1.00、0.85 mmt：one 6.4 (1/4") bolt - (1 顆 1/4"螺帽) (2) 25.4 × 1.61 mm：two 6.4 bolts - (2 顆 1/4"螺帽串接) (3) 38.1 × 1.61 mm：two 9.5 bolts - (2 顆 3/8"螺帽串接)							

Note.
(1) P：方形風管的圓周長的一半。P = (寬 + 高) / 2
(2)上列資料包含鍍鋅材質吊架支撐、保溫重量 4.89kg/m2，但不包含其他負荷。
(3) 鋼纜/螺桿單位換算 mm (inch)：3.4 (10ga)、6.4 (1/4")、9.5 (3/8")、12.7 (1/2")

● Table 5-3 (IP)：吊桿的允許載荷-風管支撐 (Rev. 3rd. 2005)

支撐材料編號 / 支撐規格 Trapeze List — 角鐵 Angles（A–M）、C型鋼 Channels（N–P）

吊桿的允許載荷 [lb]

風管寬 Duct Width (in)	(mm)	A	B	C	D	E	F	G	H	I	J	K	L	M	N	O	P
支撐規格 (mm)		25x25x1.61	25x25x3.2	38.1x38.1x1.61	38.1x38.1x3.2	38.1x38.1x4.8	38.1x38.1x6.4	51x51x3.2	51x51x3.8	51x51x6.4	63.5x63.5x4.8	63.5x63.5x6.4	76x76x6.4	102x102x6.4	76x76x1.9	76x76x2.7	102x102x2.5
支撐規格 (in)		1"x1"x16ga	1"x1"x1/8"	1-1/2"x1-1/2"x16ga	1-1/2"x1-1/2"x1/8"	1-1/2"x1-1/2"x3/16"	1-1/2"x1-1/2"x1/4"	2"x2"x1/8"	2"x2"x3/16"	2"x2"x1/4"	2-1/2"x2-1/2"x3/16"	2-1/2"x2-1/2"x1/4"	3"x3"x1/4"	4"x4"x1/4"	3"x4.1 lb/ft	3"x6.0 lb/ft	4"x5.4 lb/ft
18	450	80	150	180	350	510	650	650	940	1,230	1,500	1,960	---	---	---	---	---
24	600	75	150	180	350	510	650	650	940	1,230	1,500	1,960	---	---	---	---	---
30	760	70	150	180	350	510	650	650	940	1,230	1,500	1,960	---	---	---	---	---
36	900	60	130	160	340	500	620	620	920	1,200	1,480	1,940	---	---	---	---	---
42	1,060	40	110	140	320	480	610	610	900	1,190	1,470	1,930	---	---	---	---	---
48	1,220	---	80	110	290	450	580	580	870	1,160	1,440	1,900	---	---	---	---	---
54	1,370	---	---	---	250	400	540	540	840	1,120	1,400	1,860	---	---	---	---	---
60	1,520	---	---	---	190	350	490	490	780	1,060	1,340	1,800	---	---	---	---	---
66	1,670	---	---	---	100	270	400	400	700	980	1,260	1,720	---	---	---	---	---
72	1,830	---	---	---	---	190	320	320	620	900	1,180	1,640	---	---	---	---	---
78	2,010	---	---	---	---	---	210	210	500	790	1,070	1,530	---	---	---	---	---
84	2,130	---	---	---	---	---	---	---	380	660	940	1,400	2,310	4,680	4,650	5,980	9,080
96	2,440	---	---	---	---	---	---	---	---	320	600	1,060	1,970	4,340	3,870	4,950	8,740
108	2,740	---	---	---	---	---	---	---	---	---	---	---	2,510	7,240	5,760	7,780	15,650
120	3,050	---	---	---	---	---	---	---	---	---	---	---	1,220	5,950	4,120	5,930	13,200
132	3,350	---	---	---	---	---	---	---	---	---	---	---	---	4,350	2,540	3,920	10,820
144	3,660	---	---	---	---	---	---	---	---	---	---	---	---	2,420	110	110	110
Section Properties 截面特性 Ix [in⁴]		0.012	0.022	0.041	0.078	0.110	0.139	0.190	0.272	0.348	0.547	0.703	1.240	3.040	1.660	2.070	3.850
Z [in³]		0.016	0.031	0.037	0.072	0.104	0.130	0.130	0.190	0.247	0.303	0.394	0.577	1.050	1.100	1.380	1.930
A [in²]		0.120	0.234	0.180	0.359	0.527	0.688	0.484	0.715	0.938	0.902	1.190	1.440	1.940	1.210	1.760	1.590
lb/ft		0.440	0.800	0.660	1.230	1.800	2.340	1.650	2.440	3.190	3.070	4.100	4.900	6.600	4.100	6.000	5.400

● Table 5-3M (SI)：吊桿的允許載荷-風管支撐 (Rev. 3rd. 2005)

吊桿的允許載荷 [kg]

風管寬度 Duct Width		角鐵 Angles													C型鋼 Channels		
		A	B	C	D	E	F	G	H	I	J	K	L	M	N	O	P
in	mm	25x25x1.6 / 1"x1"x16ga	25x25x3.2 / 1"x1"x1/8"	38.1x38.1x1.6 / 1-1/2"x1-1/2"x16ga	38.1x38.1x3.2 / 1-1/2"x1-1/2"x1/8"	38.1x38.1x4.8 / 1-1/2"x1-1/2"x3/16"	38.1x38.1x6.4 / 1-1/2"x1-1/2"x1/4"	51x51x3.2 / 2"x2"x1/8"	51x51x3.8 / 2"x2"x3/16"	51x51x6.4 / 2"x2"x1/4"	63.5x63.5x4.8 / 2-1/2"x2-1/2"x3/16"	63.5x63.5x6.4 / 2-1/2"x2-1/2"x1/4"	76x76x6.4 / 3"x3"x1/4"	102x102x6.4 / 4"x4"x1/4"	76x76x1.9 / 3"x4.1 lb/ft	76x76x2.7 / 3"x6.0 lb/ft	102x102x2.5 / 4"x5.4 lb/ft
18	450	36	68	81	159	231	295	295	426	558	680	889	---	---	---	---	---
24	600	34	68	81	159	231	295	295	426	558	680	889	---	---	---	---	---
30	760	32	68	81	159	231	295	295	426	558	680	889	---	---	---	---	---
36	900	27	59	72	154	227	281	281	417	549	671	880	---	---	---	---	---
42	1,060	18	50	63	145	218	277	277	408	540	667	875	---	---	---	---	---
48	1,220	---	36	50	132	204	263	263	395	526	653	862	---	---	---	---	---
54	1,370	---	---	---	113	181	245	245	381	508	635	844	---	---	---	---	---
60	1,520	---	---	---	86	159	222	222	354	480	608	816	---	---	---	---	---
66	1,670	---	---	---	45	86	181	181	318	444	571	780	---	---	---	---	---
72	1,830	---	---	---	---	---	145	145	281	408	535	744	---	---	---	---	---
78	2,010	---	---	---	---	---	95	95	227	358	485	694	---	---	---	---	---
84	2,130	---	---	---	---	---	---	---	454	299	426	635	1,048	2,123	2,109	2,713	4,119
96	2,440	---	---	---	---	---	---	---	---	145	272	480	894	1,969	1,755	2,245	3,964
108	2,740	---	---	---	---	---	---	---	---	---	---	---	1,139	3,284	2,613	3,529	7,010
120	3,050	---	---	---	---	---	---	---	---	---	---	---	553	2,699	1,869	2,690	5,987
132	3,350	---	---	---	---	---	---	---	---	---	---	---	---	1,973	1,152	1,778	4,908
144	3,660	---	---	---	---	---	---	---	---	---	---	---	---	1,098	---	907	3,778
Section Properties 截面特性	Ix [mm⁴]	0.494	0.906	1.69	3.21	4.53	3.72	7.82	11.2	14.3	22.5	28.9	51.0	125.0	68.3	85.2	158.0
	Z [mm³]	0.262	0.508	0.606	1.18	1.70	2.13	2.13	3.11	4.05	4.97	6.46	9.46	17.20	18.00	22.60	31.60
	A [mm²]	77.4	151	116	232	340	444	312	461	605	582	768	929	1,252	781	1,136	1,026
	kg/m	0.65	1.20	0.98	1.83	2.66	3.48	2.46	3.63	4.75	4.57	6.10	7.29	9.82	6.10	8.93	8.04

支撐 Trapeze

Note：

(a) 假定使用屈服強度為 172.4 MPa 或更高的鋼。

(b) 以上載荷假設吊桿為 152 毫米。吊桿距離管道側的最大距離為 2,440mm ~ 76mm。

(c) 框架支柱，見表 5-4M 和其他具有相同或更高特性的鋼型材（Ix 和 Z）特性的鋼型材可用於代替列出的型材。Ix 單位為 mm⁴，Z 單位為 mm³，A 單位為 mm²

(d) 載荷計算方法參見圖 5-6，桿和帶載荷限制參見表 5-1M。

B.5.2.3. SMACNA C Channel

● Table 5-4M：C型鋼支撐 (unistrut)

C 型鋼 Channel (Strut)						截面模數 (Z) Section Modulus		慣性矩 (I) Moment of Inertia		支撐 Trapeze
高 H		寬 W		厚度						
mm	inch	mm	inch	mm	ga	mm³	in³	mm⁴	in⁴	unistrut
25.4	1"	41.3	1-5/8"	2.45	12	1,500	0.0923	22,200	0.0533	A、B、C
34.9	1-3/8"	41.3	1-5/8"	2.45	12	2,600	0.1559	50,300	0.1209	D、E
41.3	1-5/8"	41.3	1-5/8"	2.45	12	3,300	0.2042	77,000	0.1850	F、G
61.9	2-7/16"	41.3	1-5/8"	2.45	12	6,400	0.3927	216,000	0.5203	H、I
82.6	3-1/4"	41.3	1-5/8"	2.45	12	10,300	0.5772	454,000	0.9379	J、K

Note：

(1) 支撐 Trapez：See Table 5−3M C 型鋼支撐 (unistrut)

(2) 模數：這名詞常見於建築工程，機電很少看到。簡單的說-標準尺度的計量單位。

(3) 截面模數 (Z)：被彎曲構件的橫截面繞其中性軸的慣性矩，除以由中性軸到截面最外邊緣的距離。

(4) 轉動慣量又稱慣性矩 (I)。慣性矩是描述物體對於轉動的阻力。

● 應用圖示：

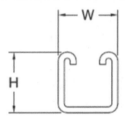

● 單位換算

單位換算	psi	kgf/m²	kPa	kgf/cm²
psi	1	0.0703	6.9	7.0E-06
kgf/m²	0.0014	1	0.0098	1.0E-04
kPa	1.5E-01	102	1	1.0E-02
kgf/cm²	14.22	10,000	98	1

$1 \ Nt/cm^2 = 0.101972 \ kg/cm^2 = 10,000 \ Pa$

B.5.2.4. 負載荷重計算

● 本節介紹 SMACNA 風管的吊架查表，附其簡易的公式計算。
SMACNA 公式，僅適用於英制單位。
(取材：SMACNA HVAC DUCT CONSTRUCTION STANDARDS METAL AND FLEXIBLE-3rd 2005，Fig 5-6 Trapeze Load Diagram)

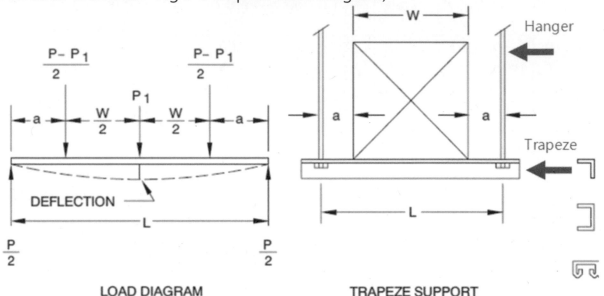

LOAD DIAGRAM   **TRAPEZE SUPPORT**

● SMACNA 風管預估重量 P_1：
P_1＝風管表面積 ft^2 x 2,656lb/ft^2 ＝ 風管表面積 m^2 x 127Newton/m^2

● Bending Stress：

S_A = 15,000 psi = M/Z
P = 2 SZ/a - P_1 (L/2a - 1) = 30,000 Z/a - P_1 (L/2a - 1)

M 力矩(Moment)：in-lb (mN x m)
Z 斷面模數 (Section Modulus)：詳表 5-3M。

● Deflection D：SMACNA 建議 max. 3/8" (9.5mm)

$$D = \frac{(P-P_1)a\,(3L^2-4a^2)}{2\,(24\,E\,I)} + \frac{P_1 L^3}{48\,E\,I}$$

E 彈性模量 (Modulus of Elasticity)：鋼材 29 x 10^6 psi。(200 x 10^6 kPa、200 kgf/cm^2)
I 慣性矩(moment of inertia)，描述截面抵抗彎曲的性質。In^4 (mm^4)，詳表 5-3M。
矩形對於中線(垂直於 h 邊的中軸線)的慣性矩 = b*h^3/12。(b：風管寬；h：風管高)

● Shear Stress S：
S = 7,500 psi =F/A = P / 2A
S 容許應力 (Allowable Stress)：鋼材 15,000 psi (103,425 kPa) 的彎曲應力。剪切應力不應超過 7,500 psi (51.713kPa)。
A：段面積 in^2 (mm^2)。詳表 5-3M。
P =15,000 A (Max)。風管重量，含吊架、支撐、保溫，......等。

B.5.3. 吊架材料-型錄

● 本節介紹在地容易採購-常用鋼材，著重鋼材單位的重量說明。(取材：盟諭實業-五金)

B.5.3.1. 扁鐵

● Flat Steel 扁鐵

尺寸 [mm]	重量	尺寸 [mm]	重量	尺寸 [mm]	重量	尺寸 [mm]	重量
W x t	kg/m	W x t	kg/m	W x t	kg/m	W x t	kg/m
12 x 6	0.265	50 x 4.5	1.77	90 x 4.5	3.18	130 x 6	6.12
13 x 5	0.51	50 x 5	1.96	90 x 5	3.53	130 x 9	9.18
15 x 3	0.35	50 x 6	2.36	90 x 6	4.24	130 x 13	13.30
15 x 4	0.47	50 x 8	3.14	90 x 8	5.65	130 x 16	16.30
16 x 3	0.38	50 x 9	3.53	90 x 9	6.36	130 x 19	19.40
16 x 4	0.50	50 x 10	3.92	90 x 10	7.06	130 x 22	22.50
16 x 4.5	0.57	50 x 12	4.71	90 x 12	8.48	130 x 25	25.50
16 x 6	0.75	50 x 16	6.28	90 x 16	11.30	150 x 4.5	5.60
16 x 8	1	50 x 19	7.46	90 x 19	13.40	150 x 5	5.89
19 x 3	0.45	50 x 22	8.64	90 x 22	15.50	150 x 6	7.06
19 x 3.5	0.52	50 x 25	9.81	90 x 25	17.70	150 x 8	9.42
19 x 4	0.60	65 x 4.5	2.30	100 x 4.5	3.53	150 x 9	10.60
19 x 4.5	0.67	65 x 5	2.56	100 x 5	3.92	150 x 10	11.80
19 x 5	0.75	65 x 6	3.06	100 x 6	4.71	150 x 12	14.10
19 x 6	0.90	65 x 8	4.08	100 x 8	6.28	150 x 16	18.90
19 x 9	1.34	65 x 9	4.59	100 x 9	7.06	150 x 19	22.40
20 x 3	0.47	65 x 10	5.10	100 x 10	7.85	150 x 22	25.90
20 x 5	0.79	65 x 12	6.12	100 x 12	9.42	150 x 25	29.40
20 x 6	0.94	65 x 16	8.16	100 x 16	12.60	155 x 6	7.30
25 x 3	0.59	65 x 19	9.69	100 x 19	14.90	155 x 9	11.00
25 x 3.5	0.69	65 x 22	11.20	100 x 22	17.30	155 x 13	15.80
25 x 4	0.79	65 x 25	12.80	100 x 25	19.60	155 x 16	19.50
25 x 4.5	0.88	75 x 4.5	2.65	105 x 4.5	3.71	155 x 19	23.10
25 x 5	0.98	75 x 5	2.94	105 x 5	4.12	155 x 22	26.80
25 x 6	1.18	75 x 6	3.53	105 x 6	4.95	155 x 25	30.40
25 x 9	1.77	75 x 8	4.71	105 x 8	6.59	180 x 12	17.00
25 x 12	2.36	75 x 9	5.30	105 x 9	7.42	180 x 16	22.60
30 x 4	0.94	75 x 10	5.89	125 x 4.5	4.42	180 x 19	26.80
32 x 3	0.75	75 x 12	7.06	125 x 5	4.91	180 x 22	31.10
32 x 3.5	0.88	75 x 16	9.42	125 x 6	5.89	180 x 25	35.30
32 x 4	1	75 x 19	11.20	125 x 8	7.85	200 x 19	29.80
30 x 4	0.94	75 x 10	5.89	125 x 4.5	4.42	180 x 19	26.80
32 x 3	0.75	75 x 12	7.06	125 x 5	4.91	180 x 22	31.10
32 x 3.5	0.88	75 x 16	9.42	125 x 6	5.89	180 x 25	35.30
32 x 4	1	75 x 19	11.20	125 x 8	7.85	200 x 19	29.80
32 x 4.5	1.13	75 x 22	13.00	125 x 9	8.83	200 x 22	34.50
32 x 5	1.26	75 x 25	14.70	125 x 10	9.81	200 x 25	39.20
32 x 6	1.51			125 x 12	11.80		
38 x 3	0.90			125 x 16	15.70		
38 x 3.5	1.04			125 x 19	18.60		
38 x 4.5	1.34			125 x 22	21.60		
38 x 6	1.79			125 x 25	24.50		
38 x 9	2.68						

B.5.3.2. 扁鐵-變形量

扁鐵 Strap：

弧形度：

A	全長的 0.4%以下，但任意之每 1m 長度為 4mm 以下
B	全長的 0.3%以下，但任意之每 1m 長度為 4mm 以下
C	全長的 0.25%以下，但任意之每 1m 長度為 2.5mm 以下

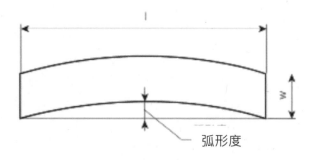

寬度方向之平坦度：

| B | 寬度的 0.3%以下 (W>150 & t <=50 適用) |

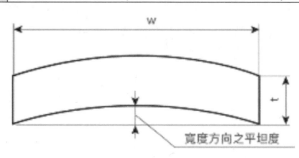

長度方向之平坦度：

| A | 全長的 0.7%以下，最大值為 20mm，但任意之每 1m 長度為 7mm 以下 |
| B | 全長的 0.3%以下，最大值為 10mm，但任意之每 1m 長度為 3mm 以下 |

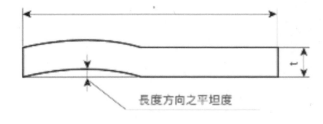

B.5.3.3. 角鋼

AG Type (角鋼)

尺寸 [mm]	重量	
A(B) x t	kg/m	kg/6m
25 x 2.5	0.946	5.68
25 x 3	1.12	6.72
30 x 2.5	1.14	6.84
30 x 3	1.36	8.16
30 x 4	1.76	10.56
38 x 2.5	1.46	8.76
38 x 3	1.74	10.44
38 x 4	2.26	13.56
38 x 5	2.79	16.74
40 x 3	1.83	10.98
40 x 4	2.39	14.34
40 x 5	2.95	17.70
50 x 4	3.06	18.36
50 x 5	3.77	22.62
50 x 6	4.43	26.58
50 x 8	5.78	34.68
65 x 6	5.91	35.46
65 x 8	7.66	45.96
75 x 6	6.85	41.10
75 x 9	9.96	59.76
75 x 12	13.00	78.00
90 x 7	9.59	57.54
90 x 10	13.30	79.80
90 x 13	17.00	102.00
100 x 7	10.70	64.20
100 x 10	14.90	89.40
100 x 13	19.10	114.60

圖示：

AGO 單面沖孔角鋼 (HW-AGO)-單排孔

寬 Width [mm]		厚度	長
A	B	Thinkness	Length
40	40	2.3	3m
50	50	3.5	3m
50	50	5.0	3m
50	50	5.5	3m
50	50	6.0	3m
65	65	5.5	3m
65	65	6.0	3m
75	75	6.0	3m

AG2O 雙面沖孔角鋼 (HW-AG2O)-雙排孔

寬 Width [mm]		厚度	長
A	B	Thinkness	Length
40	40	2.3	3m
50	50	3.5	3m
50	50	5.0	3m
50	50	5.5	3m
50	50	6.0	3m
65	65	5.5	3m
65	65	6.0	3m
75	75	6.0	3m

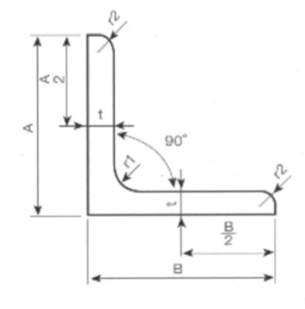

B.5.3.4. C 型鋼

- ### C Type (C 型鋼) · C Type Channel Steels

產品型號 Cat. No.	寬 (W) mm	高 (H) mm	厚度 (t) mm	孔徑 Hole Size	長 (L) Length	重量 kg/m
HW-CO	41	41	2.5	無孔	3m	2.68
HW-CO	41	41	2.0	無孔	3m	2.14
HW-CO	41	25	1.5	無孔	3m	1.29
HW-CN	41	41	2.5	3/8" or 1/2"	3m	2.35
HW-CN	41	41	2.0	3/8" or 1/2"	3m	1.88
HW-CN	41	25	1.5	3/8" or 1/2"	3m	1.09

圖示：

B.5.3.5. 槽鋼

- ### UC Type 槽鋼

尺寸					重量
H	B	t1	r1	r2	kg/m
50	25	5.0	7	3.5	3.66
75	40	5.0	8	4	6.92
100	50	5.0	8	4	9.36
125	65	6.0	8	4	13.40
150	75	6.5	10	5	18.60
150	75	9.0	15	7.5	24.00
200	80	7.5	12	6	24.60
200	90	8.0	14	7	30.30
250	90	9.0	14	7	34.60
300	90	9.0	14	7	38.10

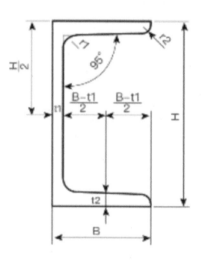

- ### 沖孔槽鋼
  HW-UCO 單面沖孔槽鋼

H	B	t1	沖孔型式	長
75	40	5	單排孔	3m
100	50	5	單排孔	3m

HW-UC2O 雙面沖孔槽鋼

H	B	t1	沖孔型式	長
75	40	5	雙排孔	3m
100	50	5	雙排孔	3m

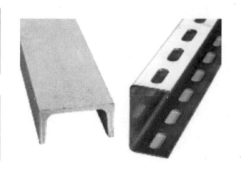

B.5.3.6. H 型鋼

● 多用於屋頂落地支撐，或重支撐懸吊系統 (多用槽鋼取代H形鋼)。

公稱尺寸	截面尺寸 [mm]					斷面積	單位重量
mm	H	B	t1	t2	r	m²	kg/m
100 x 100	100	100	6.0	8	8	21.6	16.9
125 x 125	125	125	6.5	9	8	30.0	23.6
150 x 75	150	75	5.0	7	8	17.9	14.0
150 x 100	148	100	6.0	9	8	26.4	20.7
150 x 150	150	150	7.0	10	8	39.7	31.1
175 x 90	175	90	5.0	8	8	22.9	18.0
175 x 175	175	175	7.5	11	13	51.4	40.4
200 x 100	200	100	5.5	8	8	26.7	20.9
200 x 150	194	150	6	9	8	38.1	29.9
200 x 200	200	200	8	12	13	63.5	49.9
250 x 125	250	125	6	9	8	37.0	29.0
250 x 175	244	175	7	11	13	55.5	43.6
250 x 250	250	250	9	14	13	91.4	71.8
300 x 150	300	150	6.5	9	13	46.8	36.7
300 x 200	294	200	8	12	13	71.1	55.8
	298	201	9	14	13	82.0	64.4
300 x 300	300	300	10	15	13	118.4	93.0
300 x 175	350	175	7	11	13	62.9	49.4
350 x 250	340	250	9	14	13	99.5	78.1
350 x 350	350	350	12	19	13	171.9	135.0
400 x 200	400	200	8	13	13	83.4	65.4
400 x 300	390	300	10	16	13	133.2	105.0
400 x 400	400	400	13	21	22	218.7	172.0
450 x 200	450	200	9	14	13	95.4	74.9
450 x 300	440	300	11	18	13	153.9	121.0
500 x 200	500	200	10	16	13	112.2	88.2
500 x 300	488	300	11	18	13	159.2	125
600 x 200	600	200	11	17	13	131.7	103
600 x 300	588	300	12	20	13	187.2	147
	594	302	14	23	13	217.1	170
700 x 300	700	300	13	24	18	231.5	182
800 x 300	800	300	14	26	18	263.5	207

● 圖示：

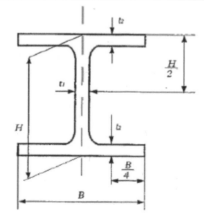

B.5.4. 圓形風管懸吊間距

● Table 5-2：圓管懸吊間距 (1對 - 雙吊點)

Dia. 圓管直徑		Max. Spacing 最大吊間距		Wire Dia. 鋼纜直徑		Rod 螺桿		Strap 扁鐵		Remark 備註
IP	SI	IP	SI	IP	SI	IP	SI	IP	SI	
10"以下	250mm以下	12 ft	3.7 m	One 12 ga	One 2.75 mm	1/4"	6.4 mm	1" × 22 ga	25.4 × 0.85 mm	
11"~18"	460mm	12 ft	3.7 m	Two 12 ga or One 8 ga	One 4.27 mm	1/4"	6.4 mm	1" × 22 ga	25.4 × 0.85 mm	
19"~24"	610mm	12 ft	3.7 m	Two 10 ga	Two 3.51 mm	1/4"	6.4 mm	1" × 22 ga	25.4 × 0.85 mm	
25"~36"	900mm	12 ft	3.7 m	Two 8 ga	Two 2.7 mm	3/8"	9.5 mm	1" × 20 ga	25.4 × 1.00 mm	
37"~50"	1,270mm	12 ft	3.7 m	----		Two 3/8"	Two 9.5mm	Two 1" × 20 ga	Two 25.4x1.00mm	2 顆螺帽串接
51"~60"	1,520mm	12 ft	3.7 m	----		Two 3/8"	Two 9.5mm	Two 1" × 18 ga	Two 25.4x1.31mm	2 顆螺帽串接
61"~84"	2,130mm	12 ft	3.7 m	----		Two 3/8"	Two 9.5mm	Two 1" × 16 ga	Two 25.4x1.61mm	2 顆螺帽串接
85"~96"	2,400mm	12 ft	3.7 m	----		Two 1/2"	Two 12mm	Two 1-1/2" ×16 ga	Two 38x1.61 mm	2 顆螺帽串接

● Note. 上列資料包含：

(1) 鍍鋅材質吊架支撐、

(2) 鋼纜也是鋼鐵材質、

(3) 保溫重量 4.89kg/m²、

(4) 不包含其他負荷。

HANGERS MUST NOT DEFORM DUCT SHAPE

HANGER RODS, WIRES OR STRAPS

BAND
ONE HALF-ROUND MAY BE USED
IF DUCT SHAPE IS MAINTAINED.

B.6. 風管安裝

B.6.1. 矩形風管安裝

B.6.1.1. 懸吊工法

● (1) 懸吊樓頂板工法

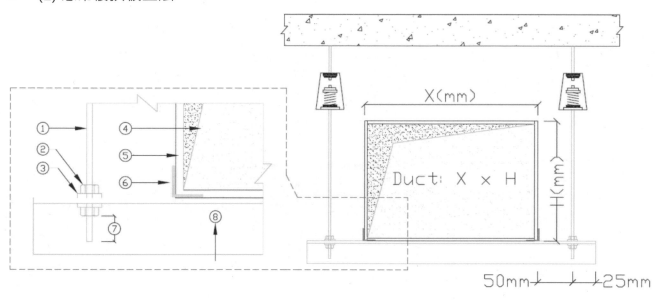

● 圖例

①	吊桿	Hanger Rod
②	螺絲帽	Nut
③	墊片	Washer
④	風管	Ducting
⑤	風管保溫	Insulation
⑥	保護片	Protect Steel
⑦	風管螺桿距離：最小 x2 倍，最大 25mm	Min 2x Threads、Max 25mm
⑧	吊架 (角鐵、槽鐵、C 型鋼)	Trapese Support (Angle、Unistrut、Chanel)

● (2)懸吊鋼梁工法

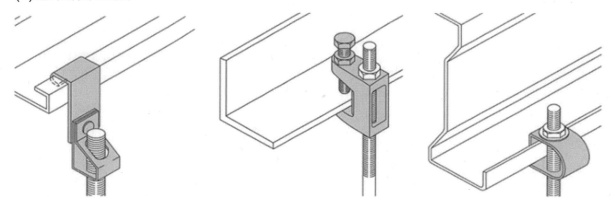

● (3) 懸吊多層風管工法
　懸吊材料：螺桿、角鐵 (槽鐵、Unistru)，上支撐與下支撐，.......等。
　水平支撐：角鐵、槽鐵、C 型鋼，......等。
　當風管與吊桿超間距過 50mm 時，需加固定片。

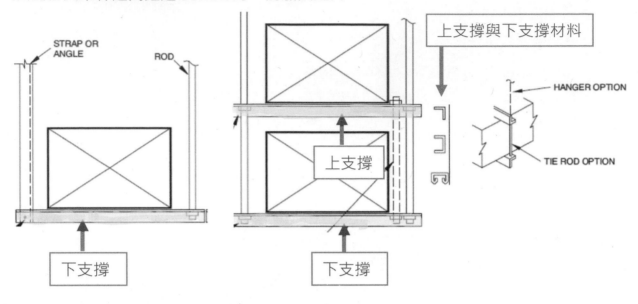

B.6.1.2. 穿越樓板工法

● (1) 懸吊樓地板

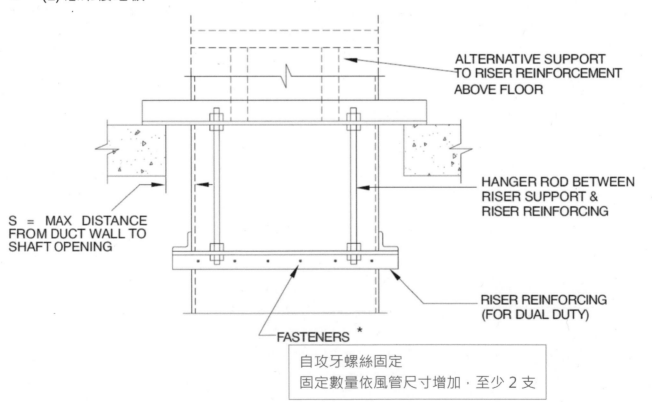

(2) 穿越樓地板

風管尺寸 SI	角鐵 SI
914 x 457 mm	38.1 x 38.1 x 3.2 mm
1,219 x 610 mm	38.1 x 38.1 x 3.2 mm
1,524 x 762 mm	38.1 x 38.1 x 4.8 mm
1,524 x 1,524 mm	38.1 x 38.1 x 6.4 mm
	51 x 51 x 3.2 mm

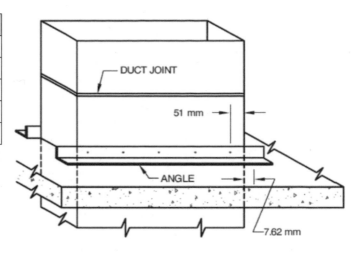

風管尺寸更大時，須配合尺寸加大角鐵規格。

風管與角鐵間的接合：

(1) 空調可以採用自攻螺絲，

(2) 製程風管採用焊接工法。

B.6.1.3. 靠牆支撐工法

(1) 靠牆支撐吊架規格

風管尺寸	束帶(扁鐵)尺寸
457 x 300 mm	38.1 x 1.61 mm
610 x 508 mm	25 x 3.2 mm

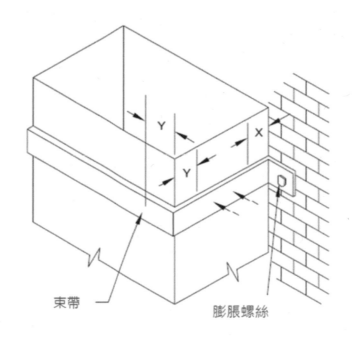

(2) 靠牆三角架支撐吊架規格

風管尺寸	角鐵
762 x 305 mm	25 x 25 x 3.2 mm
914 x 457 mm	25 x 25 x 3.2 mm
1,067 x 610 mm	38.1 x 31.8 x 3.2 mm
1,219 x 914 mm	38.1 x 31.8 x 3.2 mm

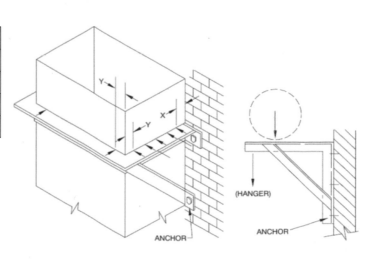

支架最大尺寸為 3.7m。

定位牆壁或距離牆壁最遠 51mm。

牆錨應滿足以下標準，除非另有規定

(a) 拉伸載荷 = 3/8 x 管道重量。

(b) 剪切載荷 = 1/2 x 管道重量。

B.6.2. 圓形風管安裝

B.6.2.1. 懸吊工法

● 吊架規格

風管尺寸	寬 W	厚 T
Φ3" ~ Φ12"	1/1/2"	1/8"
Φ13" ~ Φ30"	2"	3/16"
Φ31" ~ Φ48"	2-1/2"	1/4"
Φ49" ~ Φ72"	4	3/8"
Φ73" ~ Φ96"	6	1/2"

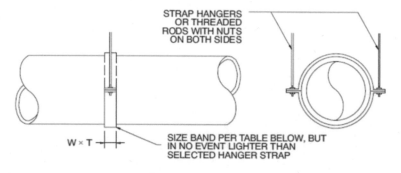

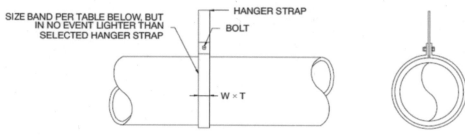

B.6.2.2. 靠牆 (柱) 支撐工法

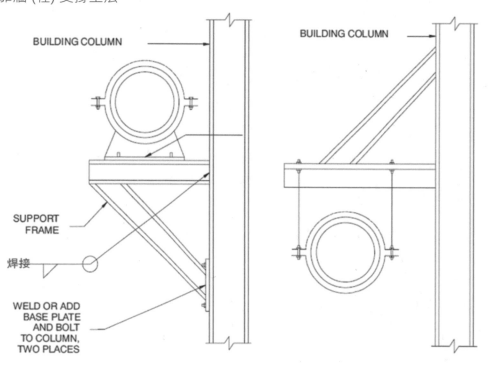

B.6.2.3. 穿越樓板工法

● 吊架規格

螺絲	束帶尺寸	風管尺寸
Bolt	Band	Duct
1/4"	25.4 x 1.61 mm	最大 305 mm，Φ 0.7mm
1/4"	38.1 x 1.61 mm	330 ~610 mm，Φ 1.0 mm
3/8"	51 x 1.61 mm	330 ~610 mm，Φ 1.0 mm
3/8"	51 x 3.51 mm	330 ~610 mm，Φ 1.31 mm

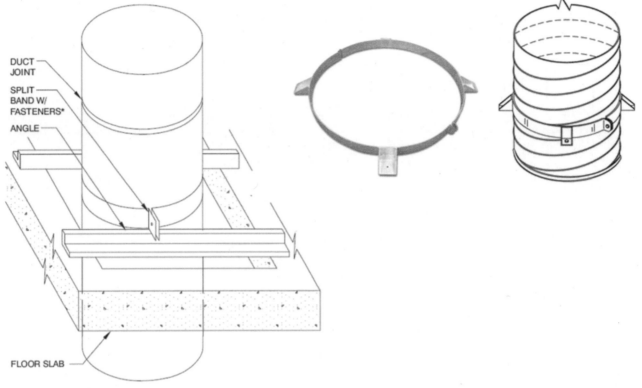

● 角鐵、槽鐵工法

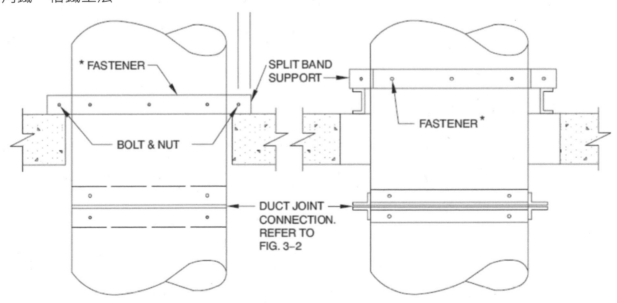

B.6.2.4. 落地支撐工法

● 落地鞍座工法

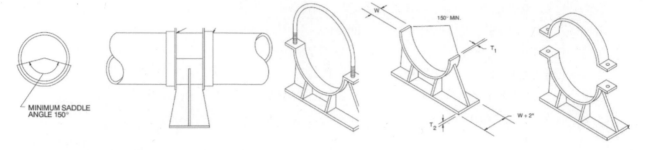

B.6.2.5. 圓形吊架規格

● 單吊帶／雙吊帶 (取材鈞浩股份有限公司)：實際規格需詳看各業主施工規範

圓管尺寸	寬度	厚度	Remark
Φ D	W	T	
mm	mm	mm	
100	30	2.0	厚度 (T) 可按客戶需求訂製.
200	30	2.0	(1) 單吊帶：管徑 Φ 300 以下
250	30	2.0	
300	30	2.0	
350	30	2.0	
400	30	2.0	
450	30	2.0	
500	30	3.0	
550	30	3.0	
600	30	3.0	
650	30	3.0	
700	30	3.0	
750	30	3.0	
800	30	3.0	
850	30	3.0	(2) 雙吊帶：管徑 Φ 200 以上
900	30	3.0	
950	30	3.0	
1,000	40	3.0	
1,050	40	3.0	
1,100	40	3.0	
1,200	40	3.0	
1,300	40	3.0	
1,400	40	3.0	
1,500	40	3.0	
1,600	40	3.0	
1,700	50	4.0	
1,800	50	4.0	
1,900	50	4.0	
2,000	50	4.0	

B.7. 例題 (風管吊架)

● 本節的目標是擷取本書內的重要說明，以快速選項方法 (快速查表) 來決定吊架的規格。詳細資料需要返回到各系統單元的說明去查規格及標準。

● 風管重量包含：風管鐵皮、風管法蘭、風管銜接固定螺絲/片、支撐吊架、保溫材料，其他 (鍍鋅層厚度、風管內再加工-Coating管、彎頭、三通、大小頭、風門、驅動器、繞性風管、維修門，....等)。

B.7.1. 快速查表

● 本節介紹相關重量參數-快查表速。

B.7.1.1. 鐵皮重量

● ASTM A525 熱浸鍍鋅鐵皮

鐵皮番號	厚 度 [mm]			標準重量
	標準	最低	最高	kg / m²
#28	0.4750	0.3950	0.5550	3.81
#26	0.5512	0.4712	0.6312	4.42
#24	0.7010	0.6010	0.8010	5.64
#22	0.8534	0.7534	0.9534	6.86
#20	1.0060	0.9060	1.1060	8.08
#18	1.3110	1.1810	1.4410	10.52
#16	1.6130	1.4630	1.7630	12.96

● 矩形風管 - 參考本章的說明：風管材料 – 金屬風管 – 鐵皮材料 – 鐵皮重量。

矩形風管長邊尺寸	鐵皮番號	螺旋風管尺寸
300 以下	26	350 以下
325~750	24	375 ~ 650
775~1,350	22	700 ~ 900
1,350~2,150	20	950 ~ 1,300
2,150 以上	18	1,400 ~ 1,800

B.7.1.2. 法蘭重量

● 方形風管法蘭重量-風管尺寸太多不易查表，快速預估7kg/m。
● 圓形風管角鐵法蘭重量-查表

風管尺寸	法蘭重量		風管尺寸	法蘭重量		法蘭重量	
Diameter	厚度	鍍鋅扁鐵	Diameter	厚度	鍍鋅角鐵	厚度	SUS 角鐵
mm	mmt	kg/pcs	kg/m	mm	mmt	kg/pcs	kg/m	mmt	kg/pcs	kg/m

風管尺寸 Diameter mm	厚度 mmt	鍍鋅扁鐵 kg/pcs	鍍鋅扁鐵 kg/m
75 ~ 300	3	1.50	1.35
400 ~ 650	3	3.41	1.66
750 ~ 1,000	4	8.11	2.58

風管尺寸 Diameter mm	厚度 mmt	鍍鋅角鐵 kg/pcs	鍍鋅角鐵 kg/m	厚度 mmt	SUS 角鐵 kg/pcs	SUS 角鐵 kg/m
75 ~ 250	3	---		3	1.70	2.14
300 ~ 600	3	4.96	2.62	3	5.66	2.99
650 ~ 1,200	3	10.78	2.85	3	10.86	2.87
1,300 ~ 1,800	3	19.47	3.44	4	26.15	4.62
1,900 ~ 2,000	4	28.74	4.57	5	38.67	6.15

B.7.1.3. 保溫材料重量

材料	密度 kg/m³	Remark
NBR	≤ 60	40 ~ 50
PE	24±3	25
PU	30-40	40

其他保溫材重量，參考本書保溫章節的說明。

B.7.1.4. 吊架間距

● 矩形風管-吊架間距

簡易矩形風管-查表 SMACNA

矩形風管間距	扁鐵 [mm x mm / 厚度 mmt]	鋼纜 / 螺桿 [厚度 mmt]
3.0 m/1 組吊點	25.4 × 0.85 / 1.31 / 1.61	3.4 / 9.5 /12.7
2.2 m/1 組吊點	25.4 × 0.85 / 1.00 / 1.31 / 1.61	3.4 / 6.4 / 9.5 / 12.7
1.5 m/1 組吊點	25.4 × 0.85 / 1.00 / 1.31 / 1.61	2.7 / 6.4 / 9.5
1.2 m/1 組吊點	25.4 × 0.85 / 1.00 / 1.31 / 1.61	2.7 / 6.4 / 9.5

詳細資料，參考本章的說明：風管材料 – 風管吊架 – 方管吊距。

● 圓形風管 - 參考本章的說明：風管材料 – 風管吊架 – 圓管吊距。

簡易快速：螺旋風管參考間距 2.4 ~ 3.6m

簡易快速：製程排氣-參考間距

水平風管尺寸		最大間距	垂直立管	最大間距
矩形斷面積 (m²)	圓形 Dia. (mm)	(m)	風管尺寸	(m)
小於 0.4	小於 125	2.4	矩形	3
0.4 ~ 1.0	125 ~ 1,000	1.8	圓形	3.6
大於 1.0	大於 1,000	1.2		

本節不考慮地震的加速度，本表屬於參考經驗表格，實務上需要與使用者討論。

B.7.1.5. 吊桿規格

螺桿尺寸		允許工作負荷		允許組合工作載荷和地震載荷	
in	M [mm]	lb	kN	lb	kN
3/8	M10	610	2.7	810	3.6
1/2	M12	1,130	5.0	1,500	6.6
5/8	M16	1,810	8.0	2,410	10.7
3/4	M20	2,710	12.0	3,610	16.0
7/8	M22	*3,770*	16.7	5,030	22.3
1	M25	4,960	22.1	6,610	29.4
1 1/4	M32	8,000	35.5	10,660	47.4

1 kN 等於 101.97 kg 物體的重力，簡化計算會以 kN x 100 =對應的重力。

B.7.1.6. 支撐重量

- 常用風管吊架有：扁鐵、C形鋼、角鐵，H形鋼 (多用於屋頂落地支撐，重支撐懸吊系統多用槽鋼)。相關資料查閱上節風管吊架 - 吊架材料。

扁鐵(Bar)、C 形鋼(Channel)、角鐵(Angle)的單位重量

Size in.	Description	Weight lbs/ft	Weight kg/m	Size in.	Description	Weight lbs/ft	Weight kg/m
1 x 1 x 1/8	Angle	0.80	1.19	2-1/2 x 2-1/2 x 1/4	Angle	4.10	6.10
1-1/4 x 1-1/4 x 1/8	Angle	1.02	1.52	3 x 3/16	Bar	3.19	4.75
1-1/2 x 1/8	Bar	0.64	0.95	2-1/2 x 2-1/2 x 1/4	Angle	5.90	8.78
1 x 1/4	Bar	0.85	1.26	3 x 3 x 1/4	Angle	4.90	7.29
1-1/2 x 1-1/2 x 1/8	Angle	1.23	1.83	3 x 2 x 3/8	Angle	5.90	8.78
1-1/2 x 1-1/2 x 3/16	Angle	1.80	2.68	4 x 4 x 1/4	Angle	6.60	9.82
1-1/2 x 1-1/2 x 1/4	Angle	2.34	3.48	4 x 4 x 5/16	Angle	8.20	12.20
2 x 2 x 1/8	Angle	1.65	2.46	4 x 1/4	Bar	6.80	10.12
2 x 1/4	Bar	1.70	2.53	C4	Channel	5.40	8.04
2 x 2 x 3/16	Angle	2.44	3.63	4 x 3-1/2 x 1/2	Angle	11.90	17.71
2 x 2 x 5/16	Angle	3.92	5.83	C5	Channel	6.70	9.97
3 x 1/4	Bar	2.55	3.79	C5	Channel	9.00	13.39

B.7.1.7. 風管斜撐間距，

- 詳本書系列-斜撐的說明

最大地震加速度	最大橫向支撐間距		最大縱向支撐間距	
g	ft	m	ft	m
0.25	40	12.2	80	24.4
0.50	30	9.1	60	18.2
1.00	30	9.1	60	18.2
2.00	20	6.1	40	12.2

B.7.1.8. 膨脹螺絲 (Ex) 喜利得 HKD

錨栓尺寸 HKD		M6x25	M8x25	M10x25	M12x25	M6x30	M8x30	M8x40	M10x30	M10x40	M12x50	M16x65	M20x80
平均極限拉力 $N_{Ru,m}$	kN	8.4	8.4	8.4	8.4	---	11.0	13.1	11.0	17.0	23.8	32.9	48.1
平均極限剪力 $V_{Ru,m}$	kN	5.5	6.9	6.9	6.9	---	9.4	10.1	11.0	12.2	20.1	37.1	53.9
		喜利得技術資料				依據 ETA-02/0032							
特性拉力 N_{Rk}	kN	6.3	6.3	6.3	6.3	---	8.3	9.0	8.3	12.8	17.8	26.4	36.1
特性剪力 V_{Rk}	kN	5.0	6.3	6.3	6.3	---	8.6	9.2	10.0	11.0	18.3	33.8	49.0
設計拉力 N_{Rd}	kN	4.2	4.2	4.2	4.2	---	5.5	6.0	5.5	8.5	11.9	17.6	24.0
設計剪力 V_{Rd}	kN	4.0	4.2	4.2	4.2	---	6.9	7.3	8.0	8.8	14.6	27.0	39.4
容許拉力 N_{rec}	kN	3.0	3.0	3.0	3.0	---	3.9	4.3	3.9	6.1	8.5	12.6	17.2
容許剪力 V_{rec}	kN	2.9	3.0	3.0	3.0	---	4.9	5.2	5.7	6.3	10.5	19.3	28.3

B.7.2. 風管吊點

● 本節介紹風管吊點位置，以例題方式說明。
[例題] 風管配置如下圖所示，風管尺寸如圖的標示，考慮風管吊點位置，斜撐吊點位置(包含橫向與縱向的吊點)
● 設計風管吊點需要預備資料與流程，如下說明。

B.7.2.1. 風管吊架-設計流程

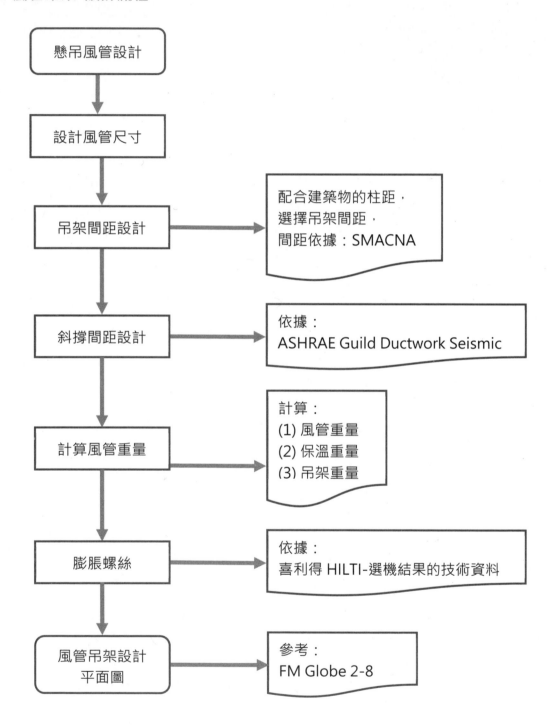

B.7.2.2 矩形風管重量

● 計算鍍鋅鐵皮-[例題] 矩形風管1,350 x 80mm，保溫厚度 25mmt 與 50mmt的風管重量

風管尺寸		計算長度	矩形風管重量				矩形法蘭重量-四邊			方管全重量 =風管+法蘭		保溫材重						吊架重量						總重量 =風管+法蘭+保溫		
W	H	L	鐵皮番號	單位重量	全表面積	鐵皮重量	周長	單位重量	法蘭總重	安全係數	長度1m	60 kg/m³		保溫材重	安全係數	保溫總重	吊桿	下支撐	上支撐	斜撐	安全係數	吊架總重	計算重量	安全係數	設計重量
mm	mm	m	#	kg/m²	m²	kg/Duct	m	7.0 kg/m	kg/Duct		kg/Duct	25 mmt	50 mmt	kg/m²		kg/Duct	kg/雙點	kg/pcs	kg/pcs	kg/4向		kg/Duct	kg		kg
1,350	800	1	22	0.8	4.3	3.4	4.3	7.53	32.4	1.1	39.4	1.5		6.5	1.1	7.1	0.47	3.35	3.35	10.05	1.1	18.9	65	2	131
1,350	800	1	22	0.8	4.3	3.4	4.3	7.53	32.4	1.1	39.4		3	12.9	1.1	14.2	0.47	3.35	3.35	10.05	1.1	18.9	73	2	145

● Note：
(1) 計算矩形風管重量以長度1m為單位。
(2) 法蘭的角鐵單位重量7.0 kg/m-預估值，目的是簡單化，且針對一般空調風管工法。
(3) 全重量風管的安全係數，是考慮風管材料的誤差，加上風管路徑上的回修門、風門類、驅動器、其他設備安裝於風管上 (ex)風管型流量計、…等，或風管另件fitting的重量。
(4) 本例保溫材以NBR材料基準計算，保溫材重量不同，是考慮材料的誤差。
(5) 吊架重量的安全係數，是考慮材料的誤差。
(6) 總重量的安全係數，是考慮吊架下方有懸吊其他設備的誤差 (例如，電管、水管、或其他設備)。依據經驗選取係數，預估系統可能的安全係數：可以由1.25 ～ 3.00倍。
(7) 本計算沒涵蓋斜撐的部分，其重量部分可併入安全係數的計算範圍內。

B.7.2.3 螺旋風管重量

● 計算線鍍鋅鐵皮-螺旋風管DN300、650、1,000、1,300mm，保溫厚度 25mmt 與 50mmt的風管重量

風管尺寸	計算長度	圓風管重量				圓法蘭重量				圓管全總重量 =風管+法蘭		保溫材重						吊架重量						總重量 =風管+法蘭+保溫		
φ	L	鐵皮番號	單位重量	全表面積	鐵皮重量	周長	單位重量	法蘭數量	法蘭總重	安全係數	長度1m	60 kg/m³		保溫材重	安全係數	保溫總重	吊桿	下支撐	上支撐	斜撐	安全係數	吊架總重	計算重量	安全係數	設計重量
mm	m	#	kg/m²	m²	kg/m	m	7.0 kg/m		kg/2pcs		kg/Duct	25 mmt	50 mmt	kg/m²		kg/Duct	kg/雙點	kg-角鐵	kg-角鐵	kg/4向		kg/Duct	kg		kg
300	1	20	7.7	0.9	7.3	0.9	7	2 pcs	13.2	1.25	25.6	1.5		1.4	1.15	1.6	1	1	1	8	1.25	13.8	41	2	82
650	1	20	7.7	2	15.7	2	7	2 pcs	28.6	1.25	55.4	1.5		6.1	1.15	7	0.11	3.52	0.06	8	1.25	14.6	77	2	154
1,000	1	16	12.8	3.1	40.2	3.1	7	2 pcs	44	1.25	105.2		3	4.7	1.15	5.4	0.21	2.71	0.11	8	1.25	13.8	124	2	249
1,300	1	12	15.9	4.1	64.9	4.1	7	2 pcs	57.2	1.25	152.6	1.5		6.1	1.15	7	0.31	3.52	0.15	8	1.25	15	175	2	349

● Note：
(1) 參考矩形風管的說明。
(2) 鍍鋅全焊風管可以比照螺旋風管的重量計算。
(3) 本計算沒涵蓋斜撐的部分，其重量部分可併入安全係數的計算範圍內。

B.7.2.4 圓形風管重量

● 本節研究不銹鋼調風管的重量計算，其方法同上述，總重量 = 風管+法蘭+保溫，需要配合不同風管功能及重量，需要查表或計算項目

● Note：
(1) 圓管重量
(2) 法蘭重量
(3) 保溫才重量
(4) 吊架重量
(5) 風門與驅動器重量
(6) 配合需求及環境，慎選安全係數。

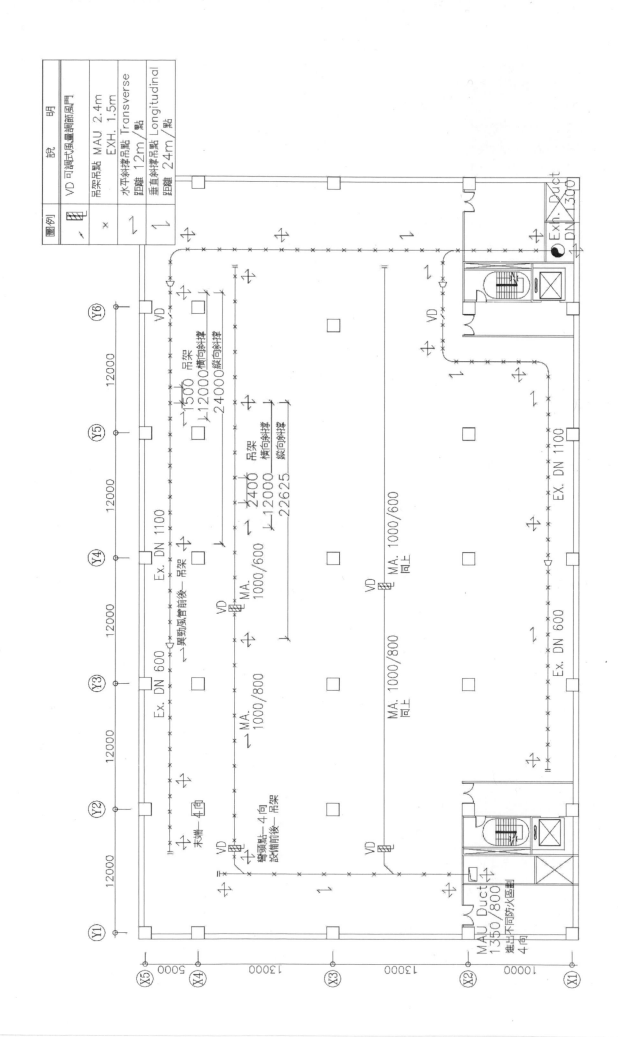

Chapter C
風管設計
Duct Design

Chapter C. 風管設計 Duct Design

- 本節介紹風管設計，討論風管的設計基準，風管水力 (壓損) 計算，風管另件查表，製程排氣風管末端設備 Hood 理論介紹。

C.1. 風管設計理論

- 風管設計方法：(1) 速度法、(2) 靜壓再得法、(3) 等壓法 (4) T方法 – 需要用電腦軟體配合計算，不在此介紹。
- 本節主要介紹風管常用的設計(Ex)速度法、等壓法。

C.1.1. 速度法

- 速度法(Vel.M.) Velocity Method
  應用公式：Q = V / A
  公式符號/單位說明

Q	風量	單位 m^3/hr
V	風速	單位 m/s
A	風管截面積	單位 m^2

- 主風管與分歧風管內的風速相同。
  每一支風管的速度相同時，風管尺寸大小種類很多時，不同尺寸風管會有壓損過高或太小，系統風量平衡不易調整。

- 風速度法的應用：
  設計應用於排氣風管，主要原因是風管內必須有足夠的風速才能帶走污染物。但當使用狀態改變時，風量平衡須再調整。

C.1.2. 靜壓再得法

- 靜壓再得法(S.P.R.M) Static Pressure Recovery Method
  應用公式：$Q = K \sqrt[2]{P}$

- 主風管上的每一分支點的K值相同，而每一分歧點的靜壓補賞到下一階層的風管。
  設計計算困難，需要用電腦軟體補助設計 (手算太過繁複)。
  消防系統 NFPA 撒水的水利計算採用的方法，水系統。
  實務的設計用於 VAV 風管系統，變風量的平衡-重視風量變動平衡，因此要電腦輔助計算。

C.1.3. 等壓法

- 等壓法(C.P.L.M) Constant Pressure Loss Method (or Equal Friction Method)
  主風管與分歧風管內的靜壓損失相同，廣泛的用於 HVAC、製程排氣系統風管設計。
  當使用狀態改變時，風量平衡容易調整。可用於大風管設計，風管小於 DN300mm 時應加上風速的判定來輔助設計風管尺寸。
  設計壓損計算可以查表 ASHRAE 或 AMCA 都有表可查壓損。(詳下節風管設計基準)

C.2. 風管壓損計算

● 配管壓損計算公式：應用柏努力方程式的修正公式。壓損 (水力) 計算公式，應注意使用的單位，單位錯誤時的誤差其差異為數~10倍以上。

● 風管水利計算是將矩形風管管轉圓形管：用當量直徑，將矩形風管換算成圓形風管，在查圓形風管尺(Trane 的風管尺)，查出單位長度的摩差阻力 Rm。
  (1) 等速度當量直徑 $D_v = 2ab / (a+b)$
  (2) 等流量當量直徑 $D_h = 1.3 ((a^3 b^3) / (a + b)^2)^{1/8}$

● 風管水力計算
  (1) 風管水力計算書包含：風管平面圖、ISO 與水力計算資料。
  (2) 風管平面圖包含：風管尺寸、風管長度、風管高程、彎頭、閥件、風口，........等。
  (3) ISO 圖包含：風管尺寸、風管長度、風管高程、彎頭、閥件、風口，........等。
  (4) 水力計算資料應註明 C 或 K 值的依據標準。如 ASHRAE、SMACNA，可以查風管另件的損失係數。

C.2.1. 水力方程式

C.2.1.1. 柏努力方程式

● 柏努力方程式：$Z + P/\rho g + V^2/2g = $ Constant = 常數
● 若流場有摩擦流 ($\mu \neq 0$)，則Bernoulli equation要修正 (增加h_L損失)

$$Z_1 + \frac{P_1}{\rho g} + \frac{V_1^2}{2g} = Z_2 + \frac{P_2}{\rho g} + \frac{V_2^2}{2g} + h_L = \text{Constant} = 常數$$

Z	P/ρg	V²/2g
Potential Energy	Pressure Head	Velocity Head
位置水頭	壓力水頭	速度水頭

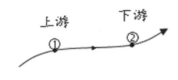

h_L：是因為摩差發生的損失，稱為損失水頭 (Loss Head)。

● 管流中的總損失 $h_L = h_{L-M} + h_{L-m} = $ 主要損失 + 次要損失

C.2.1.2. 主要損失

● h_{L-M} 主要損失(Major loss)：主要損失就是直管的摩差損失。
● 主要損失的計算方式：(1) 達西-魏斯拔公式 (2) 海真威廉公式

$$h_{L-M \, 直管} = f \frac{L}{D_h} \frac{V^2}{2g} 。$$

C.2.1.3. 次要損失

● h_{L-m} 次要損失(minor loss)：次要損失：例如彎頭，Tee，大小頭，閥件，.....等；損失計算實要查損失係數表。

$$h_{L-m \, 另件} = \xi \times \frac{V^2}{2g} 。$$

C.2.2. 主要損失-直管

● 主要損失：達西-魏斯拔公式。$h_{L-M} = f \times (L/D_h) \times (V^2/2g)$
公式符號/單位說明

h_{L-M}	f	L	D_h	V	g
主要損失	摩差損失係數	配管長度	配管口徑	平均流速	重力加速度
Pa	none	m	mm	m/s	m^2/s

● f 摩差損失係數

Re < 2,300，層流 (Laminar Flow)	$f = 64\ Re$
Re > 2,300，亂流 (Turbulent Flow)	$f = 0.055\ [\ 1 + (20,000 \times \varepsilon / D_h + 106 / Re\ )^{1/3}\ ]$
查毛德線圖可得雷諾數；ε / Dh：相對粗造度	

● ε 粗糙度

材料	ε 粗糙度 m
普通鋼管	0.000,01~0.000,02

材料	ε 粗糙度 m
生銹鋼管	0.001~0.000,5
鑄鐵管	0.000,25

材料	ε 粗糙度 m
鋁管、銅管	≦ 0.000,01
塗瀝青鑄鐵管	0.000,13
塑料管	0.000,05

● Re 雷諾數：$Re = V \times D_h \times (\rho / \mu)$

Re	V	D_h	ρ	μ	$\nu = \mu / \rho$
雷諾數	平均流速	配管口徑	密度	動力黏性係數	運動黏性係數
無單位	m/s	mm	kg/m^3	Pa-s	m^2/s

● 直管壓損：依設計基準選用適當的直管尺寸。
[例題] 公式符號/單位說明：

Air Volu.	Duct Design						Sum PF		P_V
Q 風量 @ Temp. Condition	Width	Height	Rect Velocity	Equi. Volume Diam.	Round Velocity	Length	Renode No.	Friction Rate	Dynamic Static
S：0℃ N：25℃ A：XX℃	寬	高	方管風速	等效風量風管尺寸	圓管風速	風管長	雷諾值	比摩擦	動壓壓力
Q = V_1	W	H	V_R	Dg = De	Vs	L	Re	R_m	P_V
Std_cmh	mm	mm	m / s	mm	m / s	m	None	Pa / m	Pa
25,000	915	915	8.3	1,000	8.8	1.0	657,306	**0.7**	50.4
25,000	869	869	9.2	950	9.8	1.0	692,100	**0.9**	62
25,000	823	823	10.3	900	10.9	1.0	730,784	**1.2**	77
25,000	778	778	11.5	850	12.2	1.0	773,053	**1.6**	96.5

Note-1：空氣的條件，由上表知，風速越快動壓越大，壓損也越大。
Note-2：管內風溫 (S：Standard)。(N：Normal)。(A：Activity)。

C.2.3. 次要損失-風管另件

- 本節介紹依據 SMACNA 2006-4th HVAC SYSTEMS DUCT DESIGN所列資料，設計常用的另件係數，實務上因為環境空間的影響會有特殊的風管配件，其計算可用類似配件計算方式，少數特殊配件對系統影響有限。
  不同的製造方法影響 C 值大小 (Ex. 正 T、斜 T、Boost T)。因此，工程師應經過壓損計算後再選用適當風管另件。詳細 C 值請查閱 SMANCA 表列說明。

- 本章中風管壓損的例題中，有詳細介紹配件技術資料。設計風管工程師需詳細閱讀風管配件損失，對風管設計壓損及風量的平衡有很大幫助。
  [例如] SMCANA 表中介紹的損失係數，下列所示：

A. ELBOW, SMOOTH RADIUS (DIE STAMPED), ROUND 90° Elbows (See Note 1)

R/D	0.5	0.75	1.0	1.5	2.0	2.5
C	0.71	0.33	0.22	0.15	0.13	0.12

配件損失 $T_P = C \times V_P$；(V_P：動壓)。

T_P	C	V_P
配件壓力損失	損失係數	動壓
Pa	無單位	Pa

C：於不同書籍符號寫法不同，亦有 ξ，注意的符號說明。

$$h_{\text{L-m 另件}} = \xi \times \frac{V^2}{2g} = C \times V^2 / 2g$$

依據不同的彎頭R/D選出正確的值。常用的規格是R/D=1，詳細部規則，請詢問供應商，每一製造商的標準不同。

Note 1：
For angles other than 90° multiply by the following factors:

θ	0°	20°	30°	45°	60°	75°	90°	110°	130°	150°	180°
K	0	0.31	0.45	0.60	0.78	0.90	1.00	1.13	1.20	1.28	1.40

- 下一節介紹風管標準另件，主要彰顯風流動的氣流方向與製造的方法。

C.2.3.1. Table A-7 Elbows

- 彎頭類：圓形與矩形風管

A. elbow, smooth radius (die samped), round	B. elbow, round, 3 to 5 piece - 90°	C. elbow, round, mitered
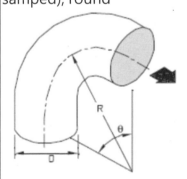	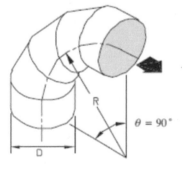	

D. elbow, rectangular, mitered	E. elbow, rectangular, mitered with converging or diverging flow	F. elbow, rectangular, smooth radius without vanes
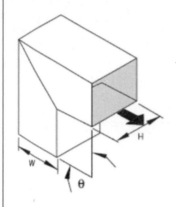	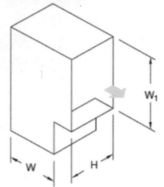	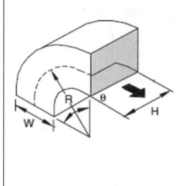

G. elbow, rectangular, smooth radius with splitter vanes	H. elbow, rectangular, mitered with turning vanes	
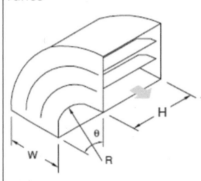	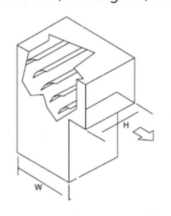	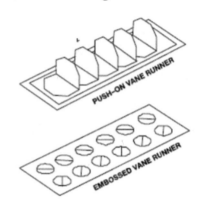

I. elbow, rectangular, mitered with turning vanes	J. rlbows, 90 , rectagular in different planes	K. elbows,30,round,offset
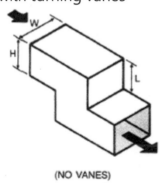 (NO VANES)	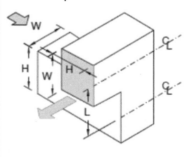	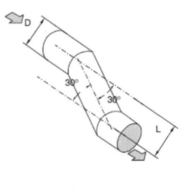

L. elbows,90 ° , rectangular WYE or tee shape
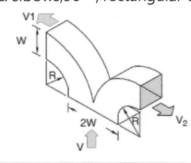 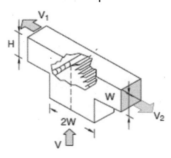

C.2.3.2. **Table A-8 Transitions (Diverging Flow)**

● 小大頭類：擴管形式 (小風管→大風管，應用排氣風管、回風風管，......)

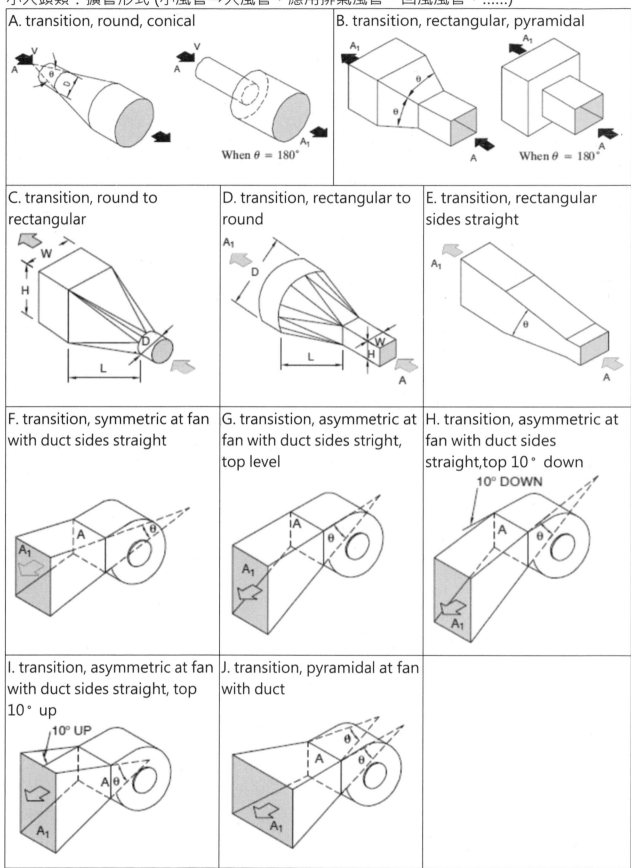

A. transition, round, conical	B. transition, rectangular, pyramidal

C. transition, round to rectangular	D. transition, rectangular to round	E. transition, rectangular sides straight

F. transition, symmetric at fan with duct sides straight	G. transistion, asymmetric at fan with duct sides stright, top level	H. transition, asymmetric at fan with duct sides straight,top 10° down

I. transition, asymmetric at fan with duct sides straight, top 10° up	J. transition, pyramidal at fan with duct	

C.2.3.3. Table A-9 Transitions (Converging Flow)

● 大小頭類：縮管形式 (大風管→小風管，應用送風風管，......)

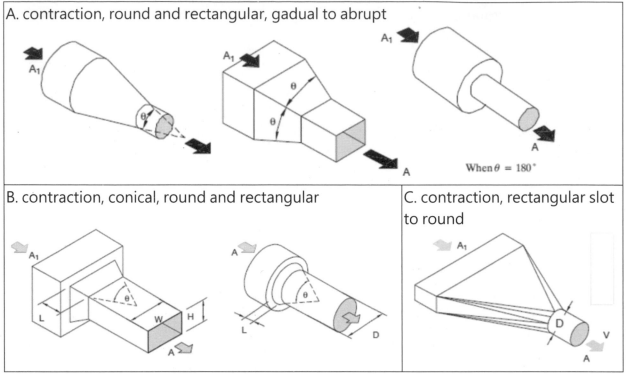

A. contraction, round and rectangular, gadual to abrupt

B. contraction, conical, round and rectangular

C. contraction, rectangular slot to round

When $\theta = 180°$

C.2.3.4. Table A-10 Converging Junctions (Tee, Wyes)

● 三通類-氣流合併 (Ex. 2支進風合併成1支出風)：斜T、正T、順T、鞋T

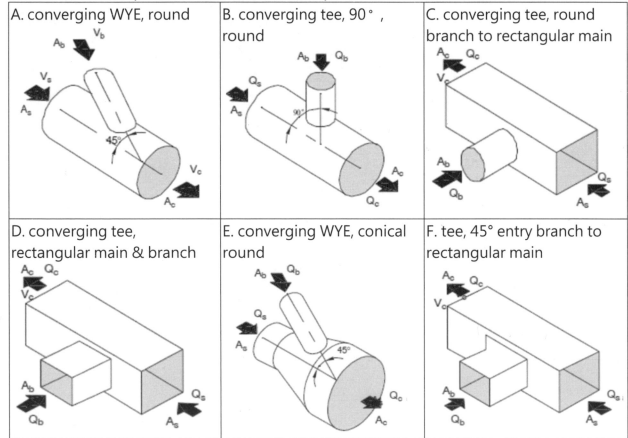

A. converging WYE, round

B. converging tee, 90°, round

C. converging tee, round branch to rectangular main

D. converging tee, rectangular main & branch

E. converging WYE, conical round

F. tee, 45° entry branch to rectangular main

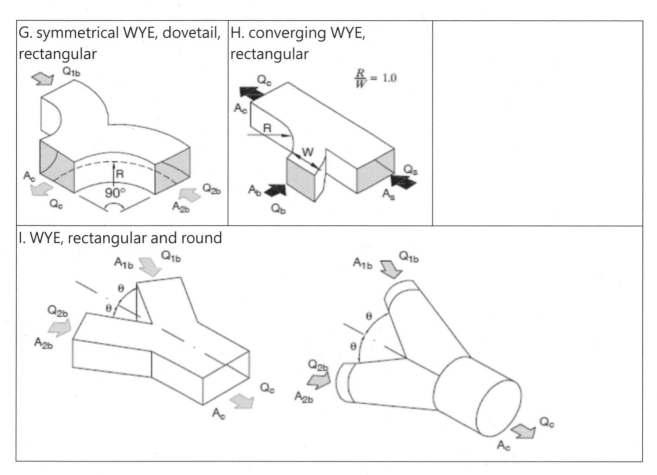

G. symmetrical WYE, dovetail, rectangular	H. converging WYE, rectangular	
	I. WYE, rectangular and round	

C.2.3.5. Table A-11 Diverging Junctions (Tee, Wyes)

● 三通類-氣流分散 (Ex. 1支進風分散成2支出風)：斜T、正T、順T、鞋T

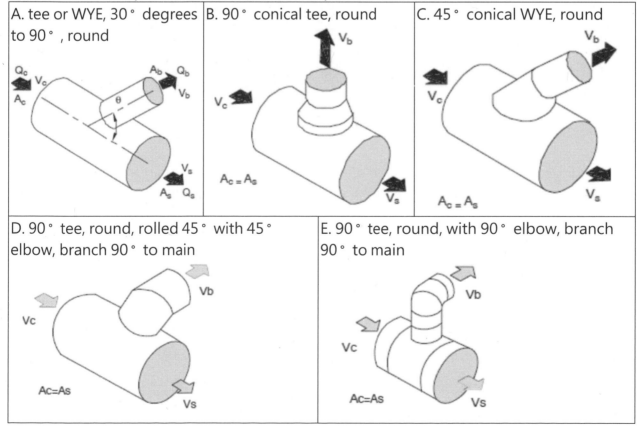

A. tee or WYE, 30° degrees to 90°, round	B. 90° conical tee, round	C. 45° conical WYE, round
D. 90° tee, round, rolled 45° with 45° elbow, branch 90° to main	E. 90° tee, round, with 90° elbow, branch 90° to main	

F. 90° tee, round, rolled 45° with 60° elbow, branch 45° to main 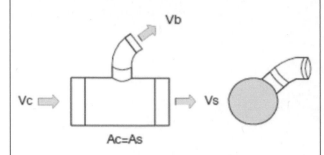 Ac=As	G. 90° conical tee, round, rolled 45° with 45° elbow, branch 90° to main 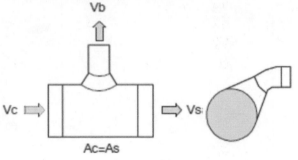 Ac=As
H. 90° conical tee, round, rolled 45° with 60° elbow, branch 45° to main 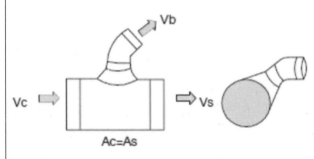 Ac=As	I. 45° WYE, round, rolled 45° with 60° elbow, branch 90° to main 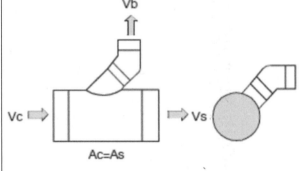 Ac=As
J. 45° conical WYE round, rolled 45° with 60° elbow, branch 90° to main 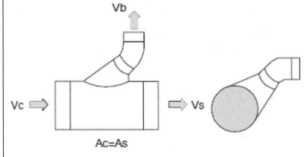 Ac=As	K. 45° WYE, round, rolled 45° with 30° elbow, branch 45° to main 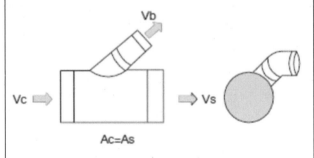 Ac=As
L. 45° conical WYE, round, rolled 45° with 30° elbow, branch 45° to main 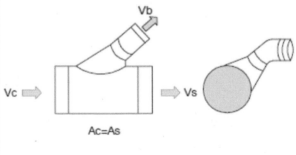 Ac=As	M. 45° conical main and branch with 45° elbow, branch 90° to main 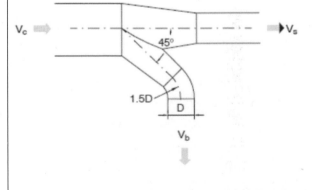

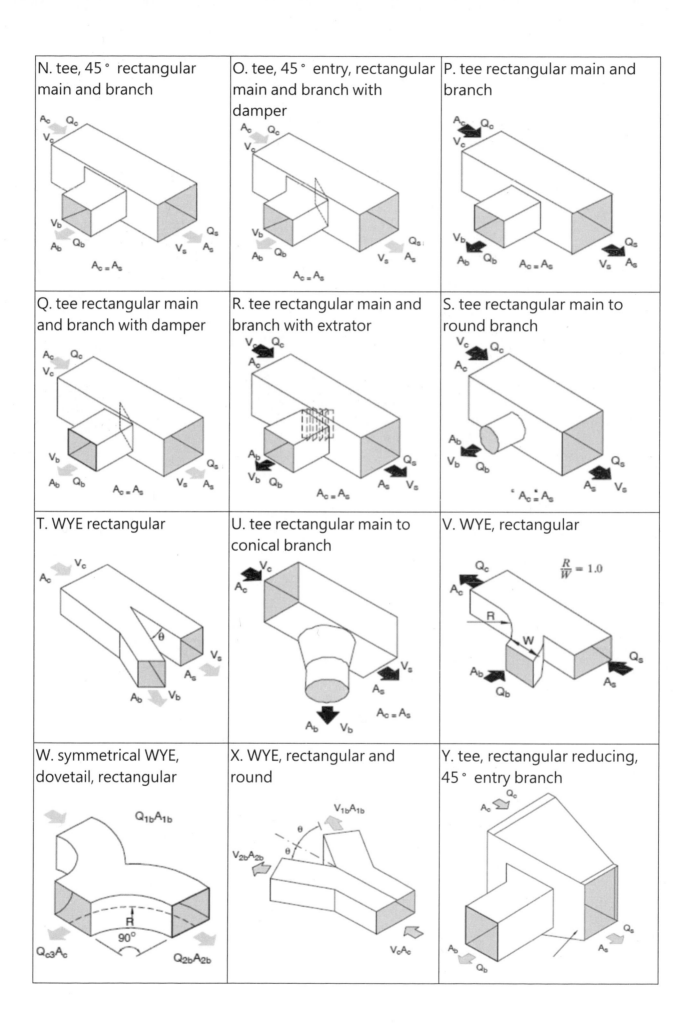

N. tee, 45° rectangular main and branch	O. tee, 45° entry, rectangular main and branch with damper	P. tee rectangular main and branch
Q. tee rectangular main and branch with damper	R. tee rectangular main and branch with extrator	S. tee rectangular main to round branch
T. WYE rectangular	U. tee rectangular main to conical branch	V. WYE, rectangular
W. symmetrical WYE, dovetail, rectangular	X. WYE, rectangular and round	Y. tee, rectangular reducing, 45° entry branch

C.2.3.6. **Table A-12 Entries**

● 吸入口的端點

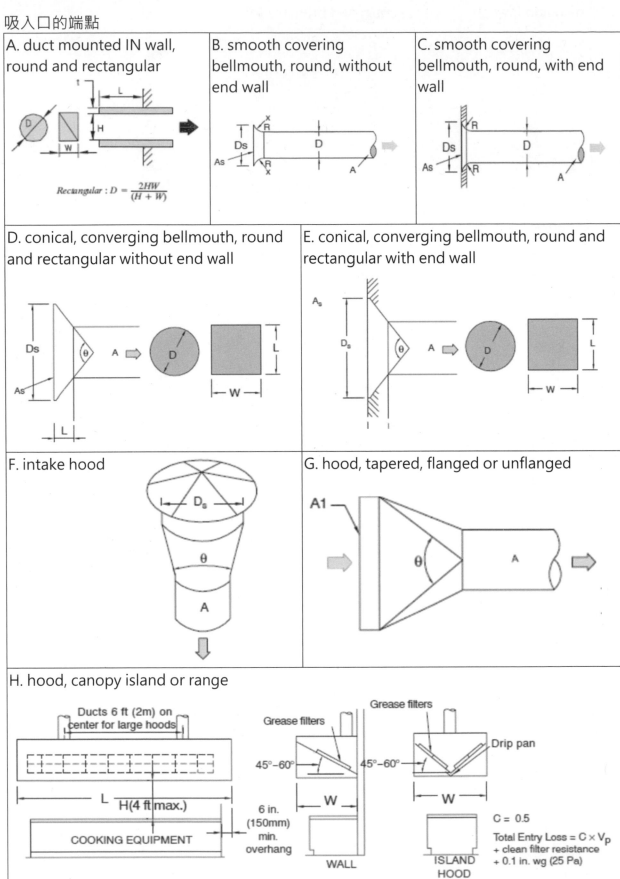

A. duct mounted IN wall, round and rectangular	B. smooth covering bellmouth, round, without end wall	C. smooth covering bellmouth, round, with end wall

$$Rectangular : D = \frac{2HW}{(H + W)}$$

D. conical, converging bellmouth, round and rectangular without end wall	E. conical, converging bellmouth, round and rectangular with end wall

F. intake hood	G. hood, tapered, flanged or unflanged

H. hood, canopy island or range

Ducts 6 ft (2m) on center for large hoods

L H(4 ft max.)

COOKING EQUIPMENT

6 in. (150mm) min. overhang

Grease filters

45°–60° W

WALL

Grease filters

45°–60° W

Drip pan

ISLAND HOOD

C = 0.5

Total Entry Loss = C × V_p + clean filter resistance + 0.1 in. wg (25 Pa)

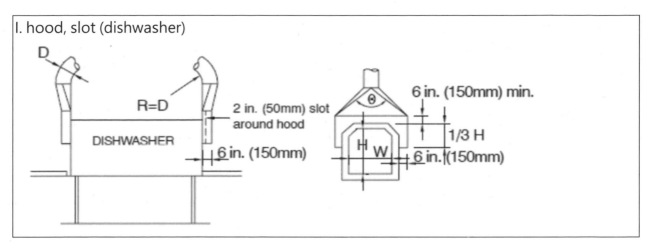

I. hood, slot (dishwasher)

C.2.3.7. Table A-13 Exits

- 吐出口的端點

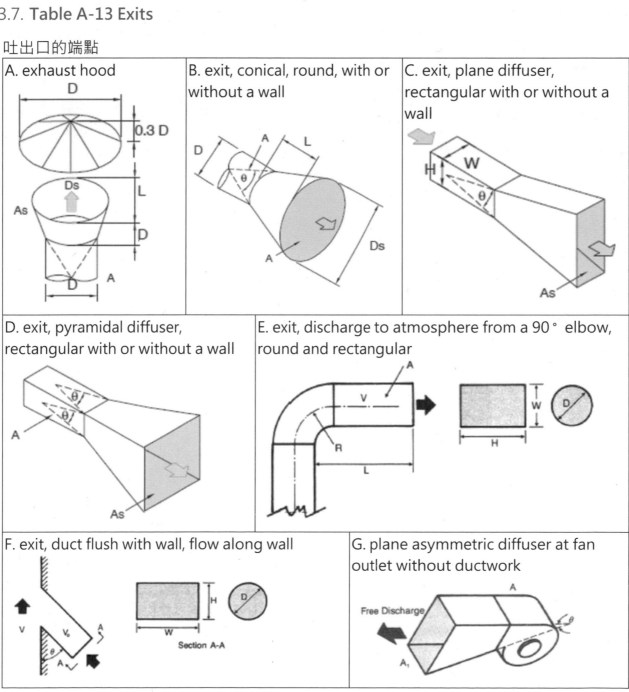

A. exhaust hood	B. exit, conical, round, with or without a wall	C. exit, plane diffuser, rectangular with or without a wall
D. exit, pyramidal diffuser, rectangular with or without a wall	E. exit, discharge to atmosphere from a 90° elbow, round and rectangular	
F. exit, duct flush with wall, flow along wall	G. plane asymmetric diffuser at fan outlet without ductwork	

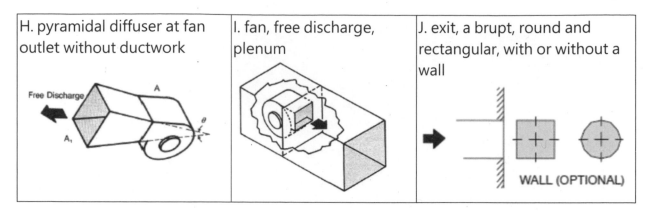

C.2.3.8. Table A-14 Screens and Plates

● 防蟲網、沖孔板

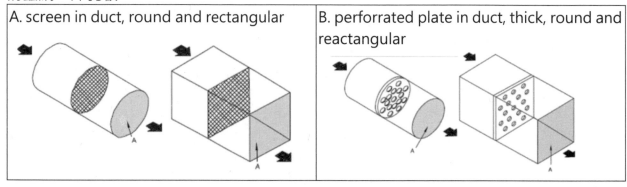

C.2.3.9. Table A-15 Obstructions (Constant Velocities)

● 風管內遮擋物 (Ex. 隔板、擋板、風門、........)

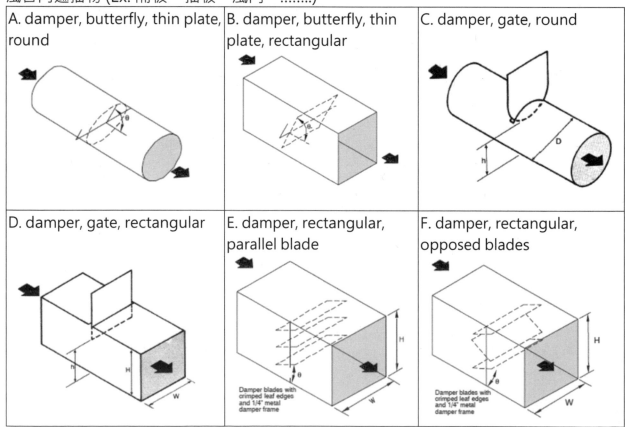

G. damper, rectangular, opposed blades	H. obstruction, smooth cylinder in round and rectangular ducts
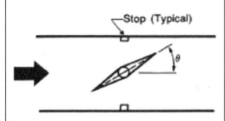	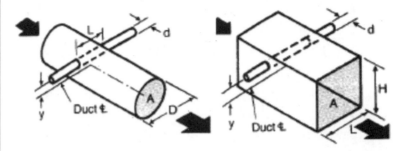
I. round duct, depressed to avoid an obstruction	J. rectangular duct, depressed to avoid an obstruction
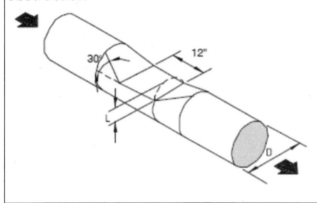	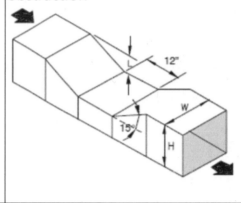
K. rectangular duct with 4−45° smooth radius ells to avoid an obstruction	L. rectangular duct with 4−90° mitered ells to avoid obstruction
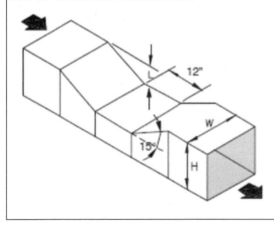	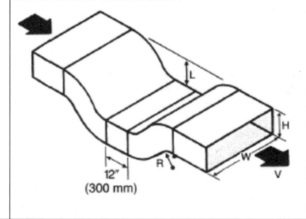

- 各種風管另件-注意事項

(1) 氣流方向 – 圖示箭頭的方向

(2) 單位符號 – 圖示 (Ex) Q_c、A_c、V_c、Q_b、A_b、V_b、Q_s、A_s、V_s、........等。

以上錯誤的資訊將影響查表的壓損係數數據。請參考本書-例題 (風管壓匯計算)

C.3. 風管設計基準

● 風管的風速設計是依經驗，及風管建議的風速設計標準。
本節介紹與建議風管設計的方法：

(1) 風速	一般的 HVAC 風管應用-用風速設計風管。
	包含：風管的功能性、架構、系統分類、製程排氣。
(2) 壓力損失	一般 HVAC 的風管用壓力損失為設計原則。
	等壓法風管設計基準 1Pa/m.
(3) 噪音控制	有噪音需求的風管風速：需要低噪音區域，
	[例如] 翻店客房，視聽室，音樂廳。

本節說明各種風管的設計準，包含：主要介紹空調/通風的風管設計，相關製程排氣的風管設計於各製程系統加強說明，

C.3.1. 風速基準

● -風管的功能性

風管功能	公共建築		工業廠房	
	[m/s]	[ft/s]	[m/s]	[ft/s]
外氣入口	2.5 - 4.5	500 ~ 900	5 - 6	1,000 ~ 1,200
熱氣接風管	3.5 - 4.5	700 ~ 900	5 - 7	1,000 ~ 1,400
主風管	5.0 - 8.0	1,000 ~ 1,500	6 - 12	1,200 ~ 2,400
分支風管	2.5 - 3.0	500 ~ 600	4.5 - 9	900 ~ 1,800
送風格柵	1.2 - 2.3	250 ~ 450	1.5 - 2.5	350 ~ 500

● 風管的架構

風管架構	舒適狀態	工業風管	高速風管
	m/s		
幹管	4 - 7	8 - 12	10 - 18
風支主幹管	3 - 5	5 - 8	6 - 12
風支管	1 - 3	3 - 5	5 - 8

● 應用系統分類

系統風速	空氣流速	
	[m/s]	[ft/s]
辦公室通風管	2.0 - 4.5	6.5 ~ 15
醫院通風管	1.8 - 4.0	5.9 ~ 13
暖氣空調	0.8 - 1.0	2.6 ~ 3.3
中央除塵	8 - 15	26 ~ 49
壓縮空氣	20 - 30	66 ~ 98
燃燒空氣的風管	12 - 20	40 ~ 66
鍋爐防的進風	1 - 3	3.3 ~ 9.8

- 製程排氣

System duct	Max. Velo		System duct	Max. Velo
GEX, AEX, AKX, STX, SOX	m/s		CVD	m/s
Sub-Mains (Branches)	8 to 10		CVD 機台~集塵機設備	15 to 20
Mains	10 to 12		集塵機~洗滌塔	10 to 12
Riser	10 to 12			
Header	12 to 15			

C.3.2. 壓力損失

- 等壓法風管設計基準 1Pa/m.

風管尺寸	Min. [m/s]	Target [m/s]	Max. [m/s]
D > Φ1,500 mm	7.6	12.7	14
Φ1,000< D < Φ1,500 mm	7.6	11.4	12.7
Φ500< D < Φ1,000 mm	6.4	10.2	11.4
D < Φ500 mm	5.1	7.6	10.2
D < Φ100 mm	1	3	5
排氣煙囪 Stack	12	16	20
HVAC 風機出口	8	10	15

D：風管直徑。

C.3.3. 噪音需求

- 有噪音需求的風管風速

NC 標準	主風管	分歧風管	送風口	回風格柵
NC 30	6.5 m/s	5.5 m/s	2.0 m/s	2.2 m/s
NC 35	7.5 m/s	6.0 m/s	2.2 m/s	2.5 m/s
NC 40	9.0 m/s	7.0 m/s	2.5 m/s	3.0 m/s
NC 45	10.0 m/s	8.0 m/s	3.0 m/s	3.5 m/s

應注意有噪音需求時，風管除風速降低外，也可以採用風管內保溫用長纖玻璃纖維去消除噪音能量，但需注意施工工法，避免玻璃纖維進入循環送風系統，造成無法彌補的人體傷害。

C.3.4. 製程排氣風速

- 風管的等級分類

Class 1	非研磨性，無腐蝕性應用，包括化妝的空氣和一般的通風系統和氣體排放控制系統污染管道段.
Class 2	輕應用到中度的光線集中磨粒：拋光和打磨，木材加工，穀物粉塵等。
Class 3	應用程序與高度研磨顆粒的濃度較低或較高濃度中等研磨顆粒。如研磨清洗操作，乾衣機和窯爐，鍋爐煙道，砂處理等。
Class 4	應用程序與高度研磨顆粒的濃度較低或較高濃度中等研磨顆粒。如研磨清洗操作，乾衣機和窯爐，鍋爐煙道，砂處理等。
Class 5	腐蝕性煙霧。如酸/鹼排氣。

- 製程排氣：以風速為設計基準 (取材：SMACNA)

風管分類	污染物的性質	排放種類	濃度	磨損	最低輸送速度 m/s
Class 1	氣體	非磨蝕性，非腐蝕性應用，包括 MAU 和一般通風系統的污染管道部分，與氣體排放控制系統。	無	無	5 ~ 10
	煙霧，蒸氣，煙霧和氣溶膠（噴霧，霧和霧）	鋅和氧化鋁煙霧，焊接煙霧，油漆過噴等	淡	無	10 ~ 13
Class 2	輕塵	棉絨，木粉，石印粉等	淡	輕	13 ~ 15
	乾粉塵和粉末	精細橡膠粉，膠木成型粉塵，黃麻皮，棉塵，輕型刨花，皮革屑，肥皂粉，幹細木屑，顆粒粉塵，拋光和拋光粉塵。	淡	輕	13 ~ 15
Class 3	一般工業粉塵	低至中等濃度的第 3 分類材料，包括花崗岩粉，矽粉，材料處理 (一般)，磚切割，粘土粉塵，研磨清潔操作，乾燥機，窯爐，鍋爐破壞，砂處理，管理，鋼屑，焦炭等	中等	高	18 ~ 20
		分類 2 的中低材料，包括鋸末（重和濕），研磨粉塵，拋光棉絨（乾燥），羊毛黃麻粉（振動篩廢料），咖啡豆，鞋塵。 等等。	濃	中等	
Class 4	沉重粉塵	分類 3 的高濃度材料，金屬車削，鑄造振動和滾筒，噴砂灰塵，木塊，生豬廢料，黃銅車削，鑄鐵鏜孔灰塵，鉛塵等。	濃	高	20 ~ 23
	沉重，潮濕和粘塵	含有小碎屑，潮濕水泥粉塵，濕爐渣，濕砂漿，拋光棉絨（粘性），快速灰塵等的鉛塵	濃	高	23 以上
Class 5	腐蝕性煙霧	腐蝕性應用; 實驗室通風櫃，含有腐蝕性化學品的電鍍槽等	無	無	5 ~ 10

- 在工業通風、空氣污染控制和除塵系統中通常首選圓形管道。
  (1) 圓形風管提供有效的空氣流動並具有優越的結構特性，導致管道系統採用更輕的規格材料和更少、更輕的加強構件。
  (2) 矩形風管通常是空間限制圓形風管的唯一選擇。矩形管道應盡可能接近方形，以獲得最佳空氣動力學性能。

- 一般製程排氣風管材料：黑鐵、鍍鋅、不銹鋼板製成，除非存在腐蝕性氣體、蒸汽、薄霧或其他條件使此類材料不實用。
  不建議在溫度超過 400°F 時使用鍍鋅結構。

C.3.5. 風管直管設計基準

- 設計基準 Duct Pressure Drop Calcualtion Benchmark：一般設計採用等摩擦法設計風管。除了特殊粉塵排氣，煙囪有風速需求，及空調空間有噪音要求；一般風管基本設計以 1 Pa/m，小於Φ200mm以下和大型集風管視需求採用風速設計。
- 其他需要考慮的因素風管內的溫度，管內溫度會造成空氣體機的膨脹，風管內高溫度時需另外計算。

說明：假設用單一風量 60,000cmh，判斷風管壓損選擇適當的風管尺寸 (1 Pa/m)。

Duct Decription	Air Volu.		Duct Design				Sum P$_F$		
	Duct Type	Q (At T°C) N : 25 °C	Width	Height	Equi. Volume Diam.	Round Velocity	Length	Straight Duct dP Coeff.	Friction Rate
	風管外型	Std : 0 °C Act : XX °C .	Design Actual 溫度 25°C		等效風量 風管尺寸	圓管風速	風管長度	直管摩差 損失係數	比摩擦
	R / S	Q	W	H	Dg=De	Vs	L	λ	R$_m$
	圓/方	S_cmh	mm	mm	mm	m / s	m	None	Pa / m
D > Φ1,500 mm									
D : Min. 7.6 m/s	S	60,000	1,830	1,830	2,000	5.3	1.0	0.0134	0.1
D : Targer 12.7 m/s	S	60,000	1,738	1,738	1,900	5.9	1.0	0.0134	0.2
D : Max. 14 m/s	S	60,000	1,647	1,647	1,800	6.5	1.0	0.0134	0.2
Stack = ~15 m/s	S	60,000	1,647	1,647	1,800	6.5	1.0	0.0134	0.2
	S	60,000	1,555	1,555	1,700	7.3	1.0	0.0135	0.3
Benchmark : 1 Pa/m	S	60,000	1,464	1,464	1,600	8.3	1.0	0.0135	0.4
Φ1,000< D < Φ1,500 mm									
D : Min. 7.6 m/s	S	60,000	1,372	1,372	1,500	9.4	1.0	0.0135	0.5
D : Targer 11.4 m/s	S	60,000	1,281	1,281	1,400	10.8	1.0	0.0136	0.7
D : Max. 12.7 m/s	S	60,000	1,235	1,235	1,350	11.6	1.0	0.0136	0.8
	S	60,000	1,189	1,189	1,300	12.6	1.0	0.0137	1.0
9.1m/s< Fan < 11.2m/s	S	60,000	1,144	1,144	1,250	13.6	1.0	0.0137	1.2
Stack = ~15 m/s	S	60,000	1,098	1,098	1,200	14.7	1.0	0.0138	1.5
	S	60,000	1,052	1,052	1,150	16.0	1.0	0.0138	1.9
Benchmark : 1 Pa/m	S	60,000	1,006	1,006	1,100	17.5	1.0	0.0139	2.4
	S	60,000	961	961	1,050	19.2	1.0	0.0140	3.0
Φ500< D < Φ1,000 mm									
D : Min. 6.4 m/s	S	60,000	915	915	1,000	21.2	1.0	0.0140	3.9
D : Targer 10.2 m/s	S	60,000	869	869	950	23.5	1.0	0.0141	5.1
D : Max. 11.4 m/s	S	60,000	823	823	900	26.2	1.0	0.0142	6.7
	S	60,000	778	778	850	29.3	1.0	0.0143	8.9
Benchmark : 1 Pa/m	S	60,000	732	732	800	33.1	1.0	0.0145	12.2
	S	60,000	686	686	750	37.7	1.0	0.0146	17.1
	S	60,000	640	640	700	43.4	1.0	0.0148	24.5
	S	60,000	595	595	650	50.2	1.0	0.0150	35.6
	S	60,000	549	549	600	58.9	1.0	0.0152	54.0
	S	60,000	503	503	550	70.2	1.0	0.0154	85.0
D < Φ500 mm									
D : Min. 5.1 m/s	S	60,000	457	457	500	85.0	1.0	0.0157	140
D : Targer 7.6 m/s	S	60,000	412	412	450	104.6	1.0	0.0160	240
D : Max. 10.2 m/s	S	60,000	366	366	400	132.6	1.0	0.0164	444
	S	60,000	320	320	350	173.4	1.0	0.0169	893
DDC System Return Shaft Max. 3m/s	S	60,000	274	274	300	236.5	1.0	0.0174	2,006
	S	60,000	229	229	250	338.6	1.0	0.0182	5,119
Benchmark : 1 Pa/m	S	60,000	183	183	200	530.3	1.0	0.0191	16,536
	S	60,000	137	137	150	946.1	1.0	0.0205	75,315
	S	60,000	114	114	125	1,366.4	1.0	0.0214	197,420
	S	60,000	92	91	100	2,121.1	1.0	0.0226	625,996
D < Φ100 mm									
D : Min. 2.5 m/s ~ 6 m/s	S	60,000	69	69	75	3,729.8	1.0	0.0243	2,757,614
	S	60,000	46	46	50	8,392.1	1.0	0.0270	23,279,832

- (1) 本節介紹HVAC的空調或通風風管，基準溫度25℃。高溫空氣風管，詳本書Chapter 製程有機廢氣-風管
  (2) 送/回風口：2.5 m/s 以下。
  (3) 外氣百業：3~4 m/s 以下。

C.4. 排氣罩 Exhaust Hoods

● 本節介紹終端排氣罩的設計。(取材：ACGIH Industrial Ventulation Manual-1998)
ACGIH：American Conference of Governmental Industrial Hygienists

C.4.1. 解釋名詞

● (1) Capture Velocity：
捕捉污染源的風速。

● (2) Face Velocity：
Hood 開口位置風速。

● (3) Slot Velocity：
Slot 開口位置風速。

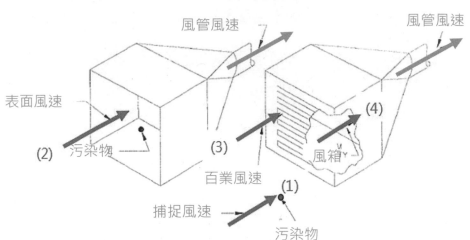

● (4) Plenum Velocity：
氣罩集風箱內風速. Plenum Velocity =< 2 倍 Slot Velocity

C.4.2. 排氣罩捕捉風速

● 捕捉風速範圍

污染物分散狀況	排氣種類	捕捉風速範圍	
		ft/min	m/s
終端沒有風速	桶槽內的蒸發氣體	50 ~ 100	0.255 ~0.51
低速進入捕捉點	噴房; 間歇式容器灌裝; 低速輸送輸送帶; 焊接; 電鍍; 酸洗	100 ~ 200	0.51 ~ 1.02
持續產生污染源,風速快	噴漆房; 桶裝; 快速輸送輸送帶; 破碎機	200 ~ 500	1.02 ~ 2.55
高速速進入捕捉點	磨削; 噴砂處理; 翻筋斗	500 ~ 2,000	2.55 ~ 10.2

● 捕捉風速上/下限

風速下限	風速上限
室內氣流最小或有利於捕獲	擾亂房間的氣流。
只有低毒或有害的污染物。	高毒性污染物。
間歇性，低產量。	產量高，用量大。
大機罩 - 運動中的大氣量。	只有小型氣罩本地控制。

● 罩的形狀、大小、位置和氣流速度是重要的設計考慮。干擾排氣重要來源的空中運動：

<1>	熱氣流，尤其是熱流程或熱流生熱操作。
<2>	機器運動，如砂輪，皮帶輸送機等
<3>	材料運動，如傾倒或容器填充。
<4>	操作員的動作。
<5>	室內氣流（通常採用 50 fpm 最低，可能要高得多）。
<6>	現場冷卻和加熱引起空氣流動迅速設備。

C.4.3. 球體表面速度

● 球體表面上X點的速度球型：排氣口

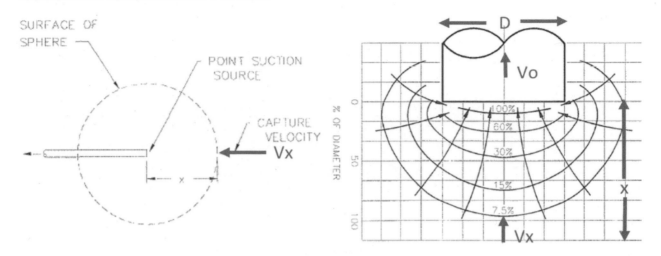

● 計算公式：小口徑風管

Q = Vo x A

$Vx = Q / (4\pi X^2) = Vo \times \pi(D/2)^2 / (4\pi X^2)$

[例題] 公式符號/單位說明

Vo	π	D	Q	4π	X	Vc
管內風速	係數	風管管徑	風管流量	係數	抽氣點距離	抽氣點風速
m/s	3.1416	mm	m³/s	12.566	m	m/s
3.00	3.14	250	0.15	12.566	250	0.19
3.00	3.14	250	.15	12.566	500	0.05

● 計算公式：大口徑風管

Q = Vo x A

$Vx = Q / (A + 10X^2)$

[例題] 公式符號/單位說明

Vo	π	D	Q	A	10	X	Vc
管內風速	係數	圓管徑	管內流量	風管面積	係數	抽氣點距離	抽氣點風速
m/s	3.1416	mm	m³/s	m²	10	m	m/s
3.00	3.14	500	0.59	0.20	10	250	0.72
3.00	3.14	500	0.59	0.20	10	500	0.22

C.4.4. 球體表面外接法蘭速度

● 計算公式：與風管出口最大不同是乘係數 (1.33)。

$$Q = Vx (4\pi X^2)$$
$$Vx = 1.33 Q / (4\pi X^2)$$
$$Vx = 1.33 Vo \times \pi(D/2)^2 / (4\pi X^2)$$

[例題] 公式符號/單位說明

Vo	π	D	Q	1.33	4 π	X	Vc
管內風速	係數	外圓管徑	管內流量	係數	係數	抽氣點距離	抽氣點風速
m/s	3.1416	mm	m³/s	1.33	12.566	m	m/s
3.00	3.14	250	0.15	1.33	12.566	250	0.25
3.00	3.14	250	0.15	1.33	12.566	500	0.06

圖示

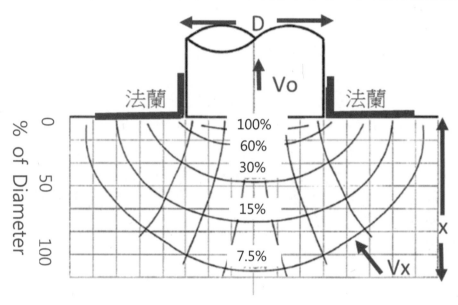

C.4.5. 平面方形開口

● 開放方型：$Q = Vx (10X^2 + A)$
Vx 在 X 點的風速，條件 $W / L \geq 0.2$

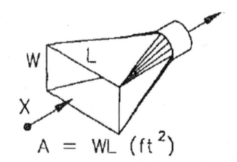

[例題] 公式符號/單位說明

X點風速	Const	X點距離	氣罩口面積			Check		風口入口風量		Check	
Vx	10	X	L	W	Area	$W / L \geq 0.2$				入口風速<10m/s	
m/s	None	m	m	m	m²	W / L	Y/N	cms	cmh	m/s	Y/N
0.25	10	2.00	1.20	1.00	1.20	0.83	Ok	10.3	37,080	8.58	Ok
0.25	10	1.00	1.20	1.00	1.20	0.83	Ok	2.8	10,080	2.33	Ok
0.25	10	0.50	1.20	1.00	1.20	0.83	Ok	0.9	3,330	0.77	Ok

C.4.6. 懸吊式排氣罩

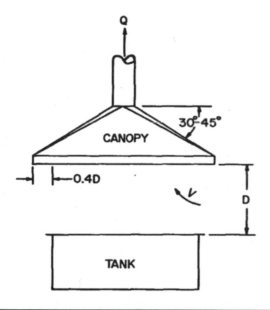

- 公式：Q = 1.4 P D V
  1.4：係數
  P：槽的周長
  D：槽與排氣罩的距離
  V：排氣風速，風速的決定須考慮是排氣罩的四周面排氣，是單面、2 面、3 面或 4 面排氣。
  Q：排氣量 [cmh]

  排氣風速：一般 0.25m/s ~ 2.5m/s，
  x = 0.4D
  θ = 30° ~ 45°

[例題] 公式符號/單位說明

1.4	槽的尺寸			D	0.4D	V	Q	
係數	槽寬 W	槽長 L	周長 P	排氣距離	環境距離	排氣風速	排氣風量	
none	m	m	m	m	0.4	m/s	m³/s	cmh
1.4	1.20	1.60	5.6	0.60	0.24	0.6	2.8	10,161
1.4	1.20	1.60	5.6	0.60	0.24	2.5	11.8	42,336

C.4.7. 實驗室排氣罩

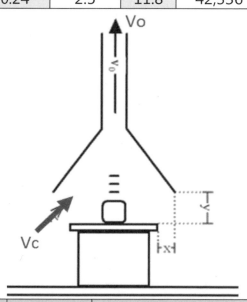

- 用途：廚房、實驗室、工業排氣罩的應用。
  公式：$Vc = Q / 2y^2P$
  注意事項：
  排氣罩高度 y：< 1.2 m
  排氣罩與工作桌邊距離 x：> 1/3 y
  排氣罩周長 P：m

  捕捉風速 Vc：> 0.15 m/s ~ 0.2 m/s

[例題] 公式符號/單位說明

2	Vc	y	W	L	P	Q	
係數	捕捉風速	hood 高	Hood 寬	Hood 長	Hood 周長	捕捉風量	
2	m/s	m	m	m	m	cms	cmh
2	0.2	1.2	0.7	0.8	3	1.73	6,221
2	0.2	1.2	1.2	1.2	4.8	2.76	9,953

- Note：實務上依廢氣種類 (廢氣溫度/濕度/濃度/粉塵/環境要求)，Hood 設計有不同規則，需經過討論與實務經驗。
  (Ex.) x = 0.4y、吸入 Hood 與直管的角度 > 45°。

C.4.8. 各型排氣罩

● 常用排氣罩公式 (取材：ACGIH)

Hood 型式	說明	檢查 W/L	排氣風量公式
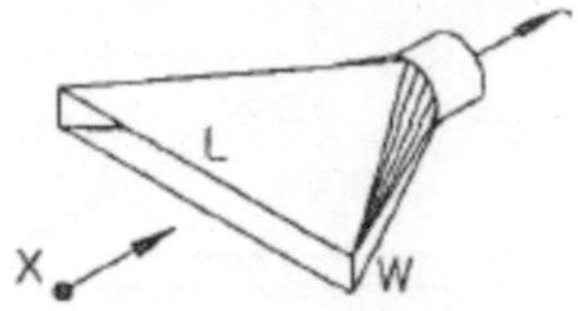	線條開口	$W/L \leqq 0.2$	$Q = 3.7\ LVX$
	線條型+遮板	$W/L \leqq 0.2$	$Q = 2.6\ LVX$
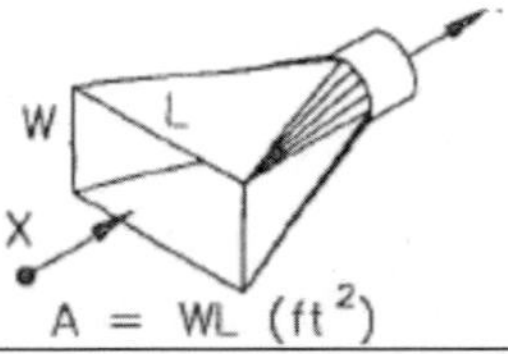 $A = WL\ (ft^2)$	平面開口	$W/L \geqq 0.2$	$Q = V\,(10X^2 + A)$
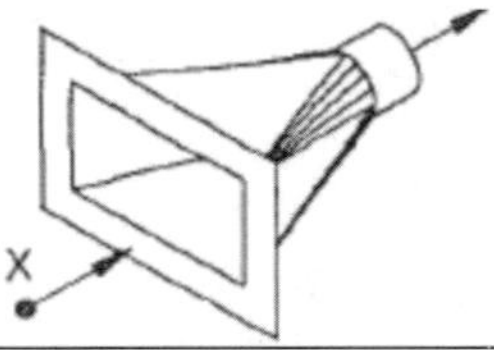	平面開口+遮板	$W/L \geqq 0.2$	$Q = 0.75\,V\,(10X^2 + A)$
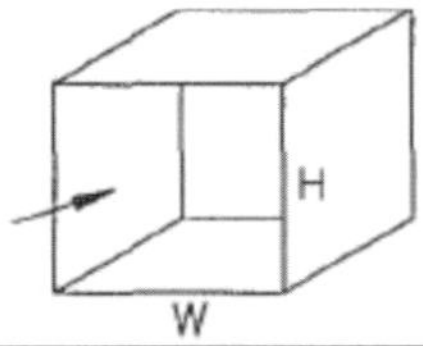	封閉工作站	配合需求	$Q = VA = VWH$
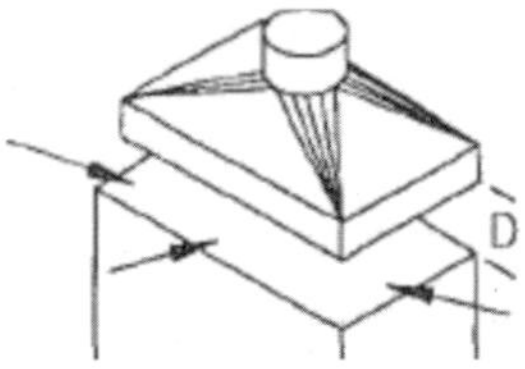	排氣罩	配合需求	$Q = 1.4\ PVD$ $P：周長$
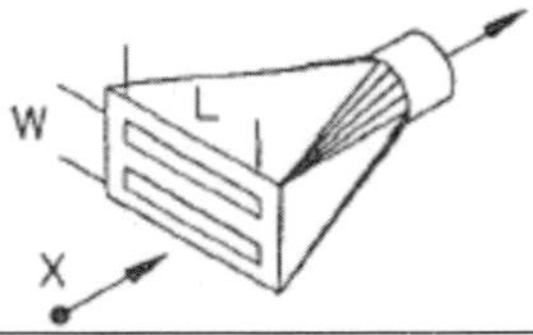	多線條開口	$W/L \geqq 0.2$	$Q = V\,(10X^2 + A)$
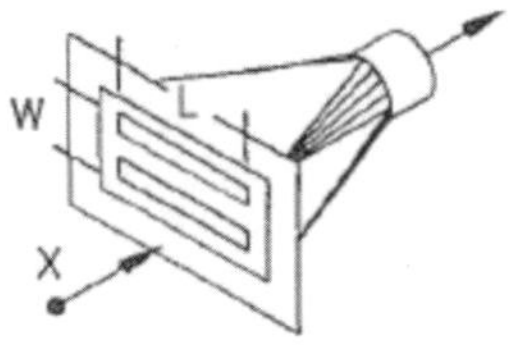	多線條型+遮板	$W/L \geqq 0.2$	$Q = 0.75\,V\,(10X^2 + A)$

C.5. 例題 (風管壓損計算)

- 風管另件損失，可參考ASHRAE Handbook、SMACNA、ACGIH、.....等，都有介紹說明，各種標準大略相同。
  介紹說明的參數，數據取材：SMACNA 1990-3rd，圖示取材：SMACNA 2006-4th。

- 本節例題介紹風管壓損分為，(1) 排氣風管系統、(2) 空調送風系統的風管。風管壓損送風與排氣使用另件不同，需要注意依氣流的方向選擇適當配件壓損係數。

C.5.1. 排氣風管系統

- [例題] 一般排氣。風機風量 50,000 cmh，風機數量 (2 + 1)，風管風量及風管長度詳ISO圖。計算系統壓力損失，
  [Ans]
  計算說明：(1) ISO Drawing、(2) 壓損計算、(3) 另件壓損查表、(4) 風機選機。

C.5.1.1. ISO Drawing

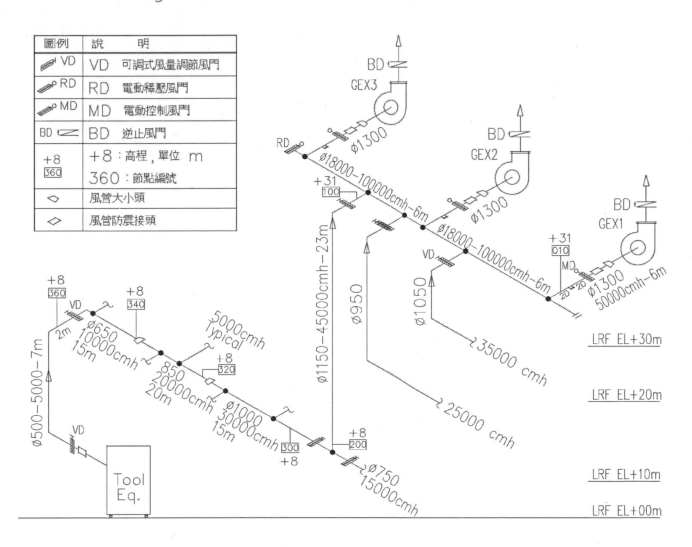

C.5.1.2. 壓損計算

項次 ITEM	From	Dest	區段說明 Description	風量 Q (CMH)	直徑 Dg	風速 V (m/s)	長度 L (m)	比摩擦 Rm (Pa/m)	直管損失 P_F=LxRm (Pa)	動壓壓力 P_V (Pa)	風管另件 ξ	另件損失 $P_R=P_V×ξ$ (Pa)	附屬設備 P_{EQUIP} (Pa)	總壓損 $\Delta P_t=P_F+P_R+P_{EQ}$ ΔPt (Pa)
1	End	369	設備需求壓損								None		300	300
2	369	360	take off duct	5,000	500	7.1	9.0	1.1	9.7	26.6	0.86	22.9	0	33
3	360	340	L10 Main 1	10,000	650	8.4	15.0	1.1	16.1	37.0	1.06	39.2	0	55
4	340	320	L10 Main 2	20,000	850	9.8	20.0	1.0	20.9	50.7	0.23	11.7	0	33
5	320	300	L10 Main Tee	30,000	1,000	10.6	15.0	1.0	15.1	59.6	0.12	7.20	0	22
6	300	200	L10 Main 4	30,000	1,000	10.6	4.0	1.0	4.0	59.6	0.60	35.8	0	40
7	200	100	立管	45,000	1,150	12.0	23.0	1.1	25.0	76.7	0.71	54.5	0	80
8	100	010	LRF Head	100,000	1,800	10.9	12.0	0.5	6.3	63.1	0.20	12.6	0	19
9	010	STR	Fan 入口和出口	50,000	1,200	12.3	6.0	1.1	6.4	90.6	0.45	40.8	0	47
21												SUM :		628
22												Safety Factor :	0.20	126
23												Total :	Pa	754

C.5.1.3. 另件損失說明

項目	From	Dest.	說明	彎頭 Code	90°	Q'ty (Pcs)	縮管 Code	縮管	擴管 Code	擴管	Q'ty (Pcs)	三通 Code	合流	Q'ty (Pcs)	風門 Code	對角	Q'ty (Pcs)	Sum ξ	Sum $P_R=P_V*ξ$
1	End	369	設備需求壓損															0.00	0.00
2	369	360	take off duct	A7-B	0.33	2									A15-A	0.20	1	0.86	22.88
3	360	340	L10 Main 1	A7-B	0.33	1						A10-B	0.53		A15-A	0.20	1	1.41	52.21
4	340	320	L10 Main 2						A8-A	0.23	1							0.23	11.65
5	320	300	L10 Main Tee						A8-A	0.12	1							0.12	7.15
6	300	200	L10 Main 4									A10-B	0.40	1	A15-A	0.20	1	2.00	119.18
7	200	100	立管	A7-B	0.71	1												0.71	54.48
8	100	010	LRF Head												A15-A	0.20	1	0.20	12.61
9	010	STR	Fan 入口/出口				A9-A	0.05			1				A15-A	0.20	2	0.45	40.78

査表：90°彎頭

查表 SMACNA 2006_A7-B：ELBOW, ROUND, 3 TO 5 PIECE – 90

No. of Pieces	R/D				
	0.5	0.75	1.0	1.5	2.0
5	---	0.46	0.33	0.24	0.19
4	---	0.50	0.37	0.27	0.24
3	0.98	0.54	0.42	0.34	0.33

Coefficient C

計算式中彎頭查表資料

Duct Location				Parts	Ref. Fig.	Radio	Dia.	R/D	No. of	Coeffi.
item	From	Dest.	Description	Type	SMACNA	R mm	D mm	Rate	Piece 3/4/5	C
2	369	360	take off duct	蝦節彎頭	A7-B	500	500	1.00	5.00	0.33
3	360	340	L10 Main 1	蝦節彎頭	A7-B	500	500	1.00	5.00	0.33
7	200	100	立管	蝦節彎頭	A7-B	525	1050	0.50	3.00	0.98

査表：大小頭 - 縮管

查表 SMACNA 2006_A9-A：RANSITION, ROUND, CONICAL

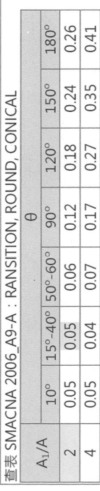

A_1/A	θ						
	10°	15°-40°	50°-60°	90°	120°	150°	180°
2	0.05	0.05	0.06	0.12	0.18	0.24	0.26
4	0.05	0.04	0.07	0.17	0.27	0.35	0.41
6	0.05	0.04	0.07	0.18	0.28	0.36	0.42
10	0.05	0.05	0.08	0.19	0.29	0.37	0.43

計算式中縮管查表資料

Duct Location				Parts Type	Ref. Fig.	圓管_Entering		圓管_Leaving		A_1/A	Coefficients	
item	From	Dest.	Description		SMACNA	D1 mm	A1 m2	D mm	A m2	None	θ	C
6	010	STR	Fan inlet	小大頭-縮管	A8-A	1,300	1.33	1,200	1.13	1.17	40°	0.05

查表：大小頭-擴管

查表 SMACNA 2006_A8-A : CONTRACTION, ROUND AND RECTANGULAR, GRADUAL TO ABRUPT

Re = 66.4 DV

方管		圓管 D	V	66.4	R_e
W 寬	H 高	D=2HW/(H+W)	風速	係數	雷諾數
mm	mm	mm	m/s		
280	280	280.0	10.0	66.4	185,920

查表 C

R_e	A_1/A	θ							
		16°	20°	30°	45°	60°	90°	120°	180°
0.5 x 10⁵	2	0.14	0.19	0.32	0.33	0.32	0.32	0.31	0.30
	4	0.23	0.30	0.46	0.61	0.64	0.64	0.63	0.62
	6	0.27	0.33	0.48	0.66	0.74	0.74	0.73	0.72
	10	0.29	0.38	0.59	0.76	0.83	0.83	0.84	0.83
	≧16	0.31	0.38	0.60	0.84	0.88	0.88	0.88	0.88
2 x 10⁵	2	0.07	0.12	0.23	0.28	0.27	0.27	0.27	0.26
	4	0.15	0.18	0.36	0.55	0.59	0.59	0.58	0.57
	6	0.19	0.28	0.44	0.90	0.71	71.00	0.71	0.69
	10	0.20	0.24	0.43	0.76	0.81	0.81	0.81	0.81
	≧16	0.21	0.28	0.52	0.76	0.87	0.87	0.87	0.87
≧6 x 10⁵	2	0.05	0.07	0.12	0.27	0.27	0.27	0.27	0.27
	4	0.17	0.24	0.38	0.51	0.58	0.58	0.58	0.57
	6	0.16	0.29	0.46	0.60	0.71	0.71	0.70	0.70
	10	0.21	0.33	0.52	0.60	0.83	0.83	0.84	0.83
	≧16	0.21	0.34	0.56	0.72	0.85	0.85	0.87	0.89

計算式中擴管查表資料

Duct Location				Parts Type	Ref. Fig. SMACNA	Upstream			Dia. D	Enter A	Dia. D1	Leave A1	Ratio A1/A	Coefficients	
item	From	Dest.	Description			D	V	Re 10⁵					None	θ	C
						mm	m/s	Re.	mm	m2	mm	mm			
4	340	320	L10 Main 2	圓錐管	A8-A	650	9.80	5.5	650	0.33	850	0.57	1.71	30°	0.23
5	320	300	L10 Main Tee	圓錐管	A8-A	850	6.30	7.0	850	0.57	1000	0.79	1.38	30°	0.12

查表：三通-合流

查表 SMACNA 2006_A10-B : CONVERGING TEE, 90 , ROUND

Branch, Coefficient C

Q_b/Q_c	\\ A_b/A_c 0.1	0.2	0.3	0.4	0.6	0.8	1.0
0.1	0.4	-0.37	-0.51	-0.46	-0.50	-0.51	-0.52
0.2	3.8	0.72	0.17	-0.02	-0.14	-0.18	-0.24
0.3	9.2	2.3	1.0	0.44	0.21	0.11	-0.08
0.4	16	4.3	2.1	0.94	0.54	0.40	0.32
0.5	26	6.8	3.2	1.1	0.66	0.49	0.42
0.6	37	9.7	4.7	1.6	0.92	0.69	0.57
0.7	43	13	6.3	2.1	1.2	0.88	0.72
0.8	65	17	7.9	2.7	1.5	1.1	0.86
0.9	82	21	9.7	3.4	1.8	1.2	0.99
1.0	101	26	12	4.0	2.1	1.4	1.1

Main, Coefficient C

Q_b/Q_c	0.1	0.2	0.3	0.4	0.5	0.6	0.7	0.8	0.9	1.0
C	0.16	0.27	0.38	0.46	0.53	0.57	0.59	0.60	0.59	0.55

計算式中三通-合流查表資料

Duct Location				Parts	Ref. Fig.	Entering (Main)				Entering (Branch)				Leaving (out)				Main Duct	
item	From	Dest.	Description	Type	SMACNA	Qs CMH	Ds mm	As m²	Vs m/s	Qb CMH	Db mm	Ab m²	Vb m/s	Qc CMH	Dc mm	Ac m²	Vc m/s	Qb/Qc	Coff C
3	360	340	L10 Main 1	三通-合流	A10-B	5,000	500	0.20	7.1	5,000	500	0.20	7.1	10,000	650	0.33	8.4	0.50	0.53
6	300	200	L10 Main 4	三通-合流	A10-B	30,000	1,000	0.79	10.6	15,000	750	0.44	9.4	45,000	1,150	1.04	12.0	0.33	0.40

查表：風門

SMACNA 2006_A15-A : DAMPER, BUTTERFLY, THIN PLATE, ROUND

θ	0°	10°	20°	30°	40°	50°	60°
C	0.20	0.52	1.5	4.5	11	29	108

計算式中風門查表資料

item	Duct Location，0° is full open From	Dest.	Description	Parts Type	Ref. Fig. SMACNA	Coefficient θ	C
2	369	360	take off duct	圓形‧風門	A15-A	0°	0.20
3	360	340	L10 Main 1	圓形‧風門	A15-A	0°	0.20
6	300	200	L10 Main 4	圓形‧風門	A15-A	0°	0.20
8	100	010	LRF Head	圓形‧風門	A15-A	0°	0.20
9	010	STR	Fan 入口和出口	圓形‧風門	A15-A	0°	0.20

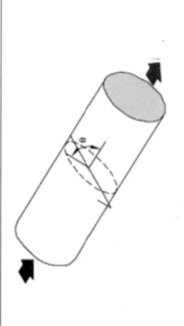

C.5.1.4. 風機選擇

Exhaust Fan

運轉 Hz	風量 Q CMH	風量 Q CMS	總靜壓 SP Pa	風機效率 η	馬達效率 K	計算常數 係數	Safety Factor	Fan Motor kW	風機耗電 Voltage	係數	Amper A
60	50,000	13.9	754	0.8	0.8	1,000	1.15	18.8	480	1.732	22.6
				0.80	0.80	1,000	1.15		480	1.732	

變頻運轉

運轉 Hz 1 Hz	風機規格 風量 Q1 CMH	N1 r.p.m.	總靜壓 SP Pa	SPa 1 Pa	BHp 1 kW	變頻運轉風機資料 Hz 2 Hz	N2 r.p.m.	Q2 CMH	BHp 2 kW
60	50,000	1,780		754	18.8	60	1,780	50,000	18.8
60	50,000	1,780		754	18.8	50	1,483	41,667	10.9
60	50,000	1,780		754	18.8	40	1,187	33,333	5.6
60	50,000	1,780		754	18.8	30	890	25,000	2.4

C.5.2. 空調風管系統

● [例題] 外氣空調箱。風量 60,000 cmh，風機數量 (2 + 1)，各段風管的尺寸、風量、長度，標示於圖面上。計算外氣進風點OA到@End 的系統壓損？
[Ans]
計算說明：(1) ISO Drawing、(2) 壓損計算、(3) 另件壓損查表、(4) 附屬設備壓損、(5) 風機選機。

C.5.2.1. ISO Drawing

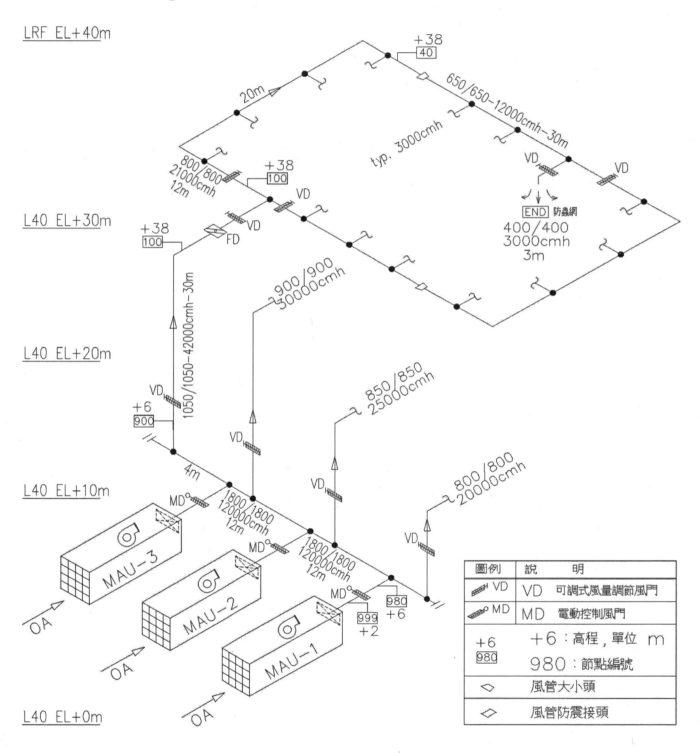

C.5.2.2. 壓損計算

項次 ITEM	節點編號 Node No. From	節點編號 Node No. Dest	區段說明 Description	設計風管 風量 Q CMH	設計風管 寬 W mm	設計風管 高 H mm	設計風管 風速 V m/s	直管 比摩擦 Rm Pa/m	直管 長度 L m	直管 直管損失 $P_F=L \times Rm$ Pa	直管 動壓壓力 P_V Pa	另件/附屬 風管另件 ξ None	另件/附屬 另件損失 $P_R=P_V \times ξ$ Pa	另件/附屬 附屬設備 P_{EQUIP} Pa	總壓損 $\Delta Pt = P_F+P_R+P_{EQ}$ Pa
1	STR	990	MAU 箱體	60,000	0	0	0.0	0.0	12.0	0.0	0.0	0.0	0.0		
2	990	980	MAU 送風管	60,000	2,000	800	11.7	0.8	6.0	5.1	65.3	1.1	69.2	0.0	74.3
3	980	900	MAU 集風管	120,000	1,800	1,800	11.0	0.5	28.0	13.3	63.7	0.3	17.2	0.0	30.5
4	900	300	L40 立管	42,000	1,050	1,050	11.3	1.0	32.0	30.7	67.4	0.7	44.5	0.0	75.2
5	300	100	L40 mian-1	21,000	800	800	9.7	1.0	32.0	31.9	50.0	0.9	42.5	70.0	144.4
6	100	040	L40 mian-2	12,000	650	650	8.4	1.0	30.0	29.2	37.4	1.2	44.2	0.0	73.4
7	040	End	L40 終端送風口	3,000	400	400	5.5	0.8	3.0	2.4	16.3	1.1	17.3	0.0	19.7
21													SUM :		347
22													Safety Factor :	0.20	42
23													Total :	Pa	389

C.5.2.3. 另件損失說明

Item	節點編號 Node No. From	節點編號 Node No. Dest.	Description	彎頭 Code	彎頭 90°	彎頭 Q'ty Pcs	小大頭 縮管 Code	小大頭 縮管	小大頭 Q'ty Pcs	三通 分流 Code	三通 分流	三通 Q'ty Pcs	Damper 風門 Code	Damper 風門	Damper Q'ty Pcs	Sum 風管另件損失係數 ξ	Sum P_R 風管另件損失 Pa $P_R=P_V * ξ$
2	990	980	MAU 送風管	A7-G	0.27	2							15-F	0.52	1	1.06	69.18
3	980	900	MAU 集風管	A7-G	0.14	1										0.27	17.19
4	900	300	L40 立管	A7-G	0.14	1							15-F	0.52	1	0.66	44.45
5	300	100	L40 mian-1				A9-A	0.06	2	A10-G	0.30	1				0.85	42.47
6	100	040	L40 mian-2	A7-G	0.11	2							15-F	0.52	1	1.18	44.18
7	040	End	L40 終端送風口	A7-G	0.05	2							15-F	0.52	1	1.06	17.29

90° 彎頭 : (2個45° 彎頭等效1個90° 彎頭)

査表 SMACNA 2006_A7-G

Coefficient C (1 splitter vane)

R/W	CR	H/W 0.25	0.5	1.0	1.5	2.0	3.0	4.0	5.0	6.0	7.0	8.0
0.05	0.218	0.52	0.40	0.43	0.49	0.55	0.66	0.75	0.84	0.93	1.00	1.10
0.10	0.302	0.36	0.27	0.25	0.28	0.30	0.35	0.39	0.42	0.46	0.49	0.52
0.15	0.361	0.28	0.21	0.18	0.19	0.20	0.22	0.25	0.26	0.28	0.30	0.32
0.20	0.408	0.22	0.16	0.14	0.14	0.15	0.16	0.17	0.18	0.19	0.20	0.21
0.25	0.447	0.18	0.13	0.11	0.11	0.11	0.12	0.13	0.14	0.14	0.15	0.15
0.30	0.480	0.15	0.11	0.09	0.09	0.09	0.09	0.10	0.10	0.11	0.11	0.12
0.35	0.509	0.13	0.09	0.08	0.07	0.07	0.08	0.08	0.08	0.08	0.09	0.09
0.40	0.535	0.11	0.08	0.07	0.06	0.06	0.06	0.06	0.07	0.07	0.07	0.07
0.45	0.557	0.10	0.07	0.06	0.05	0.05	0.05	0.05	0.05	0.06	0.06	0.06
0.50	0.577	0.09	0.06	0.05	0.05	0.04	0.04	0.04	0.05	0.05	0.05	0.05

計算式中彎頭査表資料

item	Duct Location From	Dest.	Description	Parts Type	Ref. Fig. SMACNA	Width H mm	Height W mm	Radia R mm	R/W	CR Fm R/W	H/W	Splitter Vane Q'ty	Coeff C
									None	None	None		
2	990	980	MAU送風管	彎頭_方管	14.10-G	800	2,000	400	0.20	0.302	0.40	1	0.27
3	980	900	MAU集風管	彎頭_方管	14.10-G	1,050	1,050	500	0.48	0.480	1.00	1	0.14
4	900	300	L40立管	彎頭_方管	14.10-G	1,050	1,050	500	0.48	0.480	1.00	1	0.14
6	100	040	L40 mian-2	彎頭_方管	14.10-G	800	800	400	0.50	0.480	1.00	1	0.11
7	040	End	L40終端送風管	彎頭_方管	14.10-G	400	400	400	1.00	0.480	1.00	1	0.05

大小頭

査表 SMACNA 2006_A9-A

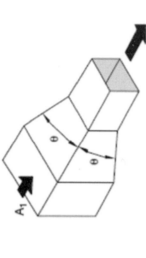

A1/A	θ						
	10°	15°-40°	50°-60°	90°	120°	150°	180°
2	0.05	0.05	0.06	0.12	0.18	0.24	0.26
4	0.05	0.04	0.07	0.17	0.27	0.35	0.41
6	0.05	0.04	0.07	0.18	0.28	0.36	0.42
10	0.05	0.05	0.08	0.19	0.29	0.37	0.43

計算式中大小頭査表資料 :

Duct Location			Parts Type	Ref. Fig. SMACNA	方管_Entering			方管_Leaving			A1 / A	Coefficients	
item	Fm	Dest	Description		W1	H1	A1	W	H	A		θ	C
					mm	mm	m2	mm	mm	m2			
6	100	040	L40 mian-2	小大頭-方轉方管	14.12-A	800	800	0.64	650	650	0.42	None 1.51	60°	0.06

三通

査表 SMACNA 1996_Table 14-14-X

A1b/Ac or A2b/Ac	0.50	1.00
C	0.30	0.25

計算式中三通査表資料

Duct Location			Parts Type	Ref. Fig. SMACNA
item	From	Dest	Description	
5	300	100	L40 mian-1	分流-方管-方管	14.14-X

續-1

Entering (Main)					Leaving 1					Leaving 2					Coefficient		
Qc	Wc	Hc	Ac	Vc	Q1b	W1b	H1b	A1b	V1b	Q2b	W2b	H2b	A2b	V2b	A1b/Ac	A2b/Ac	C
CMH	mm	mm	m2	m/s	CMH	mm	mm	m2	m/s	CMH	mm	mm	m2	m/s			
42,000	1,050	1,050	1.10	10.58	21,000	800	800	0.64	9.11	21,000	800	800	0.64	9.11	0.58	0.58	0.30

風門

查表 SMACNA 2006_15-F

L/R	θ								
	80°	70°	60°	50°	40°	30°	20°	10°	全開 0°
0.3	807	284	73	21	9	4.1	2.1	0.85	0.52
0.4	915	332	100	28	11	5.0	2.2	0.92	0.52
0.5	1,045	377	122	33	13	5.4	2.3	1.0	0.52
0.6	1,121	411	148	38	14	6.0	2.3	1.0	0.52
0.8	1,299	495	188	54	18	6.6	2.4	1.1	0.52
1.0	1,521	547	245	65	21	7.3	2.7	1.2	0.52
1.5	1,654	677	361	107	28	9.0	3.2	1.4	0.52

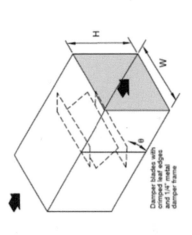

Damper blades with crimped leaf edges and 1/4" metal damper frame

計算式中風門查表資料

item	Duct Location		Description	Parts Type	Ref. Fig. SMACNA	Duct			Damper Leaf		L / R = NW/2(H+W)	Coefficient	
	From	Dest.				W 寬	H 高	R 周長	N 數量	L 總長		θ	C
2	990	980	MAU 送風管	Opposed Blades	15-F	2,000	800	5,600	1	2,000	0.4	0°	0.52
4	900	300	L40 立管	Opposed Blades	15-F	1,050	1,050	4,200	1	1,050	0.3	0°	0.52
6	100	040	L40 mian-2	Opposed Blades	15-F	650	650	2,600	1	650	0.3	0°	0.52
7	040	End	L40 終端送風	Opposed Blades	15-F	400	400	1,600	1	400	0.3	0°	0.52

Note: 0° is full open

項目	說明	夏天		冬天		備註
		初始壓損	終端壓損	初始壓損	終端壓損	
		Pa	Pa	Pa	Pa	
2	初級濾網	45	250	45	250	PreFilter - G4_F743 (592 x 592 x 360)
3	中效濾網	110	250	110	250	Bag - F7_F748 F67 (592 x 592 x 360)
15	化學濾網					Space (Carbon)
17	高效濾網	265	500	265	500	HEPA - H13_F781
5	預熱盤管	197	197	197	197	
7	預冷盤管	301	301	211	211	冬天不會冷凝,壓損會更低(預估 70%)
9	再冷盤管	289	289	202	202	冬天不會冷凝,壓損會更低(預估 70%)
11	再熱盤管	60	60	60	60	
9.a	檔水板	100	100	100	100	
13	風機散風板	40	40	40	40	
6	水洗加濕	0	0	120	120	夏天不開啟,冬天開啟
---	外部風管	389	389	389	389	
	合計:	1,796	2,376	1,739	2,319	
	設計:		2,200		2,200	終端率網壓損是預留運轉壓損空間 -

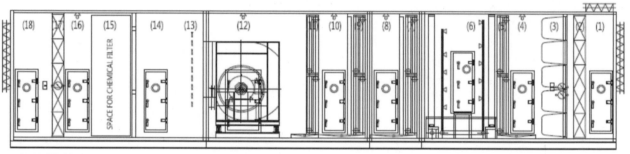

當風機降頻運轉時,各元件風速會更慢,壓損也隨之降低。實際運轉的壓損會更低。

C.5.2.5. 風機設計

- 設計風機馬力公式:$W_{BKW} = \varnothing_{CMS} \times Sp / 1000 / \eta \times (1/K)$

MAU Fan										
運轉	風量		總靜壓	風機效率	馬達效率	計算常數	Safety Factor	風機耗電			
	Q		SP	η	K	係數		馬達	電壓	係數	安培
Hz	CMH	CMS	Pa	0.8	0.8	1,000	1.15	kW	480	1.732	A
60	60,000	16.7	2,200	0.80	0.80	1,000	1.15	65.9	480	1.732	79.3

- 運轉時,設計風機性能狀態:

風機規格					變頻運轉風機資料			
Hz_1	N_1	Q_1	SPa_1	BHp_1	Hz_2	N_2	Q_2	BHp_2
Hz	r.p.m.	CMH	Pa	kW	Hz	r.p.m.	CMH	kW
60	1,780	60,000	2,200	65.9	60	1,780	60,000	65.9
60	1,780	60,000	2,200	65.9	50	1,483	50,000	38.1
60	1,780	60,000	2,200	65.9	40	1,187	40,000	19.5
60	1,780	60,000	2,200	65.9	30	890	30,000	8.2
60	1,780	60,000	2,200	65.9	20	593	20,000	2.4

● 風機選機，性能曲線：工程師於施工階段，選機再調整設計需求後選機，會稍有差異
   以 Kruger 選機軟體，確認需求

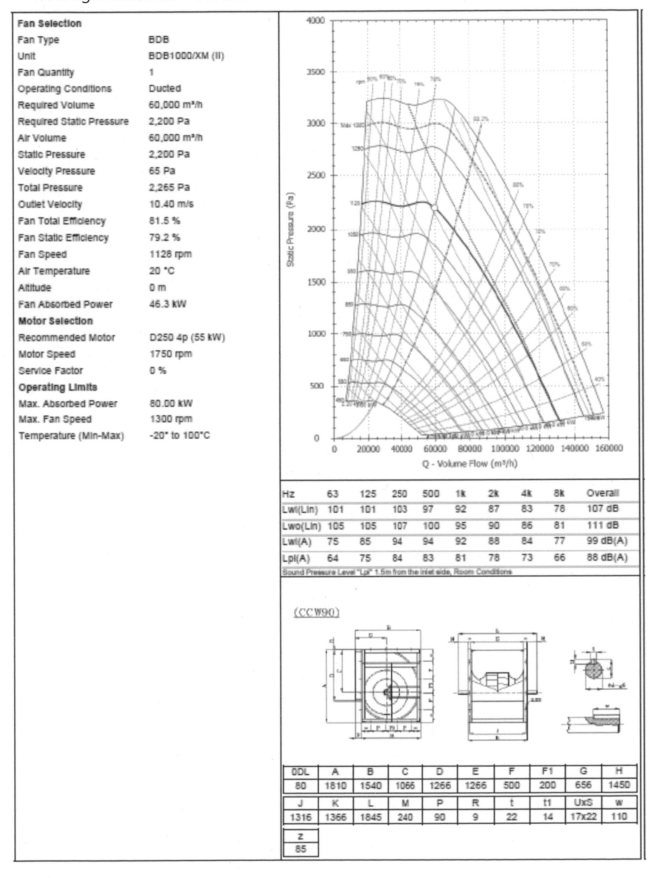

Fan Selection

Fan Type	BDB
Unit	BDB1000/XM (II)
Fan Quantity	1
Operating Conditions	Ducted
Required Volume	60,000 m³/h
Required Static Pressure	2,200 Pa
Air Volume	60,000 m³/h
Static Pressure	2,200 Pa
Velocity Pressure	65 Pa
Total Pressure	2,265 Pa
Outlet Velocity	10.40 m/s
Fan Total Efficiency	81.5 %
Fan Static Efficiency	79.2 %
Fan Speed	1128 rpm
Air Temperature	20 °C
Altitude	0 m
Fan Absorbed Power	46.3 kW
Motor Selection	
Recommended Motor	D250 4p (55 kW)
Motor Speed	1750 rpm
Service Factor	0 %
Operating Limits	
Max. Absorbed Power	80.00 kW
Max. Fan Speed	1300 rpm
Temperature (Min-Max)	-20° to 100°C

Hz	63	125	250	500	1k	2k	4k	8k	Overall
Lwi(Lin)	101	101	103	97	92	87	83	78	107 dB
Lwo(Lin)	105	105	107	100	95	90	86	81	111 dB
Lwi(A)	75	85	94	94	92	88	84	77	99 dB(A)
Lpi(A)	64	75	84	83	81	78	73	66	88 dB(A)

Sound Pressure Level "Lpi" 1.5m from the inlet side, Room Conditions

(CCW90)

0DL	A	B	C	D	E	F	F1	G	H
80	1810	1540	1066	1266	1266	500	200	656	1450

J	K	L	M	P	R	t	t1	UxS	w
1316	1366	1845	240	90	9	22	14	17x22	110

Z
85

Chapter D

製程廢氣基礎
Process Air Basic

Chapter D. 製程廢氣基礎 Process Air Basic

- 本章介紹科技廠房的廢氣相關基本的知識，下一章節介紹科技廠房廢氣處理設備、基本廢氣處理設備的計算，引導有興趣的讀者入門。

D.1. 解釋名詞

D.1.1. 理想氣體

- 理想氣體與真實氣體比較

理想氣體 [遵守 PV = nRT]	真實氣體 [不遵守 PV = nRT]
粒子間吸引力 = 0	粒子間吸引力 ≠ 0
粒子本身體積 = 0	粒子本身體積 ≠ 0
不能液化	可液化
有質量	有質量
在絕對零度（0 K）時，無體積	在絕對零度（0 K）時，有體積

- 理想氣體方程式：PV = nRT

Units	P 壓力	V 體積	n 莫耳數	R 理想氣體常數		T 絕對溫度
SI	kPa	m^3	kg.mole	8.314	$kPa\text{-}m^3/kmol\text{-}K$.	°K
English	psia	ft^3	lb.mole	10.73	$ft^3\text{-}psia/lb.mol\text{-}R$.	°R
化學科學	atm	L	mole	0.082	atm-L/mole-K .	K
物理科學	Pa	m^3	mole	8.314	J/mole-K .	K
熱力學	Pa	m^3	mole	1.987	Cal/mole-K .	K
空調工程	kPa	m^3	mole	8,314.47	J/kmol-K .	K

- 理想氣體的簡化條件-衍伸公式：

定律	條件	公式
理想氣體衍伸公式	PV = nRT = (m/M) RT	n：莫爾；m：質量；M：分子量
	PM = (m/V) RT = ρRT	ρ = m/V；ρ：密度；V：體積 $\rho_{act} = \rho_0 \times (T_0 \div T_{act}) \times (P_{act} \div P_0)$
查理定律	定 P．定 n	$V_1 / T_1 = V_2 / T_2$
	定 P	$V_t = V_o (1 + t°C/273) = V_o ((273 + t°C)/273)$
波義爾定律	定 T．定 n	$P_1 V_1 = P_2 V_2$
查理+波義爾	定 n	$P_1 V_1 / T_1 = P_2 V_2 / T_2$
給呂薩克	定 V	$P_1 / T_1 = P_2 / T_2$
道爾吞	$P_t = P_1 + P_2 + ... + P_n$	
	$P_1 / P_t = n_1 / n_t = y_1$	
亞佛加厥定律	同溫同壓下，同體積的任何氣體含有相同數目的分子	
	STP： 0℃，1 atm 標準狀況下，1 $mole_{(g)}$ 任何氣體體積為 22.4 L	
	NTP：25℃，1 atm 標準狀況下，1 $mole_{(g)}$ 任何氣體體積為 24.5 L	

- 真實氣體考慮分子大小和分子交互作用力，為范德華力。范德華狀態方程式：
  $(P + a(n^2/V^2)) \times (V/n - b) = RT$。Van der Waal's Constants：a、b 范德華力常數。
  當 a、b = 0 時，就是理想氣體。

名稱	分子式	a $[bar-L^2/mol^2]$	b $[L/mol]$
Chlorine	Cl_2	6.343	0.05422
Hydrogen fluoride	HF	9.565	0.07390
Hydrogen chloride	HCl	3.700	0.04061
Methane	CH_4	2.300	0.04301
Nitric oxide	NO	1.460	0.02890
Nitrogen dioxide	NO_2	5.360	0.04430

D.1.2. pH酸鹼值

- 水的解離，定義溶液的酸鹼性：$H_2O \rightarrow H^+ + OH^-$
  在 25℃下溶液，$[H^+] \times [OH^-] = 10^{-7}M \times 10^{-7}M = 10^{-14}M^2$。pH + pOH = 14
  水溶液中 H^+ 的濃度用-莫耳/公升-表示不簡潔；因此用 pH 值表示。

pH 值	是 $[H^+]$ 氫離子的濃度表示方法。	$[H^+] = 10^{-x}M$，pH = x
pOH 值	是$[OH^-]$氫氧根離子濃度表示方法。	$[OH^-] = 10^{-y}M$，pOH = y

- pH值：氫離子濃度。$[H^+]=10^{-x}M$，pH = x

中性	$[H^+] = 10^{-7}$ and $[H^+] = [OH^-]$	於純水中放入食鹽並不增減 H^+ 與 OH^- 濃度
酸性	$[H^+] > 10^{-7}$ and $[H^+] > [OH^-]$	於純水中放入 HCl，H^+增加，OH^- 濃度減少
鹼性	$[H^+] < 10^{-7}$ and $[H^+] < [OH^-]$	於純水中放入 NaOH, H^+減少，OH^- 濃度增加

pH 愈小酸性愈強，pH 愈大鹼性愈強。
pOH 愈大酸性愈強，pOH 愈小鹼性愈強。

- 按pH值分三類：酸、鹼、鹽

pH 值	說明	Example
0	強酸 ($H^+ + Cl^-$)	胃酸
1	0.1N HCl	
2	0.01N HCl	檸檬 Lemon
3	0.1N acetic acid	葡萄柚 grape fruit
4	飽和碳酸	番茄 tomatoes
5	0.1N 硼酸	硼酸 Boric Acid
6		唾液 saliva
7	($H^+ + OH^-$)	水
8	碳酸氫鈉 $NaHCO_3$	尿 urine
9	0.1N 硼酸鈉	清潔劑 washing detergent
10	飽和氧化鎂	含水碳酸鎂
11	0.1N 氨 NH_3	氨水 NH3OH
12	0.01N NaOH	
13	0.1N NaOH	
14	強鹼 ($Na^+ + OH^-$)	氫氧化鈉

D.1.3. 溶液

- 溶液 (Solution) = 溶質 (Solute) + 溶劑 (Solvent)。
  溶液分解後，其含量少的稱為溶質 (糖)，含量多的稱為溶劑 (水)。
  水是最常見的溶劑，通常將水溶液 (Aqueous Solution) 簡稱為溶液。

- 科技廠房經廢氣的處理設備後，會產生後面的新生污染物-廢水，廢水除因製程產生外，
  也有因廢氣處理後產生的廢水也要處理，酸/鹼廢水類似洗滌器加藥處理，特殊重金屬類
  則收集後委外處理，污泥類也是收集後集成污泥餅後處理。

D.1.3.1. 溶液

- 常見的溶液 (取材：維基百科)

溶液的種類		實例
氣態溶液	氣體溶於氣體	空氣、任何氣體的混合物
液態溶液	氣體溶於液體	汽水、氯氣消毒水、水中供生物呼吸的氧氣、氨水、二氧化碳於水
	液體溶於液體	醋酸溶於水、酒精溶於水
	固體溶於液體	蔗糖溶於水、食鹽溶於水、海水
固態溶液	氣體溶於固體	燃料電池中，氫氣通入多孔隙的鉑或鎳，被吸附作為電極
	液體溶於固體	鈉汞齊、補牙時用的銀粉(銀汞齊、鋅汞齊、銅汞齊、錫汞齊)
	固體溶於固體	合金(銅於金)、不銹鋼、K 金、固態熔體，如 AgCl、NaCl

固體、氣體溶於液體時，其固體、氣體為溶質，液體為溶劑。

D.1.3.2. 溶劑

- 溶劑的分類：

(1) 水溶液	以水為溶劑的溶液，稱為水溶液，簡稱為溶液。
	(Ex) 糖水溶液 = "糖" 是溶質-含量少 + "水" 是溶劑-含量多。
	(Ex) HCl 水溶液 = "HCl" 是溶質-含量少 + "水" 是溶劑-含量多。
(2) 非水溶液	不是以水為溶劑的溶液稱為非水溶液。
	(Ex) 碘酒 = 碘 (溶質) + 酒精 (溶劑)。

D.1.3.3. 溶解度

- 溶解度 S (Solubility) 定義：定溫下，定量的溶劑所能溶解溶質的最大量。
  常用濃度的表示方法有：
  (1) 重量百分濃度，表示每 100g 溶劑中所含的溶質 g 數。
  (2) 體積莫耳濃度，表示每 1 kg 溶液所能溶解的 mole (莫耳數)。

- 每升溶液中所含溶質的物量稱為濃度；溶質在穩定態下所能達最大濃度稱為溶解度。
  可溶：$S > 10^{-1}$ M
  微溶：$10^{-1} > S > 10^{-3}$ M
  難溶：$10^{-3} > S > 10^{-4}$ M
  不溶：$S < 10^{-4}$ M

- 影響溶解度的因素

物質本性	溶質和溶劑有相似性質時，會有較大的溶解度，又稱為同類互溶
	極性分子易溶於極性分子，非極性分子易溶於非極性分子。
	[Ex] 鹽(極性)易溶於水(極性)中；但是油(非極性)難溶於水中。
溫度	溶解為吸熱反應，溶解度隨著溫度升高而增加。Ex:大部分鹽類
	溶解為放熱應，溶解度隨著溫度升高而降低。Ex:硫酸鹽、所有氣體
壓力	在溶質是固體或液體時，壓力對於溶解度的影響比較小。但溶質是氣體，壓力對於其溶解度的影響很大
	氣體在液體中的溶解度 – 亨利定律 (定溫下，定量溶劑所溶解之氣體質量與其液面上氣體分壓成正比)。
	在定溫下，如果壓力增加，氣體的溶解度也會增加。 [Ex] 汽水中的 CO_2 是由加大壓力的方式使其溶解於汽水當中，在我們打開瓶蓋，壓力減小之後，溶解度就會降低，CO_2 也會冒出來。
	公式：m = kp (m 為溶解之氣體質量，p 為氣體之分壓，k 為比例常數)。
	適用：高溫低壓下之「難」溶性氣體。

- 簡易的測量溶液濃度的方法，專用的測量濃度儀鏡測量，或pH試紙進行測量。
  精準的測量溶液濃度的方法，比色法 (colorimetry)、光電比色法 (photoelectric colorimetry)、分光光度法 (spectrophotometry)，........等。
  洗滌器循環水的濃度太高時，造成洗滌器的效率低落，因此，循環水的補給與排放，就採用導電度計來決定排放時間點。

D.1.3.4. 導電度

- 導電度
  (1) 參考本書的 Chapter 純水系統 - 導電度的說明。雜質的含量，判定水的純度。
  (2) 參考本書的 Chapter 製程洗滌器 – 感測器(pH/ORP/導電率的應用)。導電度高洗滌器效率無法再提高，需進行循環水的排放，降低循環水的濃度。

D.1.4. 密度

密度 ρ，[g/cm³] density ρ or (d or D)	單位體積之物質的質量。ρ = M/V，[g/cm³，kg/m³]，M：質量；V：體積
	壓力、溫度會明顯的影響氣體密度。
	比容(specific volume)：物質單位質量下的體積，是密度的倒數 [cm³/g]
比重 SG，相對密度 Specific Gravity 對所有物質的比 [無量綱]	是指物體密度和另一參考物體密度的密度比。
	ASTM D792 阿基米德原理 SG = ρ物體 / ρ水 ≒ ρ物體
	參考基準：液體的比重，以水密度=1g/cm³ (@4 °C 或 39.2 °F)
	參考基準：氣體以室溫的空氣密度 (@20 °C 或 68 °F) 為基準。
比重量 γ = ρg Specific Weight 取決重力加速度 單位重量、重量密度	物質的比重量 (γ)=物質密度 (ρ) x 標準重力 (g)
	比重量取決於重力加速度的數值，會因測量的所在地而有所不同。
	比重量 specific weight，也稱為單位重(量)unit weight、重量密度 weight density
	水在 4°C 時，單位重量 ≒ 9.807 kN/m³ 或 62.43 lbf/ft³。

廣義說法類似：密度 Density ≒ 比重 Specific Weight ≒ 比重量 Specific Gravity。

D.1.5. 濃度

● 廢氣處理需考慮的有廢氣處理的氣體濃度，水洗處理後的廢液液體濃度。本節是恢復讀者以往的基本化學理論，應用於下章說明製程洗滌塔所需要的基本工具。

D.1.5.1. 濃度的定義

● 重量濃度

濃度表示法	定義	公式	單位
重量(百分率)濃度 W% or P%	100g 的溶液(溶劑+溶質)，含溶質 g 數，以百分比%來表示	$W\% = \dfrac{W_1}{W_1 + W_2} 100\%$	w/w，wt% 無量綱
重量莫耳濃度 C_m	1,000g 溶劑中，所含溶質莫耳數	$C_m = \dfrac{n_1}{W_2}$	m or (mol/kg)

W_1：溶質重量。W_2：溶劑重量。n_1：溶質莫爾。

● 體積濃度

濃度表示法	定義	公式	單位
體積(百分率)濃度 V%	100ml 的溶液 (溶劑+溶質)，含溶質 ml 數，以百分比%來表示	$V\% = \dfrac{V_1}{V_1 + V_2} 100\%$	v/v，%v/v 無量綱
體積莫耳濃度 C_M	1 Liter 的溶液 (V)，所含溶質莫耳數(n)	$C_M = \dfrac{n_1}{V_1 + V_2}$	M or (mol/L)

n_1：溶質莫爾。V_1：溶質體積。V_2：溶劑體積。V：溶液體積。
溶質體積除以溶液體積，換算為百分比，單位為%。常用於酒精和有機溶液。
(Ex) 250ml 酒精水溶液中, 含有酒精 50ml，則其濃度=溶質 50ml÷溶液 250ml=20%。

● 其他表示濃度方法

濃度表示法	定義	公式	單位
百萬分濃度 ppm	10^6g 溶液中，含溶質的 g 數 以 ppm 來表示	$ppm = \dfrac{W_1}{W_1 + W_2} * 10^6$	無量綱 (or mg/L)
莫耳分率 X	1 莫耳溶液中，所含溶質的莫耳數	$X = \dfrac{n_1}{n_1 + n_2}$	無
當量濃度 C_N	1 升溶液 (V) 中，所含溶質當量數 (E_S)	$C_N = \dfrac{E_S}{V}$	N

n_1：溶質莫耳。n_2：溶劑莫耳。

● 應用說明
空氣污染物：1% 的意義是 = 100ml (= 100g) 的水加入 1gm 的物質。
重量百分率濃度 1% = 10,000 ppm。
(Ex) 一般稱呼 40%是指重量%，溶質 40%，溶劑 (水) 60%。
(Ex) 鹽 0.3 % = 100g 的水 (0.1 liter 溶液) 含有 0.3 g 的鹽。

D.1.5.2. 單位說明

● 單位說明 1ppm = 1/1,000,000 = 0.000001 = 1×10^{-6} = 0.0001%

單位名稱		符號	係數
Percent	百分	%	10^{-2}
Per-mille	每千次	‰	10^{-3}
Parts per million	百萬分之一	ppm	10^{-6}
Parts per billion	十億分之一	ppb	10^{-9}
Parts per trillion	百萬億分之一	ppt	10^{-12}

● ppm 的定義：1 ppm ≒ mg/kg = 1 mg/L = 1 g/m^3

固體	1 [kg] 的物質中有 1 毫克 [mg] 的某物質，某物質含量即為 1ppm = mg/kg
液體	1 [L] 的溶液 (水) 中有某物質 1 微升 [µL = 10^{-6} L]，某物質含量即為 1ppm = mg/L
氣體	1 [mL] 的空氣中有某物質 1 克 [g]，某物質含量即為 1ppm = g/mL = mg/m^3。

● ppm / ppmw / ppmv 區分：

ppm	百萬分之一	---	無量綱數量 (無單位)，相同單位的 2 個數量之比率值，可以是體積或重量的比值。(Ex) mg/kg，ml/m^3。
ppmw	Wt (weight)	mg/kg	重量單位，ppm 的單位用於重量，如：mg/kg
ppmv	Vol (volume)	ml/m^3	體積單位，ppm 的單位用於體積，如：ml/m^3、mg/L

● 大氣溫度會影響氣體的體積。廢氣體濃度的相關單位轉換公式

空氣基準 25℃ 760mmHg 24.55 L/mol	ppm x (分子量 / 24.55) = mg/L
	ppm x (分子量 / 0.02455) = g/m^3
	ppm x (分子量 / 24.55) = mg/m^3
	ppm x (分子量 x 28.3 / 24,550) = mg/ft^3

轉換因子是以化學物質的分子量為基礎，且會隨著化學物質不同而有所改變。

D.1.5.3. 百分比轉換ppm

● 百分比轉換為ppm：1 % = 10,000 ppm。
(Ex) 1.5 % = 15,000 ppm

單位換算	X_{ppm}	10,000	X%
X_{ppm}	100	10,000	0.01000 %
X%	15,000	10,000	1.5 %

百分 (%)	ppm
0%	0 ppm
0.0001%	1 ppm
0.001%	10 ppm
0.01%	100 ppm
0.1%	1,000 ppm
1%	10,000 ppm
10%	100,000 ppm
100%	1,000,000 ppm

D.1.5.4. ppm 轉換 mg/m³

- mg/m³，表示每立方空氣 (m³)中所含污染物的質量數(mg)，即質量濃度。
  換算基本公式 PV = nRT。

$$\frac{mg}{m^3} = \frac{MW\left(氣體分子量\right)}{22.4} * ppm\left(數值\right) * \left(\frac{273℃}{273℃ + T\left(氣體溫度℃\right)}\right) * \left(\frac{Pa\left(壓力\right)}{101,325}\right)$$

(Ex) 氨 ppm 轉換成 mg/m³ (質量濃度，數值隨溫度&壓力改變而變)

ppm	M	22.4	273	T	1	壓力	重量濃度
	氣體分子量	At 0℃	絕對溫度	氣體溫度	標準壓力	氣體壓力	
NA	g/mol	L/mol	K	℃	Atm	atm	mg/m³
20.0	17.03	22.4	273.15	0.0	1	1	15.21
20.0	17.03	22.4	273.15	25.0	1	1	13.93
20.0	17.03	22.4	273.15	75.0	1	1	11.93

空氣污染物：ppm 指 10^6 ml [溶液] 混合氣體中，所含污染物氣體的 ml 數 [溶質]。

- 當計算百萬點濃度時，設定稀薄溶液密度 = 1 g/ml，故ppm可視為1公升溶液中溶質的毫克數 (mg/L)。
  (單位換算 1g/ml = 1,000mg/0.001 liter = 1mg/1,000,000 liter = ppm)。

- (Ex) 有機溶劑甲苯在25℃，一大氣壓力下，甲苯分子量為92g，甲苯的濃度90ppm，請換成多少 mg/m³？
  (Ans) 理想氣體方程式 PV = nRT
  1 x (90/1,000,000) = (g/MW) * R * T = (g/92) * 0.082 *(273+25)

化學品	P	V	R	T	甲苯分子量	甲苯含量	
	atm	m³	atm-L/mole-K	K	g/mole	g/m³	mg/m³
甲苯	1	0.00009	0.082	298	92	0.0003	0.3388

- (Ex) 若 At 0℃、760mmHg、22.4 L/mol時。求當25℃、760mmHg、24.45L/mol時，換算單位換算公式：At 25℃的條件

換算公式：濃度 [ppm] = 24.45 × 濃度 [mg/m³] ÷ 分子量。
[Ex.] 50 mg/m³ 的氨氣 (分子量 17.03 g/mol)
[Ans] 24.45 × 50 mg/m³ ÷ 17.03 = 71.785 ppm

換算公式：濃度 [mg/m³] = 0.0409 × 濃度 [ppm] × 分子量
(單位換算：1 ÷ 24.45 = 0.0409)
[Ex.] 100 ppm 的氨氣 (分子量 17.03 g/mol)
[Ans] 0.0409 x 100 ppm x 17.03 = 69.653 mg/m³

D.1.5.5. mg/L 轉換 ppm

- 1 ppm = 1 mg/L。
  水的標準：1 [L] = 1 [kg]。1ppm=1 mg/L=1mg/1kg。

D.1.6. 氣態濃度

- 對環境大氣（空氣）中污染物濃度的表示方法有兩種：

質量濃度表示法	% w/w、wt %	mg/m^3	ppmw
體積濃度表示法	% v/v	ml/m^3	ppmv

(Ex) 一般我們說 40%，是指重量%，溶質 40%，水 60%。

- 質量的濃度與檢測氣體的溫度、壓力環境條件有關。其數值會隨著溫度、氣壓等環境條件的變化而不同；因此，實際測量時需要同時測定氣體的溫度和大氣壓力。

- 大部分氣體檢測儀器測得的氣體濃度都是體積濃度（ppm）。
環保部門，要求氣體濃度以質量濃度的單位（如：mg/m^3）。使用質量濃度單位作為空氣污染物濃度的表示方法，可以方便計算出污染物的真正量。
當使用 ppmv 作為描述污染物濃度時，由於採取的是體積比。

- 科技廠房廢氣處理前的濃度

廢氣類別	廢氣名稱	濃度
酸性氣體	HCl, HF, HNO_3, H_3PO_4, CH_3COOH、H_2SO_4	~50~500 mg/m^3 (eq. HCl)
鹼性氣體	NH_3、TMAH	~50~1,500 mg/m^3 (eq. NH_3).
有機類氣體	PGMEA, PGME, NMP, IPA, MEA, DMSO, HMDS	~500 ppm

實務上一般的廢氣，酸氣的濃度來源~50ppm，鹼氣的濃度來源~500ppm 以上。
ppm、ppb：常用於濃度極低者。

D.1.7. 酸鹼中和藥品

- 本節介紹酸性氣體、鹼性氣體的廢氣排放前，廢氣處理時常用酸鹼中和法 (酸/鹼廢氣的中和添加劑 NaOH，H_2SO_4)。處理廢氣產生的酸/鹼廢水，亦用相同的酸/鹼中和理論，處理製程廢水系統。差別是廢氣處理和廢水處理。
而 HCl 則常用於設備的洗滌清潔與殺菌的需求。

- 一般洗滌塔的加藥藥品都採用高濃度的藥品 (依各需求廠要求)。
[例如]：酸廢氣加藥用 NaOH (40%)，鹼廢氣加藥用 H_2SO_4 (40%)。

- 化學反應化學反應方程式-酸鹼性氣體洗滌塔

酸氣 (HF)	$HF + NaOH \leftrightarrow NaF + H_2O$
鹼氣 (NH_3)	$NH_3 + H_2SO_4 \leftrightarrow (NH_4)_2SO_4$
毒性氣體 (SiH_4)	$SiH_4 + 2O_2 \leftrightarrow SiO_2 + 2H_2O$(水解)
	$SiO_2 + 2NaOH \leftrightarrow Na_2SiO_3 + H_2O$ (中和)
Cl_2	$Cl_2 + H_2O \leftrightarrow HClO + HCl$ (水解)
	$HClO + HCl + 2NaOH \leftrightarrow NaClO + NaCl + 2H_2O$ (中和)

D.1.7.1. 氫氧化鈉 NaOH

- NaOH 氫氧化鈉(sodium hydroxide)：腐蝕，稱苛性蘇打,俗稱火鹼、燒鹼、苛性鈉。
  溶液呈強鹼性。相對密度 2.13。熔點 318℃。沸點 1,390℃。半數致死量(小鼠，腹腔)
  40mg/kg。有腐蝕性。
  溶液為無色透明的鈉鹼液體，是強鹼之一，易在水中溶解，能與許多有機、無機化合物
  起化學反應，腐蝕性很強，能灼傷人體皮膚等。
  在水溶液中電離出大量的 OH⁻離子：$NaOH = Na^+ + OH^-$

- 40%的NaOH, 在10℃時已經超過可溶解的最大濃度（33.8%），所以溫度太低時高濃度
  的NaOH會產生結晶。在台灣的氣候環境機率少，但在寒冷下雪區域會產生結晶。
  40%的氫氧化鈉,也叫液鹼，由於其中含有氯化鈉，氯化鈉的溶解度較小，在溫度較低的
  時候會析出固體。出現的固體是氯化鈉,不是氫氧化鈉。
- 要避免結晶的現象出現，解決低溫儲存NaOH的方法：
  (1) 提高儲槽溫度-加熱，增加流速，避免彎管及上流路徑。或不要在較低溫度下使用
  (2) 可以將液鹼進行適當的稀釋，
  (3) 管內結晶建議用外接超音波震碎。

- 市售燒鹼有固態和液態兩種：廢氣處理 Scrubber 用液態

<1>	固體：純固體燒鹼呈白色，有塊裝、片狀、棒狀、粒狀，質脆
<2>	液體：純液體燒鹼為無色透明液體。在空氣中易潮解並吸收二氧化碳。
<3>	氫氧化鈉易溶於乙醇、甘油；但不溶於乙醚、丙酮、液氨。固體氫氧化鈉溶解或濃溶液稀釋時放出熱量。

- NaOH 在水中的溶解度變化如下：

溫度	溶質	溶劑	溶液	重量濃度
	溶解度	水 100ml	水溶液	
℃	g/100ml	重量	重量	%
0	42	100	142.0	29.6%
10	51	100	151.0	33.8%
20	109	100	209.0	52.2%
30	119	100	219.0	54.3%
40	129	100	229.0	56.3%
50	145	100	245.0	59.2%
60	174	100	274.0	63.5%
70	299	100	399.0	74.9%
80	314	100	414.0	75.8%
90	329	100	429.0	76.7%
100	347	100	447.0	77.6%

Note：1% = 100ml 的水加入 1gm 的物質
(Ex) 一般我們說 40%，是指重量%，溶質 40%，水 60%。
表中的資料是 在固定溫度下，100ml 的水可以溶解多少克的 NaOH。
40%的 NaOH, 在 10℃時已經超過可溶解的最大濃度（33.8%），所以會產生結晶。

D.1.7.2. 硫酸 H_2SO_4

- 硫酸與鹼發生中和反應，變為硫酸鹽及水。

質量分數 （kg/kg）	H_2SO_4 密度 [g/cm³]	物量濃度 mol/L	俗稱
10%	1.07	~1	稀硫酸
29 ~ 32%	1.25 ~ 1.28	4.2 ~ 5	鉛酸蓄電池酸
62 ~ 70%	1.52 ~ 1.60	9.6 ~ 11.5	肥料酸
98%	1.83	~18	濃硫酸

- H_2SO_4 在水中的溶解度變化如下。　　　重量濃度：100ml溶液

硫酸-質量 g	水-溶劑 g	相對密度 d	水溶液 g/100ml	100g 溶液 V(ml)	溶質重量 g/100ml	重量濃度% %	莫爾濃度 M
1	99	1.0051	1.005	99.5	1.01	1.0%	0.010
2	98	1.0118	2.024	98.8	2.02	2.0%	0.021
3	97	1.0184	3.055	98.2	3.06	3.0%	0.031
4	96	1.0250	4.100	97.6	4.10	4.0%	0.042
5	95	1.0317	5.159	96.9	5.16	5.0%	0.053
10	90	1.0661	10.66	93.8	10.66	10.0%	0.109
15	85	1.1020	16.53	90.7	16.53	15.0%	0.169
20	80	1.1394	22.79	87.8	22.79	20.0%	0.233
25	75	1.1783	29.46	84.9	29.46	25.0%	0.301
30	70	1.2185	36.56	82.1	36.56	30.0%	0.373
35	65	1.2599	44.1	79.4	44.10	35.0%	0.450
40	60	1.3028	52.11	76.8	52.11	40.0%	0.532
45	55	1.3476	60.64	74.2	60.64	45.0%	0.619
50	50	1.3951	69.76	71.7	69.76	50.0%	0.712
55	45	1.4453	79.49	69.2	79.49	55.0%	0.811
60	40	1.4983	89.9	66.7	89.90	60.0%	0.917
65	35	1.5533	101.0	64.4	100.96	65.0%	1.030
70	30	1.6105	112.7	62.1	112.74	70.0%	1.150
75	25	1.6692	125.2	59.9	125.19	75.0%	1.277
80	20	1.7272	138.2	57.9	138.18	80.0%	1.410
85	15	1.7786	151.2	56.2	151.18	85.0%	1.543
90	10	1.8144	163.3	55.1	163.30	90.0%	1.666
91	9	1.8195	165.6	55.0	165.57	91.0%	1.690
92	8	1.8240	167.8	54.8	167.81	92.0%	1.712
93	7	1.8279	170.2	54.7	169.99	93.0%	1.735
94	6	1.8312	172.1	54.6	172.13	94.0%	1.756
95	5	1.8337	174.2	54.5	174.20	95.0%	1.778
96	4	1.8355	176.2	54.5	176.21	96.0%	1.798
97	3	1.8364	178.1	54.5	178.13	97.0%	1.818
98	2	1.8361	179.9	54.5	179.94	98.0%	1.836
99	1	1.8342	181.6	54.5	181.59	99.0%	1.853
100	0	1.8305	183.1	54.6	183.05	100.0%	1.868

D.1.8. 有機物

● 本節說明是認識化學品的種類，其物理/化學的特色內容太多太深與製程上處理有機廢氣的相關知識不多。製程上處理的廢氣多是幾種成份組合，機電工程的方向是針對化學品處理有機廢氣方式 (例如：焚化、水洗、吸附，......)。因此，本節說明基本化學式的名稱，需要更深的了解化學品特性研究應該是屬於製程需求。

D.1.8.1. 有機物分類

● 有機化合物通常被定義為碳的化合物，但也有許多含碳化合物卻被歸入無機類。
本節介紹簡單的基礎化學，學習基本有機化學品的名稱。
[例外] 含碳但不是有機物：
(1) CO 一氧化碳、
(2) CO_2 二氧化碳、
(3) XCO_3 碳酸鹽：$CaCO_3$、$MaCO_3$、$Na2CO_3$、$NHCO_3$，......。
(4) XCN 氰化物：HCN、$NaCN$、KCN、NH_4OCN (氰酸銨)，......。

● 烴類基本公式

名稱	烯類		烷類		炔類		鏈狀烴		環狀烴	
通式	C_nH_{2n}	$n \geq 2$	C_nH_{2n+2}	$n \geq 1$	C_nH_{2n-2}	$n \geq 2$	C_nH_{2n+2}	$n \geq 1$	C_nH_{2n}	$n \geq 3$
乙烯	C_2H_4	n = 2								
丙烯	C_3H_6	n = 3								
甲烷			CH_4	n = 1						
乙烷			C_2H_6	n = 2						
乙炔					C_2H_2	n = 2				
丙炔					C_3H_4	n = 3				
正己烷							C_6H_{14}	n = 6		
環己烷									C_6H_{12}	n = 6

● 常用的有機化學品

通式	通式	官能基	化學式通式		分子式
烴類	R-H	-H	烴類包含： 烯類、烷類、炔類		CH_4、C_2H_6、C_2H_4、C_3H_6、C_2H_2
醇類	R-OH	-OH	$C_nH_{2n+1}OH$	$n \geq 1$	CH_3OH 甲醇、C_2H_5OH 乙醇、C_3H_7OH 丙醇
有機酸類	R-COOH	-COOH	$C_nH_{2n+1}COOH$	$n \geq 0$	$HCOOH$　甲酸 (蟻酸)、CH_3COOH 乙酸 (醋酸)
酯類	R-COOR'	-COOR'	$C_nH_{2n+1}COOC_mH_{2m+1}$	$n \geq 0$ $m \geq 1$	$CH_3COOC_2H_5$　乙酸乙酯、$C_3H_7COOC_2H_5$ 異丁酸乙酯
醚類	R-O-R'		$C_nH_{2n+1}OH$	$n \geq 1$	CH_3-O-CH_3　　　甲醚、$CH_3CH_2-O-CH_2CH_3$ 乙醚
酮類	RC(=O)R'				CH_3COCH_3 丙酮

R (烷基) = C_nH_{2n+1}
化學式雖然相同，但名稱、CAS 號碼也不同，分子式的結構不同，化性也會有差異。
(Ex.) $C_6H_{12}O_2$：2-乙基丁酸；丁酸乙酯；乙酸異丁酯；甲酸異戊酯，.......等。

D.1.8.2. 有機的溶劑

- 本節介紹有機溶劑的基本知識，目的學習有機廢氣的處理，(Ex) 焚化、水洗、吸附。
  有機物：最主要元素為碳，次為氫、氧、氮、再其次為硫、磷、鹵素及微量金屬。多數不溶於水，僅溶於有機溶劑。
- 溶劑為塗料的重要組成成分。溶劑是一種可以溶解固體，液體或氣體的溶質液體。
  溶劑包含：
  (1) 無機溶劑，通常是水。
  (2) 有機溶劑，包含碳原子的有機化合物溶劑。(Ex) 印刷油墨中所使用之有機溶劑。
  多數有機溶劑的密度比水小，因此它們比水更輕，在分層時處於水的上面。
  一般溶劑分類方法：沸點、極性、化學組成、用途、溶解力強弱及蒸發速度等來分類。
  溶劑的種類：
  (1) 酮類、(2) 醚類、(3) 酯類、(4) 醇類、(5) 醇 醚類、(6) 碳氫化合物類、(7) 松烯類
- 有機溶劑的應用：主要是用在塗料、塗料去除劑、油墨和乾洗有機溶劑用於乾洗（例如四氯乙烯），作塗料稀釋劑（例如甲苯、香蕉水、松香水、松節油），作洗淨水或去除膠水（例如丙酮，醋酸甲酯，醋酸乙酯），除鏽（例如己烷），作洗潔精（檸烯），用於香水（酒精）跟用於化學合成。

成分	真溶劑	輔助劑	稀釋劑
成分比例	35	15	50

沸點	低沸點	中沸點	高沸點
成分比例	25	65	10

D.1.8.3. 有機溶劑的沸點

- 液體沸點的高低決定於分子間引力的大小，分子間引力越大，使之沸騰就必須提供更多的能量，因此沸點就越高。分子間的引力稱範德華力。
- 沸點：就是蒸發的速度。液態轉成氣態的相變化。

有機分類	沸點 [°C]	化學品	特性
低沸點溶劑	低於 100°C	丙酮、乙醇、醋酸乙酯、苯、甲乙酮，......等	有利於防止溼塗層的流掛，其揮發快、易乾燥、粘度低，通常具有揮發氣味。
中沸點溶劑	100°C ~ 150°C	苯、二甲苯、醋酸丁酯、甲異丁酮、丁酯，......等	其揮發速度適中，在塗層中繼低沸點的溶劑揮發後，有利於塗層的流平形成緻密的漆膜，在工業中廣泛使用。
高沸點溶劑	150°C ~ 200°C	環己酮、醋酸戊酯、乙二醇丁基醚、環己醇、松節油，......等	揮發較慢，在塗層中最後揮發，既有利於流平，也能防止揮發型漆因潮溼和低溫造成的塗層變白等。
增塑劑	此種溶劑較少用於溶解上，多用於添加劑上，如可塑劑、軟化劑等，沸點在 300°C以上，幾乎沒有蒸發性，用於改變高分子的硬度，不可多加，以免不干。		

- 沸點的範圍僅供參考，應依化學品與特性來判定。

碳數	1 ~ 4 個碳 [C]	5 ~ 17 個碳 [C]	18 個碳以上 [C]
沸點	低沸點　　　→　　　高沸點		
狀態	氣體	液體	固體
分子式	CH_4、......、C_4H_{10}	C_5H_{12}、......、$C_{17}H_{38}$	$C_{18}H_{38}$、......

低沸點有機溶劑在室溫下揮發性較高，容易乾燥。
(Ex) 油墨的溶劑：目的是維持黏合劑的可溶性狀態，以利油墨在印刷時，有較佳效果。

D.1.8.4. 有機的質子性

● 極性溶劑可再細分為：質子性與非質子性溶劑
任何可以給出 H⁺的溶劑都可以被叫做質子化溶劑，例如氫氟酸。非質子溶劑則與此相反，不能貢獻氫離子。

極性質子溶劑	極性非質子溶劑
水	丙酮

● 分類整理

極性溶劑		非極性溶劑
極性質子性溶劑	極性非質子性溶劑	
乙酸	丙酮	己烷
n-丁醇	乙腈（MeCN）	苯
異丙醇	二甲基甲醯胺（DMF）	甲苯
n-丙醇	二甲基亞碸（DMSO）	二乙醚
乙醇		氯仿
甲醇		乙酸乙酯
甲酸		四氫呋喃（THF）
水		二氯甲烷

D.1.8.5. 有機的極性

● 能導電的溶劑稱為極性溶劑，極性溶劑其它導電性有強弱大小不同。
有機物的極性很弱，因此大多不溶於水。有機物之間的反應，大多是分子間的反應，往往需要一定的活化能，因此反應緩慢，往往需要加入催化劑等方法。

● 有機極性特性：(1) 極性-親水、(2) 非極性-疏水。
溶劑溶解的基本原則：極性物質在極性溶劑溶解的最好；非極性物質在非極性溶劑中溶解的最好。
極性判斷：量度物質的介電常數或電偶極矩。

極性溶劑	非極性溶劑
水、丙酮、醇類、酯類、酮類	油、臘

D.1.8.6. 有機溶劑的安全性

● 有機溶劑的安全性 (取材：維基百科-溶劑)。

極易燃燒	大部分有機溶劑可燃或極易燃燒，視其揮發性而定。一些含氯溶劑如二氯甲烷及氯仿則為例外。
通風	避免在通風不良或沒有通風櫃的地方會產生溶劑蒸汽的危險。
不得使用火焰	絕不在接近可燃溶劑處使用火焰，應使用電熱來代替。
避免接觸	避免接觸溶劑，許多溶劑容易經由皮膚吸收。
避免吸入	避免吸入溶劑蒸汽，吸入過多，會令人突然失去意識。
致癌物	一些溶劑如氯仿和苯（汽油的成分之一）是致癌物。許多其他溶劑可對內臟如肝、腎或腦造成傷害。甲醇會造成眼睛的傷害，包括永久性失明。

通風/排氣的設計，依據職業安全衛生設施規則。參考本書系列：空調篇-空調設備章-通風/排氣風量-工業安全。

D.1.9. 燃燒、濃度、溫度

- 本節介紹有機物的濃度、溫度、時間的關係，預備VOC廢氣處裡的基本知識。
- 有機化合物除少數以外，一般都能燃燒。和無機物相比，它們的熱穩定性比較差，電解質受熱容易分解。有機物的熔點較低，一般不超過400℃。

D.1.9.1. 溫度、濃度與時間

- 燃燒時溫度與時間，濃度與溫度的關係

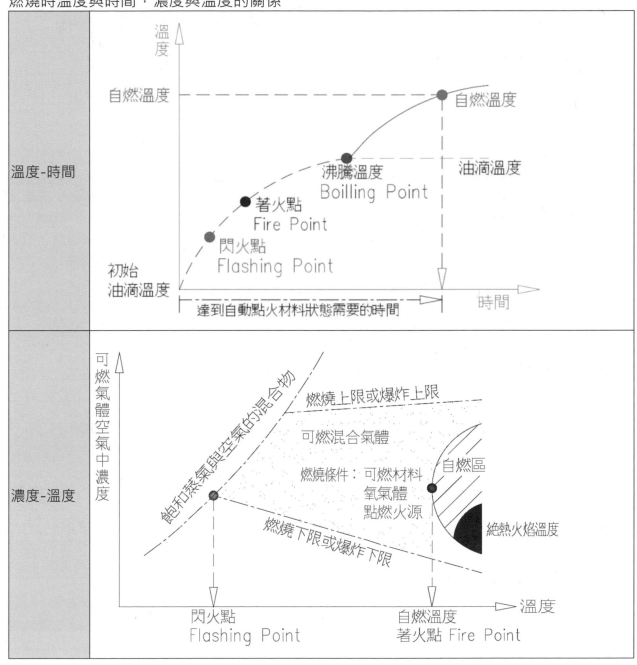

D.1.9.2. 燃燒的溫度

● 解釋名詞：燃燒的溫度點

閃火點 Flash Point	遇火苗點火會一閃即逝之火花，又稱-引火點。
	閃燃點中的「閃燃」和消防火災術語「閃燃」不同，消防火災是指溫度達到 600 多℃時，CO 自燃導致整個空間陷入火海。
	蒸汽與火焰接觸發生瞬間閃火時的最低溫度。
	閃火點測定法有二種： (1) 閉杯式測定法-通常作為決定在一般溫度範圍即能閃火的液體之等級區分、 (2) 開杯式-通常其閃火點較高。
	閃火點之溫度下，液體表面揮發產生之蒸氣濃度，恰為爆炸下限。
著火點 Fire Point	遇到點火源即刻燃燒，又稱-著火點；發火點；燃點
	引火性物質（易燃性液體）表面有充分空氣遇到點火源即刻燃燒，持續燃燒時間達 5sec 以上，此時該物質之最低溫度及稱為著火點。
	著火點溫度 > 閃火點溫度，5~20℃。
沸騰溫度 Boiling Point	沸點是指物質沸騰時的溫度。定義：液體成為氣體的溫度。
	物質的飽和蒸氣壓與外界壓力相同時之溫度，稱為該物質在當時壓力時之沸點，外界壓力愈大，則沸點愈高，當外界壓力為一大氣壓時之沸點，又稱-正常沸點。
	液體在未達到沸點溫度時也會通過揮發變成氣體。然而，揮發是一種液體表面的現象，也就是說只有液體表面的分子才會揮發。沸騰則是在液體的整個部分發生的變化，處於沸點的液體的所有分子都會蒸發，不斷地產生氣泡。
燃點 Ignition Point	常壓下，可燃物在沒有外部火源點燃時發生自燃的最低溫度。又稱-自燃溫度 (Auto-Ignition Temperature)。
	(Ex) 白磷的自燃點僅為 34℃，只要稍微加熱便會自燃。
	"溶劑"於此溫度下會持續燃燒的狀態，也是真正會產生危害的狀態。
	通常比液體的閃點高 10℃。
	可燃液體的蒸氣在被點燃後即使在火源被移除後仍繼續燃燒的溫度。
	蒸汽在點燃時和熱源被移除後繼續燃燒的溫度。

● 燃燒溫度的階段： 著火點 ➡ 閃火點 ➡ 沸騰 ➡ 燃點

著火點	閃火點	沸騰溫度	燃點
可燃物質開始燃燒所必須達到的最低溫。	遇火苗點火會一閃即逝之火花。	飽和蒸氣壓與外界壓力相同時之溫度。	可燃物在沒有外部火源點燃時發生自燃的最低溫度。

● 爆炸起燃時-燃燒需要的3條件： (1) 可燃物 ➡ (2) 空氣-氧氣 ➡ (3) 熱源-溫度

可燃氣體與空氣於一定溫度下混合時，體積濃度分率在某一範圍內才可爆炸 (ie.燃燒)。

有機物的燃燒條件，(Ex) 氧化爐的燃燒如何形成 (可燃物)、燃燒需要空氣量 (氧量)、安全性 (LEL 濃度上限)，消防系統......等。

- 自燃溫度AIT (Auto-Ignition Temperature)又稱為-引火點 (Kindling Point)。
  常壓下可燃物沒有外部火源而發生燃燒時的溫度，原因是物質燃點低 (或稱為自燃點)

物質	自燃溫度		物質	自燃溫度	
	°C	°F		°C	°F
白磷	34	93	三乙基硼烷	-20	-4
矽烷	21	70	紙	218~246	424~475
汽油	247~280	477~536	氫氣	536	997
柴油	399	750	鎂	473	883
乙醇	363	685	皮革	200~212	392~414
乙醚	160	320			
丁烷	45	761			
二硫化碳	90	194			

- 閃火點 Flash Point：當火焰放在液體表面上其蒸汽可點燃的最低溫度。

可燃程度	溶劑閃火點	備註
高度可燃	低於 23°C	閃火點越低，越容易燃燒。
中度可燃	23~61°C	
低度可燃	高於 61°C	

引火性物質液面蒸發作用釋出的蒸氣，擴散至空氣中形成可燃的混合氣體，當其濃度到達 LEL 時，遇火苗點火會出現一閃即逝閃火的最低溫度。

D.1.9.3. 燃燒能量

- 有機廢氣燃燒條件：

(1) 濃度	濃度太濃或太稀薄，不會發生燃燒，僅是發生化學反應。 若可燃性混合氣體濃度於燃燒／爆炸下限 (LFL or LEL) 以下時，因可燃物濃度太低，熱量無法傳遞燃燒。
(2) 能量	燃燒／爆炸上限 (UFL or UEL) 以上時，因氧氣量不足，無法進行燃燒，物質濃度必需介於 LFL 及 UFL 之間才會產生燃燒現象。

- 燃燒就是將廢氣的化學能 (Chemical Energy)轉換成熱能 (Thermal Energy)，轉換過程所釋放的熱量稱為燃燒熱 (Heat of Combustion)。

- 燃燒範圍
  Burgess-Wheeler 公式：L x Q =Const (碳氫化合物時其平均值為 11,000 kCal/mol)。
  多種成分的燃燒下限與燃燒上限 L_n(%) =100÷((P_a/L_a) + (P_b/L_b) + (P_c/L_c))，
  P：混合成份比，(a、b、c：混合物的成分比)。
  L：燃燒下限、燃燒上限。
  [Ex.] 求混合物以計算燃燒界限?

混合物	成分比例 (P_a) [%]	燃燒下限 (L_n) [%]	燃燒上限 (L_n) [%]
H_2	30	4	75
CO	15	12.5	74
CH_4	55	5	15

[Ans] 公式 L_n(%) =100÷((P_a/L_a) + (P_b/L_b) + (P_c/L_c))
燃燒下限 L_n(%) =100÷((30/4) + (15/12.5) + (55/5)) = 5.24%。
燃燒上限 L_n(%) =100÷((30/75) + (15/74) + (55/15)) = 23.42%。

D.1.9.4. 爆炸與燃燒

● 爆炸與燃燒：兩者差異在於燃燒反應時，有無造成壓力。
　(1) 燃燒區間：可燃下限 LFL ~ 可燃上限 UFL。
　(2) 爆炸區間：爆炸下限 LEL ~ 爆炸上限 UEL。

● 可燃範圍 (Range of Flammability)：是在爆炸上限與爆炸下限之間。

可燃下限 LFL Lower Flammability Limit	可燃氣體在空氣中可被引燃之最低濃度稱為可燃下限。若低於此下限，則氣體太稀薄無法被引燃。 (Ex) 乙烷在空氣中之可燃下限為 3 %。
可燃上限 UFL Upper Flammability Limit	可燃氣體在空氣中可被引燃之最高濃度稱為可燃上限。若高於此上限，則氣體太濃無法被引燃。 (Ex) 乙烷在空氣中之可燃上限為 12–12.4 %。

● 爆炸下限、爆炸上限，以百分比表示。它們是氣體的爆炸極限（又稱爆炸界限）。

爆炸下限 LEL Lower Explosive Limit	有點火源存在下，可燃氣體產生閃燃的最低濃度。 當氣體濃度太低，沒有足夠燃料來維持爆炸
爆炸上限 UEL Upper Explosive Limit	有點火源存在下，可燃氣體產生閃燃的最高濃度。 當氣體濃度太高，沒有足夠氧氣燃燒。

● 常見有機物的爆炸界線

可燃氣體	爆炸下限 LEL%	爆炸上限 UEL%	可燃氣體	爆炸下限 LEL%	爆炸上限 UEL%
氫氣	4.0%	75.0%	乙炔	2.5%	82.0%
一氧化碳	12.5%	74.0%	丙酮	3.0%	13.0%
甲烷	5.0%	15.0%	異丙醇	2.0%	12.0%
乙烷	3.0%	12.5%	氨氣	15.0%	30.2%
丙烷	2.2%	9.5%	汽油	1.4%	7.6%
丁烷	1.8%	8.4%	天然氣	4%	16%
甲醇	5.5%	44.0%	柴油	0.6~1%	7.5~6%
乙醇	3.3%	19.0%			

● 爆炸的檢測儀器，單位%LEL：
　(1) 當 LEL > 25%時，會有氣爆危險性。
　(2) LEL 是一個數值，對氣體偵測濃度提出警報，是國家標準對不同的氣體有不同值。

[例題] 甲烷爆炸下限為 5%體積比 (空氣中的甲烷體積含量達到 5%時達到爆炸下限)。
　　　檢測儀器設定－將甲烷 5%體積比分成 100 等分，5%體積比對應 100%LEL。
　　　當檢測儀數值到達 100%LEL 時發警報，此點相當於甲烷實際含量為 5%體積比。
　　　當檢測儀數值到達 25%LEL 時，此點相當於甲烷的含量 1.25%體積比。
　　　(甲烷爆炸下限 5%，5 x 25%LEL = 實際甲烷濃度 1.25%)。

D.1.9.5. 化學反應熱

- 本節說明化學反應熱，主題是燃燒熱 (取材：國家教育研究院辭書、網路)
- 化學反應熱的種類

生成熱： 符號 $\Delta_f H_m^{\circ}$，ΔH_f° Heat of Formation	元素→化合物。 1atm，25℃，1mole 成分元素生成化合物時所產生的熱量變化。 即 NTP 下，生成化合物其元物質 1mole 時能量變化。 但元素即單質(如 O_2，H_2 等)的生成熱為零。
	單質的生成熱=0 (單質：僅由一種元素所構成的純物質)
分解熱 Heat of Decomposition	化合物→元素。 1atm，25℃，1 莫耳化合物分解成其成分元素時所產生的熱量變化
燃燒熱： 符號 $\Delta_c H_m^{\circ}$，ΔH_c° Heat of Combustion	化合物→CO_2、H_2O、N_2 (完全燃燒)。 1atm，25℃，物質與氧氣完全燃燒，所放出的熱量，稱為燃燒熱。 即 NTP 下，燃燒 1 莫耳物質所釋放的能量。(應用在廢氣 RTO)
中和熱 Heat of Neutralize	1atm，25℃，1mol H^+ 和 OH^- 完全中和產生 H_2O 所放出的熱量。 $H^+_{(aq)} + OH^-_{(aq)} \rightarrow H_2O_{(l)}$，$\Delta H$=-13.6kCal (一般酸/鹼溶解為放熱反應，應用在廢氣洗滌塔)
溶解熱 Heat of Dissolution	1 莫耳的溶質溶解於溶劑時所產生或吸收的能量變化。 (一般酸/鹼溶解為放熱反應，應用在廢氣洗滌塔)
解離熱 Heat of Dissociation	氣態分子→氣態原子。 1 莫耳的化合物解離成簡單分子時所產生的能量變化。 解離可發生在氣體、液體或溶液。(吸熱反應，$\Delta H > 0$)

- 生成熱與燃燒熱的區別，以例題說明

    [例題] 甲烷之燃燒反應 $CH_{4(g)} + 2O_{2(g)} \rightarrow CO_{2(g)} + 2H_2O_{(g)}$

    [Ans] 生成熱-查表

          $CO_{2(g)}$ 的生成熱 H= -393.7kJ

          $H_2O_{(g)}$ 的生成熱 H= -241.8kJ

          $CH_{4(g)}$ 的生成熱 H= -74.8kJ

    [Ans] 燃燒熱-反應前+生成物

          $CH_{4(g)}$ 的燃燒熱 H= (-393.7) +2 x (-241.8) - (-74.8) = -952.1kJ

- (1) 燃燒熱

    燃燒熱定義：標準狀態下（25℃、1 大氣壓），1 mole 化合物燃燒產生的反應熱。燃燒熱必為放熱反應，其反應熱必定小於零（$\Delta H<0$）。一般，含碳愈高，其燃燒熱愈大。不可燃物燃燒熱定義為零 (Ex：CO_2、H_2O)。O_2 為助燃物其莫耳燃燒熱也定義為零。

    例如：$CH_{4(g)}+2O_{2(g)}->CO_{2(g)}+2H_2O_{(l)} + \Delta H$(-891 kJ)

    1 mole 的甲烷燃燒放熱 891 kJ。 (ie. 甲烷的莫耳燃燒熱等於-891 kJ/mole)。

    燃燒熱

燃料		氫	天然氣	丙烷	丁烷	汽油	柴油	乙醇	煤	木材
燃燒熱	MJ/kg	141.9	55.6	49.9	49.2	47	45	29.8	15~27	15

- (2) 無生成熱 (取材：維基百科)

無機化合物 At 25℃	物態	分子式	ΔH_f^0 kJ/mol
碳（石墨）	s	C	0
氫	g	H_2	0
氟	g	F_2	0
氯	g	Cl_2	0
溴	l	Br_2	0
碘	s	I_2	0

- 生成熱

有機化合物 25℃	物態	分子式	ΔH_f^0 kJ/mol	無機化合物 25℃	物態	分子式	ΔH_f^0 kJ/mol
甲烷	g	CH_4	-75	氨	aq	NH_3	-80.8
乙烷	g	C_2H_6	-85	氨	g	NH_3	-46.1
丙烷	g	C_3H_8	-104	氯化銨	g	NH_4Cl	-314.43
甲醛	g	HCHO	-116	碳(金剛石)	s	C	1.9
乙醛	g	CH_3CHO	-166	碳	g	C	718.9
丙醛	g	C_2H_5CHO	-197	一氧化碳	g	CO	-110.6
甲醇	l	CH_3OH	-239	二氧化碳	g	CO_2	-393.8
甲醇	g	CH_3OH	-201	二氧化碳	aq	CO_2	-413.2
乙醇（酒精）	l	C_2H_5OH	-278	碳酸鈉	s	Na_2CO_3	-1131
乙醇（酒精）	g	C_2H_5OH	-235	氯化鈉(食鹽)	aq	NaCl	-407
正丙醇(1-丙醇)	l	C_3H_7OH	-305	氯化鈉(食鹽)	s	NaCl	-411.12
正丙醇(1-丙醇)	g	C_3H_7OH	-258	氯化鈉(食鹽)	l	NaCl	-385.92
甲酸(蟻酸)	l	HCOOH	-410	氯化鈉(食鹽)	g	NaCl	-181.42
甲酸(蟻酸)	g	HCOOH	-363	氫氧化鈉	aq	NaOH	-469.6
甲酸(蟻酸)	aq	HCOOH	-410	氫氧化鈉	s	NaOH	-426.7
乙酸(醋酸)	l	CH_3COOH	-487	硝酸鈉	aq	$NaNO_3$	-446.2
乙酸(醋酸)	g	CH_3COOH	-435	硝酸鈉	s	$NaNO_3$	-424.8
丙酸	l	C_2H_5COOH	-511	二氧化硫	g	SO_2	-297
				二硫化碳	l	CS_2	-89.41
				二硫化碳	g	CS_2	-117.1
				硫酸	l	H_2SO_4	-814
				二氧化矽	s	SiO_2	-911
				二氧化氮	g	NO_2	33
				一氧化氮	g	NO	90
				水	l	H_2O	-286
				水	g	H_2O	-242
				溴	g	Br_2	31
				碘	g	I_2	62

[例題] 生成熱方程式：

$1/2 N_{2(g)} + 3/2 H_{2(g)} \rightarrow NH_{3(g)}$，$\Delta H = -46 kJ/mol$

$C_{(s)} + 2H_{2(g)} \rightarrow CH_{4(g)}$，$\Delta H = -74.8 kJ/mol$

$C_{(s)} + O_{2(g)} \rightarrow CO_{2(g)}$，$\Delta H = -394 kJ/mol$

$C_{(s)} + 1/2 O_{2(g)} \rightarrow CO_{(g)}$，$\Delta H = -111 kJ/mol$

D.1.9.6. 完全燃燒

- 空氣標準狀態：
  (1) Standard：1atm & 0℃下，一克莫耳(1g-mole)理想氣體具有 22.4 公升之體積。
  (2) Normal：1atm & 25℃下，一克莫耳(1g-mole)理想氣體具有 24.5 公升之體積。
  (3) 空氣的組成 78%的氮，21%的氧，及其他微量成分如二氧化碳、水汽、氬等所組成的，故空氣的平均分子量為 28.97g/mol。

- 燃燒：定義為帶有熱與光之氧化反應。爆炸極限亦稱燃燒極限。
  簡化計算與說明，燃燒後的產物減少僅有：CO_2、H_2O、N_2。

$$C_nH_mO_l + \left(n + \frac{m}{4} - \frac{l}{2}\right)(O_2 + 3.76N_2) \rightarrow nCO_2 + \frac{m}{2}H_2O + 3.76\left(n + \frac{m}{4} - \frac{l}{2}\right)N_2$$

公式/符號說明

廢氣(燃料)		C	H	O	空氣	燃燒後產物			
化學式 CnHm		C	H	O	$O_2+3.76N_2$	CO_2	H_2O	N_2	AF_{st}
名稱	化學式	n	m	l	n+m/4-l/2	n	m/2	3.76(n+m/4-l/2)	空燃比
甲烷	CH_4	1	4	0	2.0	1.0	2.0	7.52	17.2
丙烷	C_3H_8	3	8	0	5.0	3.0	4.0	18.80	15.7
丁烷	C_4H_{10}	4	10	0	6.5	4.0	5.0	24.44	15.5
甲醇	CH_4O	1	4	1	1.5	1.0	2.0	5.64	6.5
丙醇	C_3H_7OH	3	8	1	4.5	3.0	4.0	16.92	10.3

Note：
(1) 完全燃燒：指燃燒後的產物沒有 O_2。
(2) $C_nH_mO_l$：有機廢氣，或稱為燃料。
(3) $O_2+3.76N_2$：空氣。其中 O_2 是燃燒需要的氧氣。
　　空氣 28.97 kg/kmole = $0.21O_2 + 0.79N_2 = 0.21(O_2 + 3.76N_2)$
(4) 化學計量燃燒-完全燃燒 AF_{st} (Stoichiometric Combustion)：$AF_{st}=kg_{air}\div kg_{fuel}$
　　AF_{st} = (n+m/4-l/2) x 4.76 x 28.97 / (12n+m+16l)
　　當 CH_4O 完全燃燒時需要空氣量 1.5mole，空氣將是完全燃燒，沒有殘餘氧氣。
(5) 燃燒過程中使用的空氣量，稱為空氣料燃比 (空燃比 AF) = $m_{air} \div m_{fuel}$。
(6) 若氧氣不完全燃燒，則有剩餘 O_2 視為空氣不完全燃燒

- [例題] 甲烷燃燒
  [Ans] CH_4 + 2(O_2+3.76N_2)，CH_4 燃料 1mole + 空氣 2mole → 燃燒

$$AF = \frac{m_{air}}{m_{fuel}} = \frac{2*4.76\,[kmol]*28.97\left[\frac{kg}{kmol}\right]}{1\,[kmol]x\,16\left[\frac{kg}{kmol}\right]} = 1.72\frac{kg_{air}}{kg_{fuel}}$$

- 廢氣燃燒化學平衡式：氧氣不完全燃燒，因為含有剩餘O_2 視為空氣不完全燃燒。

$$H_y + z(O_2 + 3.76N_2) \rightarrow aCO_2 + bH_2O + cN_2 + dO_2$$

平衡公式說明：以上例說明 C_2H_6 and C_4H_{10}

廢氣(Fuel)		Air			CO_2	H_2O	N_2	O_2		AF
CxHy		完全燃燒	過量空氣	空氣總量	係數	係數	係數	過量	總量	空燃比
x	y	Z=a+b/2	Z 倍數 t	z=(a+b/2)*t	a=x	b=y/2	c=3.76z	比例	d=2z	kg/kg
2	6	3.5	1.00	3.50	2.0	3.0	13.16	0.00	0.00	16.09
2	6	3.5	1.19	4.17	2.0	3.0	15.66	0.19	0.67	19.14
4	10	6.5	1.00	6.50	4.0	5.0	24.44	0.00	0.00	15.45
4	10	6.5	1.19	7.74	4.0	5.0	29.08	0.19	1.24	18.39
4	10	6.5	1.19	9.75	4.0	5.0	36.66	0.50	3.25	23.18

- [例題-A] 丁烷 (Butane)，求 (1) 完全燃燒 AF_{st} = ? (2) 燃燒不完全有50%，求AF = ?

  [Ans-1] 完全燃燒

  $$C_4H_{10} + 6.5(O_2 + 3.76N_2) \rightarrow 4CO_2 + 5H_2O + 24.4N_2$$

  AF_{st} = m_{air} ÷ m_{fuel} =

  6.5 x 4.76kmol x 29 kg/kmol ÷ (1kmol x (4 x 12 + 10)kg/kmol) = 15.5kg_{air}/kg_{fuel}

  [Ans-2] 不完全燃燒有多餘空氣 50%

  $$C_4H_{10} + (1.5)(6.5)(O_2 + 3.76N_2) \rightarrow 4CO_2 + 5H_2O + (0.5)(6.5)O_2 + (1.5)(24.4)N_2$$

  $AF_{50\%}$=9.75 x 4.76 kmol x 29kg/kmol÷(1kmol*(4x12+10)kg/mol)=23.2kg_{air}/kg_{fuel}

  燃燒後產物 CO：燃燒不完全時的產物：CO、NOx、SOx、顆粒。

  燃燒後加多餘 CO，會使計算更加複雜，但基本原則是依據完全燃燒理論推演出來。

足夠氧氣 (剛好)	$C + O_2 \rightarrow CO_2$
不足夠氧氣	$2C + O_2 \rightarrow 2CO$

- [例題-B] C_2H_6與大氣燃燒後量測得 10%CO_2、1%CO、3%O_2 and 86%N_2，(1) 建立燃燒方程式、(2) 過量空氣、(3) 空燃比。

  [Ans-1] 建立燃燒方程式$aC_2H_6 + z(O_2 + 3.76N_2) \rightarrow 10CO_2 + CO + 3O_2 + 86N_2 + bH_2O$

  平衡係數計算：

N	z * 3.76 * 2 = 86 * 2。z = 22.87
C	a * 2 = 10 + 1。a = 5.5
H	a * 6 = b * 2 = 5.5 * 6。b = 16.5
O	z * 2 = 22.87 * 2 = 10 * 2 + 1 +3 * 2 + b * 1。b = 18.74 (包含過量的空氣)

  整理平衡公式：

  $$C_2H_6 + 4.16(O_2 + 3.76N_2) \rightarrow 1.82CO_2 + 0.18CO + 0.55O_2 + 3H_2O + 15.64N_2$$

  [Ans-2] 過量空氣，依據完全燃燒公式得

  $$C_2H_6 + 3.5(O_2 + 3.76N_2) \rightarrow 2CO_2 + 3H_2O + 13.16N_2$$

  理論空氣 = 4.16 ÷ 3.5 = 1.19 = 119%，過量空氣 19%。

  [Ans-3] 空氣燃料比 AF

  AF = 4.16 x 4.76 kmol x 29kg/kmol ÷(1kmol x (2x12+6)kg/mol) = 19.1kg_{air}/kg_{fuel}

D.2. 空氣污染管制

- 本節研究工廠廢氣的排放，主要是研究-空氣污染防制法，相關的規定-職業安全衛生法，於設計/施工時也需一併考慮的法條。
- 污染源：指排放空氣污染物之物理或化學操作單元，其類別2種如下

(1)	移動污染源	指因本身動力而改變位置之污染源。	[例如] 汽車。
(2)	固定污染源	指移動污染源以外之污染源。	[例如] 工廠廢氣。

  本章研究固定污染源的處理方式，主要是工廠製程產生的廢氣處理。

- 規則：空氣污染防制法

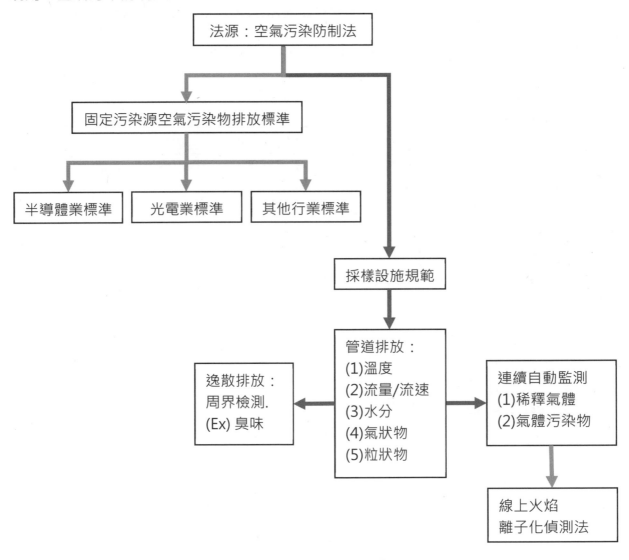

- 說明：
  (1) 稀釋氣體：(Ex) CO，CO_2，......等。
  (2) 氣狀物：(Ex) Sx，NOx，HCl，THC，MNHC，........等。

D.2.1. 空污指標

- 空氣品質標準：指室外空氣中空氣污染物濃度限值。
  空氣污染物：指空氣中足以直接或間接妨害國民健康或生活環境之物質。對工廠的生產亦會造成產品的不良影響，因此各工廠都在致力改善排放空氣的品質。
  排放標準：指排放廢氣所容許混存各種空氣污染物之最高濃度、總量或單位原（物）料、燃料、產品之排放量。

- 空氣污染指標-參考美國環保署指標
  (參考本書系空調冊，Chapter 空調箱設備 MAU/AHU Equipments- IAQ 室內空氣品質；ASHRAE 62.1，表 4-1 室外空氣的國家初級環境空氣質量標準 -USA EPA 標準)：以 0~500 的數值來表示。五個副指標污染物(PM10&PM2.5、SO_2、CO、NO_2 及 O_3)

每日 AQI 顏色	空氣等級	指數值	空氣質量的描述
綠	好的	0 ~ 50	空氣質量令人滿意，空氣污染幾乎沒有風險。
黃色的	緩和	51 ~ 100	空氣質量可以接受。然而，對某些人來說可能存在風險，尤其是對空氣污染異常敏感的人。
橙子	對敏感群體不健康	101 ~ 150	敏感群體的成員可能會受到健康影響。公眾受到影響的可能性較小。
紅色的	不良	151 ~ 200	一些普通大眾可能會受到健康影響；敏感群體的成員可能會受到更嚴重的健康影響。
紫色的	非常不健康	201 ~300	健康警報：每個人的健康影響風險都會增加。
栗色	危險的	301~更高指數	緊急情況的健康警告：每個人都更有可能受到影響

- 空氣品質 Air Quality Index (AQI)
  加拿大空氣指標(AQI)所代表的五種指標污染物分別為：
  臭氧(O_3)、一氧化碳(CO)、二氧化硫(SO_2)、二氧化氮(NO_2)及懸浮微粒(SP)五種，以當日污染物換算對應的指標。

AQI	健康影響	PM10	PM2.5	SO_2	CO	NO_2	O_3
0 ~ 50	良好	無	無	無	無	無	無
51~100	普通	無	無	無	無	無	敏感族群
101~150	對敏感群體不健康	呼吸疾病者	呼吸及心臟疾病者	氣喘患者	有循環系統疾病者	無	小孩、成人及呼吸系統疾病者
151~200	非常不健康	呼吸及心臟疾病者	呼吸及心臟疾病者	小孩、氣喘患和心肺疾病者	有循環系統疾病者	無	小孩、成人及呼吸系統疾病者
201~300	不健康	呼吸及心臟疾病者	呼吸及心臟疾病者	小孩、氣喘患和心肺疾病者	有循環系統疾病者	小孩、呼吸疾病患者	小孩、成人及呼吸系統疾病者
301~500	有害	每個人應都避免所有任何活動	每個人應都避免所有任何活動		有循環系統疾病者		每個人應都避免所有任何活動

D.2.2. 固定污染源

● 規則：固定污染源空氣污染物排放標準，排放標準詳細表列於條文中。
包含：粒狀污染物(不透光率、重量濃度)、SOx、H_2SO_4、NOx、CO、總氟量、HCl，.......等。讀者可查閱法規各種排放標準。所有污染物都受到總量的管制。
總量管制：指在一定區域內，為有效改善空氣品質，對於該區域空氣污染物總容許排放數量所作之限制措施。

● 依照各行業的不同，對廢氣排放標準，另訂有修正條文不同的管制標準及排放標準。

D.2.2.1. 半導體製造業

● 半導體製造業：指從事積體電路晶圓製造、晶圓封裝、磊晶、光罩製造、導線架製造等作業者。
● 半導體製造空氣污染管制及排放標準，91年10月16日，環署空字第0910069403 J 號。
第 4 條 (舊版法規)

空氣污染物	排放標準
揮發性有機物	排放削減率應 > 90%或工廠總排放量應小於 0.6kg/hr (以甲烷為計算基準)。
三氯乙烯	排放削減率應 > 90%或工廠總排放量應小於 0.02kg/hr。
硝酸、鹽酸、磷酸及氫氟酸	各污染物排放削減率應 >95%或各污染物工廠總排放量應小於 0.6kg/hr。
硫酸	排放削減率應 > 95%或工廠總排放量應小於 0.1 kg/hr。

硝酸、鹽酸、磷酸、氫氟酸及硫酸等之廢氣若以濕式洗滌設備處理，無法證明符合前項標準時，其控制條件應符合下列之規定：

1	設備洗滌循環水槽之 PH > 7
2	填充段空塔滯留時間>0.5 sec。空塔滯留時間：濕式洗滌設備氣體流過填充段的時間[sec]
3	填充物表面積 > 90 m^2/m^3.
4	濕潤因子 > 0.1 m^2/hr。濕潤因子 = 洗滌循環水量/(填充物比表面積 x 填充段水平截面積)

其他可證明同等處理效果或較優之控制條件向中央主管機關申請認可者。

● 半導體製造業空氣污染管制及排放標準，112年5月4日，環署空字第1121046799號。
第 4 條 (更新版法規)

空氣污染物	適用對象	排放標準
揮發性有機物	既存製程	排放削減率應達 90% 或排放濃度 14ppm 以下 (以甲烷為計算基準)
	新設製程	排放削減率應達 95% 或排放濃度 10ppm 以下 (以甲烷為計算基準)
硝酸、鹽酸、磷酸、氫氟酸及硫酸	既存製程	各污染物排放削減率應達 95% 或排放濃度 5ppm 以下
	新設製程	各污染物排放削減率應達 96% 或排放濃度 0.3ppm 以下

硝酸、鹽酸、磷酸、氫氟酸及硫酸等排放之廢氣，因安全之虞而無法證明符合前項標準時，應檢具相關證明文件佐證具備同等處理效果或較優之控制條件，向直轄市、縣（市）主管機關申請替代認可。

D.2.2.2. 光電製造業

- 光電材料及元件製造：指從事液晶面板製造及其相關材料、元件或產品製造者。但僅從事二極體元件製造者不在此限。光電材料及元件製造業空氣污染管制及排放標準中華民國95年1月5日行政院環境保護署環署空字第0950000717號令訂定發布。
- 揮發性有機物 (Volatile Organic Compounds)，VOCs)：
  指含有機化合物之空氣污染物總稱。但不包含甲烷、一氧化碳、二氧化碳、碳酸、碳化物、碳酸鹽、碳酸銨等化合物。
- 第3條：本標準適用於光電業之煙道排氣，管制空氣污染物項目為揮發性有機物、氫氟酸及鹽酸。
- 第4條：光電業排放之空氣污染物應經密閉排氣系統收集，並應符合下表規定後始得排放：詳細規定，請參閱法規逐條文說明。

空氣污染物	適用對象	排放標準
揮發性有機物	新設製程	處理效率應達85%或 管道排放量0.4kg/hr以下(以甲烷為計算基準)。
	既存製程	處理效率應達75%或 管道排放量0.4kg/hr以下(以甲烷為計算基準)。
氫氟酸	污染防制設備前端廢氣濃度3ppm以上者	處理效率應達85%或 管道排放量0.1kg/hr以下
	污染防制設備前端廢氣濃度小於3ppm者	處理效率應達75%或 管道排放量0.1kg/hr以下
鹽酸	污染防制設備前端廢氣濃度3ppm以上者	處理效率應達85%或 管道排放量0.2kg/hr以下
	污染防制設備前端廢氣濃度小於3ppm者	處理效率應達75%或 管道排放量0.2kg/hr以下

D.2.3. 污染物排放

D.2.3.1. 固定污染物排放

- 固定污染源空氣污染物排放標準，管制項目

(1)	粒狀污染物(不透光率)
(2)	粒狀污染物 (重量濃度)
(3)	硫氧化物 (SO_X 以 SO_2 表示)
(4)	硫酸液滴 (SO_3 或 H_2SO_4 以 100% H_2SO_4 表示)
(5)	氮氧化物(NO_X 以 NO_2 表示)

詳細排放標準數據，請查，環境保護署-固定污染源空氣污染物排放標準。第14條-固定污染源空氣污染物排放標準。

D.2.3.2. 連續自動監測

- 固定污染源空氣污染物連續自動監測設施管理辦法修正條文
  第13條：固定污染源依規定設置空氣污染物連續自動監測設施者，其每日量測值應符合左列規定：

(1)	粒狀污染物不透光率之監測數據，其六分鐘紀錄值高於排放標準值之累積時間<4小時。
(2)	氣狀污染物之監測數據，其1小時紀錄值高於排放標準值之累積時間不得超過2小時。

前項固定污染源於建立粒狀污染物排放濃度與粒狀污染物不透光率換算關係報經主管機關核可者，得以其粒狀污染物排放標準值換算之粒狀污染物不透光率值為其不透光率標準值。

D.2.4. 空污來源

● 基本法源依據：空氣污染防制法。依此法延伸其他相關產業及排放標準。
污染來源分為：
(1) 粒狀污染物、
(2) 氣狀污染物、
(3) 衍生性污染物、
(4) 有害空氣污染物、
(5) 異味污染物：指具有氣味，足以引起厭惡或其他不良情緒反應之污染物、
(6) 其他經中央主管機關公告之物質。

D.2.4.1. 一般空氣污染來源

● 一般空氣污染來源分為：(1) 粒狀污染物，(2) 氣狀污染物。
例如：灰塵(dust)，燻煙 (fume)，微粒(particle)，氣體(gas)，霧(mist)，味(odor)，煙(smoke)，蒸氣(vapor)等。

污染源		說明
(1) 粒狀 污染物	總懸浮微粒	指懸浮於空氣中之微粒。
	懸浮微粒	指粒徑在 $10\mu m$ (微米)以下之粒子。
	落塵	粒徑超過 $10\mu m$，能因重力逐漸落下而引起公眾厭惡之物質
	金屬燻煙集其化合物	含金屬或其化合物之微粒。
	黑煙	以碳粒為主要成分之暗灰色至黑色之煙。
	酸霧	含硫酸、硝酸、磷酸、鹽酸等為低之煙霧。
	油煙	含碳氫化合物之煙霧。
(2) 氣狀 污染物	硫氧化物	SO_2 及 SO_3 合稱 SO_x
	一氧化碳	CO
	碳氫化合物	C_xH_y
	氯化氫	HCl
	二硫化碳	CS_2
	鹵化烴類	$C_mH_nX_x$
	全鹵化烷類	CFCs
	揮發性有機類	VOCs
	戴奧辛	Dioxin - 半揮發性

D.2.4.2. 科技廠空污來源

● 工廠區常見的空氣污染，原發性 (Primary) 污染物為：

(1) 固體微粒	微粒 Particulates：燃燒、研磨產生粉塵
(2) 有害氣體	一氧化碳 CO
	氮氧化物 NO、NO_2 合稱 NOx
	碳氫化物 HC
	硫氧化物 SO_2、SO_3 合稱 SOx

- 科技產業的製程排氣的學成份，與製程造成污染源的製程設備

廢氣種類		污染成分	污染源
酸、鹼廢水	酸氣	HF(氫氟酸)、HCl(塩酸)、HNO$_3$、CH$_3$COOH、H$_3$PO$_4$	氧化、光罩、蝕刻、氧化、反應爐、擴散爐之清洗
	鹼氣	NH$_3$、NAO	
有機溶劑廢水		CH$_2$Cl$_2$、CHCl、丁酮、甲苯、乙苯、丙酮、苯、二甲苯、甲基-2-戊酮、異丙醇、丁基	光阻液清洗、顯像液清洗、晶圓清洗
毒性氣體		AsH$_3$、PH$_3$、SiH$_4$、B$_2$H$_6$、B$_4$H10、P$_2$O$_5$、CCl$_4$、HBr、BF$_3$、AlCl$_3$、B$_2$O5、As$_2$O$_3$、POCl$_3$、Cl$_2$、HCN	氧化、光罩、蝕刻、擴散、離子植入、CVD
燃燒性氣體		AsH$_3$、PH$_3$、SiH$_4$、BH$_3$、H$_2$	離子植入、CVD、擴散、

D.2.4.3. 科技產廢氣種類

排氣種類	(1) 一般排氣	(2) 酸、鹼排氣	(3) 粉塵排氣	(4) 有機類排氣
處理方法	排氣風機，排放到大氣中	濕式水洗設備：以中和、吸收、氧化/還原，等方法	集塵機、集塵機+濕式水洗	焚化爐、吸附

- 廢氣處理方法：(1) 吸收、(2) 吸附、(3) 冷凝、(4) 燃燒 / 焚化

吸收 absorption	某種物質吸收另一種物質的狀態。(是一種化學(反應性)或物理(非反應性)現象，吸收過程是物質被捕獲並轉化能量。)
	使氣體中的某些成分移入液體而產生分離效果，又因吸附劑之不同，分成溼式洗滌及乾式洗滌.
	(Ex.) 水吸收氨氣，不是水吸附氨氣，因為氨氣溶解進了水中。
	(Ex.) 氫氧化鈉吸收二氧化碳
吸附 adsorption	指某物質吸引附著於另一物質表面。氣體或液體滲入-吸附劑體內的過程，俗稱吸附。吸收劑將其捕獲的材料分佈到整個區域，而吸附劑僅將其分佈到表面。
	利用固體本身作用力，將流體中某些物質吸著並集中於固體表面上之一種程序。
	(Ex.) 氮氣吸附在沸石的表面，而不是氮氣被沸石吸收了。
冷凝 condensation	將氣體或蒸氣轉換成液體。
	(Ex.) NMP 用冷凍方式冷凝廢氣轉成液體。
燃燒 Combustion / 焚化 combustion	即物質迅速氧化，產生熱量及發光的程序。 但一般而言，燃燒常用於石化燃料燃燒產生蒸汽或電力之範疇，而焚化較常用於廢棄物之破壞。
	(1) 直接式焚化爐 — 不經濃縮之前處理的焚化設備.
	(2) 觸媒式焚化爐 — 利用氧化觸媒在低溫下操作之焚化設備.
	(3) 回復式焚化爐 — 通常在 760 ~ 950℃下操作，利用熱交換器預熱，大約回收65%的熱.
	(4) 再生式焚化爐 — 利用二之 VC

實務上製程廢氣不是單一種化學成份的廢氣處理是多種廢氣合併，因此技術比較高。製程各排氣管路內需特別注意各類化學物質相容之問題，管路內特殊氣體的種類可分為腐蝕性/毒性 (HCl、BF$_3$、WF$_6$)、易燃性 (H$_2$、CH$_4$、SiH$_4$)、氧化性 (O$_2$、Cl$_2$)、惰性 (SF$_6$、CO$_2$、Ne)，.......等，必須分類處理。

D.3. 空污排放-煙囪

● 常見的煙囪有，工廠製程廢氣的排氣，發電機系統的排氣，鍋爐系統的排氣，....等。

D.3.1. 煙囪法規

● 煙囪排放依據環保署的標準。本節說明台灣與美國EPA的相關規定。
● 參考法規：檢查鑑定公私場所空氣污染物排放狀況之採樣設施規範。環署空字第1080004643號公告。民國 108年01月21日。

D.3.1.1. CNS規範

● 依據：空氣污染防制法第四十八條第四項。
● 採樣口數量：依據煙囪的形式規定數量
  (1) 圓形

排放管道內徑	應設採樣孔數量	備註 (採樣口位置)
φ560mm 以內	1	採樣孔位置決定於二個垂直相交的直徑徑線上。
φ560~2,000mm	2	(1)採樣孔位置決定於二個垂直相交的直徑線上。 (2)採樣孔相互間隔九十度。
φ2,000mm 以上	4	同上

  (2) 矩形

管道截面積	區分排放管道沿壁面設置採樣孔之邊長	備註
1m² 以下	每一區分之邊長 ≦ 0.5m	於每一區分邊長之中心點設一採樣孔
1m² ~ 4m²	每一區分之邊長 ≦ 0.667m	同上
4m² 以上	每一區分之邊長 ≦ 1m	同上

  (3) 上方半圓拱形截面依前二項規定設置。

● 採樣平台：
採樣孔之排放管道均應設置足以供安全攀爬之扶梯。

煙囪外徑	平台規範
φ200mm 以上	應設置面積至少 1m² 之採樣平台
φ1,000mm 以上	自煙囪外徑向外延伸設置 1m 以上之採樣平台，其長度應便於安全進行圍繞煙囪同一截面分布之全部採樣孔之採樣。

採樣平台應裝設高 1m 以上之護欄，以不影響採樣為原則。
採樣平台應足以負荷至少 200kg 重量。
採樣平台以防鏽蝕材料支撐，設於室內者，應有良好通風及照明。

● 採樣孔：
採樣孔位置氣流無擾流，標準是 8D / 2D。特殊申請 1.5D / 0.5D。
採樣孔離地面 3m 以上時，其攀爬設施應設置安全護欄。
採樣孔應高於護欄約 200mm 以利採樣。

- 適用戴奧辛管制及排放標準之廢棄物焚化爐，其採樣平台應符合下列規定：
  採樣孔軸向位置之採樣平台，至少應有其排放管道內徑外加 1m 之長度；
  但在排放管道截面二個垂直相交的直徑線上已設置四個採樣孔者，其採樣平台至少應有
  其排放管道半徑（以內徑計算）外加 1m 之長度。

- 電源：採樣點設有110V、15A電源插座；在採樣點地面應設置220V、30A之電源插座。

D.3.1.2. 檢查、保養及記錄

- 採樣設施之檢查及維護保養，
  (1) 除應於每次執行檢驗測定前實施外，每年應至少進行一次。
  (2) 應依規定格式作成紀錄，並保存 5 年備查。

D.3.2. 煙囪基礎

- 煙囪使用需求分為，製程需求，鍋爐需求，.......等。本節說明偏向製程需求。

- 煙囪設計注意事項：材質、無壓力損失、防雨水/颱風水、廢氣排放後散逸的距離，環保
  需求的測試口位置及距離。
  煙囪安裝的位置應考慮：廢氣排放後，廢氣流漂散的位置，避免廠內排放廢氣被吸入成
  為外氣使用，或周圍環境的二次污染，周圍鄰居的感受-臭味。

- 煙囪的介紹，取材參考資料：
  (1) ASHRAE (2005) Chapter 16, Airflow Around Buildings
  (2) ASHRAE (2007) Chapter 44, Building Air Intake And Exhaust Design
  (3) ACGIH (American Conference of Government Industrial Hygienists)
  (4) 煙囪設計規範 (GB 50051-2002)、鋼結構設計規範 (GB 50017-2003)

D.3.2.1. 煙囪材質

- 煙囪的材質分類：(1)金屬類、(2) 非金屬類。本節說明以科技產業的製程排氣

	說明	應用排氣系統
金屬類	(1) 鍍鋅鋼管/鐵皮/碳鋼管	一般排氣
	(2) 不鏽鋼管/鐵皮	一般排氣，有機排氣
	(3) 本體不鏽鋼管/鐵皮：內部鐵氟龍 Coating	酸、鹼排氣
	(4) 本體碳鋼管：內部鐵氟龍 Coating	酸、鹼排氣
	(5) 本體碳鋼管：內部橡膠 lining + 外部 Epoxy Coating	酸、鹼排氣
非金屬類	(1) PP	酸、鹼排氣
	(2) PPs	酸、鹼排氣

各種煙囪的材質，依使用者需求選項，例如：成本考慮、使用年限、強度、煙囪重量、
安裝位置、維護保養，.......等。

D.3.2.2. 煙囪厚度

- 煙囪的設計要需考慮：

  (1) 煙囪強度和厚度，避免因為外部強風的衝擊造成煙囪的損害。

  (2) 煙囪重量的估計，需考慮樓板的荷重。

- (Ex) 煙囪重量計算

Air Volume	煙囪規格							煙囪重量			煙囪總重量	
	直徑	高	表面積	煙囪厚	體積	煙囪材料	鐵比重	附屬設備	煙囪重	安全係數	需求重	設計重
cmh	mm	m	m²	mm	m³	SS/MS	kg/m³	~1.30	kg/m	~1.30	kg	kg
80,000	1,350	8.40	35.63	3.00	0.107	SUS#304	7,850	1.30	1,091	1.30	1,418	1,560

附屬設備＝法蘭、螺絲、內部＋外部的 Coating、or 維修樓梯；1.3 是參考數據，依現況設計增加。

- 煙囪的厚度

  根據 GB50051-2013《煙囪設計規範》：鋼煙囪的筒壁最小厚度要求：

  煙囪高度 <20m：t_{min}=4.5+C

  煙囪高度 >20m：t_{min}=6.0+C

  C 腐蝕厚度裕度：有隔熱層時取 C=2mm，無隔熱層時取 C=3mm。

- (Ex 1) 煙囪高15m (H)，有保溫。(Ex 2) 煙囪高25m (H)，沒有保溫。

例題說明	煙囪設計條件		t_{min} 煙囪高度		C (腐蝕厚度裕度)		t_{min}
	高度	隔熱層	<20m (H)	>20m (H)	有隔熱層	無隔熱層	煙囪厚度
	20m (基準)	Y/N	4.5	6	2 mm	3 mm	mm
Ex 1	15m (H)	有	4.5		2		6.5
Ex 2	25m (H)	沒有		6		3	9.0

D.3.3. 煙囪設計

● 煙囪設計的方法，分為：(1) 幾何方法-繪圖估算煙囪高度、(2) 稀釋方法-計算。
● 本節介紹幾何方法，取材 ASHRAE。

D.3.3.1. 煙囪氣流

● Plume：煙柱氣流產生之浮力形成的範圍。

Downwash	氣流向下偏轉	迎風面的建築物下半部分至 2/3 的下洗，風流向下流。
Upwash	氣流向上偏轉	迎風面的建築物上部 1/4~1/3 的區域，風流向上流過屋頂上洗

● 煙囪安裝位置，以下的說明是以煙囪安裝於屋頂，屋頂視為煙囪高度的 FL+0 點。
  建築物表面流場的長度定義：L 長向是風的路徑，不是建築外觀的長；同理於 W。

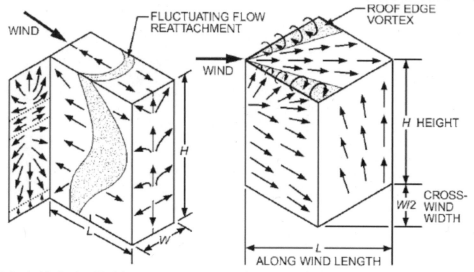

● 煙囪有效高度 (取材：ASHRAE 2007 Ch. 44 - Fig. 3)

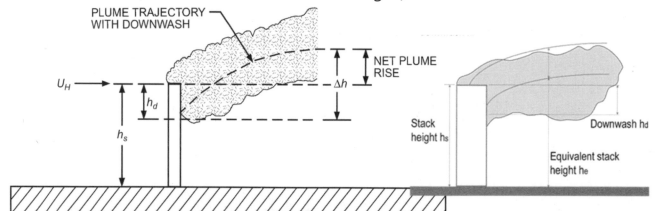

符號說明

符號	說明	單位
U_H	接近建築物的迎風面之牆面於高度 H 處的平均風速	m/s
h_s	排氣煙囪高度	m
h_d	校正從煙囪高度中減去下洗的高度，Downwash	m
Δh	煙柱氣流上升高度	m

● 氣流流動再循環區域和排氣參數 (取材：ASHRAE 2007 Ch. 44 – Fig.1)

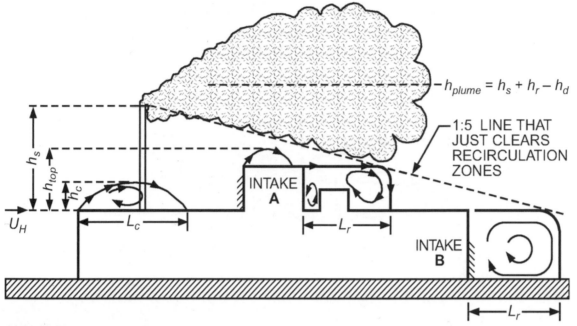

符號說明

符號	說明	單位
h_{plume}	最終煙柱氣流高度， $h_{plume} = h_s + h_r - h_d$ =(煙囪高度)+(煙柱氣流上升的高度) −(煙柱氣流下洗的高度)	m
h_s	排氣煙囪高度，($h_{plume} = h_{sc}$ 相等)。 $h_s = h_{sc} - h_r + h_d$ =(加蓋排氣煙囪所需的高度) − (煙柱氣流上升的高度) + (煙柱氣流下洗的高度)	m
h_r	未加蓋的垂直排氣射流的煙柱氣流上升的高度， $h_r = 3.0\ \beta\ d_e\ (V_e / U_H)$	m
h_d	校正從煙囪高度中煙柱氣流下洗的高度，	m
h_{top}	煙囪和進氣口之間屋頂上進氣口、活動障礙物或再循環區的最高高度	m
L_c	迎風面之屋頂邊緣的再循環區域的長度。 $L_c = 0.9R$	m
H_c	迎風面之屋頂邊緣的再循環長度 L_c 區域其最高點高度是 H_c。$H_c = h_c$ $H_c = 0.22R$	m
L_r	屋頂障礙物或建築物後方的流動循環區域的長度	m

其中 h_r 欄內的子表格：

3.0	常數
β：上限因素	β = 1 垂直無蓋屋煙囪排氣； β = 0 用於加蓋、百葉窗或向下排氣
d_e	煙囪直徑
V_e	煙囪的排氣速度
U_H	接近建築物的迎風面之牆面於高度 H 處的平均風速

其中 h_d 欄內的子表格：

當 $V_e / U_H < 3.0$	$h_d = d_e (3.0 - \beta V_e / U_H)$
當 $V_e / U_H > 3.0$	煙柱氣流沒有下洗情況，$h_d = 0$

● 設計煙囪必要高度，避免吸入煙囪排放的廢氣 (取材：ASHRAE 2007 Ch. 44 - Fig. 6)

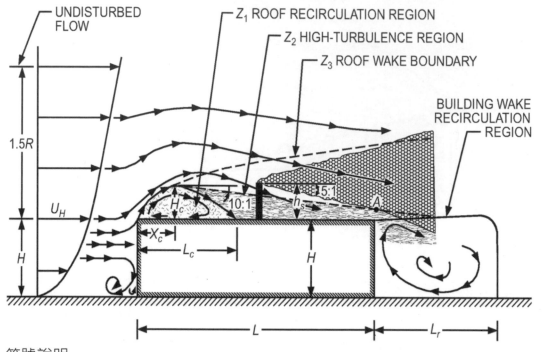

符號說明

符號	說明	單位
R	屋頂氣流模式的比例係數的長度，應用計算屋頂煙囪之層流界線。 $R = B_S^{0.67} B_L^{0.33}$ B_S：建築物迎風面時的短方向之長度。 B_L：建築物迎風面時的長方向之長度。	m
1.5R	建築物外部的風，穿越屋頂層的氣流不受建築物高度影響其層流高度為 1.5R。 1.5R 以上的氣流屬於層流區。	m
H	建築物高度	m
U_H	接近建築物的迎風面之牆面於高度 H 處的平均風速	m/s
L	建築物迎風面時的長度。	m
L_c	迎風面之屋頂邊緣的再循環區域的長度。 $L_c = 0.9R$	m
L_r	屋頂障礙物或建築物後方的流動循環區域的長度。$L_r = 1 R$	m
X_c	迎風面之屋頂邊緣到 H_c 的距離。 $X_c = 0.5R$	m
H_c	迎風面之屋頂邊緣的再循環長度 L_c 區域其最高點高度是 H_c。 $H_c = 0.22R$	m
h_s	煙囪的高度	m
Z_1	屋頂上方流動再循環區邊界的高度	m
Z_2	屋頂上方高紊流區邊界的高度	m
Z_3	屋頂邊緣尾流邊界高度，煙囪排氣煙柱氣流要超越此高度才不會吸入排放廢氣 $$\frac{Z_3}{R} = 0.28 \left(\frac{x}{R}\right)^{0.33}$$	m
x	距上風方向的屋頂邊緣之水平距離，其中在風向形成再循環區域	m

● 高斯煙柱氣流是意圖 (取材：Green Environment)

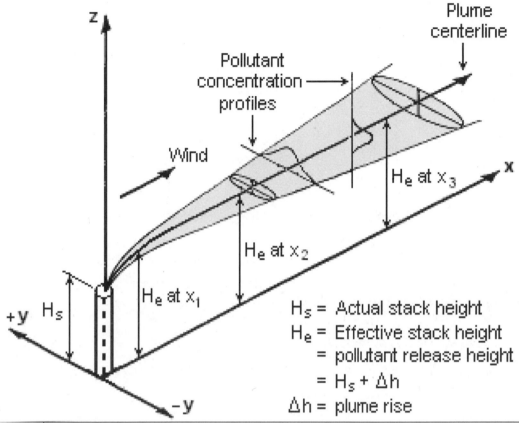

符號	說明	單位
$H_s=h_s$	排氣煙囪高度	m
$H_e=h_r$	未加蓋的垂直排氣射流的煙柱氣流上升的高度。$H_e = H_s+\Delta h$	m
Δh	煙柱氣流上升的高度	m

● 高斯類擴散模式的簡要描述
ISCST3（Industrial Source Complex Short-Term Dispersion Model）是美國環保署公告的替代模式（Alternative Model）之一，適用於一階線性或惰性空氣污染物之模擬。
ISC 以穩定之高斯煙流為基礎（Steady–State Gussian Plume Model），假設連續排放之污染源，在大氣中經過擴散、稀釋、沉降等作用，到達穩定的狀態。
穩定狀態時，煙流（Plume）內部污染物濃度的分佈狀況以中間主軸方向濃度最高，而在垂直於風向之水平面及垂直面二邊，則以高斯分佈（Gaussian distribution）之原則進行擴散，亦即常態分佈（normal distribution），符合亂流的隨機性。

許多實驗的結果顯示，在一個均勻（homogeneous）的大氣紊流場中，污染源下風處的污染物濃度分佈為一個高斯函數分佈的形式，而模式本身仍有許多限制。
(1) 穩定（steady）均一（uniform）風速、風向的假設。
(2) 模擬的污染物種為惰性物種：適合的污染物物種有一氧化碳、二氧化硫、懸浮微粒等污染物的擴散。

D.3.3.2. 幾何方法

- 幾何方法：以計算+繪圖方式來估算煙囪高度，分為4個步驟：
- 第1步驟：預估

公式 1	$H_c = 0.22R$	公式圖面詳 Fig. 6，ASHRAE 2019 Chapter. 46。
公式 2	$X_c = 0.5R$	以公式 1~5，計算氣流流動再循環區 Z_1 and Z_2，以及建築物下風
公式 3	$L_c = 0.9R$	向的再循環區的高度和位置。
公式 4	$L_r = R$	煙囪位置上風方向和下風方向的屋頂障礙物相關的所有區域都應包
公式 5	$R = B_S^{0.67} B_L^{0.33}$	括在內。

- 第2步驟：繪圖

  繪製斷面圖包含，頂層遮蔽物、頂層百頁吸入口位置、煙囪位置之上風和下風環境其他屋頂障礙物的頂部和下風側的再循環區域。

  如果建築物的下風牆上有進氣口，則在此牆上包括建築物再循環區域 Lr。

  計算帶有雨帽，設計煙囪的高度 h_{sc}，則在屋頂上方的風向畫一條以 1：5 (11.3°) 向下傾斜的線，此線包含整棟建築物。

- 第3步驟：沒有雨罩

  沒有封頂煙囪 (遮雨罩)，預估排氣垂直射流動量的煙柱氣流上升 h_r

$$h_r = 3.0\, \beta d_e \left(\frac{V_e}{U_H}\right)$$

符號	說明	單位
h_r	未加蓋的垂直排氣射流的煙柱氣流上升的高度， $h_r = 3.0\ \beta\ d_e\ (V_e / U_H)$	m

3.0	常數
β：上限因素	β = 1.0 垂直無蓋屋頂排氣； β = 0 用於加蓋、百葉窗或向下排氣。Ie $h_r = 0$
d_e	煙囪直徑
V_e	煙囪的排氣速度
U_H	接近建築物的迎風面之牆面於高度 H 處的平均風速

- 第4步驟：減少下洗高度

  如有必要增加煙囪高度，以解決由排氣速度慢而引起的煙囪尾流的下洗。

h_d	校正從煙囪高度中煙柱氣流下洗的高度，		m
	當 $V_e / U_H < 3.0$	$h_d = d_e (3.0 - \beta V_e / U_H)$	
	當 $V_e / U_H > 3.0$	煙柱氣流沒有下洗情況，$h_d = 0$	

D.3.3.3. 例題-幾何方法

- [Ex] 取材：ASHRAE 2007 Ch. 44 - Fig. 1 (ref. 本書D3.3.1 煙囪氣流)
  如圖 1 中建築物上未加蓋的垂直排氣裝置煙囪高度 h_s，設計避免煙囪氣體被吸入進氣口 A 和 B。
  煙囪直徑 d_e 為 0.5 m，排氣速度 V_e 為 9.0 m/s。它位於距屋頂上風向邊緣 16 m 處。
  頂層閣樓迎風牆（帶進風口 A）距離屋頂迎風邊緣 30m，高 4m，長 7m，寬 9 m。
  進氣口 A 的頂部低於頂層屋頂 2 m。
  進氣口 B 的頂部低於屋頂水平 6 m。
  建築物的高度 (H) 為 15 m，長度為 62 m，寬度為 50 m。
  附近機場風速計高度 Hmet 為 10m，年平均小時風速為 12.8km/h。 該建築位於郊區（2005 ASHRAE 手冊 - 基礎知識第 16 章表 1 中的類別 2）。
  以允許的最低設計風速，用幾何法計算所需的煙囪高 h_s。

- [Ans]
- A 區入風口的百業
  $R = 4^{0.67} \times 9^{0.33} = 5.23m$
  $H_c = 0.22 \times 5.23 = 1.15m$
  $X_c = 0.5 \times 5.23 = 2.62m$
  由 Fig. 6，煙柱氣流的邊界 1：5。
  A Louver：避免頂層閣樓上方的再循環區。
  因此，$h_{sc} = h_s + h_r - h_d$，所以 $h_{sc} = 0.2 (30 - 16 + 2.62) + 1.15 + 4.0 = 8.5$ m
  $\tan (11.3°) = 0.2$

- B 區入風口的百業
  $R = 15^{0.67} \times 50^{0.33} = 22.3m$
  由 Fig. 6，煙柱氣流的邊界 1：5。
  A Louver：避免頂層閣樓上方的再循環區。
  因此，$h_{sc} = h_s + h_r - h_d$，所以 $h_{sc} = 0.2 (62 + 22.3 - 16) = 13.7$ m

- 求 U_H。未加蓋煙囪-煙柱流上升 h_r，H = 15 m 時的建築物風速 U_H。
  ASHAR (2005) Chapter 44：表 1 大氣邊界層參數

地形類別	說明	指數 α	邊界層厚度 δ [m]
1	大城市中心，其中至少 50% 的建築物高於 21.3 m，距離至少 0.8 km 或結構上風高度的 10 倍，以較大者為準	0.33	460
2	城市和郊區、樹木繁茂的地區或其他地形，有許多密集的障礙物，其大小為單戶住宅或更大，距離至少 460 m 或結構逆風高度的 10 倍，以較大者為準	0.22	370
3	具有高度一般小於 9.1 m 的分散障礙物的開放地形，包括氣象站周圍典型的平坦開放區域	0.14	270
4	平坦、暢通無阻的區域暴露在水面至少 1.6 km 的風中，超過 460 m 的距離或內陸結構高度的 10 倍，以較大者為準	0.1	210

ASHRAE (2005) Chapter 44：表 2 風速 U_{met} 與年平均風速 A_{nnual} 的典型關係

每小時值的百分比	風速比
超過 Umet	U_{met}/U_{annual}
90%	0.2 ± 0.1
75%	0.5 ± 0.1
50%	0.8 ± 0.1
12%	1.2 ± 0.15
10%	1.6 ± 0.2
5%	1.9 ± 0.3
1%	2.5 ± 0.4

最小允許設計風速是氣象站超過 1%時間的風速。

根據 ASHRAE 表 2，這是通過將每小時平均風速乘以一個係數 2.5 得出的。

依據氣象站的 H_{met} =11.6 m，此 1%風速為 Umet=2.5 x (12.8)=32km/h=8.9m/s。

計算層流狀態平均風速：$U_H = U_{met} \left(\left(\frac{\delta_{met}}{H_{met}} \right)^{a_{met}} \right) \times \left(\frac{H^a}{\delta} \right)$

U_{met}	δ_{met}	H_{met}	a_{met}	H	δ	a	U_H
氣象站 量測風速	氣象站 邊界層厚度	氣象站 風速計高度	氣象站 指數 a	建築面 離地牆高	大氣邊界層 厚度	風速剖面的 指數	高度 H 平均風速
查表 2	查表 1	已知	查表 1	已知	查表 1	查表 1	層流狀態
m/s	m	m	NA	m	m	NA	m
8.9	270	11.6	0.14	15	370	0.22	6.8

計算煙囪下洗距離 Downwash：$h_d = d_e (3.0 - \beta V_e / U_H)$

V_e	U_H	Check			d_e	β	h_d
煙囪風速	高度 H	V_e/U_H	V_e/U_H 的比值		煙囪直徑	係數	下洗距離
已知	量測風速	比率	for V_e/U_H < 3.0	$h_d=d_e (3-\beta V_e/U_H)$	已知	有雨帽=0	
m	m	NA	for V_e/U_H > 3.0	$h_d = 0$	m	無雨帽=1	m
8.9	6.8	1.30	Downwash		---	0.5	1	0.85

煙囪氣流上升高度：$h_r = 3.0 \beta d_e (V_e / U_H)$

V_e	U_H	V_e/U_H	d_e	β	h_r
煙囪風速	高度 H	比率	煙囪直徑	係數	無蓋氣流
已知	量測風速		已知	有雨帽=0	上升高度
m	m	NA	m	無雨帽=1	m
8.9	6.8	1.30	0.5	1	1.95

計算煙囪高度：$h_s = h_{sc} - h_r + h_d$

h_{sc}	h_r	h_d	h_s
加高煙囪 的高度	無蓋氣流 上升高度	下洗距離	煙囪高度
m	m	m	m
13.66	1.95	0.85	12.56

D.3.3.4. 煙囪出口

- ASHRAE (2007) Chapter 44, Building Air Intake And Exhaust Design

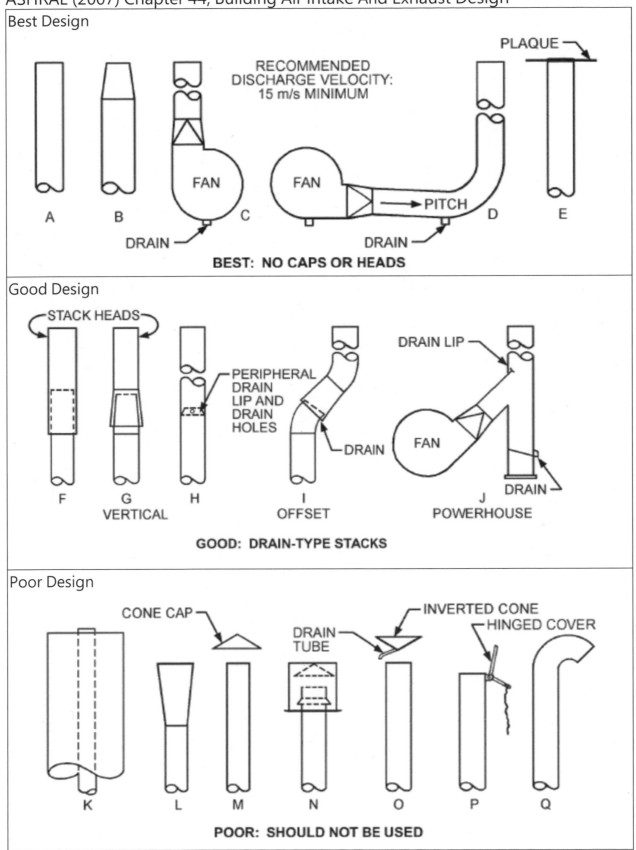

Best Design

RECOMMENDED DISCHARGE VELOCITY: 15 m/s MINIMUM

PLAQUE

FAN

FAN

PITCH

DRAIN

DRAIN

A B C D E

BEST: NO CAPS OR HEADS

Good Design

STACK HEADS

PERIPHERAL DRAIN LIP AND DRAIN HOLES

DRAIN LIP

DRAIN

FAN

DRAIN

F G H I J

VERTICAL OFFSET POWERHOUSE

GOOD: DRAIN-TYPE STACKS

Poor Design

CONE CAP

INVERTED CONE

HINGED COVER

DRAIN TUBE

K L M N O P Q

POOR: SHOULD NOT BE USED

● 實務市場的煙囪
型錄供參考，實際需求請供應商協助提供細部材料、尺寸，需考慮防雨/排水。
(取材：https://www.spiralmfg.com)

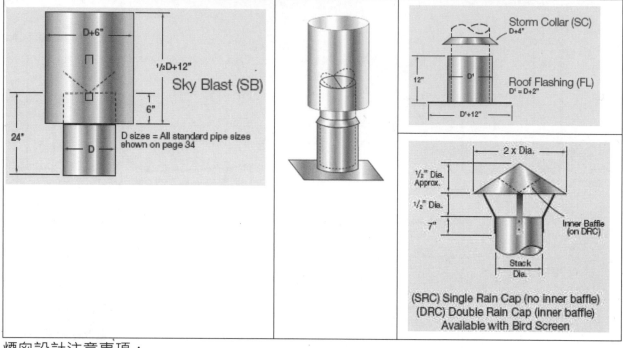

● 煙囪設計注意事項：
(1) 避免煙氣下洗時-煙囪高於附屬建物 1.5~2.5 倍。
(2) 外部氣流高於煙囪出口處高度的平均風速 1.5 倍。
(3) 煙囪排氣口風速 ~15m/s。高度較高時或排氣量較大時，可適當提高出口流速至 20~25m/s。

● 風速與下洗 (取材：ACGIH)，
煙囪出口風速快，下洗少；比較圖示 (13.5m/s，R=1.5) and (4.5m/s，R=0.5)。

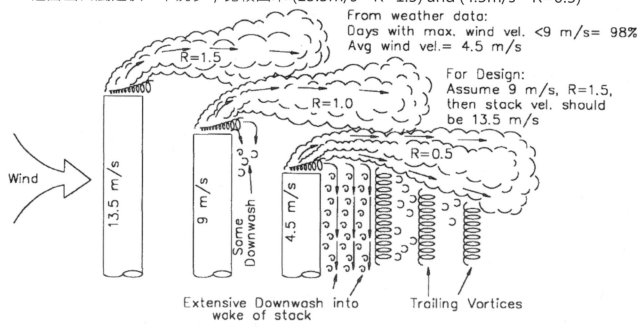

D.3.4. 煙囪安裝指引

● 美國華盛頓州勞工與工業處（Department of Labors & Industries）於工業通風指引（Industrial Ventilation Guidelines）中提出建議：

(1)	排氣道的出口高度應高於屋頂面至少 3.05m（10ft）。
(2)	排氣道安裝位置應距離建築物新鮮空氣之進氣口至少 1 5.24m（50ft）以上的距離。
(3)	排出氣體排出排氣道的排氣速率至少 15.24 m/sec（3000 fpm），以克服在屋頂可能出現的下捲風。

NFPA Standard 45 - specifies a minimum stack height of 3 m to protect rooftop workers

● ASHREA 62.1，Table 5-1 Air Intake Minimum Separation Distance

Key Point (重點說明)		說明	最短距離		Remark
			ft	m	
Odor	氣味	會污染排氣	15	5	Note (1)
Poison	毒	有毒或危險的排氣	30	10	Note (2)、(3)
Poison	毒	來自燃燒設備和設備的通風口，煙囪和煙道	15	5	Note (4)
Car Park	停車場	停車場入口，汽車裝載區或免下車隊列	15	5	Note (5)
Truck Park	卡車公園	卡車裝載區或碼頭，公共汽車停車場/空轉區	25	8	Note (5)
Car (Street)	車（街）	車道，街道或停車位	5	2	Note (5)
High Traffic	交通繁忙	交通量大的通道。	25	8	
Roof	屋頂	屋頂，景觀或其他直接位於進水口下方的表面	1	0	
Garbage	垃圾	垃圾存放/撿拾區，垃圾箱	15	5	Note (6)、(7)
CT Intake	冷卻水塔污染	冷卻水塔排氣	15	5	
CT Exhaust	冷卻水塔污染	冷卻水塔進氣口與水盤	25	8	

Notes：

(1)	被嚴重污染的廢氣是廢氣，其污染物濃度高，感覺刺激強度大或有惡臭味。
(2)	實驗室通風櫃的排氣口，應符合 NFPA 45-19913 和 ANSI / AIHA Z9.5-1992.4 的要求。
(3)	有毒或危險性廢氣是指煙霧或氣體含量極高的廢氣，和/或具有潛在危險性微粒，生物氣溶膠或濃度較高的氣體的廢氣。
(4)	按照以下方法確定時，允許較短的分離距離 (a) ANSI Z223.1 / NFPA 54-20027 的第 7 章，用於燃氣燃燒器具和設備， (b) NFPA 31-20018 的第 6 章（用於燃油燃燒設備和設備） (c) NFPA 211-20039 的第 7 章用於其他燃燒設備和設備。
(5)	所測量到的最接近車輛排氣口的距離。
(6)	對於與水平線傾斜超過 45 度或寬度小於 1" 的表面，沒有最小分隔距離。
(7)	在預計會有積雪的地方，應將列出的距離增加預期的平均積雪深度。

D.3.5. 煙囪測試孔

● 採樣口位置：
(1) 氣流無擾流位置，標準是 8D / 2D。
(2) 特殊情形報經直轄市、縣（市）主管機關認可後，可以採用 1.5D / 0.5D。

● 開孔說明，其中數據依不同儀表會有所變動

編號	功能說明	規格
1	動壓測試孔	2 開孔相距 180°，27mm x 2 孔
2	靜壓測試孔	焊接，與動壓孔距離 30°，PT 內牙 1/4" x 1 孔
3	溫度計開孔	焊接，PT 內牙 1/2" x 1 孔
4	環保取樣口	焊接，法蘭 100mm 長 x 90° x 2 孔
5	VOC 取樣	焊接，法蘭 100mm 長 x 90° x 2 孔

● 示意圖，開口建議規格 (應用於設備規格不明確時)

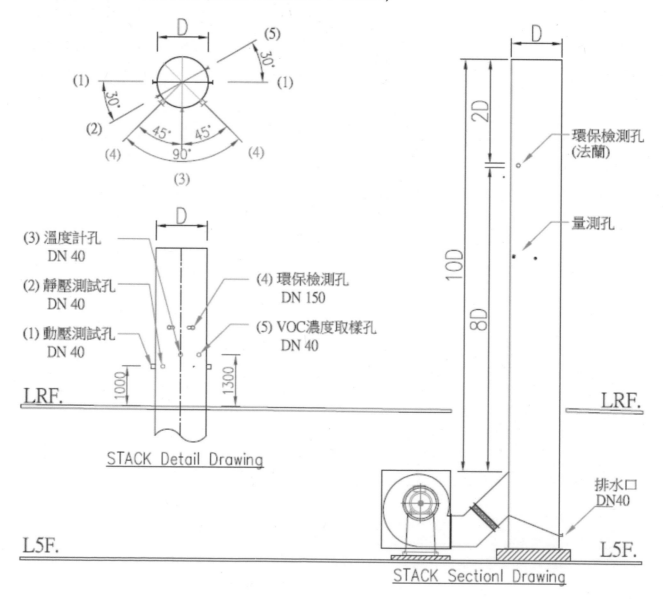

D.3.6. 維修平台

D.3.6.1. 煙囪平台 (取材：SMACNA)

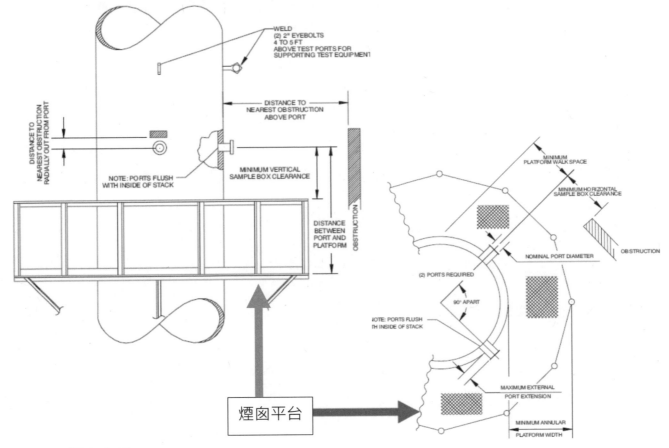

煙囪平台

D.3.6.2. 煙囪出口

● 煙囪出口方式的選項 (取材：SMACNA)，鵝頸排氣口

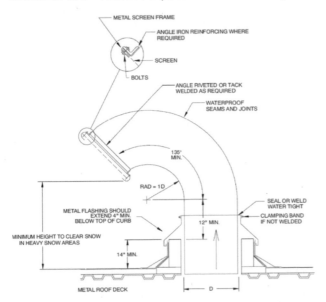

NOTES:
1. SEE ADDITIONAL FLASHING ALTERNATIVES IN THE SMACNA ARCHITECTURAL SHEET METAL MANUAL.
2. CURBS ARE PREFERABLE FOR ALL DUCT PENETRATIONS OF ROOFS.

D.4. 風系統平衡

- 製程廢氣設計的困難原因：

 (1) 需取得製造設備排氣正確的資訊 (C-Matrix)：(Ex) 一般排氣、酸/鹼、粉塵、有機，....等廢氣處理風量、種類、濃度、回收需求。
(2) 系統風量的平衡 – 依環境需求，設計區域的正壓或負壓平衡。
(3) 預留未來的擴充需求容量，包含處理設備空間，風管排氣容量。
(4) 施工安裝時，銜接到錯誤的處理系統。
(5) 廢氣風管施工經驗不足，導致施工不良。

- [Ex] 用例題說明系統風量平衡，已知需求如下、Ph1 and Ph2，求各系統設備的數量，MAU/AEX/CVX/OA/AKC/SOX (假設的條件，僅是提醒讀者設計的觀念)
(1) 建築物是密閉的無塵室，對外開孔少

Discription	CR Area	Height	CR Volume
	m²	m	m³
Fab Ph.1	45,000	7.50	337,500
Fab Ph.2	15,000	7.50	112,500
Sum cmh	60,000		

(2) 製程排氣需求風量

Phase 1 + 2	GEX	AEX	CVX	AKX	SOX	CVX OA
Exh Capacity	m³/h	m³/h	m³/h	m³/h	m³/h	m³/h
Fab Ph.1	150,000	80,000	45,000	60,000	50,000	30,000
Fab Ph.2	60,000	40,000	15,000	30,000	25,000	10,000

- [Ans] 各系統設備數量與平衡
(1) CR 正壓風量設計

Discription	CR Area	Height	CR Volume	CR Over dP	
	m²	m	m³	ACH	m³/h
Fab Ph.1	45,000	7.50	337,500	0.50	168,750
Fab Ph.2	15,000	7.50	112,500	0.50	56,250
Sum cmh	60,000				225,000

假設 CR 的建築與隔間氣密，故選 ACH=0.5 (開口少+大面積 CR 時可選 ACH = 0.3)。

(2) MAU 的數量
MAU 風量=製程排氣風量 555,000cmh–製程 OA 風量 40,000+正壓風量 225,000cmh
製程排氣 and 製程 OA 風量需求統計表

Phase 1 + 2	GEX	AEX	CVX	AKX	SOX	Sum	CVX OA
Exh Capacity	m³/h	m³/h	m³/h	m³/h	m³/h	Exhaust	m³/h
Fab Ph.1	150,000	80,000	45,000	60,000	50,000	385,000	30,000
Fab Ph.2	60,000	40,000	15,000	30,000	25,000	170,000	10,000
Sum cmh	210,000	120,000	60,000	90,000	75,000	555,000	40,000

MAU 設計風量與數量

Phase 1+2	排氣量	MAU dP	CVX OA	MUA Design Air Volume			Installes of MUA Units			
MUA Capacity	Sum m³/h	m³/h	m³/h	Sum m³/h	cmh/Unit	MAU Q'ty	Operation	Back up	Design Qty	Total
Fab Ph.1	385,000	168,750	30,000	583,750	100,000	5.9	6.0	1	7	
Fab Ph.2	170,000	56,250	10,000	236,250	100,000	2.4	3.0	0	3	
Sum cmh				MAU cmh 820,000						10. Unit 1,000,000

MAU Ph 1 時設計一台備用，Ph2 設計 3 台沒有備用的 MAU。
Ph+Ph2 的總量 1,000,000cmh > 820,000cmh，因此 Ph2 不再設備用 MAU。

(2) GEX 設計風車的數量

Phase 1+2	GEX 風量	Design of Fan Units						
GEX Capacity	Sum m³/h	CMH/Unit	Units	Check Q'ty	Operation	Back up	Design Q	Total
Fab Ph.1	150,000	60,000	2.6	Ok	3	1	4	
Fab Ph.2	60,000	60,000	1.0	Ok	1	0	1	
Sum cmh	210,000					GEX cmh 300,000		5. Unit

一般排氣風車，Ph1 設置風量 180,000cmh > 150,000cmh 大於需求風量，但因無備用風車，因此設置一台備用風車。
一般排氣風車，Ph1 + Ph2 的總量已經大於求量，因此在 Ph2 不需要再設置備用風車。

(3) AEX 設計酸排氣洗滌塔 / 風車的數量

Phase 1+2	AEX 風量	Design of Scrubber Units						Design of Fan Units					
AEX Capacity	Sum m³/h	cmh/Unit	Units	Operation	Back up	Design Qty	Total	cmh/Unit	Units	Operation	Back up	Design Qty	Total
Fab Ph.1	80,000	60,000	1.4	2	1	3		60,000	1.4	2	1	3	
Fab Ph.2	40,000	60,000	1.0	1	0	1		60,000	1.0	1	0	1	
Sum cmh	120,000				AEX Scr. cmh 240,000		4. Unit				AEX Fan cmh 240,000		4. Unit

AEX 的設置與 GEX 的想法相同。

(4) OA for CVX 設計的節能需求

Phase 1 + 2	OA Design		Design of Fan Units					
OA for CVX	CR m³/h	cmh/Unit	Units	Check Q'ty	Operation	Back up	Design Qty	Total
Fab Ph.1	30,000	20,000	1.5	Ok	2	1	3	3. Unit
Fab Ph.2	10,000	20,000	0.5	Ok	0	0	0	
Sum cmh	40,000						OA for CVX cmh	60,000

(5) AKX 設計鹼排氣洗滌塔／風車的數量

Phase 1 + 2	AKX 風量	Design of Scrubber Units						Design of Fan Units					
AKX Capacity	Sum m³/h	cmh/Unit	Units	Operation	Back up	Design Qty	Total	cmh/Unit	Units	Operation	Back up	Design Qty	Total
Fab Ph.1	60,000	40,000	1.5	2	1	3	4. Unit	40,000	1.5	2	1	3	4. Unit
Fab Ph.2	30,000	40,000	1.0	1	0	1		40,000	1.0	1	0	1	
Sum cmh	90,000				AKX Scr. cmh	160,000					AKX Fan cmh	160,000	

AKX 設置與 AEX 的想法相同,風量的選擇是評估未來的可能性總量沒預估的多,因此選擇洗滌塔的風量比 AEX 小。

(6) SOX 設計有機排氣

Phase 1 + 2	SOX 風量	Design of VOC Abatement Units					Design of Zeolite Rotor Units						Design of Fan Units					
SOX Capacity	Sum m³/h	cmh/Unit	Units	Back up	Design Qty	Total	cmh/Unit	Units	Operation	Back up	Design Qty	Total	cmh/Unit	Units	Operation	Back up	Design Qty	Total
Fab Ph.1	50,000	50,000	1.0	1	2	3. Unit	50,000	1.5	1	1	2	3. Unit	50,000	1.5	2	1	3	3. Unit
Fab Ph.2	25,000	50,000	1.0	0	1		50,000	1.0	1	0	1		50,000	1.0	1	0	0	
Sum cmh	75,000		SOX Abatment cmh	150,000				SOX Zeolite cmh	150,000					SOX Fan cmh	150,000			

有機排氣設備簡易分類為:氧化爐、沸石轉輪 and 排氣風機。

D.5. 廢氣安全

D.5.1. 運轉記錄項目

● 污染防制設備操作運轉記錄項目
(取材：光電材料及元件製造業空氣污染管制及排放標準)
中華民國 95 年 1 月 5 日行政院環境保護署環署空字第 0950000717 號令訂定發布。

污染防制設備名稱	記錄頻率	記錄項目
酸鹼洗滌吸收設施	每日	洗滌槽洗滌循環水量、pH 值
清水洗滌吸收設施	每日	洗滌槽洗滌循環水量、廢水排放流量
冷凝設施	每月	冷凝液量
	每日	氣體出口溫度、冷凝劑出口溫度
吸附設施	每日	每日 操作溫度
	更換週期	吸附劑更換日期、更換量
生物處理設施	每日	進口溫度、出口相對濕度
熱焚化爐	每日	燃燒溫度
觸媒焚化爐	每日	每日 觸媒床進、出口氣體溫度
其他污染防制設備	每日	主要操作參數

D.5.2. 廢氣安全方向

● 廢氣安全關心的方向：
(1) 污染核心源：污染源的分類/處理設備。
(2) 洩漏：廢氣輸送 (風管、配管)/處理設備。
(3) 廢氣偵測：環境、設備、人身的安全。
(4) 通風：稀釋密閉環境廢氣濃度。
(5) 火警偵測 (防火、防爆、防腐蝕，........)：環境、設備、風管。
(6) 火災防護/搶救：消防栓箱、撒水、泡沫撒水、N_2、惰性氣體、CO_2，.......。
(7) 系統維護保養、健檢、查核。

● 參考資料：
(1) NFPA 30：Flammable and Combustible Liquids Code、
    NFPA 55：Compressed Gases and Cryogenic Fluids Code、
    NFPA 318：Standard for the Protection of Semiconductor Fabrication Facilities
    ，......等。
(2) ISO 19880：Gaseous hydrogen — Fuelling stations — Part 1: General
requirements，......等。
(3) IFC
(4) USEPA
(5) CNS 各類場所消防安全設備設置標準
(6) IEC 60079-10.1：爆炸性氣體環境 (場所) / IEC 60079-10.2：可燃粉塵環境 (場所)
(7) NEC505 / NEC506

Chapter E
製程洗滌器
Wet Scrubber

Chapter E. 製程洗滌器 Wet Scrubber

● 因為高科技產業的蓬勃發展，廢氣處理技術快術進步中。本節介紹資料來源有：學術論文、各製造商的型錄及 US EPA 技術手冊。
本節遭遇的困難點是文獻、型錄其使用的單位 (IP & SI)、符號都多元，其專業名稱也稍有差異，編者也盡量整理。

● 空污廢氣處理設備簡易分類，有：
(1) 濕式洗滌技術 (Wet scrubbing)：例如，填充塔（packed Bed）、噴淋塔（spary column）、旋風洗滌塔、文式洗滌塔、穿流板塔，.....等，依不同需求有不一樣的設計。處理設備必須使氣體與液體充分接觸，提高吸收效率，填充塔為各種氣體吸收洗滌塔中最被廣泛使用。
(2) 乾式化學吸收技術 (Dry scrubber)，ElectroStatic Precipitators (ESP 靜電集塵)
(3) 觸媒焚化後洗滌技術 (Hot chemical bed / Wet scrubbing)
(4) 高溫焚化後洗滌技術 (Thermal（burn）/ Wet scrubbing)

● 洗滌塔簡易分類：

(1)	濕式洗滌器 (處理液體和廢氣體)	例如，CO_2、CO、HCl、NOx、SO_2、SOx、NH_3 等。
(2)	乾式洗滌器 (處理廢氣含固粉末)	例如，HF、重金屬、顆粒物，.....等。

科技產業常用濕式洗滌器。

● 洗滌器 (Scrubber) 是一種清潔裝置：使用液體清洗廢氣流中污染物 (或有害物質) 的污染控制設備。污染物包含污染氣體和粉塵顆粒。
對於無機酸、鹼性氣體之處理方法以吸收法為主，原理是藉由氣、液兩相接觸之氣體吸收程序，將氣體中溶質吸收輸送至液體內部。再將液體中加入酸、鹼液體中和處理，處理後的酸、鹼氣體可以直接經煙囪排放。

● 洗滌器的工作原理是使氣流與洗滌液接觸。由於這種接觸，某些氣體成分溶解並留在水中。將廢氣從氣相轉移到液相就是吸收過程，元素在液體中的溶解度將決定氣態組分溶解到液相中的程度，因此，以正確的流體吸收劑很重要。除水之外，還可以使用有機或無機洗滌液。
某些化學物質或微生物被添加到洗滌液中，可以轉化或中和溶解的氣體。
最好的洗滌器是對有害氣體、顆粒的去除效率高，對外部空氣環境不在造成損害。

● 工業中的各種濕式洗滌器氣液接觸的技術不同，都是針對特定的廢氣進行分析與設計，其中關係到液/氣比、液體分布、水/氣溫度、氣體速度、氣體溶解度、氣體停留時間、粒子，.......等技術多樣，因此設計多需要經驗技術的傳承。

E.1. 洗滌器設備

● Scrubber 常見的廢氣處理

AEX 酸排	常見	HCl、HF、HNO$_3$、CH$_3$COOH、Cl$_2$、NF$_3$、H$_3$PO$_4$、......
	特殊	HNO$_3$、NOx、ITO
AKX 鹼排	常見	NH$_3$、amines (胺類)、.....
	特殊	MEA (Stripper)
CVX 粉塵 (~酸)	常見	SiO$_2$、HCl、HF。(SiO$_2$ Power and Acid Gases)

● 洗條塔的氣流模式：逆流方式、同流方式、交叉流動

氣流模式	洗滌方式
逆流方式	污染氣體向上流動，再循環液體向下噴射到填料介質中。
同流方式	氣體與液體均自上而下，使排放氣體與排放液體發生接觸。
交叉流動	洗滌液垂直向下流動，同時氣體水平通過填料段。對於可能含有固體顆粒的氣流，橫流設計不易結垢。

● 設備安裝方式有：臥式與立式。

臥式	臥式常安裝於室內或對環境有高度的限制場，選擇臥式主要是局限於設備空間
立式	臥式與立式處理的結果是相同。

● 洗滌液去除有害氣體的有效性取決於洗滌化學品的濃度，在該過程中不斷消耗。必須保持洗滌化學品的濃度以確保洗滌器的有效性。
控制洗滌液強度的方法：
(1) 連續擦洗：連續補水和排放廢水。任何時候洗滌器溶液的成分都取決於它的控制方式、洗滌化學品和被洗滌的氣體。
(2) 分批洗滌 (分段模式)：從最初高濃度的洗滌化學品開始，允許達到接近耗盡，然後用新鮮的全強度洗滌溶液排空和補充。

E.1.1. Spray Column

● 多層噴淋 (取材：維基百科)

立式噴霧塔 Spray Column-Vertical	臥式噴霧塔 Spray Column-Horizontal
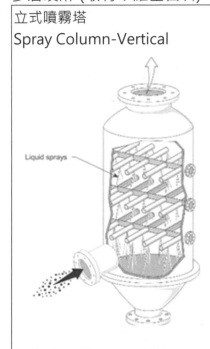	氣流被送入噴霧室中與噴嘴出洗滌液接觸。控制液滴尺寸與顆粒接觸和液滴與氣流的分離。霧室可設置擋板改善氣液接觸。噴霧室可以定為交叉流動、逆流流動或併流（並流）流動。噴噴霧塔功耗低，但微粒收集效率相對較低。 系統維護：再循環水必須徹底清洗，以防止噴嘴過多結垢或堵塞，噴嘴清潔和更換。 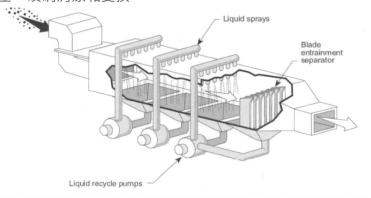

E.1.2. Venturi Scrubber

● 文丘里洗滌器，包含類似型的：文丘里洗滌器Venturi Scrubber、噴射文丘里洗滌器 Ejector Venturi Scrubber、旋風噴霧洗滌器 Cyclonic Spray Scrubber，......等。其操作 都是應用將廢氣導入高速氣流+水的霧化接觸、撞擊，處理污染廢氣與顆粒。 (取材：維基百科)

文丘里洗滌器 Venturi Scrubber 利用來自高速入口氣流的能量來霧化 用於洗滌氣流的液體。 用於收集顆粒污染物 0.5μm 和氣態 污染物。

工作原理： 處理空氣進入喉部段後以高速移動氣 體 (~120m/s) 與液體接觸劇烈混 合，產生大量微小的液滴混合，以接 觸與撞擊的方式淨化顆粒污染物，發 散段時顆粒和廢氣被迫減速而被收 集。

本體組成： (1) 入口匯聚段 Converging Section (2) 喉部段 Throat Section (3) 發散段 Diverging Section

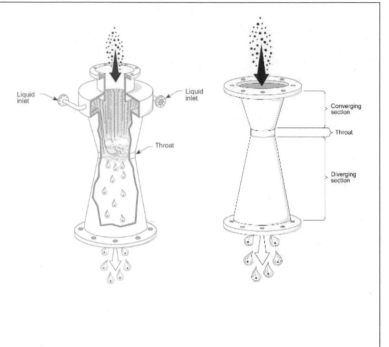

E.1.3. Packed Bed

● 目前高科技產業界常使用的填充塔洗滌塔型式，分為立式與水平式。

E.1.3.1. 立式-填充塔洗滌器

● 立式洗滌塔-Vertical Type，Counter current Flow氣流與水流成180度

洗滌塔本體主要組成	附屬設備
(1) 循環水槽	(1) 排氣風管
(2) 進風-廢氣入口	(2) 排氣風機
(3) 填充層 Tower Packing	
(4) 撒水層 Spray Nozzles	
(5) 擋水層 Moisture Eliminator	
(6) 離風-處理後污染少的廢氣出口	

● 去除效率立式比水平式的效率較好，因為立式洗滌塔的氣流與水流方向由上往下比屬於 逆向流模式，水平式洗滌塔氣流與水流方向由水平往下比屬於直交流模式。 立式需要比較高的安裝高度，水平式不需用太高空間，但設備平面占地面積水平式較立 式多。

- 立式洗滌塔尺寸-Vertical Type

洗滌塔各部名稱，Packed Bed-Vertical (取材：Monroe Environmental)	洗滌塔各部尺寸

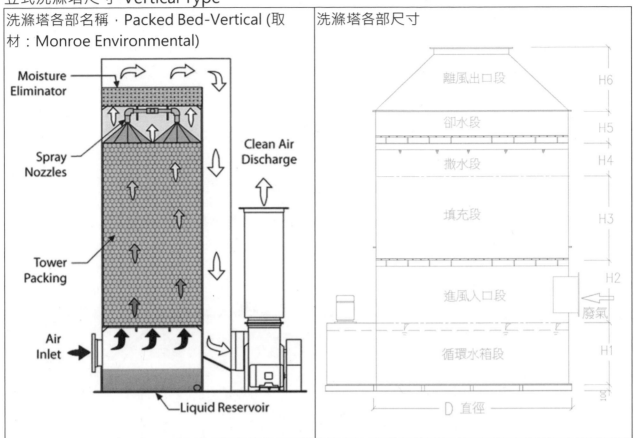

- 立式洗滌塔尺寸-Vertical Type，供洗滌塔設計者參考。

處理風量	ΦD 直徑	循環水槽	入風段	停留時間	填充段	撒水段	卻水段	離風段	Sum H (高)
cmh	mm	H₁ [mm]	H₂ [mm]	1.0 sec	H₃ [mm]	H₄ [mm]	H₅ [mm]	H₆ [mm]	Hₐ [mm]
1,800	500	600	650	1.001	2,550	500	400	600	5,300
3,000	650	600	700	1.015	2,550	500	400	600	5,350
4,800	850	600	800	1.085	2,550	500	400	600	5,450
7,200	1,000	600	900	1.001	2,550	500	400	600	5,550
10,800	1,250	600	1,000	1.043	2,550	500	400	600	5,650
15,000	1,450	800	1,100	1.011	2,550	500	450	800	6,200
19,800	1,700	800	1,100	1.052	2,550	500	450	800	6,200
25,200	1,900	800	1,100	1.033	2,550	500	450	800	6,200
31,200	2,100	800	1,100	1.019	2,550	500	450	800	6,200
37,800	2,300	1,200	1,100	1.009	2,550	500	500	1,200	7,050
45,000	2,500	1,200	1,200	1.001	2,550	500	500	1,200	7,150
54,000	2,750	1,200	1,200	1.010	2,550	500	500	1,200	7,150
66,000	3,050	1,200	1,200	1.016	2,550	500	500	1,200	7,150

停留時間依法規與規範需求，時間越長尺寸越大。

洗滌塔循環水箱段高度，會因為循環水泵的形式高度稍有差異，其差異~300mm(H)。

(ex) Vertical turbin or Vertical inline。

E.1.3.2. 水平式-填充塔洗滌器

● 臥式洗滌塔-Horizontal Type，Cross Flow 氣流與水流成90度

洗滌塔本體主要組成	附屬設備
(1) 進風-廢氣入口	(1) 排氣風管
(2) 循環水槽	(2) 排氣風機
(3) 填充層 Packing	
(4) 撒水層 Spray	
(5) 擋水層 Eliminator	
(6) 離風-處理後污染少的廢氣出口	

● 水平式洗滌塔各部名稱，Packed Bed-Horizontal (取材：Monroe Environmental)

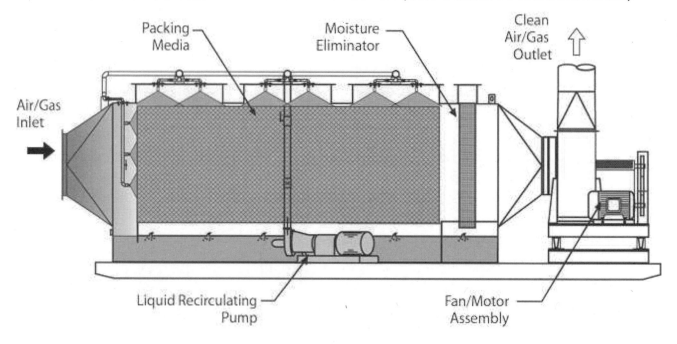

● 水平式 (臥式) 洗滌塔尺寸- Horizontal Type，供洗滌塔設計者參考。

Max. Air Volume	Main Dimensions				Weight	
	Length	Width	Height	Conncection Size	Empty	Operation
m³/h	mm	mm	mm	mm x mm	kg	kg
10,000	3,400	2,300	2,100	600 x 600	918	3,190
15,000	3,400	2,300	2,800	700 x 700	1,166	3,520
20,000	3,400	2,600	3,800	800 x 80	1,339	3,960
30,000	4,900	3,800	2,800	1,000 x 1,000	2,419	8,250
40,000	4,900	3,800	3,400	1,100 x 1,100	2,765	8,580
50,000	4,900	3,800	4,000	1,250 x 1,250	3,121	8,910
60,000	4,900	4,100	4,000	1,400 x 1,400	3,359	9,680
70,000	4,900	4,700	4,000	1,500 x 1,500	2,722	11,110
80,000	4,900	4,700	4,000	1,700 x 1,700	4,126	11,550

● 水平式圖示

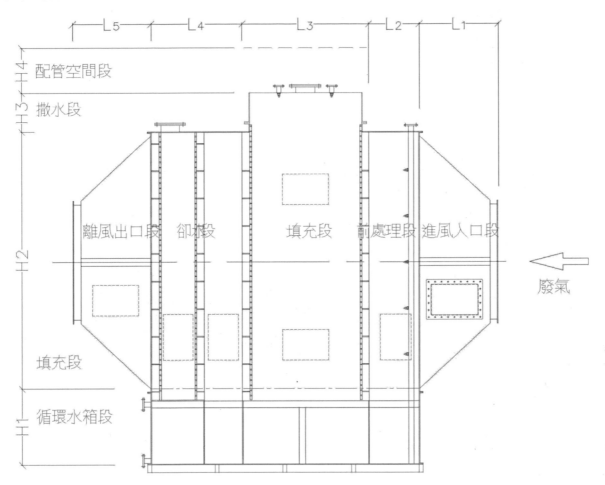

● 各部尺寸

循環水槽	填充段	SPK	配管空間	Sum H	入風段	前處理段	停留時間	填充段	却水段	離風段	Sum L
H_1 [mm]	H_2 [mm]	H_3 [mm]	H_4 [mm]	H_A [mm]	L_1 [mm]	L_2 [mm]	1.00 sec	L_3 [mm]	L_4 [mm]	L_5 [mm]	L_A [mm]
600	750	400	300	2,050	600	400	1.011	1,200	400	600	3,200
600	1,300	400	300	2,600	600	400	1.016	1,200	400	600	3,200
600	1,300	400	300	2,600	600	400	1.093	1,200	400	600	3,200
600	1,500	400	300	2,800	600	400	1.011	1,200	400	600	3,200
600	1,500	400	300	2,800	600	400	1.011	1,800	450	600	3,850
900	1,800	400	300	3,400	800	600	1.084	1,800	450	800	4,450
900	1,800	400	300	3,400	800	600	1.018	1,800	450	800	4,450
900	2,100	400	300	3,700	800	600	1.027	1,800	450	800	4,450
900	2,100	400	300	3,700	800	600	1.013	1,800	450	800	4,450
900	2,100	400	300	3,700	800	600	1.091	2,400	500	800	5,100
1,200	2,200	500	300	4,200	1,000	600	1.038	2,400	500	1,000	5,500
1,200	2,200	500	300	4,200	1,000	600	1.090	3,000	500	1,000	6,100
1,200	2,200	500	300	4,200	1,000	600	1.072	3,000	500	1,000	6,100
1,200	2,200	500	300	4,200	1,000	600	1.005	3,200	500	1,000	6,300

洗滌塔璇還水箱段高度，會因為循環水泵的形式高度稍有差異，其差異~300mm(H)。

(ex) Vertical turbin or Vertical inline。

- 按填充段停留時間：設計停留時間 1sec. 的尺寸 (不同停留時間尺寸不同)

處理風量	洗滌塔 (長)	洗滌塔 (寬)	洗滌塔 (高)	洗滌塔入口	洗滌塔出口
cmh	L [mm]	W [mm]	H [mm]	mm	mm
1,800	3,200	600	2,050	400	400
3,000	3,200	600	2,600	400	400
4,800	3,200	1,000	2,600	500	500
7,200	3,200	1,200	2,800	600	600
10,800	3,850	1,200	2,800	700	700
12,000	4,450	1,200	3,400	700	700
15,000	4,450	1,400	3,400	800	800
19,800	4,450	1,600	3,700	800	800
25,200	4,450	2,000	3,700	900	900
31,200	5,100	2,000	3,700	1,000	1,000
37,800	5,500	2,200	4,200	1,100	1,100
45,000	6,100	2,200	4,200	1,200	1,200
54,000	6,100	2,600	4,200	1,300	1,300
66,000	6,300	2,800	4,200	1,400	1,400

Note：洗滌塔的入口、出口位置配置，注意事項
(1) 內部氣流的均勻，應避免內部氣流偏向一邊，造成處理效率受到影響。
(2) 進入內部風速變化太大，氣流無法均勻分布。
(3) 進入內部處理段後氣流擴散均勻。

E.2. 洗滌塔部件

- 本節介紹濕式填充塔處理廢氣的設備組成，包含

<1>	洗滌塔本體	本體材料、開口 (投料、清潔、視窗)、填充層 (填充材)、除霧層 (却水器)、 附屬工作：防蝕地板、防溢堤
<2>	循環水系統	循環水泵、循環管線、噴頭數量、配置
<3>	加藥系統	加藥機、加藥管線、加藥儲槽、防液槽
<4>	補給水系統	補水管線、補水流量計
<5>	排水系統	排水管線、排水流量計
<6>	風管系統	排氣風機、排氣風管、風門、量測口
<7>	煙囪系統	煙囪、維修平台、檢測電源
<8>	風機系統	排氣風機 (正壓、負壓系統)
<9>	控制系統	設備控制：風機控制、加藥控制、PH 控制、補水控制、排水控制、控制盤 系統控制系統：控制風機的運轉，系統加藥的時機，洗滌設備的運轉狀態。
<10>	消防系統	撒水設備 (安全)

E.2.1. 洗滌塔本體

E.2.1.1. 本體材料

● 洗滌塔按需求選用適當的材質，常用的材質有：FRP、FRP+PP、FRP+MS、PP、PPs、金屬材質 (鑄鐵、鋼、SUS-316、304)。

● 處理不同氣種類用洗滌塔的材質與洗滌液

廢氣分類		洗滌塔材質	洗滌液
Ammonia	氨	FRP、PVC、鑄鐵、鋼、鎳耐蝕合金	水
Chlorine	氯	FRP、PVC	水
Chlorine	氯	FRP、PVC、PVDF	Caustic
CO_2	二氧化碳	鑄鐵、鋼、鎳耐蝕合金	Caustic
HCl	氯化氫	FRP、PVC、PVDF	水 / Caustic
HF	氟化氫	FRP (with Dynel Shield)、橡膠包覆、石墨包覆、PVDF	水
H_2S	硫化氫	FRP、PVC、PVDF、Teflon	Caustic
Nitric Acid	硝酸	FRP、SUS 316、SUS 304	水
SO_2	二氧化硫	FRP、SUS 316	Caustic/石灰漿
H_2SO_4	硫酸	FRP、合金 20	水

處理廢氣的本體原則上 FRP 材料大多適用，除了 CO_2。
以 PVC 為本體的處理廢氣材料也能用 PP or PPs 替代。

● PP 板(聚丙烯板)、PPS 防火板(聚丙烯防火板) 尺寸規格表：

尺寸	(1). 1,220mm x 2,440mm (4 尺 x 8 尺)
	(2). 1,520mm x 3,040mm (5 尺 x 10 尺)
厚度	3 ~ 20 mm. (標準厚度：3, 4, 5, 6, 8, 10, 12 mm)；(訂製品：15, 20, 25, 30 mm)
顏色	米灰、本色白、磁白、深灰(PPS)、訂製色
添加劑	有添加 UV 安定劑,耐候性更佳

E.2.1.2. 視窗 Window

● 於洗滌塔設備開視窗或出入口，目地是看設備運轉狀態，填充物的清洗與更新，因此會有上部填料口、下部取料口。
停機時也會使用視窗口進入洗滌塔內部維修。

● 視窗為方便觀察，採用透明材質，又因透明材質遭太陽光照射後會產生藻類，因此又在外部加裝活動遮陽材料。

E.2.2. 洗滌塔高度

● 傳質速率對於填充床洗滌器，影響了污染物的去除速率。洗滌塔傳質操作公式。
$G_c (Y_i - Y_o) = L_s (X_o - X_i)$
公式符號/單位說明

氣體 摩爾流量	入口氣體 摩爾比	出口氣體 摩爾比	洗滌液 摩爾流量	入口液體 摩爾比	出口液體 摩爾比
G_c	Y_i	Y_o	L_s	X_i	X_o
mol/s	mol/s	mol/s	mol/s	mol/s	mol/s

● 液氣比：液體與氣體的流量比率。經驗數據：0.5~1.0。

$$液氣比 \left(\frac{L}{G}\right) = \frac{循環水量\ (L)}{處理空氣量\ (G)}$$

● 填充物 (Packing Material)：增加廢氣與液體接觸面積的材料，目的是增加反應的面積。所以，洗滌塔有一填充層。

E.2.2.1. 填充層高度 Z

● 公式：Z = HTU x NTU
公式符號/單位說明

傳遞單元的整體高度	氣相總傳質係數 K_G 傳遞單元數量	填充層高度
HUT [ft · m]	NTU [無單位]	Z [ft · m]
height of a transfer unit	number of transfer units	

● NTU (N)：轉移單位的數量 (Number of Transfer Units)。[無單位]。
$NTU = K_G * a * z / G' = \ln (Y_i / Y_o)$
(Ex.) $Y_i = 1,000$，$Y_o = 50$，求 NTU

污染氣體入口 莫爾分數	污染氣體出口 莫爾分數	氣相總傳質係數 K_G 的 傳遞單元數
Y_i	Y_o	$NTU = \ln (Y_i \div Y_o)$
1,000	50	3

● HTU：轉移單位的高度 (Overall Height of Transfer Unit)。[單位 m]。
HTU 高度的特定填料是對一個特定的分離過程分離有效性的量度。
因此，它合併了傳質係數。更有效的質量傳遞 (即更大的傳質係數)，HTU 的值越小。
$HTU = G_m / (a\ A\ K_G)$

氣體 摩爾流量	單位床體積填 料的總表面積	洗滌塔 截面積	氣相 總傳質係數	洗滌塔高
G_m	a	A	K_G	HTU
mol/s	m^2/m^3	m^2	$mol/s\text{-}m^2$	m

E.2.2.2. 直交流式-Z

● 填充層深度Z的經驗數據- Cross Flow (取材：Ceilcote)．T3.4

項目	污染物成分			填充層深-移除效率 [%] 48" (1.2m))	填充層深-移除效率 [%] 72" (1.8m)
1.	Acetic acid	CH_3CO_2H	醋酸	80-85	85-92
2.	Acetone	CH_3COCH_3	丙酮	65	90
3.	Aluminum Bright Dip		浸漬光亮鋁	30-90	40-98
4.	Amines	RNH_2	胺類	90-95	99+
5.	Ammonia	NH_3	氨	90-95	99+
6.	Ammonium Hydroxide	NH_4OH	氫氧化銨	98-99	99+
7.	Ammonium Nitrate	NH_4NO_3	硝酸銨	85-90	98-99
8.	Anodizing Solutions		陽極處理	98-99	99+
9.	Boric Acid	H_3BO_3	硼酸	80-90	95-98
10.	Bromine	Br_2	溴	95	97-99
11.	Caustic	$NaOH$	氫氧化鈉	98-99	99+
12.	Chlorine	Cl_2	氯	98	97-99
13.	Chromic Acid	H_2CrO_4	鉻酸	98-99	99+
14.	Citric Acid		檸檬酸	98-99	99+
15.	Cyanide Salts		氰化物鹽	98-99	99+
16.	Formaldehyde	$HCHO$	甲醛	80-85	85-95
17.	Formic Acid	HCO_2H	甲酸	85-90	98-99
18.	Hydrobromic Acid	HBr	氫溴酸	85-95	98-99
19.	Hydrochloric Acid	HCl	鹽酸	85-95	98-99
20.	Hydrofluoric Acid	HF	氫氟酸	95	99
21.	Hydrogen Cyanide	HCN	氰化氫	90-95	97-99
22.	Mercaptans	RSH	硫醇	95	98-99
23.	Methyl Sulfide		甲基硫	90	97
24.	Nitric Acid	HNO_3	硝酸	85-90	98-99
25.	Nitrogen Oxides	NOx	氮氧化物	30-40	70+
26.	Oil Mists		油霧	85-90	98-99
27.	Perchloric Acid		高氯酸	85-95	98-99
28.	Phenol	C_6H_5OH	苯酚	80-90	90-95
29.	Phosphate Salt Baths		磷酸鹽鹽浴	98-99	99+
30.	Phosphoric Acid	H_3PO_4	磷酸	98-99	99+
31.	Silicon Tetrachloride	$SiCl_4$	四氯化矽	90-95	98-99
32.	Silicon Tetrafluoride	SiF_4	四氟化矽	95	99
33.	Sodium Chloride	$NaCl$	氯化鈉	98-99	99+
34.	Sodium Hydroxide	$NaOH$	氫氧化鈉	98-99	99+
35.	Sulfuric Acid	H_2SO_4	硫酸	98-99	99+
36.	Sulfur Dioxide	SO_2	二氧化硫	90	98
37.	Urea	H_2NCONH_2	尿素 (碳醯胺)	85-90	98-99
38.	Hydrogen Sulfide	H_2S	硫化氫	95	98-99

E.2.2.3. 逆流式-Z

- 填充層高度Z的經驗數據- Counter current Flow (取材：Ceilcote)，T3.3

項目	污染物成分			填充層高-移除效率 [%]	
				36" (3 ft)	60" (5 ft)
1	Acetic acid	CH_3CO_2H	醋酸	80-85	85-92
2	Acetone	CH_3COCH_3	丙酮	65	90
3	Aluminum Bright Dip		浸漬光亮鋁	30-90	40-98
4	Amines	RNH_2	胺類	90-95	99+
5	Ammonia	NH_3	氨	90-95	99+
6	Ammonium Hydroxide	NH_4OH	氫氧化銨	85-90	98-99
7	Ammonium Nitrate	NH_4NO_3	硝酸銨	85-90	98-99
8	Anodizing Solutions		陽極處理	95-90	98-99
9	Boric Acid	H_3BO_3	硼酸	80-90	95-98
10	Bromine	Br_2	溴	90	97
11	Caustic	$NaOH$	氫氧化鈉	85-90	98-99
12	Chlorine	Cl_2	氯	90	97
13	Chlorine Dioxide	ClO_2	二氧化氯	50-60	70-85
14	Chromic Acid	H_2CrO_4	鉻酸	85-95	99
15	Citric Acid		檸檬酸	85-90	98-99
16	Cyanide Salts		氰化物鹽	85-90	98-99
17	Ethanol	CH_3CH_2OH	乙醇	80	93
18	Ethylene Oxide	ETO	環氧乙烷	75	90
19	Formaldehyde	HCHO	甲醛	80-85	85-95
20	Formic Acid	HCO_2H	甲酸	85-90	98-99
21	Hydrobromic Acid	HBr	氫溴酸	85-93	95-98
22	Hydrochloric Acid	HCl	鹽酸	85-93	95-98
23	Hydrofluoric Acid	HF	氫氟酸	95	99
24	Hydrogen Cyanide	HCN	氰化氫	90	97
25	Isopropanol		異丙醇	70	91-92
26	Mercaptans	RSH	硫醇	90	97
27	Methanol	CH_3OH	甲醇	70	91-92
28	Methyl Sulfide		甲基硫	90	97
29	Nitric Acid	HNO_3	硝酸	85-90	98-99
30	Nitrogen Oxides	NOx	氮氧化物	30-40	70
31	Oil Mists		油霧	85-90	95-98
32	Perchloric Acid		高氯酸	85-95	98-99
33	Phenol	C_6H_5OH	苯酚	80-90	90-95
34	Phosphate Salt Baths		磷酸鹽鹽浴	85-90	98-99
35	Phosphoric Acid	H_3PO_4	磷酸	85-90	98-99
36	Silicon Tetrachloride	$SiCl_4$	四氯化矽	85-93	95-98
37	Silicon Tetrafluoride	SiF_4	四氟化矽	95	99
38	Sodium Chloride	NaCl	氯化鈉	85-90	98-99
39	Sodium Hydroxide	NaOH	氫氧化鈉	85-90	98-99
40	Sulfuric Acid	H_2SO_4	硫酸	85-90	98-99
41	Sulfur Dioxide	SO_2	二氧化硫	85	95
42	Urea	H_2NCONH_2	尿素 (碳醯胺)	85-90	98-99
43	Hydrogen Sulfide	H_2S	硫化氫	90	97

E.2.2.4. 高度計算

● [Ex] 逆流填充床洗滌塔，求 Packing Depth Z 的高度

處理風量 HCl 風量 13,000 cfm，入口濃度 1,000ppm，入口溫度 100°F。
出口濃度 50ppm，洗滌器段面積 20 ft。
使用洗滌液，用去除接觸介質為 # 2 Type-R Tellerette。

● [Ans]

(1) 廢氣流量-單位轉換，cfm → lb/hr-ft^2

$G = 13,000_{(cfm)} * 60_{(min/hr)} * [29_{(lb/mole)} \div 359_{(ft^3/mole)}] * [(460+32)_{(R)} \div (460+100)_{(R)}] \div 20_{(ft^2)}$

廢氣入口風量	單位換算	空氣分子質量	標準條件空氣比容	絕對溫度	基準溫度	實際溫度	洗滌塔段面積	廢氣入口風量 G
at 100°F	60	29	359	R	32	100	20	at 32°F
cfm	min/hr	lb/mole	ft^3/mole	459.67	°F	°F	ft^2	lb/hr-ft^2
13,000	60	29	359	460	32	100	20	2,767.6
空氣的基準 0°C (32°F)，空氣分子質量 = 29 lb/mol，空氣比容=359 ft^3/mole								

(2) 液體流動速率是根據工程師的經驗確定，本例設定 6 gpm/ft^2

單位換算 L = 6 gpm/ft^2 = 6 $_{(gpm/ft^2)}$ * 3.785 $_{(L/gpm)}$ * 2.2 $_{(lb/L)}$ * 60 $_{(min/hr)}$

廢液流率	單位換算	單位換算	單位換算	廢液流率
6	3.785	2.2	60	at 32°F
gpm/min-ft^2	L/gpm	lb/Liter	min/hr	lb/hr-ft^2
6	4	2.2	60	2,997.7

(3) 依圖的曲線，查 X and Y 軸數據。

X 軸查出 Gas Rate 曲線 = 2,768 lb/hr-ft^3
Y 軸查出 HTU 的 Height = 1.09 ft

選 #2 Type-K Tellerete，HTU = 1.09 ft

(4) NTU = ln (y$_i$ / y$_o$)

廢氣入口濃度	廢氣出口濃度	NTU
y$_i$	y$_o$	NTU =ln (y$_i$ / y$_o$)
1,000	設計需求	
ppm	ppm	NA
1,000	50	3.0

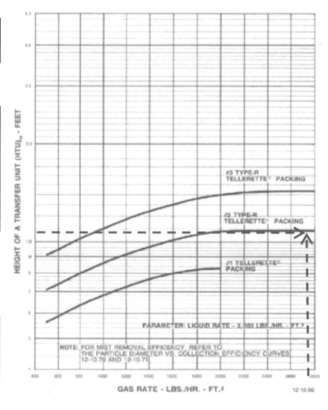

(5) Z = HTU x NTU

Z = 1.09 ft (HTU) x 3.0 (NTU) = 3.27 ft

查前節的表，可選 60"，效率 95~98%

污染物成分			移除效率 [%]	
			36"(3ft)	60"(5ft)
Hydrochloric Acid	HCl	鹽酸	85-93	95-98

E.2.3. 除霧層

● 除霧層 (Demist)：廢氣經過填充層後的風帶有很多水氣，此層的目的是去除水器。
去除水器用填充物或 Elimilator 去除廢氣中的水氣。效率 10μm 的水霧、99%以上。

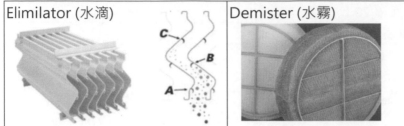

Elimilator (水滴)　　　　　Demister (水霧)

E.2.4. 填充材

● 本節研究填充材料 (Tower Packing) – (Ex) Raschig、PALL、拉西環，.....等。
(填充材料的軟體選機，參考取材：https://www.katmarsoftware.com/index.html)。

● 填充材料的材質分類有：塑膠類、金屬類、陶瓷類，......等。

(1)	陶瓷類	易脆性，現在很少使用
(2)	金屬類	不耐酸，耐高溫
(3)	塑膠類	耐酸、鹼，不能耐高溫

填充材料功能：將廢氣氣體與液體接觸，氣體中的溶質被液體吸收而轉移到液體中，使氣體的溶質與氣體分離。液體吸收量多少視氣體溶質的溶解度直到液體飽和平衡為止，這相關條件有接觸時間、接觸路徑長短與接觸的面積。

填充層的空隙度愈大，壓力損失愈小。填充料的比接觸面積愈大，吸收速率愈大。

每種形式均具有表面積，壓降，重量，耐腐蝕性和成本方面的特定特徵。

塑料和金屬填料的無支撐深度都限於 20 到 25 feet。在較高的深度，重量可能會使填料變形。

填料材料安裝，規則性與不規則性。無規責的填料，它們通常具有較小的壓降，並且能夠處理更大的溶劑流速。

● 填充材料是氣相和液相之間質量傳遞的關鍵。選擇填充材的要點：
(1) HTU 的壓損：根據特定的 HTU 值壓降；而不是填料的表面積。
(2) 填充因子 Packing Factor。

填充材料的性能係數，填充材料的重要設計參數有：材質、耐腐蝕、耐溫、大小、重量、比表面積、孔隙率與填充個數。

填充材料選用原則：

(1) 比表面積	表面積/體積 = 比表面積。比表面積愈大，氣液傳質面積愈大。
(2) 空隙率	體積/空隙體積 = 空隙率。空隙率越大，氣體容易穿越且壓損小。
(3) 填料因子	比表面積與空隙率三次方的比值，單位為1/m。表示填料的流體力學性能，值越小，表明流動阻力越小。
(4) 液體分布	液體在填料表面有較好的均勻分布性能。
(5) 價格	價格考慮、維修保養。

在相同的操作條件下，填充料的比表面積越大，氣液分布越均勻，表面的潤濕性能越好，則傳質效率越高；填充料的空隙率越大，結構越開敞，則通量越大，壓降亦越低。

- 塔中的壓降取決於氣體和液體的流速以及填料的特性，例如塔的表面積和自由體積。高壓降會導致高風扇功率，以驅動氣體通過填料塔。因此成本很高。
  填料塔中的壓降通常為 0.5~1.0 inch/feet 填料。
  對於每個填充塔，溶劑和蒸汽流速都有上限和下限，以確保令人滿意的性能。氣體流速可能會變得很高，以至於溶劑上的阻力足以阻止溶劑自由地向下流過填充塔。
  溶劑開始聚集並阻塞整個橫截面以供流動，這增加了壓降並導致填料無法有效地混合氣體和溶劑。當填料中的所有自由體積充滿液體並將液體帶回到填充塔上時，則認為吸收器已滿。
  大多數填充塔以 Flooding 速度的 60%到 70%運行，因為在 Flooding 條件下運行洗滌塔不可行。還需要最小的液體流速來充分潤濕填料，以使氣體和液體之間發生有效的質量轉移。

- 廢氣入口氣體溫度越高，吸收率越低。氣體溫度過高也會通過蒸發導致大量溶劑損失。因此，可能需要預冷器（例如噴霧室），以將空氣溫度降低到可接受的水平。
  或可在塔前增加冷卻盤管可以避免這個問題。

- 比較填充因子係數 (Packing Factors)：填充材料 2″ 的塑料結構，隨機填料

Packing Type	Packing Factor	Type
Quartz Rock	160	Extended Surface 擴展表面
Pall Rings	26	Extended Surface 擴展表面
Intalox Saddles	22	Extended Surface 擴展表面
Lanpac	21	Filamentous 絲狀
Tri-Pack	16	Filamentous 絲狀
Tellerettes	11	Filamentous 絲狀
Flexipac	7	Structured 結構化的
Nor-Pac	12	Combination 組合

- 填充材料屬於運轉的消耗品，運轉一段時間後需要更換，其更換時機：

(1) 污垢附著	不溶性固體附著；各種污染物的水解反應副產物的沉澱；系統鹼度和/或水硬度，碳酸鹽積聚；細菌生長。
(2) 化學磨損	產生脆性、軟化、變色、腐蝕轉薄。
(3) 熱損傷	變形、變色、過度沉降。

- 不同填充層的高度選用不同尺寸的填充材。填充材料的填充安裝方法有：
  (1) 規則性排列
  (2) 不規則填充，一般常用不規則填充工法。

- 同類填料，尺寸越小，分離效率越高，但阻力增加，通量減少，填料費用也增加很多。而大尺寸的填料應用於小直徑塔中，又會產生液體分布不良及嚴重的壁流，使塔的分離效率降低。

- 對塔徑 (D) 與填料 (d) 尺寸的比值要有一規定 (目的是尋找最佳效率)，一般塔徑與填料公稱直徑的比值 D/d 應大於8。

簡易填充材尺寸選法

Column Diameter		Use Packing Size	
SI	IP	SI	IP
< 0.3 m	1 ft	< 25 mm	1 in
0.3 ~ 0.9 m	1 ~ 3 ft	25 ~ 38 mm	1 ~ 1.5 in
> 0.9m		50 ~ 75 mm	2 ~ 3 in

- 填充物的比表面積比：填充物有非常多種，選擇之直徑尺寸30~95 mm。在選擇尺寸時，以塔徑之0.1~0.125間為原則，過大或過小會影響效率。而材質之選擇以惰性、耐酸鹼及便宜為主。填充物之主要功能為：使液體能均勻分佈而增加質傳效率及氣、液體在槽中的均勻接觸。因此增加比表面積將增加質傳效率，單位m^2/m^3。

- Packing Factors (Y 軸)與(X 軸) 曲線：設計中不可超過 Flooding Line 的邊界。

  填充材的性能資料是經過實驗取得，各製造商不同，詳細資料請供應商提供。

GENERALIZED PRESSURE DROP CORRELATION
1.000
.600
.400
.200
.100
.060
.040
.020
.010
.006
.004
.002
2.5
2.0
1.5
1.0
A
B
C
0.5
0.25
0.10
FLOODING LINE
A - APPROX. UPPER LIMIT OF LOADING ZONE
B - LINE REPRESENTING MAJORITY OF DATA
C - APPROX. LOWER LIMIT OF LOADING ZONE
.02
.04
.06
.10
.2
.4
.6
1.0
2.0
4.0
6.0

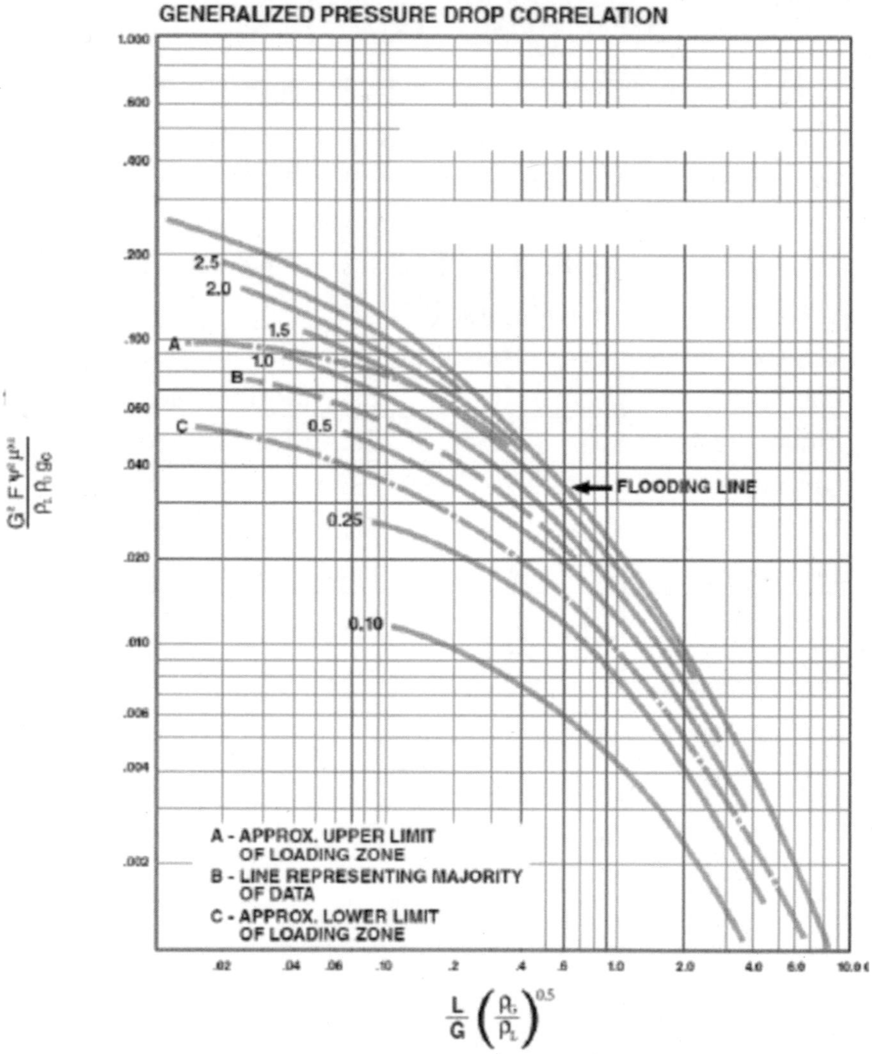

E.2.4.1. 潤濕因子

- 填充式洗滌塔為一利用洗滌液體與氣狀污染物之氣液接觸，進而吸收處理污染物之設備。為了使液體能夠均勻分佈在填充物上，已增加氣體與液體完全接觸之面積。所以，洗滌液體的澆注量需符合最小潤濕因子(Minimum-Wetting Factor：MWF)的要求。

- 潤濕因子=洗滌循環水量cmh÷(填充物比表面積m^2/m^3×洗滌塔填充段水平截面積m^2)，單位為m^2/hr 。

  潤濕因子 = 80 循環水量/(108 比表面積 × (3× 1.2 截面積)) = 0.21 m^2/hr (> 0.1 m^2/hr)

E.2.4.2. 填充材計算

- (Ex) 已知條件，選用填充材。(取材：VERANTIS)
  Scrubber Diameter = 7 ft
  Gas Volume = 20,000 ACFM
  Contaminant = Ammonia (NH₃)
  Inlet Concentration = 5,000 ppmv
  Removal Efficiency = 99.7%
  Scrubbing Liquid = Water at 8 gpm/ft^2

- (Ans) Scrubber 直徑7ft，洗滌塔斷面積 = 38.5 ft^2
  G-rate = (20,000 CFM x .075 lbs/ft^3 x 60 min/hr)/38.5 ft^2
  G-rate = 2338 lbs/hr-ft^2

  L-rate = 8 gpm/ft^2 x 8.33 lbs/gal x 60 min/hr
  L-rate = 4000 lbs/hr-ft^2

- 選 2″ Plastic Saddle，
  HTU = 2.60 ft

  選 #2 Type-K Tellerete，
  HTU = 1.33 ft

  結論：適當的填充材，
  (1) 效率比較高
  (2) 設備比較小的洗滌器
  (2) 運轉成本也低。

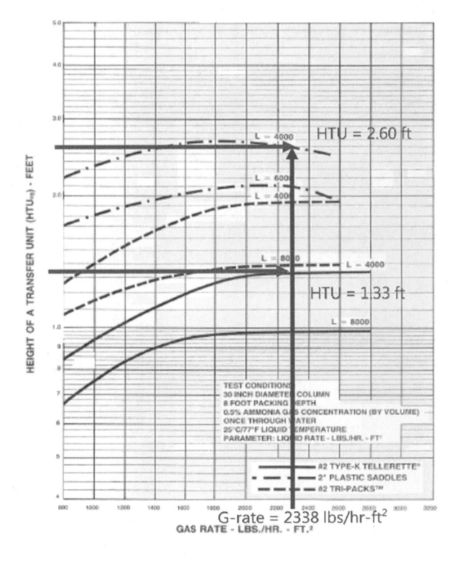

E.2.4.3. Tellerette

- 本節介紹常用的 Tellerette Type。
  業界常看到，好用、便宜。(取材：VERANTIS)
- 填充材 Tellerette 功能說明
  (A.) 通過慣性衝擊收集液體。
  (B.) 在無數間隙滯留點形成水滴。
  (C.) 當每個液滴落下時，它會撞擊下一個填料元件並破裂，將潔淨的表面暴露於氣體中
  (D.) 該附聚/分散循環連續重複，無需額外的能量
  (E.) 污染物分子以高效率被吸收。

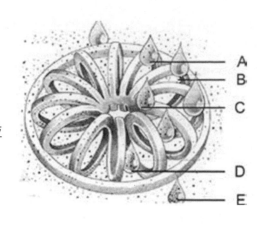

- Tellerettes 結構材料

材料		P/E	P/P	PVC	CPVC	KYNAR	TEFZEL
運轉溫度		82℃	93℃	54℃	93℃	135℃	149℃
重量	kg/m³	61	61	100	109	106	132

註 1：最高工作溫度將根據運行條件而變化。
註 2：* Kynar 是 Penwatt Corporation 的註冊商標。
註 3：** Tefzel 是 E.I.的註冊商標。杜邦公司。

- 此型填充材不需要液體再分配器，給定適當的初始液體分佈，例如使用全錐形噴嘴，液體不會被引導到側面，因此不需要液體再分配器在柱子的一部分。

拉西環 Tellerettes	最大外徑	循環高度 Loop Height	自由面積 孔隙率 [%]	表面積 m²/m³	平均填充因子 Packing Factor
#1R	46 mm	19 mm	87	180	36
#2R	70 mm	25 mm	93	125	18
#2K	83 mm	32 mm	95	92	11
#3R	95 mm	38 mm	92	98	16
#3K	105 mm	56 mm	96	72	9

E.2.4.4. 隔柵板

- 功能：支撐填充層的材料。
  填充材料堆疊在隔柵板上方。
  (取材：勝發塑膠)

E.2.4.5. 填充材技術資料

● 取材：憶翔精密有限公司

梅花型	大小	重量	比表面積	孔隙率	填充個數	3"	2"	1.5"
	mm	kg/m³	m²/m³	%	pcs/m³			
3"	78 x 29	49	97	95	6,800			
2"	50 x 18	68	186	93	25,000			
1.5"	45 x 18	62	185	95	34,500			

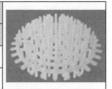

雙星球型	大小	重量	比表面積	孔隙率	填充個數	4"	2"	1"
	mm	kg/m³	m²/m³	%	pcs/m³			
4"	98 x 90	47	163	95	1,500			
2"	51 x 45	66	155	93	12,000			
1"	32 x 28	90	274	90	74,000			

海膽型	大小	重量	比表面積	孔隙率	填充個數
	mm	kg/m³	m²/m³	%	pcs/m³
4"	96 x 42	65	122	93	3,500

皇冠型	大小	重量	比表面積	孔隙率	填充個數
	mm	kg/m³	m²/m³	%	pcs/m³
2"	56 x 46	57	100	94	7,500

雙十字型	大小	重量	比表面積	孔隙率	填充個數
	mm	kg/m³	m²/m³	%	pcs/m³
1.5"	40 x 40	98	168	89	15,000

雙十字圈型	大小	重量	比表面積	孔隙率	填充個數
	mm	kg/m³	m²/m³	%	pcs/m³
1.5"	38 x 38	75	145	92	15,000

不鏽鋼拉西環	大小	重量	比表面積	孔隙率	填充個數
	mm	kg/m³	m²/m³	%	pcs/m³
10x10~50x50	520~320	515~105	94~96	770,000~6,300	

● 取材：勝發塑膠

有刺梅花型	大小	重量	比表面積	孔隙率	填充個數	3" : KIBS
	mm	kg/m^3	m^2/m^3	%	pcs/m^3	
3"	75 x 29	41	97	95	6,800	

梅花型	大小	重量	比表面積	孔隙率	填充個數	3" KIB	2" R1	1.5" KIASO
	mm	kg/m^3	m^2/m^3	%	pcs/m^3			
3"	75 x 28	68	120	93	7,500			
2"	50 x 18	68	186	93	25,000			
1.5"	45 x 18	66	185	93	34,500			

雙星球型	大小	重量	比表面積	孔隙率	填充個數	4" K7-4	2" K7-2	1" K7-1
	mm	kg/m^3	m^2/m^3	%	pcs/m^3			
4"	98 x 90	47	136	95	1,500			
2"	51 x 45	71	155	93	13,500			
1"	32 x 28	90	274	90	74,000			

海膽型	大小	重量	比表面積	孔隙率	填充個數	4" K2-4
	mm	kg/m^3	m^2/m^3	%	pcs/m^3	
4"	96 x 42	65	122	93	3,500	

皇冠型	大小	重量	比表面積	孔隙率	填充個數	2" K6
	mm	kg/m^3	m^2/m^3	%	pcs/m^3	
2"	56 x 46	57	100	94	7,500	

雙十字型	大小	重量	比表面積	孔隙率	填充個數	1.5" K12-B
	mm	kg/m^3	m^2/m^3	%	pcs/m^3	
1.5"	40 x 40	98	168	89	15,000	

雙十字圈型	大小	重量	比表面積	孔隙率	填充個數	1.5" K12-A	1.5" K12-B
	mm	kg/m^3	m^2/m^3	%	pcs/m^3		
1.5"	38 x 38	75	145	92	15,000		
1.5"	40 x 40	98	168	89	15,000		

米格型	大小	重量	比表面積	孔隙率	填充個數	2" K39-A	1.3" K39-B	2" K39-C
	mm	kg/m^3	m^2/m^3	%	pcs/m^3			
2"	50 x 55	41	100	95	5,000			
1.3"	33 x 34	107	205	88	22,700			
2"K39-C	55 x 55	51	126	94	5,000			

E.2.4.6. Tower Packing

- 填充材料分類：拉西環 (Rashching)、PALL Ring、Improved PALL Ring、弧鞍、矩鞍、金屬環矩鞍、球形、規整填料、四氟填料 and 塑性填料。(取材：raschig-ring)

PALL Ring	Improved PALL Ring	PTFE PALL Ring	Raschig Ring	PTFE Raschig Ring
Hy pak	Metal Rashing Ring	PTFE Raschig Ring	SCMR	IMTP Ring
Saddle Ring	Nutter Ring	Tellerette Packing	Tri-Packs	Tellerette 2K
VSP Ring	`Mini Ring	Snowflajer Ring	Heilex Ring	PP Float Ball
PP Structure Tower Packing	Mellapack (wire Gauze packing)	Cerqmic Structure Tower packing	Perforated PlateCorrugated packing	Alumina Grinding Ball
Filter Nozzle	Demister Mist Eliminator	CeraMic Structure Tower Packing	C Ring	Trays

E.2.4.7. 綜合型錄

● GmbH & Co.KG 的產品提供廢氣處理設備、元件與軟體，
洗滌塔設備的每一個階段所需要另件之性能技術資料，詳細備載於其公司網站。
(取材：VFF. Catalog，https://vff.com/en/products.html)

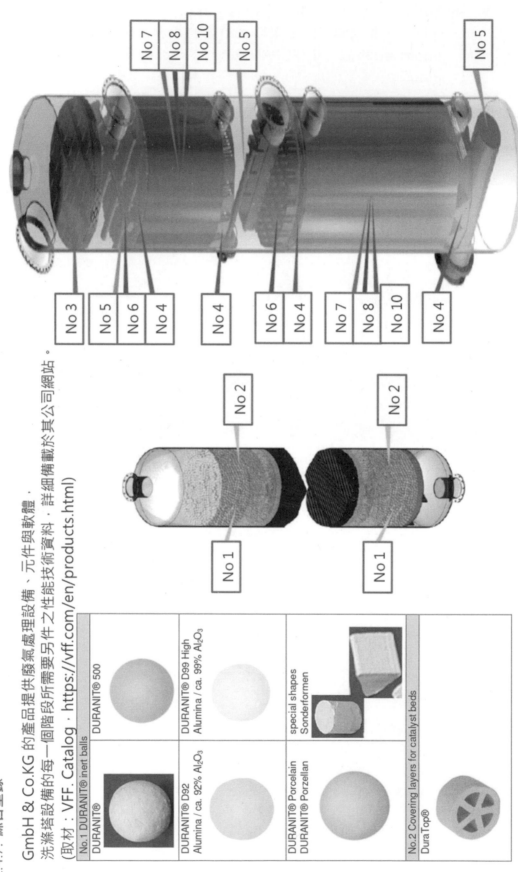

Column Internal / Tower Material

No 3. droplet separators / demisters

- droplet separators
- demisters

No 4. support plates / grids

- support grids (ceramic)
- hold down grid
- support grid (plastic)
- combined collector and support plate
- grid bar support system
- multi beam support plates

No 5. feed devices; gas / liquids

- gas sparger
- H-shaped feed device
- T-shaped feed device

No 6. liquid distrubutors / collectors

- orifice pan distributor
- pan type distributor with V-notched weir
- ring channel pan distributor with orifices and down pipes
- pan type distributor with gas risers
- deck type distributor
- deck type distributor with gas risers
- deck type distributor with down pipes
- trough distributors
- ladder pipe distributor
- trough distributor with orifices and down pipes
- liquid collectors

No 7. random packings made of plastic

- VSP®
- Igel®
- Novalox®-Saddle
- Pall®-Ring
- VFF-NetBall®

No 8. random packings made of metal

- VSP®
- Pall®-Ring
- Top-Pak®
- VFF-Twin-Pak®
- Novalox®-M
- Interpack®
- cylindrical ring

No 9. random laboratory packings

random laboratory packings made of ceramic and porous ceramic, metal, wire netting, glass or carbon

No 10. random packings made of ceramic

- Pall®-Rings
- Novalox®-Saddle
- Berl®-Saddle
- cylindrical ring
- VFF-Power-Pak®
- porous random packings
- transitional grid linings
- special shapes

E.2.5. 循環水系統

● 洗滌水的循環，依靠循環水泵流動，帶動酸類或鹼類的液體流動。因此接觸液體部分需要能夠耐酸或耐鹼的處理。
洗滌塔循環泵的種類分為，電動 (Vertical In line，Vertical Turbine)、氣動，依不同需求選用適當的水泵。

● 本節介紹業界常用的品牌，進口(Munsch)與國產(鈦城科技，....等)。加入研究水泵的分解圖，因為酸鹼泵液的洩露與腐蝕安全問題，其中軸封材料非常重要。

E.2.5.1. 循環水泵規格

● 循環水泵分為臥式與立式。立式泵為業界常用的一種型式。(Ex.) 泵的材料：

說明	Standard Material Range		
Pump casing	PP	PE-UHMW	PVDF
Casing cover	PP	PE-UHMW	PVDF
Pump shaft	Steel		
Impeller	PP	PE-UHMW	PVDF
Plain bearing	SSiC		
Secondary seals	FPM/EPDM		
Shaft protection sleeve	PP	PP	PVDF
Column pipe	PP	PP	PVDF
Suspension pipe	PP	PP	PVDF
Casing flange	PP	PP	PVDF
Sole plate	PP	PP	PVDF

葉輪：PE-UHMW 可供選擇（取決於泵送的流體），EPDM 或 Viton-PTFE 塗層。
PE-UHMW (Ultrahigh-molecular polyethylene) 超高分子量聚乙烯。

● 工作範圍性能曲線- 壓力與溫度

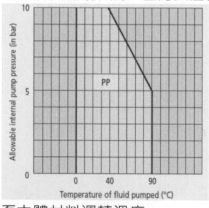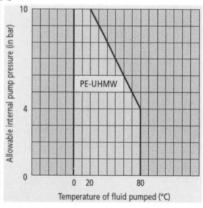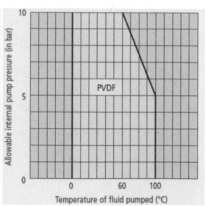

● 泵本體材料運轉溫度

材質		使用耐溫範圍
		(清水)
P-CFRPP	碳素纖維強化 PP	0 ~ 95℃
K-PVDF	聚氟乙烯	0 ~ 95℃
F-FRPP	纖維強化 PP	0 ~ 80℃
C-CPVC	耐溫 CPVC	0 ~ 80℃
S-SUS	SUS-316	---

E.2.5.2. 型錄-Munsch

- Munsch (進口泵) 循環水泵應在洗滌塔與MAU的水洗段常會看到此種泵 (Vertical Turbine)，運轉非常穩定+耐用，所以簡單介紹認識這品牌。
  其產品包含：臥式、立式包含。

臥式磁力驅動	Horizontal with Magnetic Drive
水平機械密封	Horizontal with Mechanical Seal
直立式迷宮式密封	Vertical with Labyrinth Seal
直立式機械密封	Vertical with Mechanical Seal
懸臂泵	Cantilever Pump

本節介紹直立式機械密封的循環水泵。詳細技術資料，請詢問供應商。

- (Ex.) 設計泵的性能規格

容量	[Q]	85 m³/h
揚程	[m]	18 m
NPSH$_{required}$	[m]	3.4 m (垂直安裝最深 ~1,600mm)
馬達	[IEC]	3P, 480V, 7.74 kW (60Hz / 50Hz)
流體密度	[kg/cm³]	1.000 kg/cm³
轉速	[rpm]	1,750 rpm
葉輪	[Φ]	215
型號	[Munch]	TNP 100-85-200

- 水泵揚程：H = 配管摩擦損失 + 落差 + 噴放壓力
  (Ex.)　H = 12m + 5m + 20m = ~37m
  計算理論與一般選泵相同，僅流體的密度不同。
  因為是酸、鹼的流體，其黏度不同會影響計算結果。詳細選機請供應商協助提供。

- 直立式水泵安裝模式

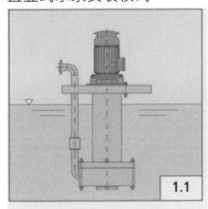

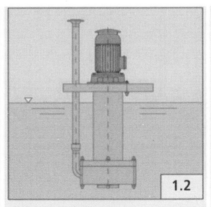

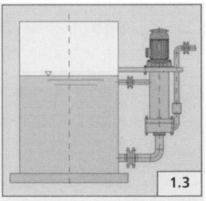

With flange and elbow, wet-end installation　　　With top flange, wet-end installation　　　With flange and elbow, dry-end installation

● 泵外部說明

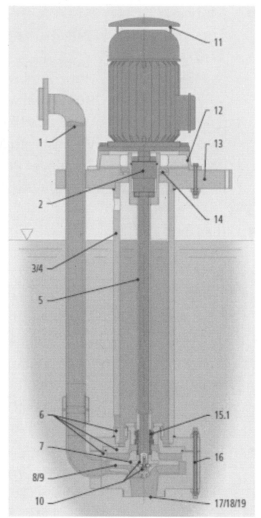

1	柱管 90°彎頭和法蘭;通過合適的管接頭連接,可使柱管和/或排放法蘭旋轉到幾乎任何位置。 選項:帶法蘭的柱管或符合客戶要求的設計。
2	電機軸直接連接泵軸。
3	最大設定深度 1,600 mm。
4	垂直設定深度可變,步長為 100 mm(標準);中間設定深度可能。
5	鋼軸採用實心塑料保護套。
6	蝸殼外殼,外殼蓋和由固體塑料製成的懸掛管:充足的磨損餘量,在化學侵蝕性和磨蝕性服務環境中的最大操作可靠性。
7	堅固的葉輪輪轂即使在高溫下也能確保塑料的穩定性。
8	採用最新數值方法的最佳液壓設計確保:由於 NPSH 要求低,部件機械振動最小,抗摩擦和滑動軸承使用壽命長,運行噪音最小,因此具有良好的吸入性能。
9	葉輪:可提供封閉式和半開式設計。
10	葉輪與軸相連,因此是雙向的,不受無意反向旋轉的影響。
11	標準化電機,框架式 V1 帶頂篷。
12	低於外部高度,底板下方結構緊湊; TNP 仍可安裝在傳統泵配置存在空間問題的地方。
13	圓底板;特殊的底板幾何形狀和底板,可根據要求提供額外的支撐法蘭(油箱蓋)。
14	非接觸式 10 型迷宮式密封件集成在底板中,可防止產品逸出到大氣中。它通常用於不涉及環境危害的服務環境中以及泵罐排氣時。
15	15.1:由 EKasic®C 製造的產品潤滑滑動軸承。這種先進的碳化矽不僅具有極強的耐磨性,而且幾乎對所有酸和鹼都具有耐受性。
	15.2:滑動軸承的外部沖洗源(可選):當泵送的流體裝有固體或趨於結晶時需要。
16	金屬螺釘連接(螺紋桿和螺帽)可靠地吸收最大的內部套管壓力。通過塑料塗層和帶 O 形圈的塑料蓋螺母實現防腐蝕,以防止與泵送的流體接觸。
17	吸濾器,
18	吸管長達 1,600 mm,
19	吸濾器和吸水管,
20	電機過載開關(未顯示)。

TNP Type　　　　　TPC-M Type

● 選機樣本 (取材：網路資訊)

<table>
<tr><td colspan="3">
Munsch Chemie-Pumpen GmbH
Im Staudchen
D-56235 Ransbach-Baumbach
Tel.: +49 (0) 26 23-8 98-90
Fax.: +49 (0) 26 23-8 98-95
http://www.munsch.de
</td><td colspan="2">**Data Sheet**
Munsch Chemical-Pump</td><td>MUNSCH</td></tr>
</table>

Data Sheet — Munsch Chemical-Pump

Serial-No's:　W52390-01

01	Customer: **SMS Siemag Process**	Designation: **Vertical Chemical Pump**	Quotation-No.: **P050148-05**
02	Customer-No.: **14469**	Type/ Size: **TNP-KL 65- 40-250**	Contact: **Richard Konradi**
03	Order-No.: **AT004307**	Main Material: **PP**	MUNSCH-Order-No.: **P632143** Pos.: **70**
04	Date: **10.10.2014**	Total setting depth: **2500.0 mm**	Quantity: **1**
05	Reference: **TEZCAN-CPL**		Revision: **00**　　of **2014.10.13**
06	Name: **Sump Pump**		
07	Customer-Item-No.: **10-P01**		

Site / Environment

08	Installation: **Indoor**	Altitude:	m	Site condition: **-**	
09	Details: **Wet installation**	Hazardous area: **-**		Ambient temperature min/max.:	/ °C

Liquid

10	Liquid: **Description**	Description: **Pickling Solution with max.**			
11	Components:	Solids: **Traces**		Operating temperature:	°C
12	1 **HCl** % **0-220 g/l**	Solid content: % g/l		Operat. temp. min/max:	/ **90.0** °C
13	2 **Fe** % **0-130 g/l**	Solid size: mm		Density:	**1.30** kg/dm³
14	3 % g/l	**SiO2 < 0,1% + Fe2O3 < 1%**		Vapour pressure:	bar
15	pH-value at top: min: max			Dynamic viscosity:	mPas

Operating conditions

16	Flow rated: **15.0** m³/h	Total head rated: **30.0** m		Design speed:	**1450** 1/min
17	Flow min./max.: / m³/h	Total head min./max.: m m		Rotation (1):	**cw**
18	Flow min.required: m³/h	Inlet gauge pressure: bar		Power consumption P:	**3.95** kW
19	NPSH available: m	Outlet gauge pressure: bar		Efficiency:	**40.4** %
20	NPSH required: **1.8** m	Differential pressure: **3.8** bar		Pmax at rated Impeller-ø:	kW
21	Frequency inverter operation: **-**			Pmax at max. Impeller-ø:	kW

Construction features

22	Flange connection: **DIN 2501, PN 16**	Impeller design: **closed**	Bearing lantern:	**LL 20**
23	Inlet flange: **DN 65**	Impeller-ø min./max.: **220.0 / 285.0 mm**	Bearing lubrication:	**Grease - lifetime**
24	Outlet flange: **DN 40**	Impeller-ø rated: **281.0** actual: **281.0 mm**	Radial bearing:	**6310 2Z C3**
25	Column pipe: **with elbow and flange**	Balancing hole(s): **-**	Sole plate:	**angular**
26	- Design: **left-right pipe union (with ring)**	Setting depth: **1600.0 mm**	Fixing holes:	**with**
27	Shaft sealing: **Labyrinth seal**	Flushing sleeve bearing: **medium**	Center to pump center:	**excentric**
28	Seal type: **MUNSCH Typ 10**	Flange connection flushing pipe: **-**	Remarks:	**-**
29	-	Flange design flushing pipe:	Support flange:	**-**
30	Intermediate bearing: **-**	Flushing / Rate / Pressure	Remarks:	**-**
31		Sleeve bearing: l/min **0.0** bar		

Accessories

32	Coupling: **Without spacer piece**	Suction strainer: **-** Length: mm	Earthing lug: **-**
33	Type: **Flender N-Eupex**	Suction pipe: **PP** Length: **900.0 mm**	Add. name plate: **Plastic**
34	Size: **B 95**	Suction str. basket: **-** Length: mm	Lifting device: **-**
35		Inlet: **with suction pipe**	UV-protection sole plate: **-**

Materials

36	Pump casing: **PP**	Secondary seals: **FPM**	Connecting bolts: **Stainless steel**
37	Casing cover: **PP**	Casing seal (O-ring): **FPM**	Bolts pump casing: **Steel/PVC-coated**
38	Impeller: **PP**	Impeller screw: **FPM**	Sole plate: **PP**
39	Pump shaft: **Steel**	Mechanical seal	Delivery suspension: **PP**
40	Shaft sleeve: **PP**	O-Ring dynamic (412.2): **-**	Casing flange: **PP**
41	Sleeve bearing: **SSiC / SSiC**	O-Ring static (412.3): **-**	Column pipe: **PP**
42	Stationary / rotating seal ring Product: **-**		

Driver

43	Delivery: **with motor**	Nominal power: **5.5** kW	Nominal current at 400 V: **11.4** A
44	- supplied by: **Customer**	Nominal speed: **1450** 1/min	Start-up current: A
45	- mounted by: **Munsch**	Frequency: **50** Hz	cos φ: **0.8**
46	Manufacturer: **Siemens**	Voltage: **400** V	Enclosure: **IP 55**
47	Standard: **IEC**	Thermistors: **-**	Insulation class: **F to B**
48	Hazard designation: **-**	VIK-design: **-**	Anticondensation heaters: **-**
49	Design: **IM V1 with canopy**	Efficiency class: **IE2**	Located bearing: **-**
50	Frame size: **132 S**		Sound pressure level: **64** db(A)

Painting specification

51	Painting on 2-component epoxy basis, 3 layers	Pump: **RAL 2003**	Coupling guard: **RAL 1003**
52	Total dry-film thickness: **130-150** μm	Motor: **RAL 7030**	

Special painting, special documentation and additional tests are possible upon request

Remarks:

(1) viewed from driver to pump　　(2) viewed from pump to driver　　Munsch Chemie-Pumpen GmbH 25.11.2014

Munsch Chemie-Pumpen GmbH
Im Staudchen
D-56235 Ransbach-Baumbach
Tel.: +49 (0) 26 23-8 98-90
Fax.: +49 (0) 26 23-8 98-95
http://www.munsch.de

Dimension Drawing
Munsch Chemical-Pump

Serial-No's: **W52390-01**

53	Customer:	**SMS Siemag Process**	Designation:	**Vertical Chemical Pump**	MUNSCH-Order-No.: **P632143**	Pos.: **70**
54	Order-No.:	**AT004307**	Type / Size:	**TNP-KL 65- 40-250**	Contact: **Richard Konradi**	
55	Reference:	**TEZCAN-CPL**	Main Material: **PP**		Quantity: **1**	
56	Name:	**Sump Pump**			Revision: 00	of **2014.10.13**
57	Customer-Item-No.:	**10-P01**			Nominal power: **5.5 kW**	Speed: **1450 1/min**

Dimension drawing

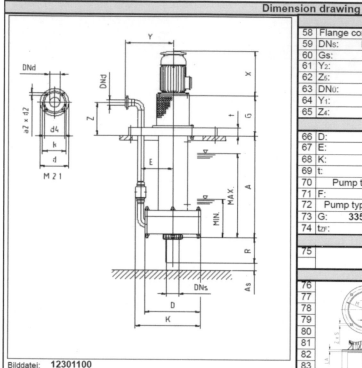

Bilddatei: **12301100**

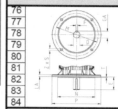

Bilddatei: **1730**

Connection dimensions

58	Flange connection:	**DIN 2501, PN 16**			
59	DN_S:	**DN 65**	DN_D: **DN 40**	h:	mm
60	G_S:		a_2: **4**	h_2:	
61	Y_2:	mm	d: **150.0 mm**	Y: **350.0 mm**
62	Z_5:	mm	d_2: **18.0 mm**	Z: **200.0 mm**
63	DN_0:	**-**	d_4: **88.0 mm**	
64	Y_1:	mm	k: **110.0 mm**	
65	Z_4:	mm		

Main dimensions

66	D:	**425.0 mm**	A: **1600.0 mm**	R: **900.0 mm**
67	E:	**245.0 mm**	A_S: **150.0 mm**	R_2: mm
68	K:	**485.0 mm**	MAX: **1500.0 mm**	R_3: mm
69	t:	**60.0 mm**	MIN: **270.0 mm**	R_4: mm
70	Pump type TNP		MIN: Liquid level when starting the pump (For further shift points, please refer to the operating manual)	R_5: mm
71	F:	mm		R_6: mm
72	Pump type TNP-KL			TNP / TNP-KL (AH)
73	G:	**335.0 mm**	A_{MIN}-A_{MAX}: mm	SA: mm
74	t_{ZF}:	**20.0 mm**	F_2: mm	

Special measures, remarks (pump)

| 75 | | | |

Motor

76		M: **265.0 mm**	F: **10.0 mm**
77		Z: **4**	GA: **41.0 mm**
78		S: **14.5 mm**	D: **38.0 mm**
79		N: **230.0 mm**	T: **4.0 mm**
80		P: **300.0 mm**	E: **80.0 mm**
81		X: **500.0 mm**	LA: **12.0 mm**
82		Q: **266.0 mm**	
83		Motor dimensions to european standard	
84			

Sole plate

85	Design: circular	Design: rectangular	Support flange
86	C: mm	M_1: **650.0 mm**	M_3: mm
87	a:	M_2: **600.0 mm**	M_4: mm
88	E_2: mm	N_1: **560.0 mm**	N_3: mm
89	LK: mm	N_2: **510.0 mm**	N_4: mm
90	p: mm	p_3: **14.5 mm**	p_4: mm
91	$\alpha 2°$: °	W_2: **275.0 mm**	t_2: mm
92			W_3: mm

Option Mechanical Seal (TNP-KL)

| 93 | α | **0.0 °** | SP_1: **0.0 mm** | |
| 94 | | | | |

Installation opening

95	B:	**460.0 mm**	b: mm	BSP_2: mm
96	BG:	**527.5 mm**	E_3: mm	BSP_3: mm
97	E:	**245.0 mm**	W_4: **215.0 mm**	B (AH): mm
98				L: mm

Option Flushing to plain bearing

99	Further Details :	Connection: -	Z_2: **0.0 mm**
100	attached sheet	SP_2: **0.0 mm**	h_3: **0.0 mm**
101	flushing to plain bearing	SP_3: **0.0 mm**	h_4: **0.0 mm**
		The flushing pressure must be 0,5 bar above the pump discharge pressure. The flushing medium used must be compatible to medium being handled and process . Please draw your attention to the instruction handbook.	

Special measures, remarks (sole plate)

| 102 | | | |

Weights

103	Pump:	**91.80 kg**	Bearing lantern:	**20.70 kg**
104	Motor:	**45.00 kg**	Intermediate flange:	**7.50 kg**
105	Coupling:	**2.60 kg**	Total weight:	**167.60 kg**

Dimensions

Length:	**3291.0 mm**	P2Plus 4.2
Width:	**560.0 mm**	Technical and dimensional details may be
Height:	**650.0 mm**	subject to changes.

(1) viewed from driver to pump   (2) viewed from pump to driver

Munsch Chemie-Pumpen GmbH 25.11.2014

E.2.5.3. 型錄-鈦城

● 泵驅動流體比重分：比重1.1以下(洗滌塔採用規格)，比重1.4以下(化學品輸送)。
立式安裝方式有槽內與槽外，可依需求選用。注意事項：安裝於水槽外應注意管線與水泵洩漏時會漏到洗滌塔本體外。(取材：鈦城科技)

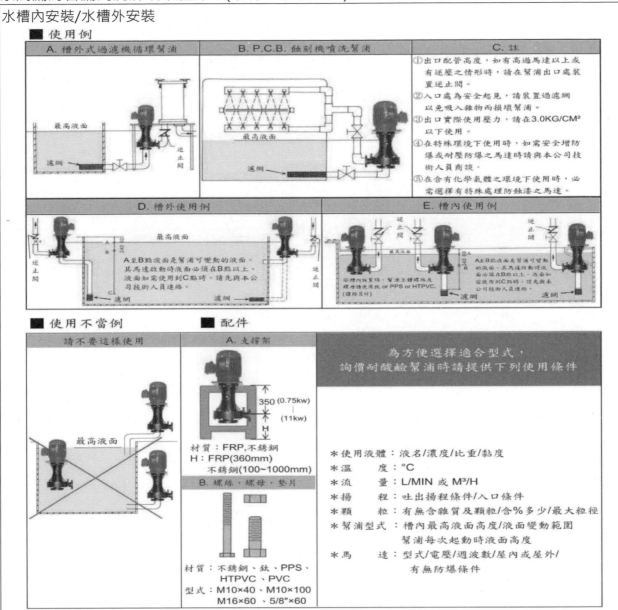

葉輪：泵的重要技術與零件。葉輪與幫浦主體各自獨立，鈦城設
計有 1.5mm~2.0mm 的空隙，於運轉時沒有摩擦發熱點。

水泵主要的材料種類：

PP	聚丙烯
PE-UHMW	超高分子量聚乙烯
PVDF	聚偏二氟乙烯
SSiC	高純度碳化矽
FPM	氟橡膠
EPDM	乙烯丙烯二烯彈性體
PTFE	聚四氟乙烯

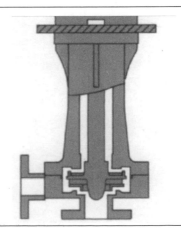

● 泵分解圖

零件名稱說明					外觀圖

<table>
<tr><th>號碼</th><th colspan="2">零件名稱</th><th>個數</th><th>材質</th></tr>
<tr><td>1</td><td>長軸馬達</td><td>Long Shaft Motor</td><td>1</td><td>FC</td></tr>
<tr><td>1-1</td><td>馬達機座</td><td>Mounting</td><td>1</td><td>TDA：FC；
TDB：Plastic</td></tr>
<tr><td>1-2</td><td>螺絲</td><td>Bolt</td><td>4</td><td>SUS</td></tr>
<tr><td>2</td><td>軸心</td><td>Shaft</td><td>1</td><td>SUS</td></tr>
<tr><td>3</td><td>銷子</td><td>Key</td><td>1</td><td>SUS</td></tr>
<tr><td>4</td><td>液封蓋</td><td>Seal Case</td><td>1</td><td>FRPP</td></tr>
<tr><td>5</td><td>液封環</td><td>Seal Case Ring</td><td>1</td><td>Ceramic</td></tr>
<tr><td>6</td><td>O 環</td><td>O Ring</td><td>1</td><td>Viton、EPDM</td></tr>
<tr><td>7</td><td>乾式液封</td><td>Vapor Seal</td><td>1</td><td>Viton、EPDM</td></tr>
<tr><td>8</td><td>螺絲</td><td>Bolt</td><td>1</td><td>SUS、Ti</td></tr>
<tr><td>9</td><td>軸固定套</td><td>Seal Holder</td><td>1</td><td>FRPP</td></tr>
<tr><td>10</td><td>幫浦主體</td><td>Pump Column</td><td>1</td><td>CFRPP、PVDF、FRPP、CPVC</td></tr>
<tr><td>11</td><td>螺絲</td><td>Bolt</td><td>8</td><td>SUS、Ti</td></tr>
<tr><td>12</td><td>O 環</td><td>O Ring</td><td>1</td><td>Viton、EPDM</td></tr>
<tr><td>13</td><td>螺絲</td><td>Bolt</td><td>1</td><td>HTPVC、FRPP</td></tr>
<tr><td>14</td><td>螺絲‧螺母</td><td>Bolt‧Nut</td><td>8</td><td>SUS、Ti、PPS</td></tr>
<tr><td>15</td><td>O 環</td><td>O Ring</td><td>2</td><td>Viton、EPDM</td></tr>
<tr><td>16</td><td>葉輪軸套管</td><td>Impeller Sleeve Pipe</td><td>1</td><td>CFRPP、PVDF、FRPP、CPVC</td></tr>
<tr><td>17</td><td>葉輪</td><td>Impeller Sleeve Pipe</td><td>1</td><td>CFRPP、PVDF、FRPP、CPVC</td></tr>
<tr><td>18</td><td>O 環</td><td>O Ring</td><td>1</td><td>Viton、EPDM</td></tr>
<tr><td>19</td><td>葉輪螺母</td><td>Impeller Nut</td><td>1</td><td>CFRPP、PVDF、FRPP、CPVC</td></tr>
<tr><td>20</td><td>O 環</td><td>O Ring</td><td>1</td><td>Viton、EPDM</td></tr>
<tr><td>21</td><td>幫浦前蓋</td><td>Pump Casing</td><td>1</td><td>CFRPP、PVDF、FRPP、CPVC</td></tr>
<tr><td>22</td><td>空氣閥</td><td>Air Valve</td><td>1</td><td>CFRPP、PVDF、FRPP、CPVC</td></tr>
<tr><td>23-1</td><td>O 環</td><td>O Ring</td><td>1</td><td>Viton、EPDM</td></tr>
<tr><td>23-2</td><td>墊片環</td><td>Valve Packing</td><td>1</td><td>Viton、EPDM</td></tr>
</table>

外觀圖

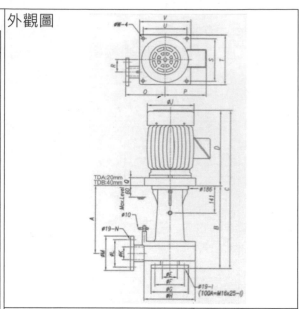

分解圖TDA：標準。TDB：馬達座塑鋼。

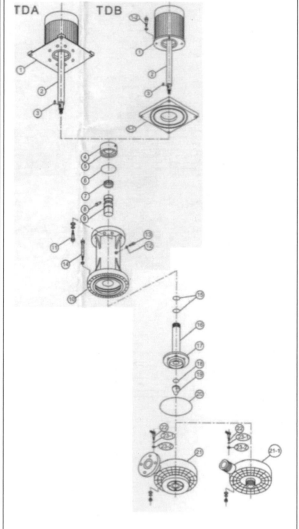

E.2.5.4. 循環管線

● 酸/鹼類洗滌塔的循環水管線常用的有PVC、PP與PVDF (PVDF 單價高，且系統僅是廢水的循環，很少用PVDF)，設計者依排氣的成份、填充材的材質與運轉溫度決定配管材質，一般PVC材料都堪用。有關塑料材質配管，參考本書系列的配管材料 PP 章節。

● 但有機類可選用金屬管 SUS-304、SUS-304L、SUS-316，SUS-316L，....等。

E.2.5.5. 循環水流量計

● 洗滌塔的為確認循環水量的充足，會安裝循環水的流量計。
流量計大致分為：(1) 面積式流量計-現場直讀、(2) 流量傳訊器-中控監視。本節說明機械式的流量計。詳細資料參考本章-控制儀表的介紹。
本節說明主要，取材：欣原精機

● 面積式流量計 (Area Formula，又稱為 variable area flowmeter)。
(1) 優點

1.	工作原理	透明錐形管內有一個浮子，這浮子被水流向上推。 隨著浮子上升，更多的流體從錐管內壁和浮子之間逸出，浮子停在升力和重量平衡的位置，這個位置代表流量。 浮子本身充當指針，不需要額外的顯示機制。
2.	結構簡單	錐形管和浮子
3.	不需要直管	管道中的流速分佈不影響測量精度，不需要上、下游直管。
4.	無需電源	現場指示不需要電源，使用的是流動的能量。
5.	測量種類	應用範圍，包括液體、氣體、蒸汽和漿液。 當溫度下降時凝固的液體也可以通過用蒸汽夾套使錐形管保持溫暖來測量。
6.	微小的流量	通過使錐管變細，降低上下錐度比，或使浮子變輕，可以測量極小的流量
7	流量範圍廣	流量計所能測量的最大流量與最小流量之比約為 10：1。 錐形管和浮子的選擇可以顯著改變流量範圍。
8.	耐異物污染	即使浮子上沾有灰塵，如果浮子上升，與錐形管的間隙就會變大，灰塵就會流走。

(2) 缺點

1.	安裝方式	使用浮漂的重量，它不能採取垂直以外的方式。
2.	流體密度	當體積流量流體的密度 (流體、濃度、黏度、密度，...) 發生變化時，作用於浮子的浮力受到影響，浮子的位置發生變化。 即使體積流量不變，流量指示也會發生變化。 特別要注意氣體的密度隨溫度和壓力變化很大。
3.	口徑限制	面積型流量計不能做得很大。尺寸 50mm~150mm。 對於小直徑，它可以薄到幾毫米。
4	浮動問題	浮子的污垢、磨損、腐蝕等大部分故障都是由浮子引起的，浮子是唯一的運動部件。 如果液體湧入空管，浮子會猛烈撞擊上塞並損壞內部。
5.	磁性異物	如果是金屬制錐形管，浮子內置磁鐵，會吸附管內的鐵鏽等。 如果流體中含有大量磁性異物，則需要在上游側安裝磁性過濾器。

(3) 流量計規格

Range	H₂O(max.)	AIR(max.)	Dimension			
Size	cmh	cmh	L [mm]	H [mm]	A [mm]	F [inch]
10A	0.006~0.06	1.2~12	260	150	90	3/8
15A	0.018~0.18	0.48~4.8	260	150	95	1/2
18A	0.06~0.6	1.2~12	260	150	95	1/2
20A	0.12~1.2	1.8~18	340	200	100	3/4
25A	0.3~3	6~60	340	200	125	1
32A	0.6~6	12~120	340	200	135	1 1/4
40A	1.2~12	2.1~210	340	200	140	1 1/2
50A	2.4~24	30~300	340	200	155	2
65A	3.6~36	36~360	340	200	175	2 1/2
80A	4.8~48	54~540	410	250	185	3
100A	6~60	90~900	430	250	210	4

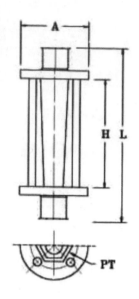

(4) 浮子的形式：浮標指示為浮標最大外徑經最上端所對照流量管之刻度

紡錘型　　　　錐型　　　　球型　　　　工字型

桿型　　　　桿型　　　　磁環型　　　　指針型

(5) 注意事項

材質	外殼 Body	SUS304．SUS316．PVC．PP．CS
	浮球 Float	SUS304．SUS316．PVC．PP．Telfon
	流管 Tube	Glass．PC
	Seal	neoprene．viton．telfon
溫度		0℃~100℃ (隨材質而定 Depends on material)
壓力		1~6kg/cm² (隨材質而定 Depends on material)
安裝		流量計直管部份，應有下列的長度：10D - 5D 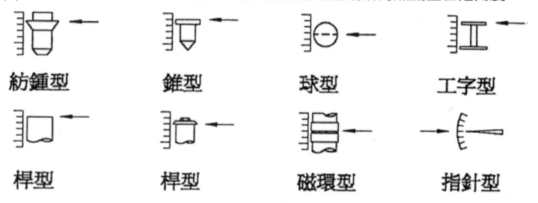 L₁ = 10D，L₂ = 5D。D：配管尺寸

計量流量計裝設時，管內充滿著水，出口處位置必須高於流量計入口處的高度。
水管內積留有空氣，流量計容易在空氣中空轉，使軸承部份容易磨損。
設備請於每年送回原廠測試校正一次。

E.2.6. 噴頭

● 噴頭實務上的應用有農業(噴藥)、工業(噴釉、噴潤滑油)、消防(撒水、水霧)、機電應用，.....等，本章研究噴頭在機電上的應用。

● 噴頭應用在機械與空調系統有：
(1) 澆灌系統 (Irrigation)、
(2) 加濕噴頭 (環境加濕用) 與去除 AMC (詳本書空調篇-加濕章節)、
(3) 洗滌塔的噴水噴頭，.....等。

● 本節介紹的方向是製程廢氣處理用的洗滌器內部用噴頭，其他系統的噴頭性能詳各系統說明。

E.2.6.1. 噴頭設計

● 選擇噴嘴的3個條件

噴霧條件	噴霧角度、粒子大小、噴霧形狀
作業條件	流量、壓力、衝擊力
使用液體/氣體的條件	比重、黏度、溫度、表面張力、侵蝕性

● 噴嘴材料與壽命

噴嘴材料	磨損壽命
黃銅	黃銅壽命長 1 單位。
塑料	比黃銅壽命長 2 ~ 3 倍。
不銹鋼	比黃銅壽命長 4 ~ 6 倍。
陶瓷	比黃銅壽命長 20 ~ 50 倍。

依據不同的廢氣選用適當的材料。

● 噴頭材料耐熱

Material		Temp. Rating		Material		Temp. Rating	
Description	說明	°F	°C	Description	說明	°F	°C
Brass	黃銅	450	232	PTFE	PTFE	300	149
L.C. Steel	L.C. 鋼	400	204	PVDF	PVDF	245	118
304 / 304L	304	800	427	PVC	PVC	135	57
316 / 316L	316L	800	427	CPVC	CPVC	180	82
416	416	800	427	Polypropylene	聚丙烯	155	68
Nickel Alloy C22	鎳合金 C22	2,000	1,093	UHMW	UHMW	180	82
Nickel	鎳	650	343	Polyurethane	聚氨酯	176	80
Titanium	鈦	900	482	ABS	ABS	155	68
SNBSC ceramic	SNBSC 陶瓷	3,000	1,649				
RBSC ceramic	RBSC 陶瓷	2,500	1,371				

- 噴頭距離 (取材：Virginia Tech)

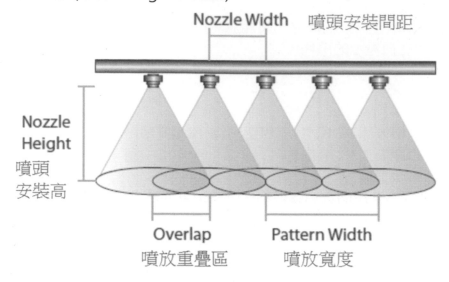

- 噴放的形狀 (取材：系統噴霧有限公司)

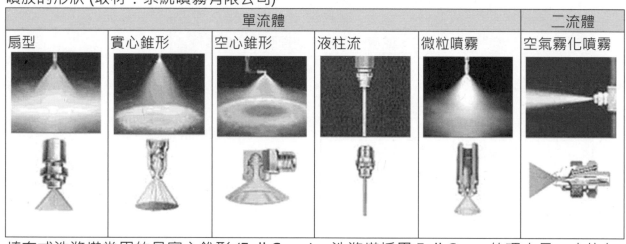

單流體					二流體
扇型	實心錐形	空心錐形	液柱流	微粒噴霧	空氣霧化噴霧

填充式洗滌塔常用的是實心錐形 (Full Cone)。洗滌塔採用 Full Cone 的理由是，水均勻分布，因此避免填充材的壁流和溝流現象。

- 噴頭的Cv效果-水霧流量分佈

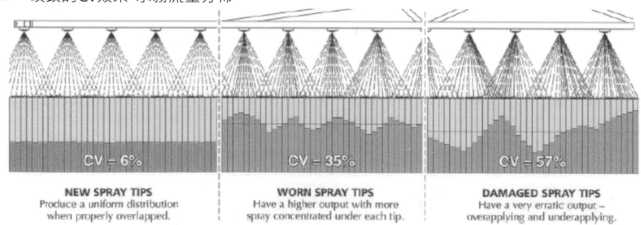

- 最小噴霧高度 (建議值，依各製造商不同，詳細資料詢問供應商)

噴頭的流量： 流量、壓力關係	$\dfrac{lpm_1}{lpm_2} = \dfrac{\sqrt{Bar_1}}{\sqrt{Bar_2}}$	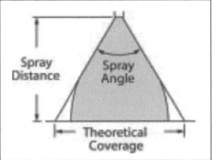
噴放的水滴： 大小、壓力關係	$\dfrac{d_1}{d_2} = \sqrt[3]{\dfrac{p_2}{p_1}}$	

- 全錐形噴嘴 (Full Cone Nozzles)。(取材：BETE 型錄)

△	△50 cm△	△75 cm△	△100 cm△ (cm)
65°	75	100	NR*
80°	60	80	NR*
110°	40	60	NR*
120°	40	60	75
120°	40	60	75

60°, 90°, 120° Metal

- 噴霧以錐形形狀從噴嘴噴出，液體分散在錐體內部。當噴霧與表面相交時，形成一圈噴霧，其中存在液體。螺旋噴嘴的完整錐形圖案由幾個同心空心錐組成，這些錐形結合起來產生具有較小液滴尺寸的完整錐形效果。

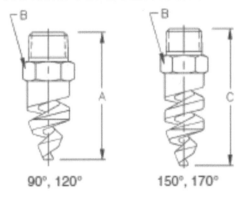

90°, 120°   150°, 170°

- BETE -TF 噴放圖

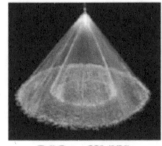

Full Cone 60° (NN)

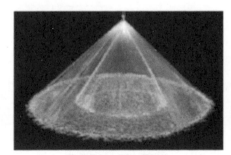

Full Cone 90° (FCN)

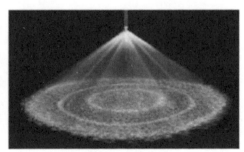

Full Cone 150°/170°

E.2.6.2. 噴頭性能資料

● 性能資料 (取材：BETE – TF)．TF Full Cone Flow Rates and Dimnesions

Full Cone · 60° (NN) · 90° (FCN or FFCN) · 120° (FC or FFC) · 150° and 170° Spray Angles · 1/8" to 4" Pipe Size · BSP or NPT

內牙規格	噴頭型號	Available Spray Angle					K Factor	LPM @ Bar					(2) PTFE. (3) 金屬			近似(mm)		Dim. (mm) for Metal Only*			Wt. (g) 60°、90°、120°	
		60°	90°	120°	150°	170°		0.5	0.7	1	2	3	5	10	20	Orif. Dia.	Free Pass Dia.	A	B	C	金屬	塑料
								Bar					Bar	Bar								
1/8	TF6	60°	90°	120°	150°	170°	3.19	2.26	2.67	3.19	4.5	5.5	7.1	10.1	14.3	2.38	2.38	42.9	14.3	42.9	28	6
	TF8	60°	90°	120°	150°	170°	5.93	4.19	4.96	5.93	8.4	10.3	13.2	18.7	26.5	3.18	3.18			55.6		
1/4	TF6	60°	90°	120°	150°	170°	3.19	2.26	2.67	3.19	4.5	5.5	7.1	10.1	14.3	2.38	2.38	47.6	14.3	47.6	35	6
	TF8	60°	90°	120°	150°	170°	5.93	4.19	4.96	5.93	8.4	10.3	13.2	18.7	26.5	3.18	3.18			60.3		
	TF10	60°	90°	120°	150°	170°	9.12	6.45	7.63	9.12	12.9	15.8	20.4	28.8	40.8	3.97	3.97					
3/8	TF6	60°	90°	120°	---	---	3.19	2.26	2.67	3.19	4.5	5.5	7.1	10.1	14.3	2.38	2.38	47.6	17.5	60.5	46	7
	TF8	60°	90°	120°	---	---	5.93	4.19	4.96	5.93	8.4	10.3	13.2	18.7	26.5	3.18	3.18					
	TF10	60°	90°	120°	---	---	9.12	6.45	7.63	9.12	12.9	15.8	20.4	28.8	40.8	3.97	3.18					
	TF12	60°	90°	120°	150°	170°	13.70	9.67	11.4	13.7	19.3	23.7	30.6	43.2	61.1	4.76	3.18					
	TF14	60°	90°	120°	150°	170°	18.50	13.1	15.4	18.6	26.1	32.0	41.3	58.4	82.6	5.56	3.18					
	TF16	60°	90°	120°	150°	170°	24.20	17.1	20.2	24.2	34.2	41.8	54.0	76.4	108	6.35	3.18					
	TF20	60°	90°	120°	150°	170°	37.60	26.6	31.5	37.6	53.2	65.1	84.1	119	168	7.94	3.18					
1/2	TF24	60°	90°	120°	150°	170°	54.90	38.8	46.0	54.9	77.7	95.1	123	174	246	9.53	4.76	63.5	22.2	77.7	85	14
	TF28	60°	90°	120°	150°	170°	75.20	53.2	62.9	75.2	106	130	168	238	336	11.1	4.76					
3/4	TF32	60°	90°	120°	150°	170°	95.7	67.7	80.1	95.7	135	166	214	303	428	12.7	4.76	69.9	28.6	88.9	156	25
1	TF40	60°	90°	120°	150°	170°	153	108	128	153	216	264	341	483	683	15.9	6.35	92.1	34.9	111	241	71
	TF48	60°	90°	120°	150°	170°	217	153	181	216	306	375	484	685	968	19.1	6.35					
1 1/2	TF56	60°	90°	120°	150°	170°	294	208	246	294	416	509	667	930	1320	22.2	7.94	111	50.8	137	624	120
	TF64	60°	90°	120°	150°	170°	385	272	322	385	545	667	861	1,220	1,720	25.4	7.94					
	TF72	60°	90°	120°	150°	170°	438	309	366	438	619	758	978	1,380	1,960	28.6	7.94			143		
2	TF88	60°	90°	120°	150°	170°	638	451	534	638	902	1,110	1,430	2,020	2,850	34.9	11.1	143	63.5	175	130	227
	TF96(1)	60°	90°	120°	150°	170°	806	570	674	806	1,140	1,400	1,800	2,550	3,600	38.1	11.1	176	63.5	178	1,530	255
3	TF112'	60°	90°	120°	150°	170°	1,170	825	976	1,170	1,650	2,020	2,610	3,690	5,220	44.5	14.3	219	88.9	235	3,230	567
	TF128(1)	60°	90°	120°	150°	170°	1,550	1,090	1,290	1,550	2,100	2,680	3,460	4,891	6,920	50.8	14.3					
4	TF160(1)	60°	90°	120°	---	---	2,390	1,690	2,000	2,390	3,380	4,140	5,350	7,570	10700	63.5	15.9	257	114	---	4,790	765

Note：	
(1) 三轉噴嘴	
(2) 不建議在粗線以上的壓力下使用 PTFE-粗線範圍內。	
(3) 僅在壓力高於儲存格為灰階底色時為金屬	
(4) Flow Rate (l/min) = K √ bar	
(5) Standard Materials：Brass, 316 Stainless Steel, PVC, Polypropylene, and PTFE (Poly. not available for TF6 thru TF10).	
(6) **60° nozzles slightly longer; call BETE for details	

● 性能資料 (取材：Lorric 和旺昌噴霧股份有限公司)

噴角	流量代碼	牙口尺寸				壓力 (kgf/cm²) 對應流量 (lpm)							異物通過徑 mm	等效口徑 mm
		1/4"	3/8"	1/2"	3/4"	0.5	0.7	1	2 kgf/cm²	3	4	5		
120°	4.5	v				2.25	2.66	3.18	4.5	5.51	6.36	7.12	1.55	2.38
120°	12.8	v				6.4	7.57	9.05	12.8	15.7	18.1	20.2	2.53	3.97
170°	52.7		v			26.4	31.2	37.3	52.7	64.5	74.5	83.3	3	7.94
170°	105			v		52.5	62.1	74.2	105	129	148	166	4.75	11.1
170°	134				v	67	79.3	94.8	134	164	190	212	4.75	12.7

● 圖示

UPVC　　PEEK

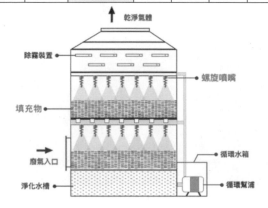

E.2.7. 洗滌器感測器

● 控制洗滌塔內的水質感測器有 (1) pH、(2) ORP、(3) 導電率。

E.2.7.1. pH 感測器

● pH值對水處理系統是非常重要的指標，pH值低的液體易造成設備的腐蝕而pH值高時，則易形成結垢，pH值對碳酸鈣結垢的重要性更甚於硬度和鹼度，對矽石(Silica)溶解度也有很明顯的影響。

● 洗滌塔的酸檢設定

Type	設定	
	PH	導電度
AEX	PH 8 ~ 9	2.5 ~ 3.0 ms
AKX	PH 5 ~ 6	2.5 ~ 3.0 ms

pH 感測器用於酸/鹼排氣時檢測中的酸/鹼值，指揮加藥系統起停的運轉。

E.2.7.2. 氧化還原感測器

● 化學反應中產生價電子轉移的現象。若以氧化數判斷，(1) 有元素產生 (2) 反映後1個變2個。酸鹼中合沒有電子數的變化，所以不是氧化還原。

(1) 氧化反應	失去電子的反應，原子在反應後，氧化數增加。
(2) 還原反應	得到電子的反應，原子在反應後，氧化數減少。

$Zn_{(s)} + Cu^{+2}_{(aq)} \rightarrow Zn^{+2}_{(aq)} + Cu_{(s)}$
$Zn_{(s)}$ ：失去電子，氧化。
$Cu^{+2}_{(aq)}$：得到電子，還原。

無法量測/鹼排氣時檢測中的酸/鹼值，則採用 ORP 替代，指揮加藥系統起停的運轉。

E.2.7.3. 導電率感測器

● 導電係指物質讓電流通過之能力，固體中電流係藉電子傳導，溶液則由陰陽離子之移動而產生電流，因離子移動速率隨溫度升高而變快，故導電隨溫度升高而增加。
Note 翻譯不同意思相同：導電率=電導率。

● 水中所含成份不同時，其導電度之溫度效應亦有所差異，對於一般水體而言，水溫每增加1℃則導電度增加約1.9%。導電度計均具溫度測定及補償功能，故可將不同溫度下之測值換算為25℃值。單位換算：1 ms/cm = 1,000 µS / cm = 0.1 S/m

超純水(絕對純水)	0.055 µS/cm
蒸餾水	0.5 µS/cm
山泉水	1 µS/cm
自來水	550 ~ 800 µS/cm
一般飲用水	≤ 1055 µS / cm (數值越小，水純度越高)
海水	56,000 µS/cm
鹽水	100,000 µS/cm

E.2.8. 加藥系統

● 加藥 (Dosing System) 的化學反應：目的是酸、鹼的中和。
HCl + NaOH → NaCl + H_2O
酸排氣-循環水箱設定 pH 8 (pH7~9)，鹼排氣-循環水箱設定 pH6 (pH4~7)。

E.2.8.1. 加藥量計算

● **[Ex]** 污染物 HCl，
Actual Flow：處理風量 HCl 風量 46,117 cmh，濃度 20ppm。求加藥量 NaOH

● [Ans] ppm = 1mg/kg = 0.000001 kg/kg
污染物濃度 20 ppm = 0.000001 kg/kg * 20 (ppm) = 0.00002 kg/kg
HCl 分子量：H = 1g，Cl = 35.5g，1 mole HCl = 36.5g，36.5 kg/kmole
單位換算：22.4 l/mole = 22.4 m^3/kmole

HCl mole 流量 (污染量)：
Q_{cmh} x ppm 污染物 x 分子量污染物 / 單位換 22.4m3/kg-mole
= 46117 (cmh) x 36.5 (kg/kmole) x 0.00002 (kg/kg) / 22.4 (m^3/kmole)
= 0.041 kmole/hr

NaOH 消耗量：
化學反應：1 mole HCl 需要 1 mole NaOH
NaOH 分子量：Na=23g，O=16g，H=1g。1 mole = 40g。40 kg/kmole。
NaOH 100.0% 濃度：40 (kg/kmole) x 0.041 (HCl kmole/hr) = 1.65 kg/hr。
NaOH 20.0% 濃度：1.65 (kg/hr) ÷ 20% = 8.24 kg/hr = 6.8 m^3/hr。
20% 的 NaOH 比重 = 1.21 kg/m^3。
(亦有採用高濃度 NaOH 45%，本題目的介紹是如何計算、換算不同濃度比例))

E.2.8.2. 加藥機

● 加藥機依容量大小選用，有電動與氣動的型式。與一般水泵不同的是與流體接觸的部份屬於有耐酸、鹼的材質。
● 介紹常用的加藥機 (微量加藥)

ProMinent 電磁閥隔膜計量泵 (計量精準、價格貴)	斜磁 (計量準、價格便宜) 磁立驅動無軸封	弓海：定量泵
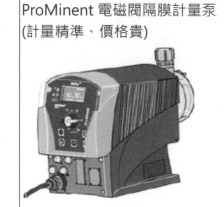		

- 需要大傳送量時多採用氣動驅動隔膜泵，又稱氣動隔膜泵(pneumatic diaphragm pump)或氣動雙隔膜泵(Air Operated Double Diaphragm Pump)。(取材：伸機貿易)

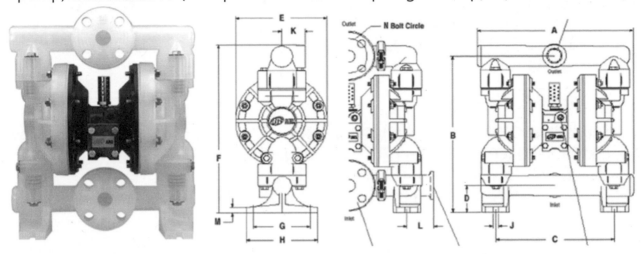

E.2.8.3. 配管工程

- 補充藥劑是高濃度的化學品，一般都採用雙套管方式，防止洩漏造成工安事件。
  供藥劑內管 PFA，外管 CPVC。

E.2.8.4. 加藥桶槽

- 加藥桶槽的材質有PP、FPR，......等，承商需依照規範製造。

  加藥桶槽的組成元件有：
  本體，液位標示管 (可看出藥品的水位高)，通氣管，排放閥或聯通閥，加藥孔，維修孔，維修步道，......等。

E.2.8.5. 防溢槽

- 防溢槽的功能：防止加藥槽損壞，化學品洩漏到外部，其容量至少能夠容納加藥槽的儲存容量。

  一般防液槽與加藥槽間需設維修走道，方便檢查人員及補充藥品時為人身的安全使用。

- 施工完成後需作滿水試驗，檢查是否有洩漏。

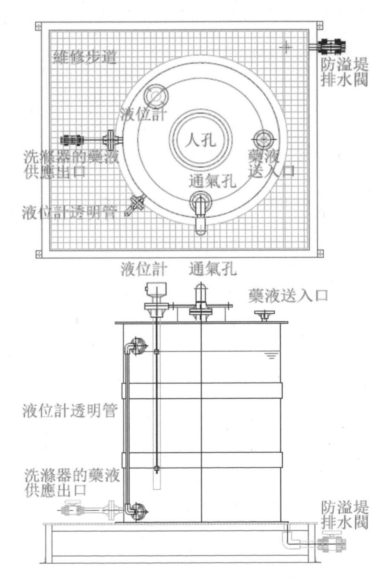

E.2.9. 補給水

● 運轉的洗滌塔一段時間後，產生結晶的鹽類，當鹽的濃度過高時會影響處理效率，因此需要做排水補充新的潔淨水。
排水時機：結晶鹽濃度超過 x%時，開始排水 (一般設定 x = 3 ~5%)。同理，排水就須補給水等同量。

E.2.9.1. 補給水量計算

● 以例題說明 (1) 排水量計算、(2) 補水量計算
● (Ex) HCl + NaOH → NaCl + H_2O，1 mole NaCl 的排水量
    (1) 已知 HCl 的流量 0.041 kmole/hr，求排水量。
    (2) 已知 風量 46,117cmh，溫度 23℃，濕度 55%rh，求補水量。

● (Ans 1) 排水量計算
化學平衡：1 mole HCl 產生 1 mole NaCl
NaCl 分子量：Na = 23g，Cl = 35.5g。58.5 kg/kmole

結晶鹽濃度超過 5%時，開始排水。
塩濃度過高時的排水量：58.5 (kg/kmole) * 0.041 (kmole/hr) * 5% =0.12 kg/hr
結晶鹽產生量 NaCl 比重 $2.17g/cm^3$，水比重 At 20℃, 25% 1,000 liter/kg。
排水量：0.12 kg/hr * 1,000 liter/kg ÷ 60 = 2.01 liter/min。

● (Ans 2) 補水量計算
補充水水量 = 排水量 + 逸散損失
入口風的含水量 (溫度 23℃，濕度 55%rh)   0.0177 kg/kg (查空氣線圖)
出口風的含水量 (溫度 25℃，濕度 100%rh) 0.0201 kg/kg (查空氣線圖)
逸散水量-未經 Demister 阻擋：0.0201 kg/kg - 0.0177 kg/kg = 0.0024 kg/kg
逸散損失：假設 Demister 去除率 95%：Q_{cmh} x D 乾空氣密度 x 逸散水量 x Demister Eff
=46,117(cmh)*1.193(kg/cm^3)*[0.02(kg/kg)*0.95(eff)]=6.6 kg/hr=110.0 liter/min

● 塩濃度過高時的補水量=排水量+蒸發損失=2.01[l/min]+110.0[l/min]=112.04[l/min]

E.2.9.2. 配管工程

● 補給水管的材質有PVC或不銹鋼，依業主與線廠環境需求使用。不銹鋼的目的不易破損、踏壞。

● 補給水的水質，一般採用自來水或回收水。採回收水時，應注意水質符合要求，不能有太多雜質影響加藥的品質。補給水的水質標準：

BOD	< 50 mg/l
COD	< 100 mg/l
SS	< 50 mg/l
Conductivity	< 1,000 µS/cm

- 各類型水的：導電度

自來水	350μS/cm。
RO	10μS/cm。
UPW	0.066 μS/cm 以下

比阻抗值 [MΩ·cm] = (1÷ 導電率) [μS/cm]

單位換算：at 25℃ 比阻抗值 1MΩ·cm = 導電率 1 μS/cm。

[例如] 純水：比阻抗值 18.23 MΩ·cm at 25℃會等於導電率 0.055 μS/cm at 25℃。

[Ans.]比阻抗值 = (1÷ 導電率) = 1 ÷ 18.23 = 0.05484

E.2.9.3. 洗滌塔排水

- 酸/鹼配管排水，除非特別說明是特殊廢水，一般採用 PVC管Sch40 或 Sch80。
洗滌塔排水的排水一般會排放到廢水處理系統，需要澄清銜接位置，並且注意排水坡度。需注意排放距離太遠時的排水坡度，必要時設置 PCVC 透明管了解排放狀態，並設置清潔口與通氣管方便維修。

- 有機排水需採用不銹鋼管，不建議採用PVC塑膠類管。

- 排水基準是依導電度高時，表示水溶液的濃度高需要排放，再加入乾淨水循環。

- 排水流量計：
必要時需要配置流量計-監控排放水量的狀況。流量計的安裝與補水相同。現場系統亦可能多台的設備排放，因此尺寸較大。

大口徑流量計 (取材：欣原精機)

Size		流量範圍	安裝說明
公制	英制	cmh	
50mm	(2")	5~16	(1) 水平安裝，保護大口徑流量計，一次側安裝過濾器
65mm	(2 1/2")	6~30	(2) 直管距離 10D - 5D
75mm	(3")	6~40	(3) 計量流量計裝設時，管內皆充滿著水，其出口處之位置必須高於流量計之入口處的高度。
100mm	(4")	8~80	
125mm	(5")	17~150	(4) 水管內積留有空氣，流量計容易在空氣中空轉，使軸承部份容易磨損。
150mm	(6")	20~188	
200mm	(8")	23~240	(5) 設備請於每年送回原廠測試校正一次。
250mm	(10")	28~320	(Ex) 200mm 管徑流量計，可連接至中央監控傳訊器
300mm	(12")	35~450	
350mm	(14")	58~667	
400mm	(16")	81~878	
450mm	(18")	104~1,040	
500mm	(20")	125~1,267	
600mm	(24")	185~1,832	

● 注意事項：不同壓力流量不同 (取材：欣原精機)

Size	流量範圍		
	進水 $1kg/cm^2$	進水 $2kg/cm^2$	進水 $3kg/cm^2$
50mm	24.0 cmh	37.8 cmh	50.4 cmh
75mm..	28.2 cmh	42.0 cmh	132.0 cmh
100mm..	31.8 cmh	46.8 cmh	144.0 cmh
150mm..	48.0 cmh	48.0 cmh	228.0 cmh

進水壓力不同，流量不同，應注意樓層的高低差，造成進水流的壓力。

E.2.9.4. 流量計

● 本節的流量計與循環水系統的流量計不同。這裡的流量計為計費，循環水系統是為確保流量。

● 為統計補水量，洗滌塔會安裝蹼輪式流量計、或直讀式流量計 (或加設傳訊裝置，依需求設置)。
補充水源的來源有採用自來水、RO 回收水或冷凝收集的水，一般洗滌塔用補水管尺寸大多 ~DN 25mm 就足夠。

● 小型流量計規格 (取材：欣原精機)

Size		H_2O(max.)	
公制	英制	L/min	cmh
13mm	(1/2")	3.3~33	0.2~1.98
20mm	(3/4")	5~58	0.3~3.48
25mm	(1")	6.6~75	0.4~4.50
40mm	(1 1/2")	11.6~166	0.7~9.96
50mm	(2")	16.6~283	1.0~16.98

● 設備安裝
(1) 流量計需以水平方式安裝。
(2) 流量計的直管部份，應有下列的長度：10D / 5D。D：配管尺寸。
(3) L_1 = 10D，L_2 = 5D

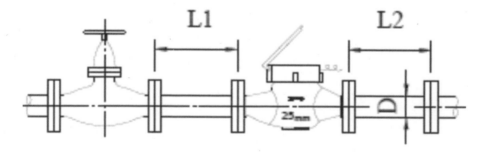

E.3. 洗滌器理論

● 計算原則，多種的成分相混時，一次算一種污染物，最後加總個污染的總和。困難的是污染氣體的互相交叉反應，這很難分析，因此也預藏了不定的變數。業主提供的資訊資料不確定，造成設計上的困難，因此最後試運轉的參數值是非常重要的資料，也是改善設計的基礎。

E.3.1. 設計準備

● 本節介紹洗滌器相關的設計理論，增加對洗滌器的理論基礎知識。

E.3.1.1. 設計程序

● 控制污染物和空氣混合物的氣流的填充塔式吸收塔的設計取決於以下的參數

(1)	廢氣流量；
(2)	廢氣中的廢氣成分和污染物濃度；
(3)	所需的去除效率；
(4)	污染物與溶劑之間的平衡關係
(5)	污染物，廢氣和溶劑的特性：擴散率，粘度，密度和分子量。

● 設計確定填充塔的表面積和通過填充塔的壓降，以下步驟：

(1)	確定進入和離開填充塔的氣體和液體流條件。
(2)	確定吸收係數（AF）。
(3)	確定填充塔的直徑（D）。
(4)	確定塔高（塔高）和表面積（S）。
(5)	確定填充柱壓降（P）。

● 簡化調整過程，進行假設：

(1)	假定廢氣包含兩種成分的廢氣混合物（污染物/空氣），其中污染物由以稀釋量存在的單一化合物組成。
(2)	假定廢氣表現為理想氣體，並且假定溶劑表現為理想溶液。對於遇到的污染物濃度，與吸收相關的熱效應被認為是最小的。
(3)	假定在化學吸收中，該過程不受反應速率的限制，即，與污染物吸收到溶劑中的速率相比，認為污染物與溶劑的反應快。

● 濕式洗滌塔的操作階段性工作：
(1) 液體經噴頭噴水到填料上。當氣體移動通過填料時，氣體接觸液膜，液膜均勻地分佈在填料床上。該過程會將污染物從氣體轉移到液體。
(2) 當氣體離開填充床時，氣體尚夾帶液滴和其他顆粒，再通過除霧器去除之。最終，清潔的氣體經由排氣煙囪排入大氣。

● 洗滌塔設備的去除/捕獲
(1) 粉塵經填料層因撞擊收集大於 1μm 的顆粒。
(2) 除霧器一般可以捕獲 5μm 的液滴，因此，除霧層可阻擋洗滌液進入煙囪。

E.3.1.2. 雙膜理論

● 雙膜理論 (two-film theory)：一種質傳理論 Mass Transfer
簡易說法是廢氣溶解到液體中的吸收過程。
理論說法是氣、液界面傳質過程，氣體吸收是氣相中的吸收質經過了相際(氣 and 液相)
傳遞到液相的過程。

● 氣體吸收是氣相中的吸收質經過相際傳遞到液相的過程。當氣體與液體相互接觸時，即
使在流體的主體中已呈湍流，氣液相際兩側仍分別存在有穩定的氣體滯流層(氣膜)和液
體滯流層(液膜)。
紊流流體相中的傳質阻力存在於與介面相鄰的薄層中，該薄層稱為薄膜。

● 吸收過程是吸收質分子從氣相主體運動到氣膜面，再以分子擴散的方式通過氣膜到達氣
液兩相界面，在界面上吸收質溶入液相，再從液相界面以分子擴散方式通過液膜進入液
相主體。(取材：網路)

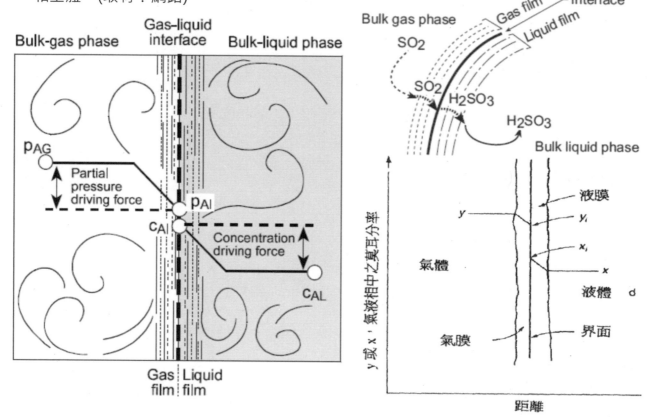

雙膜理論：假定氣液兩相界面間各存在一薄膜，氣相膜為阻礙氣體分子進入液相之主要
阻力，而液相膜為阻礙氣體分子溶入液相之主要阻力，通過此膜後即均勻溶於溶液中。
而氣體分子穿過薄膜之速率與液體中氣體分子之濃度梯度成正比。

● 雙膜理論三個要點：

(1)	互相接觸的氣、液兩相流體間存在著穩定的相界面，界面兩側附近各有一層很薄的穩定的氣膜或液膜，溶質以分子擴散方式透過此兩膜層。
(2)	界面上的氣、液 2 相呈平衡。相界面上沒有傳質阻力。
(3)	在膜層以外的氣、液 2 相主體區無傳質阻力，即濃度梯度(或分壓梯度)為零。

E.3.1.3. 滲透理論

● 滲透理論是溶質滲透模型，傳質理論模型之一，於1935年赫格比（Higbie）提出。這一模型考慮了雙膜理論所忽略、形成濃度梯度的過度時間。

● 滲透理論：說明設備中進行傳質的過程當氣液還未接觸時，整個氣相或液相內的溶質是均勻的。當氣液一開始接觸，溶質才漸漸溶於液相中，隨著氣液接觸時間的增長，積累在液膜內的溶質量也逐漸增多，溶質從相界面向液膜深度方向逐步滲透，直至建立起穩定的濃度梯度。這一段時間稱為過度時間。

● 滲透理論預定的傳質速率比雙膜理論的為大。本理論建立在雙膜理論的基礎，強調形成濃度梯度的過度階段；討論從氣液界面至液相主體的傳質，滲透理論的主要為液膜控制的吸收。

E.3.1.4. 質量平衡

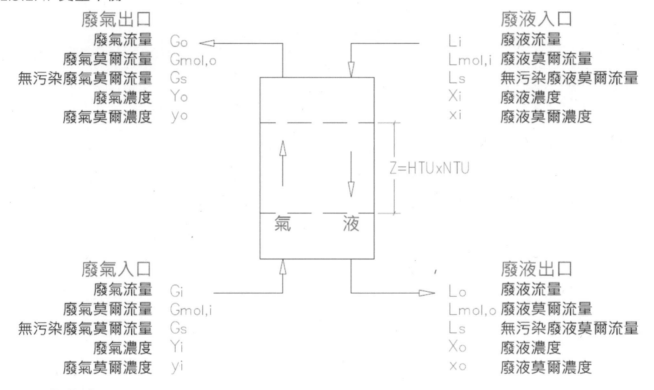

● 平衡公式：$X_i L_s + Y_i G_s = X_o L_s + Y_o G_s$
氣與液體的平衡：$G_s (Y_i - Y_o) = L_s (X_o - X_i)$

X_i	L_s	Y_i	G_s	=	X_o	L_s	Y_o	G_s
溶劑入口濃度	溶劑摩爾流量	廢氣入口濃度	廢氣體摩爾流量	=	液體出口濃度	溶劑摩爾流量	廢氣出口濃度	廢氣體摩爾流量
lb-moles	lb-moles/h	lb-moles	lb-moles/h	=	lb-moles	lb-moles/h	lb-moles	lb-moles/h

E.3.1.5. 洗滌塔運轉曲線

● 平衡線 (Equilibrium line)：m的斜率

$$m = \frac{Y_{in} - Y_{out}}{X_{in} - X_{out}}$$

- 公式符號/單位說明

氣相中污染物		洗滌塔的中污染物液體		平衡線
洗滌塔出口摩爾分數	洗滌塔入口摩爾分數	洗滌塔出口摩爾分數	洗滌塔入口摩爾分數	廢氣&溶劑系統的平衡線
Y_{in} (=Y_1)	Y_{out} (=Y_2)	X_{out} (=X_1)	X_{in} (=X_2)	m (斜率)
kg-mole	kg-mole	kg-mole	kg-mole	NA

上標 "*" ，表示點位置在平衡線上。

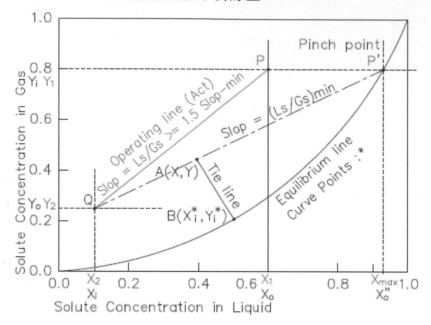

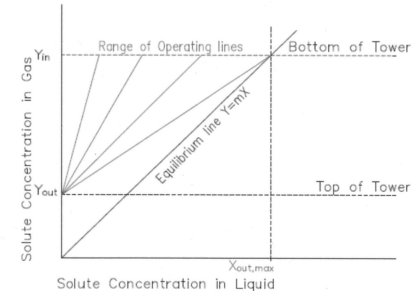

實務上 $G_{operation} = f\, G_{flooding} = (0.5 \sim 0.7)\, G_{flooding}$

- AF 吸收係數 = L ÷ m G (當 $X_i = 0$ 時，AF = ∞)

$L_{mol,i}$	$G_{mol,i}$	m	AF
液體流量	廢氣流量	平衡線斜率	吸收係數
lb-mole/hr	lb-mole/hr	NA	NA

圖示說明，上標 "*" ，表示點位置在平衡線上。

● 偏流、負載點與氾溢點

<1>	偏流	當流體只順著部份路徑通過填料段而無法分布於整個填充床稱為偏流。
<2>	負載點	當氣流流量增加到某程度時，下降液體受到氣流的阻礙稱為負載點。
<3>	氾溢點 Flooding Point	若氣流大到某個程度以上，流動之阻力更大，在極端的情況下液體將無法向下流動而由塔頂溢出稱為氾溢點。
<4>	吸收操作必需要在氾溢點以下才可。	

氾溢現象是指在填料層中，氣體流速過大，使得填料層內的液體無法完全下降，從而導致液體在填料層中積聚，進而影響填料層的傳質性能，甚至使得填料層內部發生不良的流動現象。

E.3.1.6. 氾溢曲線 Flooding line

● 橫坐標 (X 軸) Abscissa

$$Abscissa = \frac{L}{G}\sqrt{\frac{\rho_g}{\rho_l}}$$

液體流量	氣體流量	氣體密度	液體密度	Abscissa
L	G	ρ_g	ρ_l	(X 軸)
kg/s	kg/s	kg/m³	kg/m³	None
lb-mole/hr	lb-mole/hr	lb/ft³	lb/ft³	

洗滌器氾溢曲線 flooding line：是指洗滌器中氣體與液體的流量關係曲線，當流量超過某一臨界值時，洗滌器會發生氾溢現象，即氣體無法通過液體而造成壓力突增。

● 縱坐標 (Y 軸) Ordinate

$Ordinate = (G_{sfr,i})^2 \times \psi \, F_p \, (\mu_L/2.42)^{0.2} \div (\rho_L \rho_G g_c)$

Ordinate	ρ_L	ρ_G	g_c	ψ	F_p	μ_L	2.42	$G_{sfr,i}$
Y 軸	液體密度 (已知)	廢氣密度 (已知)	重力常數 (已知)	溶劑密度與水之比	填充因子 (已知)	溶劑粘度 (已知)	公式常數	廢氣入口表面流量
ft (Y 軸)	lb/ft³	lb/ft³	ft/sec²	ft²/hr	表 1.9	lb/ft-hr	NA	lb/sec-ft²

$$or \;\; G_{flooding} = \sqrt{\frac{\varepsilon \, \rho_g \, \rho_i \, g_c}{F \, \varphi \, \mu^{0.2}}}$$

公式符號/單位說明

單位橫截面積 氣體質量速度	氣體 流量	氣體 密度	液體 密度	重力 常數	填充 係數	水密度與液 體密度之比	Ordinate (Y 軸)
G flooding	G	ρ_g	ρ_i	g_c	F	φ	ε
lb/s-ft²	lb/s	lb/ft³	lb/ft³	32.2 ft/s²	kg/s	NA	查圖

● 避免氾溢流現象的方法

項次	解決方法	系統影響
(1)	降低填料層內的氣體流速。	
(2)	增加填料層的高度。	增加風系統壓損
(3)	增加填料層的密度。	增加風系統壓損
(4)	增加液體的流量。	增加水系統耗能

E.3.2. 廢氣處理參數

- 本節洗滌塔的基礎說明，用英制範例導引讀者進入廢氣處理的領域，美規系統資料多是以英制為單位。本章節介紹採SI and IP 單位相互說明。

- 取材：US EPA cs5-2ch1。SO2 and Acid Gas Controls。
  洗滌器處理的廢氣種類很多，以下用例題說明各參數的公式，並帶入數字的計算。

Table 1.5: Example Problem Data

Parameters	符號	Values
Stream Properties		
Waste Gas Flow Rate Entering Absorber	廢氣入口風量	G_i	21,377 scfm (22,288 acfm)
Temperature of Waste Gas Stream	廢氣流溫度		100°F
Pollutant in Waste Gas	廢氣污染物種類		HCl
Concentration of HCl Entering Absorber in Waste Gas	廢氣入口 HC 濃度	Y_i	1871 ppmv
Pollutant Removal Efficiency	污染物去除效率	η	99% (molar basis)
Solvent	溶劑		Water with caustic in solution
Density of Waste Gas [a]	廢氣密度	ρ_G	0.0709 lb/ft^3
Density of Liquid	液體密度	ρ_L	62.4 lb/ft^3
Molecular Weight of Waste Gas [a]	廢氣分子量	MW_G	29 lb/lb-mole
Molecular Weight of Liquid	液體的分子量	MW_L	18 lb/lb-mole
Viscosity of Waste Gas a	廢氣粘度	μ_G	0.044 lb/ft-hr
Viscosity of Liquid	液體粘度	μ_L	2.16 lb/ft-hr
Minimum Wetting Rate	最低潤濕率	MWR	1.3 ft^2/hr
Pollutant Properties [b]			
Diffusivity of HCl in Air	鹽酸在空氣中的擴散率	D_G	0.725 ft^2/hr
Diffusivity of HCl in Water	HCl 在水中的擴散率	D_L	1.02 x 10-4 ft^2/hr
Packing Properties [c]			
Packing type	填充物種類		2-inch ceramic Raschig rings
Packing factor	填充因子	F_p	65
Packing constant : α	填充常數	α	3.82
Packing constant : β	填充常數	β	0.41
Packing constant : γ	填充常數	γ	0.45
Packing constant : φ	填充常數	φ	0.0125
Packing constant : b	填充常數	b	0.22
Surface Area to Volume Ratio	表面積與體積比	a	28

Note：廢氣入口溫度 100°F

E.3.2.1. 填充段高度

- 洗滌塔高 H_{tower} = 1.40 H_{pack} + 1.02 D + 2.81
- 填充層高度 H_{pack} = N_{tu} H_{tu} = (去除效率所需的總轉移單元) * (總轉移單元高度)

$$N_{tu} = \frac{ln\left[\left(\frac{y_i - mx_i}{y_o - mx_i}\right)\left(1 - \frac{1}{AF}\right) + \frac{1}{AF}\right]}{1 - \frac{1}{AF}} = \text{簡化} \ln\left(\frac{y_i}{y_o}\right) = \ln(0.00187/0.0000187) = 4.61$$

$$H_{tu} = H_G + \left(\frac{1}{AF}\right)H_L$$

- 計算整體傳輸單元高度是基於估算氣膜和液膜傳輸單元的高度，分別為H_L和H_G。

(1) 氣膜總轉移單元

$$H_G = \alpha \frac{(3,600\, f\, G_{sfr,i})^\beta}{(L_{sfr,i})^\gamma}\sqrt{\frac{\mu_G}{\rho_G\, D_G}} = 2.24 \text{ ft}$$

α	3600	f	$G_{sfr,i}$	β	$L_{sfr,i}$	γ
填充因子查表 1.10	計算式常數	Flooding factor	廢氣入口表面流量	填充因子查表 1.10	液體入口表面流量	填充因子查表 1.10
NA	NA	NA	lb/sec-ft²	NA	lb/hr-ft²	NA
3.82	3,600	0.7	0.627	0.41	2271	0.45

表 1.10，詳下節的技術資料說明。

μ_G	ρ_G	D_G	H_G
廢氣粘度(已知)	廢氣體流密度(已知)	鹽酸在空氣中的擴散率(已知)	氣膜總轉移單元
lb/ft-hr	lb/ft³	ft²/hr	ft
0.044	0.0709	0.725	2.24

(2) 液膜總轉移單元

$$H_L = \varphi\left(\frac{L_{sfr,i}}{\mu_L}\right)^b\sqrt{\frac{\mu_L}{\rho_L\, D_L}} = 1.06 \text{ ft}$$

φ	$L_{sfr,i}$	μ_L	b	μ_L	ρ_L	D_L	H_L
填充因子查表 1.11	液體入口表面流量	液體粘度(已知)	填充因子查表 1.11	液體粘度(已知)	液體密度	HCl 在水中的擴散率(已知)	液膜總轉移單元
NA	lb/hr-ft²	lb/ft-hr	NA	lb/ft-hr	lb/ft³	ft²/hr	ft
0.0125	2271	2.16	0.22	2.16	62.4	0.000102	1.06

表 1.11，詳下節的技術資料說明。

$$H_{tu} = H_G + \frac{1}{AF}H_L = 2.24\, ft + \frac{1}{\infty}1.06ft = 2.24\, ft$$

E.3.2.2. 填充段壓降

● 填充段的壓降計算

$$\Delta P = C \; 10^{(\frac{j \; L_{sfr,i}}{3,600})} * \frac{(f \; G_{sfr,i})^2}{\rho_G}$$

公式說明

C	10	J	L$_{sfr,i}$	3,600	f	G$_{sfr,i}$	ρ$_G$	ΔP
填充因子 查表 1.12	計算式 常數	填充因子 查表 1.12	液體入口 表面流量	計算式 常數	Flooding factor	廢氣入口 表面流量	廢氣體流密度 (已知)	填充材 壓降
NA	NA	NA	lb/hr-ft^2	NA	NA	lb/sec-ft^2	lb/ft^3	inch/ft
0.24	10	0.17	2,271	3,600	0.7	0.627	0.071	0.83

計算出的橫坐標值，可以從圖中讀取每個壓降對應的縱坐標值，或者以下替代式計算：
本例題 填充層 10.3 ft x 0.83 in/ft = 8.55 in Aq.

● 另一種算法，已知 L$_{mol.i}$ / G$_{mol,i}$，Abscissa 可以直接計算，Ordinate 得：
Ordinate = exp [k$_0$+k$_1$(ln Abscissa)+k$_2$(ln Abscissa)^2+k$_3$(ln Abscissa)^3+ k$_4$(ln Abscissa)^4]
Ordinate = exp [-4.0950-1.0012(ln0.0496)-0.1587(ln0.0496)^2+0.0080(ln0.0496)^3+ 0.0032(ln0.0496)^4] = 0.084

ΔP (packing) inch/ft	k$_0$	k$_1$	k$_2$	k$_3$	k$_4$
0.05	-6.3205	-0.6080	-0.1193	-0.0068	0.0003
0.10	-5.5009	-0.7851	-0.1350	0.0013	0.0017
0.25	-5.0032	-0.9530	-0.1393	0.0126	0.0033
0.50	-4.3992	-0.9940	-0.1698	0.0087	0.0034
1.00	-4.0950	-1.0012	-0.1587	0.0080	0.0032
1.50	-4.0256	-0.9895	-0.0830	0.0324	0.0053

$$G_{sfr,i} = \sqrt{\frac{(\rho_L - \rho_G)\rho_G \; \rho_C \; (Ordinate)}{F_p \; (\frac{\mu_L}{2.42})^{0.1}}}$$

$$= \sqrt{\frac{(62.4-0.0709)*(0.0709)*32.2*0.084}{65*(0.893)^{0.1}}} = 0.43 \frac{lb}{ft^2} - sec$$

E.3.2.3. 氣體和液體流比

● 廢氣出口濃度：Y$_o$=Y$_i$ (1-η)

Y$_i$	η	Y$_o$
廢氣入口濃度(已知)	去除效率(已知)	廢氣出口濃度
lb-mol HCl	99%	lb-mol HCl
0.00187	0.99	0.0000187

- 操作線由連接兩點構成：(X_i, Y_o) 和 (X_o^*, Y_i)

  運行線與平衡曲線相交的斜率 $(L_s/G_s)_{min}$ 為：$(L_s \div G_s)_{min} = (Y_i - Y_o) \div (X_o^* - X_i)$

Y_i	Y_o	$Y_i - Y_o$	X_o^*	X_i	$X_o^* - X_i$	$(L_s/G_s)_{min}$
廢氣入口濃度 (已知)	廢氣出口濃度	計算式	液入口濃度與氣平衡 (查圖)	液體溶劑入口濃度	計算式	最小液氣比
lb-moles	lb-moles	---	lb-moles	lb-moles	---	NA
0.00187	0.0000187	0.00185	0.16	0.00	0.16	0.01157

  液體溶劑入口濃度於開始及有回收時 X_i 設定 = 0。

  圖：HCl 特性圖 ($Y_i = 0.00187$ 對應到 $X_o = 1.6$) & ($Y_o = 0.0000187$ 對應到 $X_i = 0.0001$)

- 實際的 Ls/Gs 比率，使用公式 $(L_s \div G_s)_{act} = (L_s \div G_s)_{min} *$ (Adjustment factor) 計算。

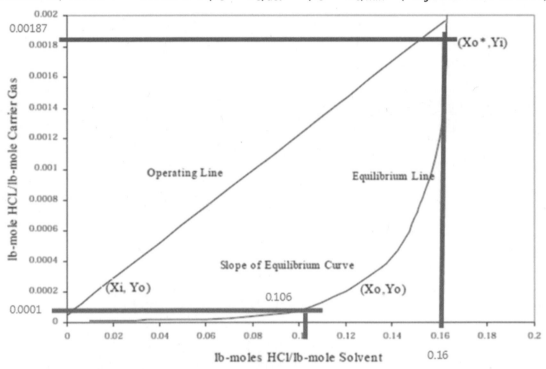

Figure 1.8: Equilibrium Curve Operating Line for the HCl-Water System [7]

- 最小 Ls / Gs 比率是不切實際的值，通常在 1.2 到 1.5 之間的調整因子(AF)，才能計算出實際的 L / G 比率。

- 對於此例，將使用 "Adjustment Factor = 1.5 調整係數。

$(L_s/G_s)_{min}$	Adjustment Factor	$(L_s/G_s)_{act}$
液氣比最小值		液氣比實際值
NA	NA	NA
0.01157	1.5	0.0174

$G_s = 60\, \rho_G\, G_i \div MW_G\, (1+Y_i)$

ρ_G	G_i	$60\, \rho_G\, G_i$	MW_G	Y_i	$MW_G\,(1+Y_i)$	G_s
廢氣密度 (已知)	廢氣入口風量(已知)	計算式	廢氣分子量 (已知)	廢氣入口濃度	計算式	廢氣摩爾流量
lb/ft³	acfm	---	lb/lb-mole	lb-mole	---	lb-mole/hr
0.0709	22,288	94,813.15	29	0.00187	29.05	3,263

- 計算進入吸收器的溶劑流速。$L_s = (L_s/G_s)_{act} * G_s$

$(L_s/G_s)_{act}$	G_s	L_s
液氣比 實際值	廢氣 摩爾流量	液體溶劑 摩爾流量
NA	lb-mole/hr	lb-mole/hr
0.0174	3,263.3	56.6

- 計算 $G_{mol,i}$ 和 $L_{mol,i}$ 的值計算。$G_{mol,I} = G_s (1 + Y_i)$

G_s	$1 + Y_i$	$G_{mol,i}$
無污染廢氣 摩爾流量	計算式	廢氣入口 摩爾流量
lb-mole/hr	---	lb-mole/hr
3,263	1.00187	3,269

$L_{mol,I} = L_s (1 + X_i)$

L_s	1	X_i	$1 + X_i$	$L_{mol,i}$
無污染溶劑 摩爾流量	計算式	液體溶劑 入口濃度	計算式	液體入口溶劑 摩爾流量
lb-mole/hr	---	lb-moles	---	lb-mole/hr
56.6	1	0.00	1.00	56.6

- 計算液體中離開吸收器的污染物濃度。$X_o = (Y_i - Y_o) \div (L_s / G_s) + X_i$

Y_i	Y_o	$(L_s/G_s)_{act}$	X_i	X_o
廢氣 入口濃度	廢氣 出口濃度	液氣比 實際值	液體溶劑 入口濃度	液體溶劑 出口濃度
lb-mole	lb-mole	NA	lb-moles HCl	lb-moles HCl
0.00187	0.0000187	0.0174	0.00	0.1067

E.3.2.4. 吸收係數 AF

- 吸收因子由平衡線的斜率和 $L_{mol,i}/G_{mol,i}$ 比率計算得出。
  從圖 Equilibrium Curve Operating Line for the HCl-Water System 可以看出，
  在 X_o 值為 0.106 的情況下，Y_o^* 的值為 0.0001。Y_i^* 和 X_i 的值為 0。
  由公式 $x_o = X_o \div (1 + X_o)$、$y_i^* = Y_i \div (1 + Y_i^*)$、$y_o^* = Y_o \div (1 + Y_o^*)$ 從濃度值計算摩爾分數值。

  $x_o = X_o \div (1 + X_o)$

1	X_o	$1 + X_o$	x_o
計算式	液體溶劑 出口濃度	計算式	液體溶劑 出口莫爾分數
---	lb-moles	---	ppm
1	0.107	1.107	0.096

261

$y^*_i = Y_i \div (1 + Y^*_i)$

1	Y^*_i	$1 + Y^*_i$	y^*_i
計算式	氣入口濃度與液平衡	計算式	氣入口摩爾分數當與液平衡
---	lb-moles	---	
1	0	1.00	0.0000

$y^*_o = Y_o \div (1 + Y^*_o)$

1	Y^*_o	$1 + Y^*_o$	y^*_o
計算式	氣出口濃度與液平衡	計算式	氣出口摩爾分數當與液平衡
---	lb-moles	---	
1	0.0001	1.0001	0.0001

- 從 x_i 到 x_o 的平衡線的斜率 $m = (y^*_o - y^*_i) \div (x_o - x_i) = 0.00104$

x_o	x_i	y^*_o	y^*_i	m
液體出口 摩爾分數	液體入口 摩爾分數	氣出口 摩爾分數與液平衡	氣入口 摩爾分數與液平衡	平衡線斜率
0.096	0.00	0.0001	0.00	0.00104

- HCl 極易溶於水，因此平衡曲線的斜率很小。由吸收係數 $AF = L_{mol,i} \div m\, G_{mol,i} = 17$

$L_{mol,i}$	m	$G_{mol,i}$	AF
液體入口摩爾量	平衡線斜率	廢氣入口摩爾量	吸收係數
lb-mole/hr	NA	lb-mole/hr	NA
56.64	0.0010	3,269	16.70

E.3.2.5. 估算柱徑

- 估算柱徑：圖中的橫坐標值根據公式計算得出
  $Abscissa = (L_{mol,I} \div G_{mol,i}) \times (MW_L \div MW_G) \times (\rho_G \div \rho_L)^{0.5} = 0.00036$

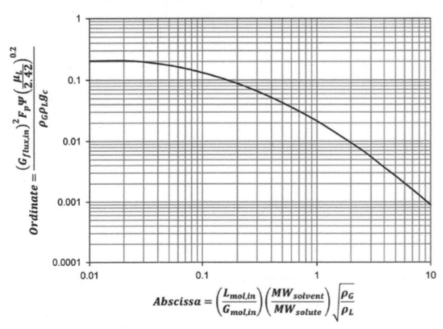

$L_{mol,i}$	$G_{mol,i}$	MW_L	MW_G	ρ_G	ρ_L	Abscissa
液體入口摩爾量	廢氣入口摩爾量	液體分子量(已知)	氣體分子量(已知)	廢氣密度(已知)	液體密度(已知)	ft (X 軸)
lb-mole/hr	lb-mole/hr	lb/lb-mole	lb/lb-mole	lb/ft^3	lb/ft^3	
56.64	3,269.42	18.00	29.00	0.07	62.40	0.000360

(1) HCl+空氣，但大多是空氣。

(2) 液體+溶質，大多數是水。

(3) Abscissa 最小值 0.01，計算值 0.00036 超出曲線範圍-不採用，故使用 0.01。
(ie. 發生溢流的氣體速度)。

● Ordinate = $(G_{sfr,i})^2$ x ψ F_p $(\mu_L/2.42)^{0.2}$ ÷ $(\rho_L \rho_G g_c)$ = 0.207
Ordinate = $10^{(-1.668-1.085 \text{ Log Abscissa}-0.297 (\text{Log Abscissa})*(\text{Log Abscissa}))}$

-1.668	-1.085	Abscissa	-0.297	Ordinate
常數	常數	(X 軸)	常數	Y 軸
NA	NA		NA	ft
-1.668	-1.085	0.00036	-0.297	0.035191
-1.668	-1.085	0.01000	-0.297	0.206063

Ordinate 最大值會產生 Flooding。

● $(G_{sfr,i})^2$ =Ordinate * $(\rho_L \rho_G g_c)$ ÷ ψ F_p $(\mu_L/2.42)^{0.2}$

Ordinate	ρ_L	ρ_G	g_c	ψ	F_p	μ_L	2.42	$G_{sfr,i}$
Y 軸	液體度(已知)	廢氣密度(已知)	重力引力常數(已知)	溶劑密度與水之比	填充因子(已知)	溶劑粘度(已知)	公式常數	廢氣入口表面流量
ft (Y 軸)	lb/ft^3	lb/ft^3	ft/sec^2	ft^2/hr	表 1.9	lb/ft-hr	NA	lb/sec-ft^2
0.207	62.40	0.0709	32.200	1.00	65	2.16	2.42	0.681

● A = $(G_{mol,i} MW_G)$ ÷ $(3600 * G_{sfr,i} * f)$ = G ÷ $G_{flooding}$。

$G_{mol,i}$	MW_G	3,600	$G_{sfr,i}$	f	A
廢氣入口摩爾量	廢氣分子量(已知)	單位轉換	廢氣入口表面流量	泛洪因子	橫截面積
lb-mole/hr	lb/lb-mole	NA	lb/sec-ft^2	NA	ft^2
3,269	29.00	3,600	0.681	0.7	55.2

Flooding Factor 一般取 0.5~0.75 之間。

● $L_{sfr,i}$ = $L_{mol,i} MW_L$ ÷ A

$L_{mol,i}$	MW_L	A	$L_{sfr,i}$
液體入口摩爾量	液體分子量(已知)	橫截面積	液體入口表面流量
lb-mole/hr	lb/lb-mole	ft^2	lb/hr-ft^2
56.64	18.00	55.25	18.5

- 最小潤濕流量 $(L_{sfr,i})_{min}$ = MWR ρ_L a

MWR	ρ_L	a (查表 1.9)	$(L_{sfr,i})_{min}$
最低潤濕率	液體流密度 (已知)	填料表面積與 體積比	最小潤濕流量
ft²/hr	lb/ft³	ft²/ft³	lb/hr-ft²
1.30	62.40	28.00	2,271.4

- 圓柱直徑 D

$$D = \sqrt{\frac{4}{\pi} A}$$

4	π	A	D
常數	常數	橫截面積	直徑
NA	NA	ft²	ft
4.00	3.14	55.25	8.39
4.00	3.14	60.00	8.74

橫截面積調整為整數。

E.3.2.6. 吸收表面積

- 填充層高 H_{pack} = N_{tu} H_{tu} = 4.61 x 2.24 ft = 10.3 ft
- 洗滌塔高 H_{tower} = 1.4 H_{pack} + 1.02 D + 2.81 = 1.4 x 10.3 + 1.02 8.74 + 2.81 = 26.1 ft
- 表面積 S = π D (H_{tower} + D/2) = 3.14 x 8.74 (26.1 + 8.74/2) = 836 ft².

π	D	H_{tower}	S
常數	洗滌塔直徑	填充層高度	表面積
NA	ft	ft	ft²
3.14	8.74	26.1	836

E.3.2.7. 最小水量

- 最小潤濕率分析，進入塔的液體流速必須足夠高，以有效潤濕填料。
  理論上確定的液體流速低於計算的最小潤濕率規定的流速，則填料將無法充分潤濕，無法確保氣相和液相之間的傳質。然後應使用最小液體流速作為默認值。
  $(L_{sfr,i})_{min}$ = MWR * ρ_L * a

- $L_{mol,i}$ 的值必須使用以下公式根據 $(L_{sfr,i})_{min}$ 的值重新計算：

$$L_{mol,i} = \frac{L_{sfr,i-min}}{MW_L} A$$

- 使用迭代過程來確定A、橫坐標和縱坐標。選擇 A 的值併計算橫坐標和縱坐標值。與橫坐標值對應的縱坐標值由圖（或公式）確定，並將該值計算的縱坐標值進行比較。繼續此過程直到兩個縱坐標值相等。

- 第一步：重新計算液體流量

$$L_{mil,i} = \frac{2,271\,A}{18} = 126.2\,A\,\frac{lb-mole}{hr-ft^2}$$

- 第二步：用圖中的橫坐標值如公式所示，計算公式如下：
Abscissa = ($L_{mol,I}$ ÷ $G_{mol,i}$) x (MW_L ÷ MW_G) x ($ρ_G$ ÷ $ρ_L$)$^{0.5}$

$$Abscissa = \frac{126.2\ A}{3,263}\left(\frac{18}{29}\right)\sqrt{\frac{0.0709}{62.4}}\ ft^2 = 0.0008\ A\ ft^2$$

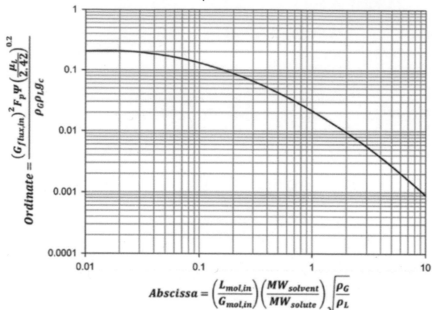

$$Abscissa = \left(\frac{L_{mol,in}}{G_{mol,in}}\right)\left(\frac{MW_{solvent}}{MW_{solute}}\right)\sqrt{\frac{\rho_G}{\rho_L}}$$

- 步驟 3：然後根據柱的橫截面積重新計算 $G_{sfr,i}$ 的值。
$(G_{sfr,i})^2$ = Ordinate * ($ρ_L$ $ρ_G$ g_c) ÷ ψ F_p ($μ_L$/2.42)$^{0.2}$

$$G_{sfr} = \frac{3,263 * 29}{3,600 * 0.7\ A} = \frac{37.6}{A}$$

- 步驟 4：圖中的縱坐標值如公式所示，計算公式如下：
Ordinate = $(G_{sfr,i})^2$ x ψ F_p ($μ_L$/2.42)$^{0.2}$ ÷ ($ρ_L$ $ρ_G$ g_c)

- 步驟 5：此時最簡單的解決方案是迭代方法。選擇 A 的值，計算橫坐標值，並在圖的洪水曲線上找到相應的縱坐標值（或使用公式計算縱坐標值）。

Assumed Valve of A	Abscissa	Ordinate-1	Ordinate-2
65	0.0526	0.1714	0.1493
62	0.0503	0.1740	0.1642
60	0.0485	0.1757	0.1752

Ordinate = 10 $^{(-1.668-1.085\ Log\ Abscissa-0.297\ (Log\ Abscissa)*(Log\ Abscissa))}$

$$G_{sfr} = \frac{37.6}{60} = 0.627\ \frac{lb}{sec-ft^2}$$

$$L_{mol,i} = 126.2 * 60 = 7,572\ \frac{lb-mol}{hr}$$

E.3.2.8. 技術資料

- 取材：US EPA/452/B-02-001
- Table 1.8 常見污染物的物理特性

Pollutant 污染化學品		Molecular Weight 分子量	Diffusivity in Air 空氣中擴散率 at 25°C	Diffusivity in Water 水中的擴散率 at 20°C
		Weight	cm^2/sec	$(cm^2/sec) \times 10^5$
Ammonia	氨	17	0.236	1.76
Methanol	甲醇	32	0.159	1.28
Ethyl Alcohol	乙醇	46	0.119	1.00
Propyl Alcohol	丙醇	60	0.100	0.87
Butyl Alcohol	丁醇	74	0.090	0.77
Acetic Acid	醋酸	60	0.133	0.88
Hydrogen Chloride	氯化氫	36	0.187	2.64
Hydrogen Bromide	溴化氫	36	0.129	1.93
Hydrogen Fluoride	氟化氫	20	0.753	3.33

- Table 1.10 Packing Constants Used to Estimate H_G

Packing Type 填充材	Size [inchs]	Packing Constants 填充因子常數			Applicable Range 應用範圍	
		α	β	γ	G_{sfr} [lb/hr-ft^2]	L_{sfr} [lb/hr-ft^2]
Raschig Rings	3/8	2.32	0.45	0.47	200~500	500~1,500
	1	7.00	0.39	0.58	200~800	400~500
	1	6.41	0.32	0.51	200~600	500~4,500
	1 1/2	1.73	0.38	0.66	200~700	500~1,500
	1 1/2	2.58	0.38	0.40	200~700	1,500~4,500
	2	3.82	0.41	0.45	200~800	500~4,500
Berl Saddles	1/2	32.40	0.30	0.74	200~700	500~1,500
	1/2	0.81	0.30	0.24	200~700	1,500~4,500
	1	1.97	0.36	0.40	200~800	400~4,500
	1 1/2	5.05	0.32	0.45	200~1,000	400~4,500
Partition Rings	3	640.00	0.58	1.06	150~900	3,000~10,000
LanPac®	2.3	7.60	0.33	-0.48	400~3,000	500~8,000
Tri-Packs®	2	1.40	0.33	0.40	100~900	500~10,000
	3 1/2	1.70	0.33	0.45	100~2,000	500~10,000

Table 1.9 Packing Factors for Various Packings

Packing Type 填充材	填充材 材料種類	Nominal Diameter [in]	F_p 填充因子	a 填充材料 表面積與體積比
Raschig rings	ceramic	1/2	640	111
		5/8	380	100
		3/4	255	80
		1	160	58
		1 1/2	95	38
		2	65	28
		3	37	---
Raschig rings	metal	1/2	410	118
		5/8	290	---
		3/4	230	72
		1	137	57
		1 1/2	83	41
		2	57	31
		3	32	21
Pall rings	metal	5/8	70	131
		1	48	66
		1 1/2	28	48
		2	20	36
		3 1/2	16	---
Pall rings	polypropylene	5/8	97	110
		1	52	63
		1 1/2	32	39
		2	25	31
Berl saddles	ceramic	1/2	240	142
		34	170	82
		1	110	76
		1 1/2	65	44
		2	45	32
Intalox saddles	ceramic	1/2	200	190
		3/4	145	102
		1	98	78
		1 1/2	52	60
		2	40	36
		3	22	---
Tri-Packs®	plastic	2	16	48
		3 1/2	12	38

- Table 1.11 Packing Constants Used to Estimate H_L

Packing Type 填充材	Size [inchs]	Packing Constants 填充因子常數		Applicable Range 應用範圍
		α	b	L_{sfr} [lb/hr-ft^2]
Raschig Rings	3/8	0.00182	0.46	400~15,000
	1	0.00357	0.35	400~15,000
	1 1/2	0.01000	0.22	400~15,000
	1 1/2	0.01110	0.22	400~15,000
	2	0.01250	0.22	400~15,000
Berl Saddles	1/2	0.00666	0.28	400~15,000
	1	0.00588	0.28	400~15,000
	1 1/2	0.00625	0.28	400~15,000
Partition Rings	3	0.06250	0.09	3,000~14,000
LanPac®	2.3	0.00390	0.33	500~8,000
	3.5	0.00420	0.33	500~8,000
Tri-Packs®	2	0.00310	0.33	500~10,000
	3 1/2	0.00400	0.33	500~10,000

- Table 1.12 Packing Constants Used to Estimate Pressure Drop

Packing Type 填充材	Material 材質	Nominal Diameter [inches)	c	j
Raschig rings	ceramic	1/2	3.10	0.41
		3/4	1.34	0.26
		1	0.97	0.25
		1 1/4	0.57	0.23
		1 1/2	0.39	0.23
		2	0.24	0.17
Raschig rings	metal	5/8	1.20	0.28
		1	0.42	0.21
		1 1/2	0.29	0.20
		2	0.23	0.135
Pall rings	metal	5/8	0.43	0.17
		1	0.15	0.16
		1 1/2	0.08	0.15
		2	0.06	0.12
Berl saddles	ceramic	1/2	1.20	0.21
		3/4	0.62	0.17
		1	0.39	0.17
		1 1/2	0.21	0.13
Intalox saddles	ceramic	1/2	0.82	0.20
		3/4	0.28	0.16
		1	0.31	0.16
		1 1/2	0.14	0.14

E.3.3. 簡易計算

● 本節以不同的填充材料，僅是為多學習填充材性能曲線。

● 簡易計算的假設條件：(1) 塔內流速 450 fpm 以下、(2) 水量 3,000 lb/hr-ft^2。
  用假設條件，反推+查表方式簡易的觀念設計，目標僅提供概略洗滌器的容量、空間、
  機電需求，實際廢氣設計需要再計算。(性能曲線，取材：VERANTIS)

E.3.3.1. 已知參數

風量 Q		23,545 CFM	= 667 cmm	= 40,000 cmh
污染源 HF	入口濃度	100 ppm		
	出口濃度	5 ppm		
	入口溫度	20 ℃		

E.3.3.2. 洗滌塔功能計

● 工程師設計預估的參數：液流率

設計流速 V	450 FPM
液體流率設計為 L.R	3,000 Lbs/hr-ft^2

● 氣流率

氣體通過面積 A=Q/V	52.3 ft^2
實際洗滌塔通過面積	52.8 ft^2
實際氣流流速	446 fpm
實際氣體總流率 T.G.R	1745 Lbs/hr-ft^2

實際施工運轉的塔徑：D 2,500mm
實際洗滌塔通過面積：4.91 m^2
實際氣流流速：2.275 m/s

● 填充層高度 Z = Htu x Ntu

處理效率 95%，$N_{tu} = \ln(y_1 \div y_2)$		3.00
氣體流率	G.R	1,745.2 Lbs/hr-ft^2
液體流率	L.R	3,000 Lbs/hr-ft^2
查 Tellerete packing R2 曲線，Air-Water H$_{tu}$		1.07
HCl 溼潤充填層深度 Z=H$_{tu}$ x N$_{tu}$		3.07 ft (計算)
		5 ft (設計)

填充段區停留時間：5 ft÷446fpm=0.67s

● 除霧層依據Tellerete Type- R1使用 1 ft 即
  可去除10 micro 以上之水霧達99%

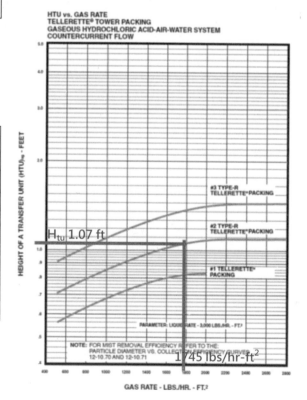

E.3.3.3. `洗滌塔壓降計算

● 充填層壓降 P_w

依洗滌塔設計，G.R	1,745.2 Lbs/hr-ft^2
查 Tellerete packing R-2 Pressure drop 曲線	0.215 inch/ft
充填層總壓降，壓降 P_w	1.08 inW.C.

P_w = inch/ft * Z = 0.215 * 5 (ft) = 1.075

● 除霧層壓降 P_d

除霧層壓降，壓降 P_d	0.35 inW.C.
查 Tellerete packing R-1 壓降 Dry packing 曲線，G.R= 1,745.5	

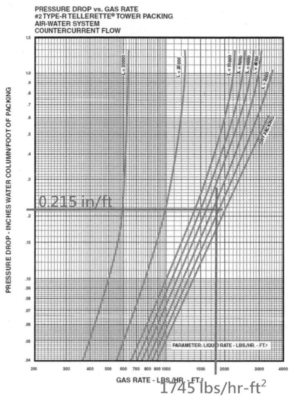

● 出入口、格柵版壓降 P_{io}

壓降 P_{io}	0.4 inch (W.C.)、(依經驗數據)

● 洗滌塔總壓降 P_t=P_w+P_d+P_{io} = 1.83 in

E.3.3.4. 循環水量計

● 循環水量：3,000Lb/hr-ft^2 x 噴水面積 = 158,400 lb/hr = 1,200 lpm
(3,000 x 52.8 = 158,400)

E.3.3.5. 加藥量

● 加藥系統：HF + NaOH → NaF + H_2O

HF 質量	0.348 lb mole/hr
NaOH 質量 = HF 質量	13.92 lb/hr (100% NaOH)
	9.55 lb/hr (45% NaOH)

23,545 x 60 x 95 ÷1,000,000 ÷ 359 x [(460+32) ÷ (460+68)] = 0.348

E.3.4. 運轉參數

● 處理參數都是為能將廢氣處理乾淨，各單位的建議參數值會有差異。
(取材：半導體製造空氣污染管制及排放標準、91 年 10 月 16 日，環署空字第 0910069403 J 號。第 4 條，機械安全雜誌，工研院)

項次	說明	CNS EAP Standard			光電產業 (機械安全)	無機酸 (工研院)
		AEX	AKX	SOX	AEX/AKX	AEX/AKX
1	洗滌循環水槽 pH 值	> 7	< 7	中央處理	> 8	≧ 7
2	潤濕因子	> 0.1 m^2/hr	> 0.1 m^2/hr	設備排放	> 0.15 m^2/hr	> 0.1 m^2/hr
3	填充段空塔滯留時間	> 0.5 sec	> 0.5 sec	削減率應	> 0.75 sec	> 0.5 sec
4	填充物比 表面積	> 90 m^2/m^3	> 90 m^2/m^3	>90%	> 120 m^2/m^3	> 90 m^2/m^3

- 設計準備，應提供的計算資料內容供未來運轉時之參數：

(1)	氣體質量流率
(2)	液體質量流率
(3)	洗滌塔填充層規格
(4)	洗滌塔填充段空塔滯留時間
(5)	循環水量
(6)	填充物比表面積
(7)	潤濕因子
(8)	加藥量-Dosing
(9)	排放水之水量
(10)	補充水量：排水量 + 蒸發水量

E.4. 風管系統

E.4.1. 風管工程

- 風管及風管另件的材質分為： PP、PPs、SUS+Coating。
- 酸、鹼風管的設計，參考本書 Ch 風管設計-風管設計基礎。
  原則上以 1Pa/m 為設計基準
- 風管吊架、斜撐，一般以~1.2m 設置一吊架，因為製程系統風管危險性與標準風管製造的長度(大約~1,200mm)為考慮因素。
  風管斜撐，配合規範需求設計、施工：
  (1) 吊架間距：~1.2m
  (2) 橫向斜撐間距：12m (水平風管方向)
  (3) 縱向斜撐間距：24m (垂直風管方向)

E.4.2. 風門

- 風門的材質有： PP、PPs、SUS+Coating。
  於與酸、鹼廢氣銜接處的軸承部分採用 PVDF 材質 (一般金屬時間久會腐蝕)。
- 系統的風門驅動器有：電動、氣動(需要有ICA氣體供應)。
  詳細參考本書系列的空調附屬設備之風門驅動器。
- 系統安全性的考慮，於負壓端的主風管設置手動或控制的風門，預防管內壓力過高造成系統風管的破壞

E.4.3. 量測口

- 量測位置可分為洗滌設備的入口點和出口點：
  (1) 出口量測點環保法規要求，(8D/2D)
  (2) 入口量測點業主自設。業主自設的目的是量測洗滌設備的處理效率，於入口端直管部份有 8D/2D 的距離設置檢測口 (局限施工空間限制時，可用 2D/2D)。
- 量測口數量及位置詳細參考本書系列空污排放煙囪，環保法規有詳細規定，量測口位置及數量。
- 檢測口的規格 Φ100mm 或 Φ150mm，可依需求設計。

E.4.4. 排氣風機

● 因為排氣風機的位置，處理設備分成屬於正壓或負壓的系統，兩者各有優缺點。按處理設備及控制設計模式的需求，選擇正壓／負壓系統。

洗滌塔負壓系統：	洗滌塔正壓系統：
洗滌塔體負壓時本體受壓力大，因為是負壓廢氣洩漏的小。	洗滌塔體負壓時本體受壓力小，因為是正壓廢氣洩漏的大。
風機材質的選擇： (1) 酸排氣，可用 PP 或 FRP。 (2) 鹼排氣，可用 SUS、PP 或 FRP。	風機材質的選擇：酸排氣/鹼排氣，可用 PP 或 FRP。

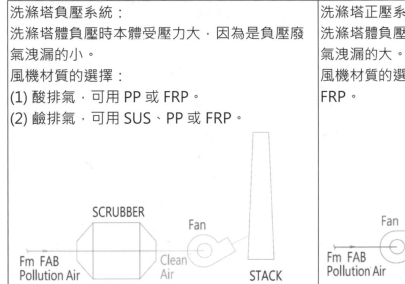

E.5. 洗條塔控制系統

● 控制系統包含：
風機的轉速 (設備端壓力控制)，酸/鹼值的導電度量測(pH、ORP)，加藥控制，補水，排水，洗條塔本體壓損控制。

E.5.1. 控制儀錶

● 控制儀表應用於酸、鹼的排氣系統時，需考慮耐化學的成份。儀錶功能的說明詳本書系列的控制系統 - 儀錶組件。
本節介紹耐酸、鹼部份 (市場的品牌很多，功能大致相同，完全依照使用操作者對產品的使用習慣及維修決定品牌)。

E.5.1.1. pH / ORP 傳訊器

● 本章說明Scrubber 酸/檢的量測器，用來加藥量的控制。

取材：Prominent - PHER 112 SE

說明	範圍
pH 範圍	1 ~ 12
溫度	0 ~ 80 °C
耐壓	6.0 bar
最小導電值	50 μS/cm
帶 KCl 電源的電解液（參比電解液中的鹽環）	
隔膜	PTFE
傳感器軸	玻璃
安裝長度	120 ± 3 mm
螺紋	PG 13.5

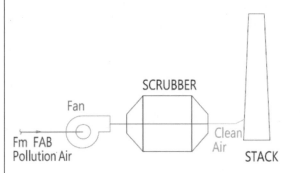

120 ±3

E.5.1.2. Conductivity 導電計

取材：Prominent - LFTK 1 DE

說明	範圍
量測範圍	0.01 ~ 20 mS/cm
電池常數 k	1.00 cm^{-1} ±5 %
溫度測量	Pt 1000
介質溫度	0 ~ 80 °C (at 1 bar)
耐壓	16.0 bar, (at 25 °C)
感測器	特殊石墨
軸材料	EPOXY
螺紋	PG 13.5
配件長度	120 mm ± 3 mm
電氣連接	DIN 4 針角插頭
防水防塵保護	IP 65

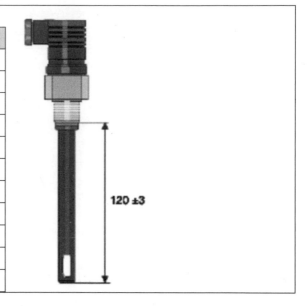

E.5.1.3. pH、ORP、Conductivity 控制器

pH、ÓRP、Conductivity 的控制器：感測器皆須搭配一個控制器才能完整監控系統。
取材：Prominent (一般的控制器都含有多種功能)

電源要求	100 ~ 240 V，±10%，50/60Hz，5W
運轉溫度	-10 ~ +60 °C
防水防塵保護	IP65，NEMA4X
輸入	傳感器輸入相關的測量變量
輸出	1 個脈衝頻率輸出，用於控制計量泵
	1 個有效的 0/4~20 mA 輸出，可配置為測量或控制變量，最大值 負載：400Ω
	1 個輸出繼電器用作轉換觸點，可以配置為警報，限值或脈衝寬度調製控制輸出，用於電動計量泵

量測範圍

說明	範圍
pH	0.00 ~ 14.00 pH
ORP	-1,000 ~ +1,000 mV
導電率	1µS/ cm ~ 200 mS / cm（自動量程，僅 2 個電極傳感器）

溶解 dissolution (精度：基於滿量程讀數的 0.5%)

說明	範圍
pH	0.01
ORP	1 mV
導電率	取決於測量範圍 0.1 / 1µS/ cm，1 mS / cm

E.5.1.4. 液位計 (不與流體接觸)

● 對Scrubber循環儲水槽的水位檢視。功能，現場直視、遠端監控。

液位計 (不與流體接觸)

近接開關 (取材：歐姆龍 E2K-C)

規格

標準檢測距離	25mm
電壓	DC12~24V
動作模式	接進檢測物體 NO / NC。

安裝

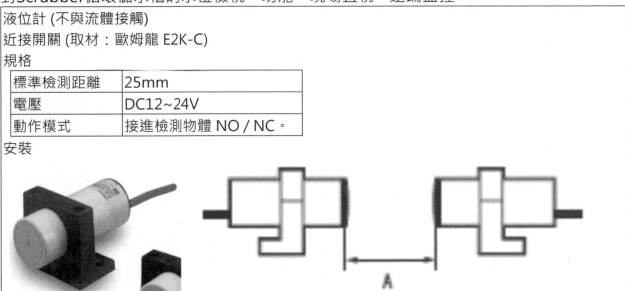

E.5.1.5. 流量控制器

● 本節介紹流量計的整組元件，主要說明整體的設備規格，包含：流量計、控制器、顯示器、整體整合。

(取材：+GF+ 磁力計是插入式樣式的磁流量傳感器)

(1) 流量計

說明	範圍
電源要求	4 ~ 20 mA：21.6 ~ 26.4 VDC，22.1mA max.
	Frequency：5 to 26.4 VDC, 15 mA max.
	Digital (S3L)：5 to 6.5 VDC, 15 mA max.
	Auxiliary (only required for units with relays)：9 to 24 VDC, 0.4A max
輸出	4 ~ 20mA
安裝配管	DN 15 ~ 300 (0.5 to 12 in.)
流量範圍	0.05 ~ 10 m/s (0.15 to 33 ft/s)

(2) 流量控制器

現場安裝

電源要求	+4.9 ~ 5.5 VDC @25℃，可調整
電流要求	up to 2.0 mA with 24 V @ 300 Ω max. loop impedance; 20 mA max when using DC power
輸入電壓	12 ~ 32 VDC ± 10%，可調節
輸入電流	4 ~ 20mA (用 8058)

(3) 顯示器範圍

顯示類型	範圍
pH	0.00 ~ 15.00 pH
pH 溫度	-99 ℃ ~ 350 ℃
ORP	-1,999 ~ 1,999.9 mV
流量區域	-9999 to 99999 /sec-min-hr
累加器	0.00 ~ 99,999,999
導電度	0.0000 ~ 99999 µS, mS, PPM and PPB (TDS), kΩ, MΩ
導電度溫度	-99 ℃ ~ 350 ℃
溫度	-99 ℃ ~ 350 ℃
壓力	-40 ~ 1,000 psi
液位	-9,999 to 99,999 m, cm, ft, in, %
體積	0 ~ 99,999 cm^3, m^3, in^3, ft^3, gal, L, lb, kg, %
鹽度	0 ~ 100 PPT

盤面安裝

(4) 系統整合

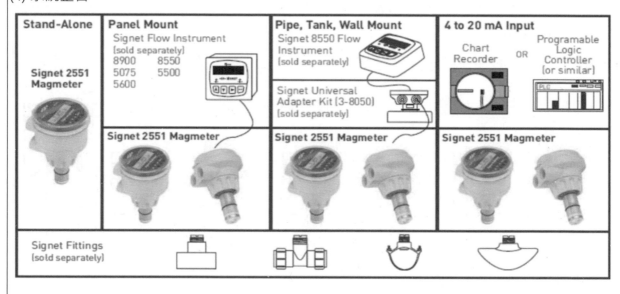

E.5.1.6. 其他

● 液位計、壓力錶 / 壓立傳訊器、溫度錶 / 溫度傳訊器，...等，參考控制系統篇的儀錶組件，詳細說明，差異是材料的選擇不同。

E.5.2. 系統概念圖

E.5.2.1. 控制元件說明

- 洗滌塔本體的元件

pH/ORP 感測器	加藥量的控制
Cond 感測器	導電度-控制排水 (0~199 ms/cm，4~20mA)
液位計	液位傳訊器-液體接觸 (HH、H、L、LL 四階)
	液位傳訊器-液體不接觸 (HH、H、L、LL 四階)
補給水	定水位閥 (DN 25 mm)
	補水流量計 (蹼輪式)
	補水控制電動閥 + 旁通閥
排水	通氣管 (DN 50 mm)
	排水流量計
	排水控制電動閥 + 旁通閥
壓力計	填充層 (0~1,000Pa)
	除霧層 (0~500Pa)
	差壓傳訊器 (0~1.5 kPa, 4-20mA)
流量計	電磁式 / 超因波 / 平面式流量計

- 循環水系統

循環水泵	VFD 控制 (ON/OFF/Trip)
	壓力錶 (PP，0~4 kg/cm^2)
	溫度錶 (選擇性元件)
噴頭	UPVC、PEEK
配管	PVC、PVDF、PP

- 風機的元件

風機變頻	VFD 控制 (ON/OFF/Trip)
避震器	風機避震器
	避震量測傳訊器
入/出 口風門	電動風門控制

- 加藥桶 (Dosing) 的元件

Dosing 泵	ON/OFF (加藥時間)
藥液儲存桶 Tank	液位傳訊器-液體接觸 (HH、H、L、LL 四階)
	液位顯示 (目視，PDF 透明管)
	維修人孔
	透氣孔、溢流管、排放管 (含閥)
防溢堤	預防藥液桶的洩漏
	防液堤表面維修走道
常用化學品	H_2SO_4：50%
	NaOH：45%
	HCl：32%

2. 洗滌塔-控制元件

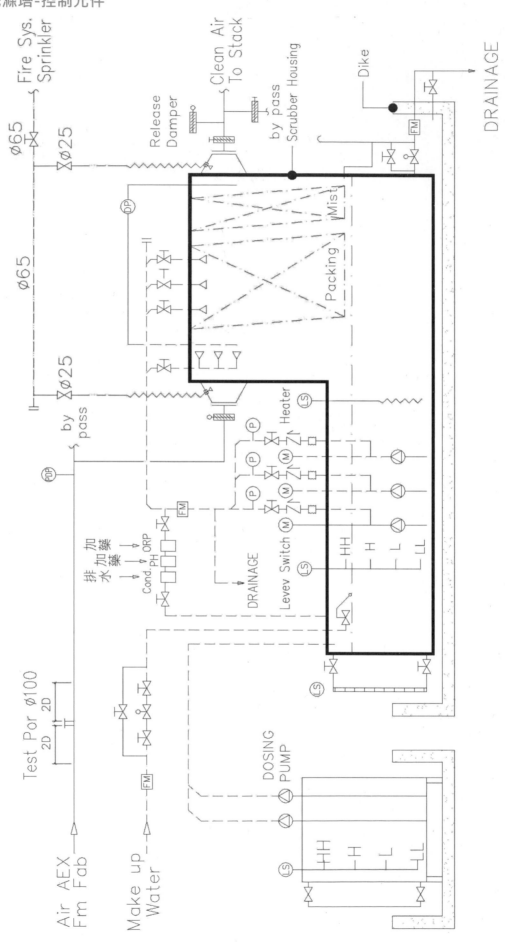

E.5.2.3. 風機-控制元件

● 設置壓力傳訊器控制風機運轉頻率，位置 (1) 主Head Duct、(2) 分支風管末段。

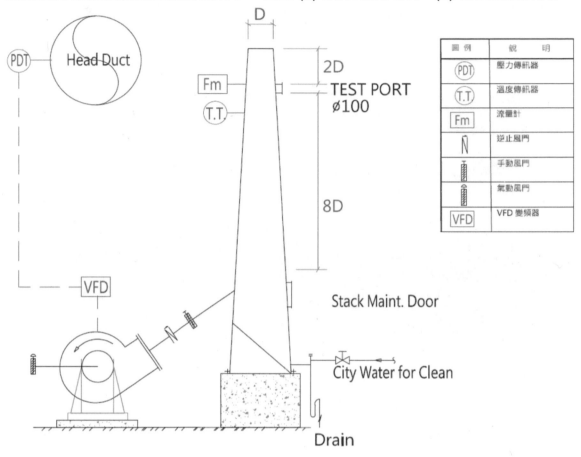

圖例	說明
PDT	壓力傳訊器
T.T	溫度傳訊器
Fm	流量計
N	逆止風門
手動	手動風門
氣動	氣動風門
VFD	VFD 變頻器

E.5.3. 串聯洗滌塔

● 有些廢氣處理效率無法提高時，必須以串連方式稀釋來處理。
例如：NOx，H_2S，.....等，廢氣的處理。

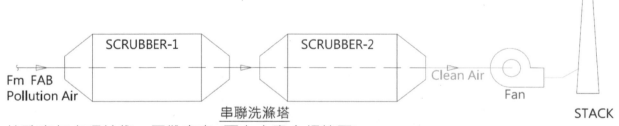

串聯洗滌塔

● 特殊廢氣處理技術，困難度高 (不在本書介紹範圍)。
(Ex) Stripper、光阻劑的回收、ITO、超高濃度的 HF、黃煙、白煙、氣膠、粉塵、臭味、NMP，.......等。廢氣處理的種類多樣混雜，因此、都是依不同產業製程特別處理，其中有很多的技術值得再深入研究。

E.5.4. 消防系統

E.5.4.1. 洗滌器設備

- NFPA 318 Rev.2018 Chapter 10規定：濕式水洗設備 (Wet Scrubber) 撒水設置於 Scrubber 的入口與出口端。
- 噴頭的規格應能耐酸/鹼的型式。

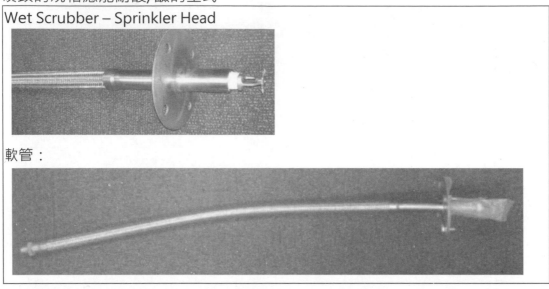

Wet Scrubber – Sprinkler Head

軟管：

E.5.4.2. 風管工程

- 消防工程

說明	不銹鋼板		塑膠類		玻璃纖維
	全焊管	SUS+鐵氟龍	PP	PPs	FRP
酸類		Yes	Yes	Yes	Yes
鹼類	Yes	Yes	Yes	Yes	Yes
消防撒水	No	No	Duct ≥ DN 300	Duct ≥ DN 300	Check

消防撒水-洗滌塔本體材質是 FM Approval 免設撒水，(Ex) 玻璃纖維 FRP。

Chapter F

製程粉塵排氣
Dust Collector

Chapter F. 製程粉塵排氣 Dust Collector

● 本章介紹空污的乾式粉塵處理的簡單概念，目的引導讀者入門研究粉塵的基礎知識，實務上處理粉塵的技術一直進步更新中。

● 介紹資料取材：學校教材、論文及製造商的型錄、技術資料。

F.1. 集塵基礎

F.1.1. 解釋名詞

● 除塵方式為：
(1) 慣性衝擊、
(2) 直接攔截、
(3) 擴散、
(4) 靜電吸引、
(5) 重力沉降。

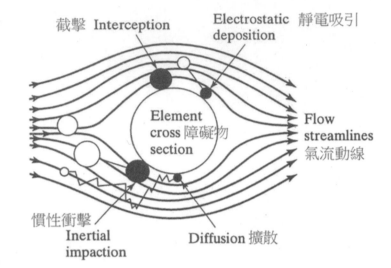

● 慣性衝擊Inertial Impaction：
氣流中較大塵粒會因為慣性力作用而脫離氣流軌道，向著濾布織線衝擊而附於濾布上。

● 直接攔截 Direct Interception：
較微細之粉塵隨著氣流軌道而流動;當與濾布織線接觸時方可被攔截留置。

● 擴散 Diffusion：
小微粒的擴散現象是造成微粒被收集。氣流中較微細粒徑(0.1μm 以下)因氣體分子運動之影響會進行布朗運動(擴散)，由於不規律行進會使粉塵可與濾布織線接觸而附於濾布上。一般大於 1μm 之粉塵主要是由慣性衝擊及直接攔截方式來收集。而 0．001μm 至 1μm 之顆粒主要是由擴散及靜電吸引方式去除。

● 布朗運動 Brownian Motion：
微顆粒在流體中以不規則的運動 (隨機、獨立連續的不同方向，不同速度運動。大顆粒的運動則不能用布朗運動討論)。布朗運動，定義原子的直徑為 10^{-8}mm，顆粒太小。水分子直徑約 3×10^{-7}mm。

● 靜電吸附 Electrostatic Deposition：
工業粉塵有利用靜電吸附來除塵（Electrostatic precipitator，ESP），原理以靜電吸引輕型微小的粒子，耗能有效率。
靜電吸附原理：
當一個帶有靜電的物體靠近另一個不帶靜電的物體時，由于靜電感應，沒有靜電的物體內部靠近帶靜電物體的一邊會集聚與帶電物體所攜帶電荷相反極性的電荷(另一側產生相同數量的同極性電荷)，由于異性電荷互相吸引，就會表現出"靜電吸附"現象。

- 濾材集塵機(例如：袋式、彈匣)的設備組成包含：

  本體、濾材、粉塵震盪器、粉位計、減容積、Rotory Vale 閘刀閥、CDA 逆洗(Pruge 功能)、本體進/出口風量控制閥、控制系統，.....等。

  Head 風管部份增設紅外線粉塵偵測器，監測風道是否堵塞。

F.1.2. 粒狀污染物

- 定義、處理方式

定義	粒狀物一般是指存在於大氣或廢氣中的細小微粒，粒徑小至 0.1μm 以下, 大至 3,000μm 以上。
處理方式	(1) 機械力：用重力、慣性力、離心力等物理特性去除粒狀物，例如，重力沈降室與旋風集塵器。 (2) 過濾：利用過濾原理將粒狀物截留在濾布上。例如，袋式、彈匣式集塵器。 (3) 洗滌：利用洗滌程序將粒狀物移入水中。例如，文式洗滌器。 (4) 靜電力：利用異電荷相吸原理將粒狀物自氣流中分離。例如，靜電集塵器。
系統設計	考慮處理設備：(1) 處理後的效率 (2) 二次污染 (3) 設備材料的選用 (4) 處理系統的壓力：正壓或負壓系統。
注意事項	污染物特物理、化學性質，廢氣特性(流量、溫度、濕度、黏度)，經濟，空間，控制，維護保養，環保法規需求。

- 粒狀物處理設備比較表 (取材：玉城)

說明	重力沈降法	旋風集塵法	袋式/彈匣集塵法	溼式洗滌法	靜電集塵法
應用原理	廢氣進入沈降室時，微粒流速變慢，重力沈降而去除。	氣流快速迴旋所產生之離心作用，使微粒去除。	當微粒經過濾布時，主要經由纖維截留與慣性衝擊所去除。其次擴散、重力沈降、凝聚與靜電吸引輔助。	廢氣在洗滌混合層充分混合，將微粒移至水中。	利用異電荷相吸原理，將微粒離子化後，在收集電極處吸引去除。
應用類型	平行板型(Howard)	一般型	振動式	一般型	一段式/二段式
	隔板型	高效率型	逆洗式	文式	乾式/溼式
			脈衝式	水音式	板狀/管狀電極
適用粒徑(μm)	一般型>50	一般>10	> 0.1 (依濾布等級)	一般型>5	> 0.1 (依微粒種類)
	隔板型>30	高效率>5		文式：>1	
去除效率	50-90%	70-90%	30-60%	90-99%	85-95%
廢氣溫度	<350℃	<350℃	<250℃	無限制	<500℃
廢氣濃度	>35 g/m³	>150 g/m³	>5 g/m³	>5 g/m³	>5 g/m³
操作難易	易	易	易	易	難
設置費用	低	低	中	低	高
操作費用	低	低	中	中	低
維修費用	低	低	中	高	中
適用範圍	中	低	低	高	中

● 粒狀物處理設備的優缺點

控制技術	優點	缺點
重力 沈降法	設置成本低	無法去除細微顆粒 40-60 μm 以上
	操作維護費用低	處理效率低 15-50%
	機械結構簡單,不需維修	設備佔地大
	壓力損失少,動力需求低	廢氣潮濕與濃度過大不適用
	適用溫度範圍廣	
旋風 集塵法	設置成本低	細微顆粒去除率較低 5 μm 以上
	操作維護費用低	壓力損失大,動力需求高·
	適用之廢氣濃度範圍較大	一般:50~150mmAq;高效:100~200mmAq
	適用溫度範圍廣	易有積垢、堵塞、腐蝕問題
		廢氣潮濕與濃度過大不適用
袋式 集塵法	初設費用中等	廢氣溫度不宜太高
	可去除細微顆粒(可達 0.1μm)	廢氣潮濕與黏性不適用
	去除效率高(可達.99%以上)	壓力損失大(100-250mmA),動力需求高
	可自動化控制,操作簡單	過濾有機質易生爆炸
	可回收有用顆粒	對過濾速度敏感
溼式 洗滌法	初設費用較低且操作簡易	會產生廢水之二次污染
	處理廢氣溫度無限制	廢氣含粒狀物濃度高時,易造成阻塞
	能同時處理氣狀污染物	壓力損失大,動力需求高
	去除效率高: 一般:70-90%, 文式:可達 99%	(一般:30-80mmAq· 文氏:200-500mmAq)
		1 mm 以下微粒之去除效果不佳。
靜電 集塵法	去除效率高(可達 99%以上)	初設費用高 1 mm 以下之去除率很高
	可去除細微顆粒(可達 0.1μm)	所需操作技術較高
	可處理高溫、高濃度廢氣	若廢氣為可燃性氣體,有爆炸、著火之危險
	顆粒種類較無限制	有高壓電之安全顧慮

F.2. 防治設備

F.2.1. 重力沈降法

● 重力沉降法:粒子氣流速度等於零時,而重力使粒狀物質由氣流中沉降下來。其方法是讓氣流速度突然減小(障礙物)使粒狀物質之沉降速度增大,改變微粒上的力,使微粒發生沉降作用。

● 障礙物:用隔板型行板型沉降法,利用突擴管或重力沉降室,藉重力去除粒狀物質。突擴管之原理即氣流因進入截面積突然擴大之區域而使其流速變慢,在突擴管中向前之動量減少,而使重力之影響增大,粒狀物質乃下降到部之沉降區。沉降室必須定期清除,以防止已去除粒狀物再揚起而排放於大氣環境中。

● 隔板沉降法是為增加重力式沉降槽之效率而發展出來,在隔板式沉降室內,氣流將因撞擊阻隔板而使水平速度減慢,並改變氣流之方向,藉由慣性力及衝擊力將粒狀物去除,隔板沉降法之效率將比僅靠重力以分離粒狀物質之效果好。

F.2.2. 旋風集塵器

● 旋風集塵機運轉說明：
利用氣流經過一特製之氣室產生旋轉作用。氣流中的塵粒經氣流的旋轉而生離心力，此時氣流的速度亦變慢，因此塵粒與空氣在旋風器內產生分離作用，亦即塵粒集中於旋風機內，使排出者為清淨之空氣。

● 旋風集塵機之原理：
利用慣性力和離心力之組合，廢氣氣流以切線方向進入設備，再以螺旋狀向下旋轉到底部，然後再由底部中心管旋轉向上排出，離心力作用使粒狀物質撞擊圓錐體之管壁而分離，再沿著圓錐壁掉到底部之粉塵袋中。

● 旋風集塵機去除效率與粒徑大小、比重、比表面積及粒狀物質濃度有關；此外，與氣流速度、旋風集塵機大小、圓錐體之長度、壓力降等因素皆有密切 關係。

● 旋風集塵機依效率需求不同可分為：一般型與高效率型。
(1) 一般型與高效率差別在於一般型是指壓力降小於或等於 100 mmAq，
(2) 高效率型則是指壓力降大於或等於 150 mmAq。
壓力降之改變直接受入口速度壓力之影響，通常為 1~4 倍之速度壓力。
圖示：

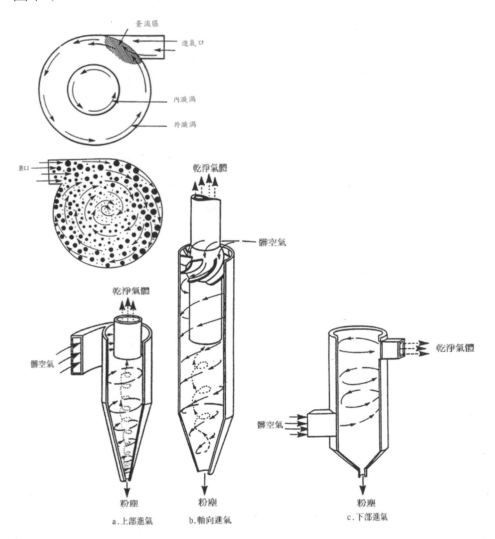

F.2.3. 靜電集塵器

● 靜電集塵原理：
是控制電壓維持稍微低於火
花放電電壓，即是電暈放電
電壓最強的狀態下進行。
由於電暈放電產生大量負離
于從放電極移向集塵極，使
懸浮於空氣中之粉塵微粒附
著帶電，荷電之粉塵微粒在
電場庫倫力趨動下向集塵極
移動，到達集塵極之粉塵微
粒遂失去電荷附著並累積於
集塵極上，至於電暈區之正

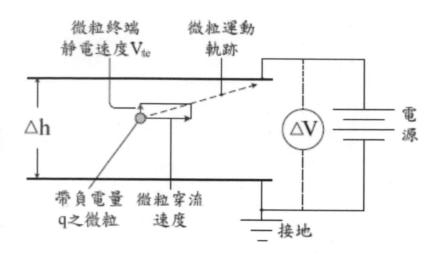

離子則向放電極移動，由於移動路線較短，只能與極少數粉塵微粒相遇荷電，所以只有
極少量帶正電荷之粉塵微粒沉積於放電極上。
(取材：中山大學環境工程研究所-空氣污染控制與設計)

● 廢氣中粉塵微粒被捕捉下來達到淨氣功能。
沉積粉塵積層後除受重力作用掉落外，亦需藉助敲擊設備使之掉落至貯塵桶中排出。

● 若放電極所接是電源負極，則產生負電暈，反之則為正電暈。

負電暈	產生負電暈電壓比產生正電暈電壓低且負電暈電流大。所以，工業用靜電集塵機大多採用負電暈放電形式，
正電暈	正電暈放電功率損耗大，但產生臭氧量僅負電暈放電 1/10。因此，考量人體健康，室內用空氣清淨機則採用正電暈放電。

● 靜電集塵機種類：

極板型式	(1) 圓桶型靜電集塵機 (2) 平板型靜電集塵機
放電極與集塵極所形成電場	(2) 一段式-粉塵荷電與收集同時進行。 (2) 二段式-前段放電極所形成之非均勻電場負責粉塵荷電，後段平行平板主集塵極所形成之均勻電場負責集塵。
入口氣體溫度	(1) 一般靜電集塵機為 25~200℃ (2) 高溫靜電集塵機溫度高於 350℃
捕集對象	(1) 乾式-乾燥之固體粒子者 (2) 濕式-塵極上噴水造成水膜或噴水在集塵室把累積在集塵極上之粒子洗掉

● 靜電集塵機包含設備構造、電源及附屬設備所組成。
主要設備有：整流裝置、放電極、集塵極、清灰裝置及貯灰統所構成。
(1). 整流裝置是由分布許多孔洞之隔板所構成，主要功能係用於阻礙入口高速之氣流，
使氣流進入靜電集塵機之斷面流速維持均勻狀態。
(2). 放電極形式有許多種，

表面曲率大	產生電暈放電之電壓值低，在相同電場強度下，可分獲得較大之電暈電流
表面曲率小	電暈電流小，但能形成較強之電場

(3). 集塵極通常採平板式較多，近年來為提高集塵極剛性，並有效防止二次揚塵，多採用帶有收集槽形式。

(4).清灰裝置係用於將放電極及集塵極上之粉塵剝落下來，

| 現在大都採用鐵錘敲打電極 框架之機械清灰方式 |
| 其他尚有電磁振動、刮板清灰(用於粘結性粉塵)及水膜清灰(濕式靜電集塵機)等。 |

F.2.4. 文丘里洗滌器

● 文丘里洗滌器：在去除排氣系統中的重載和輕載空氣中的顆粒物質，以及製程廢氣氣體。 文丘里洗滌器將帶有顆粒的空氣流與高速水一起帶入水中以將顆粒轉移到水流中。然後通過離心分離和除霧階段從空氣流中除去水滴和顆粒。

● 文丘里洗滌器系統圖 (取材：Chevron)

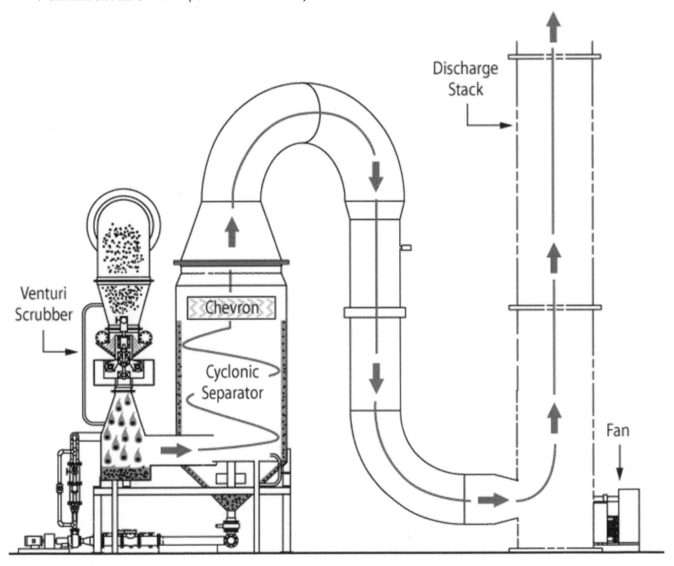

F.3. 集塵設備

● 本節介紹濾材式集塵機，常用的濾材有：(1) 彈匣式濾材、(2) 袋式、(3) 平板.......等。

● 構造上袋式與彈匣式非常相近，運轉功能、維護保養的方式也很相同，不同的是濾材、集塵的粒徑。

F.3.1. 彈匣式集塵機

● 濾材集塵機的設備組成包含：
本體、濾材(Ex：袋式、彈匣)、粉塵震盪器、粉位計、減容積、Rotory Vale 閘刀閥、CDA 逆洗(Pruge 功能)、本體進/出口風量控制閥、控制系統.....等。

● 本體材質有碳鋼板+烤漆，或不銹鋼材質，依業主需求設計。

● 依據集塵其粉塵的類型，設計集塵機設置洩爆口的需求。

● 圖示：彈匣式的過濾器 (取材：顥葳股份有限公司。Ready Well)

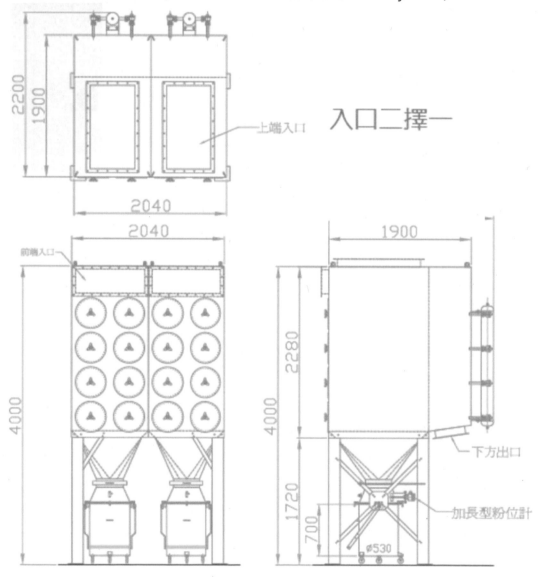

F.3.1.1. 濾材特性

● 高科技廠房常用的彈匣式的濾材種類有：玻璃纖維、PTFE......等。

● 市場式上對粉塵的過濾方式多採用彈匣式的濾材，原因是過濾面積大，氣布比小，運轉的壓損小，彈匣更換容易，可加逆洗功能減少保養工作，彈匣式產品市場銷售量大,因此備品材料多。

● 彈匣式PTFE的起始壓損~250Pa，終端壓損預估是初損的3~4倍，對使用者建議不超過~1,000Pa，濾網可以清洗乙次。每家製造商不同，詳細資料請詢問供應商。

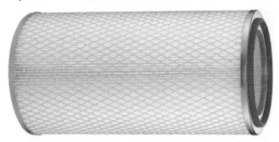 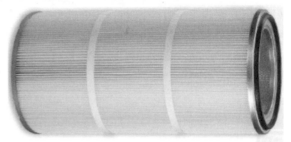

● 過濾方向：(1) 濾袋內部過濾、(2) 外部過濾二種。二種過濾方向都可採用。
(1) 內部過濾因外側為乾淨面，濾袋表面在安裝或維修作業時較為清潔，但濾袋下部之流速較大，若氣流中合有粗粒粉塵時，下部濾布易先受損。
(2) 外部過濾時則須配置支撐籠架。密封型濾袋僅可採用外部過濾且內側需要有支撐，至於彈匣式濾袋則因外側才有高過濾面積，故須採用外部過濾方向。

● 彈匣式的濾材的材料種類有多種選擇性，依據業主的需求，對粉塵過濾的效濾/壓損，濾材的過濾面積/尺寸，操作溫度的材質，安裝方式，.....等。下列以PTFE舉例說明：
(取材：顠葳股份有限公司。Ready Well)

名稱	濾材種類	粉塵應用	濾材過濾效果	過濾面積	操作溫度	橫置式規格 (mm)		
						OD	ID	L
PTFE	採用 PTFE 塗層的 100%紡粘聚酯纖維	黏聚性.纖維性及非纖維性之混合粉體.吸濕性及不規則粉塵	99.95% at 0.2~2 micron	10 m^2 (110 ft^2)	120℃	12.75"	8.38"	26"
						13.80"	9.50"	26"
PTFE-C	採用 PTFE 塗層的 100%紡粘聚酯纖維	SiO_2 細微粉塵. 一般不規則細微粉塵	99.95% at 0.2~2 micron	10 m^2 (110 ft^2)	135℃	12.75"	8.38"	26"
						13.80"	9.50"	26"
橫置式	上、下兩端蓋板為全開放式，材質可為鍍鋅或不銹鋼材。							
	內金屬支撐襯網開孔度為 77%，材質可為鍍鋅或不銹鋼。							
	外金屬支撐襯網開孔度為 80~90%，材質可為鍍鋅或不銹鋼材。							
	合成橡膠氣密墊還，一體成型製造。							

F.3.1.2. 附屬元件

● 主要介紹科技廠房的彈匣式集塵機，相關的選項設備，配合使用者的需求

粉塵震盪器	排放粉塵黏度會造成集塵機本體被粉塵黏在本體上，所以需要用到粉塵震盪器，當粉塵堆積到一定厚度時須開起將粉塵擊落收集。
粉位計	當收集的粉塵流入收集桶後，粉塵收集桶滿時，粉位偵測器將告知廠務進行更換儲存桶。
閘刀閥門 Rotary Valve	換裝儲塵桶時關閉此閥，系統粉塵不在落入桶內，更換儲塵桶後，開起此閥，系統正常運轉。
減容積	目的是要減少粉塵的體積。
壓縮空氣系統 CDA 控制	系統設定及控制，主要是清理與做逆洗功能。 一般需求壓力 4~7kg/cm2。
紅外線粉塵偵測器	Head 風管部份增設紅外線粉塵偵測器，監測風道是否堵塞。

F.3.1.3. 控制模式

● 集塵機系統的控制元件有：溫度/壓力顯示器，溫度/差壓傳訊器，過濾材逆洗功能 Purge System。

● 附屬控制元件：
(1) 溫度顯示器 Temperature Gauge：現場查看進氣的溫度。
(2) 壓力顯示器 Pressure Gauge：現場查看進/排氣的壓力。
(3) 溫度/差壓傳訊器 Temperature / Pressure Transmitter：供遠端監視與控制集塵機，並得知集塵機運轉狀態。
(4) 過濾材逆洗功能 Purge System：集塵系統配置 CDA 供集塵機的逆洗。當濾材上堆積多量粉塵時會降低過濾的效果，當粉塵堆積後用空壓氣體噴流將粉塵噴離過濾材，這就是逆洗。(取材：顥葳股份有限公司。Ready Well)

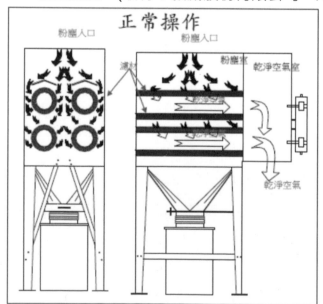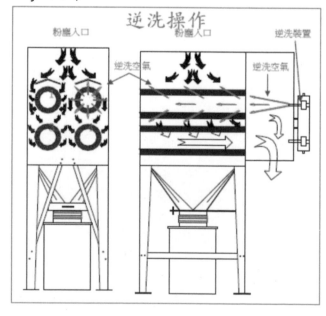

F.3.2. 濾袋式集塵機

● 濾袋式集塵的濾材，因過濾的廢棄物種類、溫度、壓損、過濾效果，應用上有多種的功能 (廢氣集塵、廢水收集、防油處理)，依不同產業有選擇性用途。

● 濾袋的材質有：PET(120℃)、NOMEX (200℃)、PPs (190℃)、Fiber Glass (260℃)、PTFE (260℃)，抗靜電集塵濾袋 (150℃)，........等。

● 濾袋式樣 (取材：櫞凱科技網站)，詳細技術資料，請詢問供應商。

支架籠	濾袋	濾袋

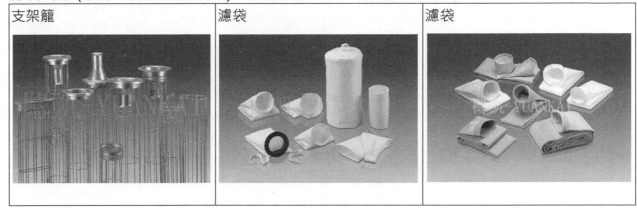

● 集塵設備 (取材：ACGIH)

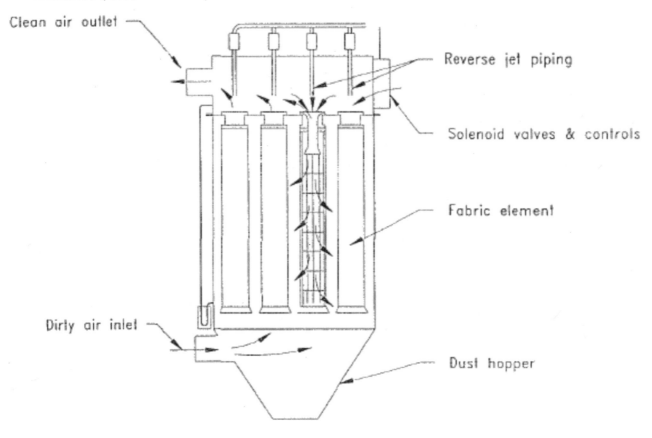

F.3.3. 平板式集塵機

● PE基體材質，孔隙用PTFE塗層，過濾效果<1ppm，D50<1μm。結構穩定、防水。
應用：金屬粉塵類。

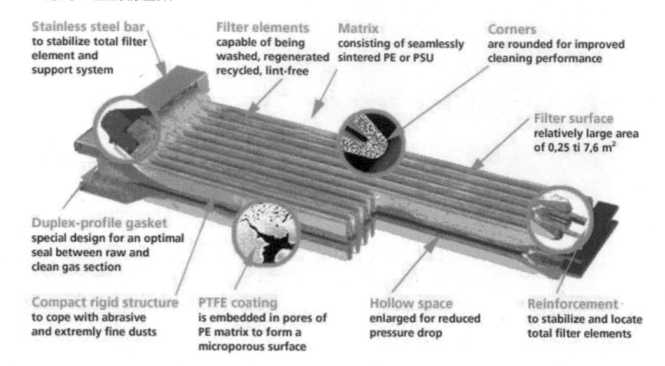

F.4. 集塵系統設計

● 設計需求資料：排放氣體的成份、濃度、流量、溫度，處理後過濾效率。

粉塵特性	尺寸、密度、化學成分、溫度、濕度
風量	處理風量尖峰、離峰，運轉模式。 處理系統：設計量太小-無法有效捕獲粉塵。設計量太大，消耗能源成本更高。
氣布比	氣布比 (空氣與布料的比率越低，系統在去除工作環境中的灰塵方面就越有效)
濾材種類	彈匣式、袋式，….
可燃、防爆	預防粉塵可燃、防爆。OSHA、NFPA Standards
	粉塵爆炸的條件：氧、密閉空間、點火源、濃度合適的可燃粉塵。
	NFPA 易燃粉塵：木材、可燃金屬、農業火災
維護計畫	(1) 防止灰塵堆積：清理灰塵上堆積的多餘灰塵收集器、其他設備、通風口和過濾器，……等。
	(2) 防爆門：在除塵器上安裝防爆門。洩爆口區距離 10m 需要淨空。

F.4.1. 氣布比

● 氣布比評估濾材集塵機的效率、使用壽命的重要指標。
AC Ratio 氣布比(Air-to-Cloth Ratio)：也稱為過濾風速。濾袋內每一單位面積濾布所通過的氣體體積流率，它也可以視為通過濾布表面的氣流速度（亦稱為過濾速度），但此速度並非真正通過濾布孔隙的速度。當氣/布比增加時，濾床的壓降也會增加。

● 集塵器流過空氣濾清器之空氣的體積流率 (常用單位cmm，國際標準制單位cms) 除以過濾網面積(單位m²)比值。

$$\text{Air to Cloth Ratio} = \frac{Q}{A}$$

Q：風速 [m³/s]

A：過濾面積 [m²]

- 典型的空氣 - 濾布比(A/C)

類型	A/C 範圍(cm/s)
振盪式	1.0-3.0
反洗空氣式	0.5-1.5
脈衝噴氣式	1.0-7.5

氣布比 (AC Ratio)依粉塵的濃度及空氣濾清器特性有關。

一般介於 1.5~3.5 cmm/m² 或 0.025 ~ 0.058 cms/m² 之間 (單位類似風速)。

筒式除塵器，典型的範圍是 4：1 的氣布比。

- 相關氣布比，參考U.S. Air Filtration, Inc. 內有各種A/C的建議值。
  (Ref. https://www.usairfiltration.com)

F.4.2. 風管工程

- 本節介紹風管相關知識：(1) 風管內的風速、(2) 粉塵風管

F.4.2.1. 管內風速

- 風管內的風速，決定粉塵的種類，當風要帶走粉塵時，需要考慮粉塵本體的重量，由於地心引力的影響，不夠快的風速無法帶走真正的粉塵，致使粉塵的堆積，也因為風速太快造成運轉費用高與風管設置安全的問題。

- 當污染物的確定後，須考慮其他的系統因素，例如：MAU氣流的干擾、氣流障礙物、交叉氣流的強度，污染物的毒性、波動性及其他的風險後，再決定風管的風速。

- 建議風管風速 (取材：SMACNA)

污染物的性質	粉塵種類	風管風速
蒸氣，氣體(Vapour, Gases)		5–10 m/s
煙(Smoke, fume)	焊接 (Welding)	10 m/s
細的灰塵 (Fine dry dust)	木屑，棉絨 (Wood dust, lint)	12.5 m/s
乾粉塵和粉末 (Dry dusts and powders)	精細的橡膠粉塵，棉塵，輕微的刨花 (Fine rubber dust, cotton dust, light shavings)	15 m/s
一般工業粉塵 (Average industrial dust)	研磨粉塵，刨花，石棉，矽石，粘土，磚切割 (Grinding dust, wood shavings, asbestos, silica,clay, brick cutting)	20 m/s
沉重的灰塵 (Heavy dusts)	木屑，鉛，金屬車削，潮濕的材料 (Sawdust, lead, metal turnings, damp materials)	25 m/s

參考本書，風管設計章，有詳細說明。

F.4.2.2. 粉塵風管

● 粉塵排氣的風管除了設計合乎需求，風管水平安裝的順暢也很重要 (類似生活污水管的配管-直線)，風管安裝若有高高、低低的爬升降，將造成風管內的粉塵堆積，因此於高科技廠房會設計風管檢查口+風管清潔口。

● 粉塵配管建議模式
(1) 直管與彎頭配置方式 (取材：ISBN NO: 978-1-84496-192-4)

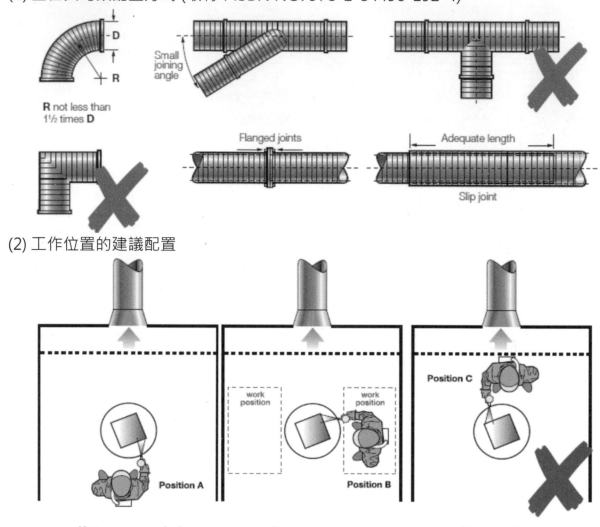

(2) 工作位置的建議配置

(3) 風管清潔圖示：檢查口/清潔口 (洩廢料口) 的尺寸與相互間格，與使用者討論間距。

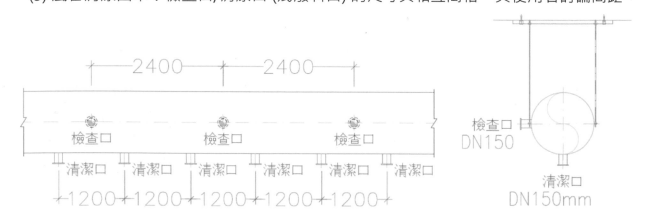

Chapter G

製程有機廢氣
VOCs

Chapter G. 製程有機廢氣 VOCs

- 本章介紹VOCs入門基礎，啟因製造過程中產生的有機廢氣，內容包含：(1) 防治污染設備-焚化爐、沸石轉輪、熱交換器，(2) 風管/配管系統設計。

- 本章介紹重點有：
  (1) 氧化爐處理方法-RTO+轉輪
  (2) 親水性有機廢氣

- 高科技產業常看到的-有機氣體廢氣種類

有機類廢氣		化學式	分子量	密度	熔點	沸點	Remark
			g/mol	kg/cm^3	°C	°C	
IPA	異丙醇 (2-丙醇)	C_3H_8O	60.1	786	-89	82.5	清潔劑
DMK	丙酮 Acetone	CH_3COCH_3	58.08	784	-95	56	去光阻劑
PGMEA	丙二醇單甲醚乙酸酯	$C_6H_{12}O_3$	132.16	960	-87	146.4	光阻稀釋液、
PGME	丙二醇甲醚	$C_4H_{14}O_2$	90.1	917	-95	120	清洗液
MEA	乙醇胺	C_2H_7NO	61.08	1,010	10.3	170	洗滌劑
DMSO	二甲基亞碸	C_2H_6OS	78.13	1,100	19	189	清潔劑
NMP	N-甲基吡咯烷酮	C_5H_9NO	99.13	1,030	-24	202	黏著劑
HMDS	六甲基二矽氮烷	$C_6H_{19}NSi_2$	161.39	770	-78	127	增粘劑
Ethanol	乙醇	C_2H_5OH	46.07	789	-114.1	78.37	消毒殺菌
Toluene	甲苯 $C_6H_5CH_3$	C_7H_8	92.14	867	-93	110.6	黏著劑 (添加劑)

G.1. 有機廢氣處理方法

- 有機類的廢氣按氣體性質，濃度來決定處理方法。市場常用的有機廢氣處理方法有：
  (1) 氧化-焚化 TO/RTO，(2) 吸附-活性碳，(3) 洗滌-NMP，(4) 冷凝-NMP。

高濃度 (大風量)	焚化方式處理，用高溫熱裂解。
	其處理主要設備包含：焚化爐 (RO、RTO)，熱交換器，沸石轉輪，.....等。
低濃度 (小風量)	活性碳吸附方式處理。例如，活性碳吸附塔 (顆粒活性炭/活性炭纖維)。
親水性	洗滌方式處理，用水攔截廢氣。例如，NMP Scrubber。
高沸點	冷凝方式將廢氣回收再利用。例如，NMP 用低溫冷凝將 NMP 廢氣冷凝成液體回收 NMP 再使用。

- 各種處理方式有其專業技術，製程排放時因為多種廢氣的混雜一起排放處理，各類型的廢氣其特性不同而導致處理困難。因此大風量高濃度大多採用焚化處理。

- 低濃度、風量少的有機廢氣，可用活性碳吸附。吸附處理設備需要空間大 (處理風速慢~0.5m/s以下)，更換消耗材料-活性碳(吸附材料吸飽後-再生或更換)，且要經常維護保養，並要小心易燃材質。

- 廢氣排放種類單一、純度高且昂貴化學原料，可用洗滌或冷凝方式處理廢氣，附加廢氣回收再使用，以降低採購原料成本。

G.2. 氧化爐處理系統

● 廢氣VOCs 處理系統設備的需求，主要設備包含：
(1) 氧化爐 (Oxidizer)：焚燒室。
(2) 熱交換器 (氣對氣的熱交換器)：脫附+回收熱能
(3) 沸石轉輪 (Zeolite Rotor)
(4) 風機：系統風機、氧化爐風機、焚燒風機
(5) 煙囪：系統煙囪，焚化煙囪 (亦可併入系統煙囪排放)
(6) 即時監控-符合環保需求
實務上依需求、初設費用及空間-調整設備配置方式。

G.2.1. 系統架構

● VOCs處理常見的系統架構：
(1) 轉輪盤式 (取材：日本-西部技研)

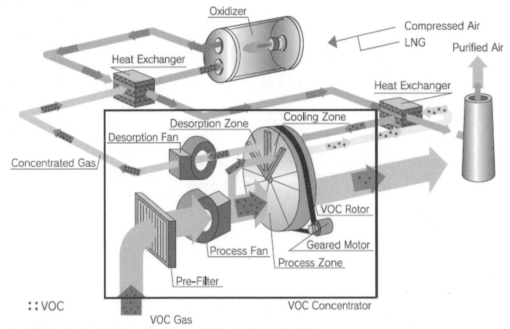

(2) 圓柱旋轉式 (取材：取材：臺于有限公司網站)

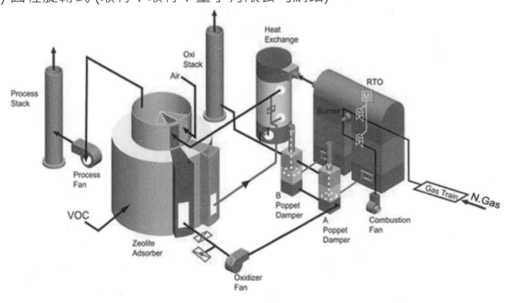

- 系統運轉的性能資料
  流程圖示中(RTO)，說明各階段的性能說明

(1)	風量-cmh	單位，容量說明：
(2)	壓力-Pa	$\dfrac{cmh}{Pa} \Big| \dfrac{C^\circ}{VOC} [kg/hr]$
(3)	溫度-℃	
(4)	VOC 濃度-kg/hr	

- 圖示RTO運轉的性能資料：介紹沸石轉輪+3槽式蓄熱焚化爐

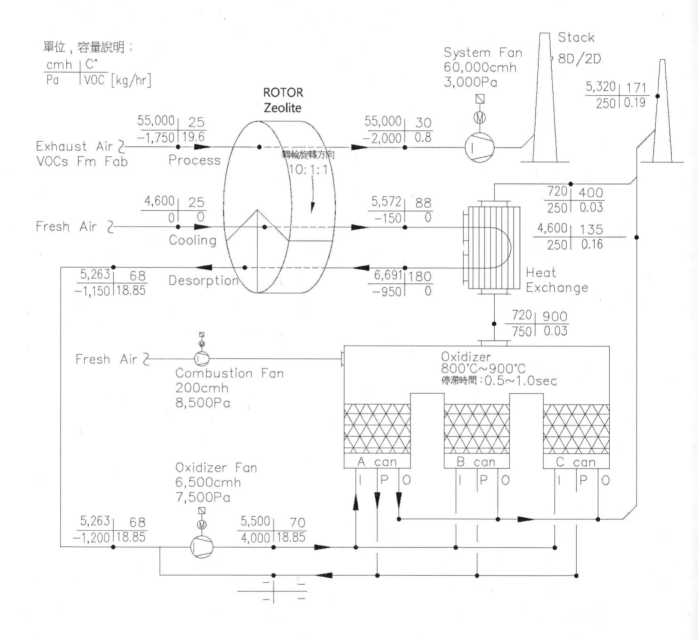

G.2.2. 燃燒室

- 燃燒室，就是一種焚化爐的觀念 (Oxidize氧化爐)。

  VOCs + $O_{2(空氣)}$→CO_2 + $H_2O_{(g)}$，將廢氣送入爐內用高溫破壞有機廢氣，完全燃燒 (完全氧化)後，氧化 (焚化) 產出：二氧化碳(CO_2) + 水氣 ($H_2O_{(g)}$)。

  常用的設備有 TO (初設成本便宜，運轉耗能) and RTO。

- 燃燒室重要參數：(1) 處理效率、(2) 停留時間

處理效率	效率 99%，依據處理溫度。	氧化爐的處理效率：(Ex) $TE=((M_{inlet} + M_{burner}) \times (T_{comb} - T_{outlet})) \div (M_{inlet} \times (T_{comb} - T_{inlet}))$					
		M_{inlet}	M_{burner}	T_{comb}	T_{outlet}	T_{inlet}	TE (RTO)
		進入 RTO	燃燒室中	燃燒室中	煙道溫度	進入 RTO	效率
		Scfm	Scfm	°F	°F	°F	Eff. %
		2,400	36	1,500	151	80	96.4%
停留時間	停留時間：依據 RTO 設備爐尺寸	0 停留時間：0.5sec~1sec。 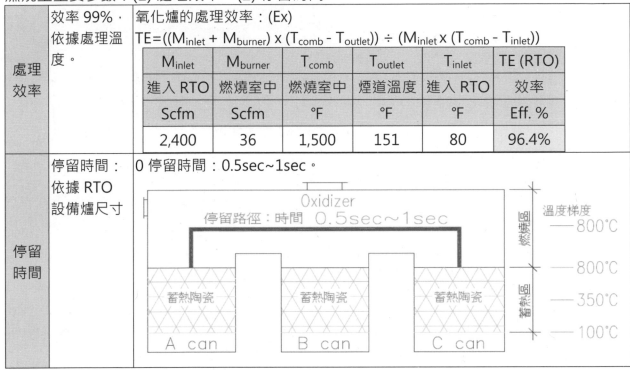					

- 氧化爐設計參數 (取材：中大環工所-蔣少勇論文)

參數	說明 - Sample
蓄熱床數	2 槽式、3 槽式、迴轉式
蓄熱床填充高度	2.4 ~ 2.7m (1 英寸馬鞍型填料，95 %熱回收率)
填料材質	礫石、陶瓷 (氧化矽及氧化鋁)
填料構造	1” 馬鞍型、蜂巢式(7~70 方孔/in^2)、疊板式(板厚 1.5mm)、或 3 者組合
焚化區溫度	1,400~1,500°F (760~816℃)
填充層填充比重	0.6 ~ 1.1
填充層比表面積	160 ~ 820m^2/m^3
填充層空隙率	60~74%
進氣溫度	22~30℃
出氣溫度	50~80℃ (平均 65℃)
熱回收率	0.95
進氣 VOCs 濃度	1,500~7,000 ppm (以甲烷計)。< 15% LEL (爆炸下限)
出氣 VOCs 濃度	4-12 ppm (以甲烷計)
VOCs 去除率	99% (3 床)、98% (2 床)
閥門轉換時間	0.5~2.0 min (cycle time 之半)
輔助加熱能源	瓦斯、柴油 (電熱-設計上已經很少用)

G.2.2.1. TO

● TO：直燃式 (Thermal Oxidizer)
爐內溫度用燃料的燃燒維
持，廢氣被導入爐內後，
污染物於爐內進行高溫氧
化分解。
其優點在於技術成熟、操
作簡單、設置成本低廉且
可因應製程之變動。然而
操作過程需不停注入燃
料，進而造成操作成本的
提昇。

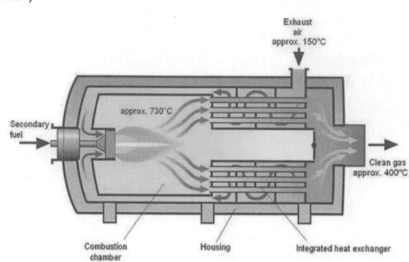

● 運轉方式：圖取材網路-
每日頭條。

G.2.2.2. RTO設計槽模式

● RTO：蓄熱式焚化爐(Regenerative Thermal Oxidizer)，具有2槽或3槽式的設計，高科
技廠房現多採用3槽式設計，初設費用高但運轉費用便宜。
● 介紹2槽或3槽式的RTO的外型

2 槽式 (取材：皇冠)	2 槽式 (取材：皇冠)
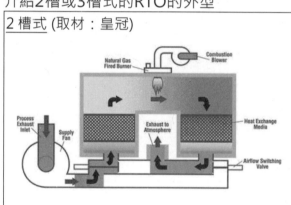	

3 槽式 (取材：豐映科技-網站)	節能 RTO-3 槽式的運轉模式：
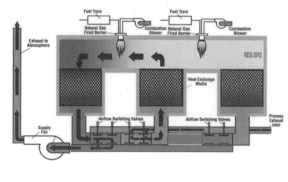	燃燒室在高溫下氧化分解廢氣。

Running Schedule	Casing		
	A can	B can	C can
Stage #1	In (I)	Out (O)	Purge (P)
Stage #2	Purge	In	Out
Stage #3	Out	Purge	In
Stage #4	In	Out	Purge

Note：動作流程順序 (Stage)
A can：導入廢氣，蓄熱體將導入廢氣加熱-預熱
B can：乾淨氣體排出蓄熱體-冷卻。
C can：潔淨氣體循環到 Oxiizer 風車。

G.2.2.3. 蓄熱材料

● 常用的蓄熱材料 (取材:LANTEC網站)

陶瓷蓄熱材	馬鞍環 Saddle	蜂巢式模塊 Honeycomb	板式模塊 MLM (Multi Layer Media)
規格 Sample	25mm	150 x 150 x 150 [mm]	305 x 305 x 102 [mm]
耐溫	1,300℃	1,300℃	1,300℃
安裝	散裝堆疊式	規則排列	規則排列
照片	S (傳統)  	H (科技廠常用)  	MLM (使用潮流)  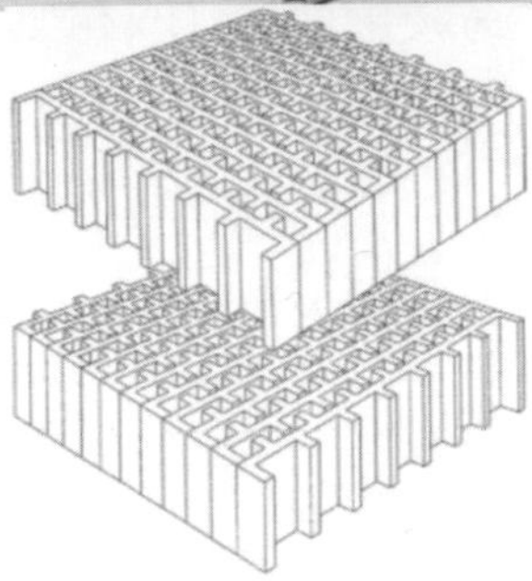

設計上,常見有 3 種材料混合使用。

G.2.2.4. Multi Layer Media

● MLM® 物理特性 (取材:LANTEC網站)

型號 - MLM			125	160	180	200	S
標準模塊尺寸	Standard Module Size	mm	305 x 305 x 102				
熱容量	Heat Capacity	kJ/m³-℃	670	810	940	1,070	1,070
重量	Weight	kg/m³	640	840	950	1,060	1,060
空隙率	Void Fraction	%	72	64	59	54	54
陶瓷比重	Specific gravity of ceramic		2.25 ~ 2.35				
吸水率	Water absorption	ASTM C373	< 0.5%				
耐酸、強度重量損失	Acid resist. strength wt. loss	ASTM C279	< 4%				
最高工作溫度	Maximum working temp	℃	1,180				
冷壓強度	Cold crushing strength	kg/m²	4,210	5,380	6,120	7,340	7,340

G.2.2.5. 蜂巢式

● 分段蜂窩物理特性 (取材：LANTEC網站)

型號			SHC-25	SHC-40	SHC-43	SHC-50
細胞數量	Cell Count		25 x 25	40 x 40	43 x 43	50 x 50
標準模塊尺寸	Module Size	mm	150 x 150 x 75			
			150 x 150 x 150			
熱容量	Heat Capacity	kJ/m^3-°C	674	728	728	760
重量	Weight	kg/m^3	660	710	710	740
空隙率	Void Fraction	%	72	70	70	68
陶瓷比重	Specific gravity of ceramic		2.2 ~ 2.5			
吸水率	Water absorption	ASTM C373	≤ 3.0%			
最高工作溫度	Maximum working temp	°C	1,110			

G.2.2.6. 馬鞍環

● 馬鞍環特性 (取材：LANTEC網站)
● 化學瓷性能 Chemical Porcelain Properties

Chemical Composition		% by Weight
二氧化矽	SiO$_2$	70
氧化鋁	Al$_2$O$_3$	23
氧化鐵	Fe$_2$O$_3$	< 1
氧化鈣	CaO	1~2
氧化鉀+氧化鈉	K$_2$O + Na$_2$O	2~4

● 物理性質 Physical Properties

比重	Specific Gravity		2.25~2.35
吸水率	Water Absorption	ASTM C373	<0.5%
耐酸強度	Acid-Resisting Strength % Wt. Loss	ASTM C279	<4%
燒成溫度	Firing Temperature	°C	1,250~1,300
軟化點	Softening Point	°C	>1,400
密度	Density	lb/ft^3	145

● 幾何特性 Geometric Properties

標稱尺寸	Nominal Size	inch	1/2"	3/4"	1"	1 1/2"	2"	3"
大約-重量	Approx. Weight	lb/ft^3	46	45	43	40	37	36
比表面積	Specific Surface Area	ft^2/ft^3	190	102	77	50	35	28
空隙率	Void Fraction	%	68	69	70	73	74	75
包裝係數	Packing Factor	1/ft	200	130	85	50	37	24

馬鞍型式傳統的蓄熱磚, 因為蓄熱效率較差(與蜂巢狀蓄熱磚相較)，壓損又高。詳細資料-請詢問供應商。

G.2.3. 轉輪 Zeolite Rotor

● 廢氣處理設備的氧化(焚化)處理選項是高科技廠房常用的系統,節能+廢氣處理效率高。流程是將濃度低的VOC (~500ppm) 經沸石轉輪濃度吸附後呈高濃度狀態,用熱脫附轉輪的高濃度區域後,再將脫附後的高濃度VOC送入RTO/TO高溫破壞(750℃~900℃),再經煙囪排放(其VOCs廢氣處理效率達99%)。

● 沸石轉輪 (Zeolite Rotor)。市場的製造商有美國MUNTERS,日本Niches,日本東洋紡(TOYOBO),西部技研,......等。

G.2.3.1. 轉輪材料

● 轉輪:選用的參數

Item	說明	規格
(1)	處理風量	10,000~500,000 Nm³/h
(2)	吸附、脫付,冷卻	面積比-10:1:1 (依設計需求,例如 6:1:1)。配合濃縮比配置
(3)	濃縮倍數	5-30 倍(按要求設計)。濃縮比=吸附風量÷脫付風量,Ncmh
(4)	處理效率	高達 95%以上
(5)	脫付溫度	180~220℃(更高溫度-可依據需求定製)
(6)	轉子耐熱性	500℃
(7)	阻燃性	不可燃
(8)	沸石轉子厚度	400mm、500mm、600mm

Note:
(1) 轉輪旋轉速度:10~20rph (或是更慢-增加轉輪吸附效率)。依照吸附濃度調整轉輪的轉速。轉的慢處理效率好。
(2) 脫付溫度依有機物的種類-飽和蒸汽壓 (沸點),調整脫付溫度 180℃~220℃。
(3) 轉輪的成分材質比例,各製造商有不同的配方,因此性能、效率、特性都有差異。

● 轉輪材料

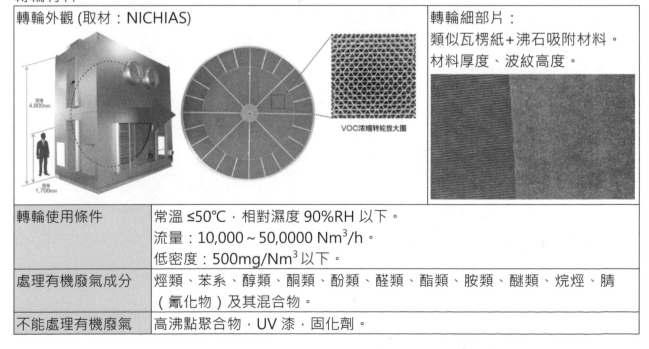

轉輪外觀 (取材:NICHIAS)	轉輪細部片:類似瓦楞紙+沸石吸附材料。材料厚度、波紋高度。
VOC浓缩转轮放大图	

轉輪使用條件	常溫 ≤50℃,相對濕度 90%RH 以下。 流量:10,000 ~ 50,0000 Nm³/h。 低密度:500mg/Nm³ 以下。
處理有機廢氣成分	烴類、苯系、醇類、酮類、酚類、醛類、酯類、胺類、醚類、烷烴、腈(氰化物)及其混合物。
不能處理有機廢氣	高沸點聚合物,UV 漆,固化劑。

G.2.3.2. 運轉模式

● 轉輪的形式，分為：(1) 圓盤式、(2) 轉圍式。
(1) 圓盤式-運轉模式 (取材：NICHIAS)

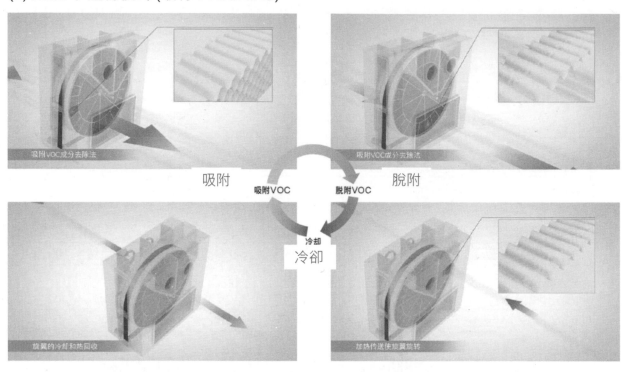

(2) 轉圍式-運轉模式 (取材：TOYOBO)

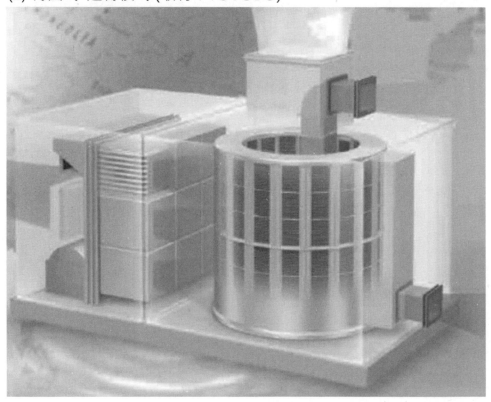

G.2.3.3. 轉輪的旋轉速度

● 有機廢氣轉輪的速度，依吸附的效率做調整，因為入口風速、入口濃度、入口溫度、脫附再生的效率，....等相關因素影響，理論上~12 RPH，或依需求調整至10 RPH以下 (經驗操作)。

G.2.4. 熱交換器

● 熱交換器是一種能量的轉換設備。功能上分為：

型式	功能	應用產品
液體對液體	水對水 (水或是其他化學品)	製程系統 PCW
液體對氣體	水對空氣	冷卻水塔
氣體對氣體	空氣對空氣 (鈑式、裸管式)	VOC 系統焚化爐與轉輪脫附間的熱交換器。

● 熱回收效率：Eff. = $(T_{comb} - T_{leave}) \div (T_{comb} - T_{inlet})$

進氣溫度	排氣溫度	燃燒室溫度	熱回收效率
T_{inlet} [°C]	T_{leave} [°C]	T_{burn} [°C]	Eff. [%]
30	60	800	96.1%

● 圖示：氣對氣熱交換器

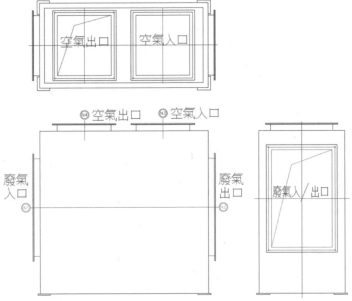

● 注意事項：
(1) 交換器的材質、流體種類。
(2) 適用溫度、濕度、流量。
(3) 設備壓損。
(4) 熱交換能力-熱傳量 kW。
(5) 設備重量。

G.2.5. 燃料系統

● 廢氣燃燒時，啟動運轉需要時需要燃料輔助設備初始啟用，常用的有瓦斯、柴油與電熱，或多種加熱模式的設置。實務上，系統點燃啟動後 (爐內溫度維持 800℃)，因為進焚化爐的高濃度 VOC 廢氣就不在需要燃料的供應，因此燃料系統多處於緊急狀態，當濃度過低或初始的啟動時才需供應燃料。

G.2.5.1. 燃燒理論

● 廢氣燃燒後的產物：
二氧化碳 (CO_2)、一氧化碳 (CO)、硫氧化物 (SOx)、氮氧化物 (NOx)、顆粒物質 (PM)。
為減少污染物排放量可用控制燃燒的方式來減少排放量。

● 控制廢氣排放的燃燒方法：
(1) 溫度：廢氣+氧氣後開始燃燒。燃燒條件是廢氣達到自燃溫度，若廢氣不能達自然溫度時，則用燃料輔助增溫 (Ex) 瓦斯、燃油或電熱方式。
(2) 時間：廢氣在燃燒室停留時間，目的破壞廢氣，去除空氣污染度的排放。0.5~1 秒。
(3) 紊流：廢氣(燃料) 與空氣混和度。

G.2.5.2. 瓦斯系統

● 瓦斯系統的設計要考慮瓦斯的安全性，瓦斯配管路徑與設備銜接的消防法規，有機廢氣處理設備的氣密 (預防洩漏)。

G.2.5.3. 柴油系統

● 柴油的安全性比瓦斯高，燃料供應多採用遠端儲油槽+加壓泵來供應需要的燃料。
配管方式以一般配管模式，並採用回流管，沒用的柴油回流到遠端儲油槽。

● 氧化爐初始啟動需要的燃料，由廠內柴油發電機或鍋爐區的柴油燃料槽供應，其唯一目的是減少廠區燃料的種類-管理上容易控制。
在常壓下，汽油的燃點 427℃，柴油的燃點 220℃。燃料的點燃需要適當的空燃比。

● 空氣燃料比 AF (Air-Fuel Ratio)：單位質量燃料燃燒所需的空氣質量。
其意義為燃燒過程中使用空氣量的一種標準衡量值 = 空燃比 AF，$AF = kg_{air} \div kg_{fuel}$。
空燃比數字越大，表混合氣越稀 (空氣多&燃料少)；數字越小則越濃(空氣多&燃料多)。
空燃比：汽油大約為 14.7，柴油大約為 14.3。

● 燃燒當量比 Φ = 完全燃燒 $AF_{st} \div$ 實際燃燒 AF
Φ < 1：稀薄燃燒 lean combustion
Φ = 1：完全燃燒 stoichiometric combustion
Φ > 1：富燃燒 rich combustion

G.3. 親水性有機廢氣

● 高沸點的有機廢氣處理，本節介紹相關的飽和壓力公式 Antoine Equation。
處理親水性、高沸點的有機處理，本節用 NMP 的例子說明廢氣處裡與回收。
NMP 的處理方式可分為：(1) 冷凝 (2) 洗滌方式。系統的選擇按業主的需求設計。
NMP (N-甲基吡咯烷酮)：無色至淡黃色透明液體，吸濕性強，與水、乙醇、乙醚、丙酮、乙酸乙酯、氯仿、苯等多數有機溶劑混溶。

G.3.1. 安東尼公式 Antoine Equation

● Antoine Equation方程式屬於一種半經驗的公式，描述相關性純物質的蒸氣壓和溫度。
(取材：維基百科)

Antoine Equation 公式：$\log_{10} P_{abs} = A - \dfrac{B}{C+T}$

公式符號/單位說明

名稱		A (係數)	B (係數)	C (係數)	T_{min} [°C]	T_{max} [°C]	P_{abs} [mmHg]
NMP	C_5H_9NO	7.5483	1979.7	222.2	6	206	飽和蒸汽-絕對壓力

● 公式應用之注意事項：
Antoine 公式的 A、B、C 係數
(1) 使用溫度的範圍區域。超過此範圍公式必須修正。
(2) 不同的化學物質時，係數不同要配合修正。

名稱		A	B	C	T_{min}, °C	T_{max}, °C
Water	H_2O [液]	8.0713	1730.6	233.426	1	99
	H_2O [氣]	8.1402	1810.9	244.485	100	374
NMP	C_5H_9NO	7.5483	1979.7	222.2	6	206
乙醇	[液]	8.2042	1642.9	230.3	-57	80
	[氣]	7.6812	1232.0	199.2	77	243

(3) Antoine Equation 變形轉換公式：$T = \dfrac{B}{A - \log P} - C$

● (Ex.) NMP 的冷凝溫度 (T°C) 與飽和壓力 (kPa-絕對壓力) 對照表：有效範圍內的計算

T [°C]	Pressure kPa	T [°C]	Pressure kPa	T [°C]	Pressure kPa	T [°C]	Pressure kPa	T [°C]	Pressure kPa
6	0.00995	50	0.25135	90	2.14832	130	11.2789	170	42.2216
10	0.01404	54	0.32033	94	2.58414	134	13.0433	174	47.4782
14	0.01958	58	0.40544	98	3.09405	138	15.0351	178	53.2643
18	0.02700	62	0.50976	102	3.68815	142	17.2770	182	59.6197
22	0.03684	66	0.63686	106	4.3776	146	19.7934	186	66.5861
26	0.04978	70	0.79082	110	5.1744	150	22.6101	190	74.2072
30	0.06607	74	0.97627	114	6.0921	154	25.7547	194	82.5284
34	0.00882	78	1.19847	118	7.1449	158	29.2563	198	91.5973
38	0.11611	82	1.46332	122	8.3488	162	33.1459	202	101.463
42	0.15137	86	1.77747	126	9.7206	166	37.4562	206	112.177
46	0.19580								

Note：壓力是絕對壓力。760 mmHg = 101.325 kPa = 14.696 psi, 273.15 K

G.3.2. 流程圖

- 一般高科技產業使用NMP的量大，但因製程排氣種類混雜都是經由專業回收廠處理。電池廠的 NMP 排放廢氣單純 NMP 成分。因此，以下介紹用鋰電池產生的 NMP 廢氣回收再使用，廢氣設備處理過程。又製程排放的廢氣溫度很高，用熱回收設備設計回收廢熱能 (本節不介紹熱回收-常用鈑熱交換器方式回收)。

- NMP亦可用沸石轉輪方式 (大孔徑)，類似 RTO 氧化爐的方法，又NMP不能回收 (氧化爐內焚化)，且運轉效率不好、費用高，慢慢退出市場。因為NMP單價高故不用氧化爐化設備，回收後的NMP 經過精煉可以再重複使用。

- NMP親水性大風量的有機廢氣，其回收處理方法有，出口濃度達 10ppm以下：
  (1) 冷凝-低溫滷水：冷凝的廢氣含水率低，廢氣濃度高。
  (2) 洗滌-常溫 RO 水：冷凝的廢氣含水率高，廢氣濃度低。

- NMP化學特性：數據依據一般條件（25 ℃，100 kPa）下。

化學式	C_5H_9NO
摩爾質量	99.13 g/mol
密度	1.028 g/cm³
熔點	−24 ℃
沸點	202~204 ℃

G.3.2.1. 冷凝方式

- 冷凝方式回收NMP：需要常溫水、冰水、滷水-低溫水。
  (1) 第一段：常溫水-冷卻廢氣。
  (2) 第二段：冰水-分段式冷凝。
  (3) 第三段：低溫水-冷凝 NMP。此種方法能取得濃度較高的 NMP 廢液，廢液在經過 NMP 蒸餾純化塔的處理得到高純度 NMP 可再回收使用於製程。
  (4) 第四段：回溫段-熱回收。

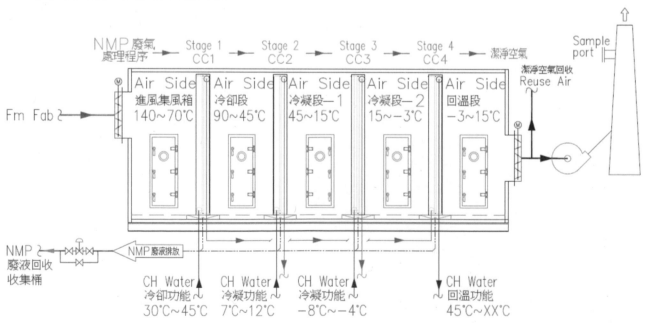

● 注意事項：

(1) 回收採用冷凝的方式，注意選用卻盤管材質，氣體性質屬於有機類，盤管鰭片慎選 (以不銹鋼類材質為首選)。

(2) 若廢氣源的露點溫度低，回收的 NMP 濃度可高達 99.5%且含水量很低。此時，應注意設備的防爆警報規劃，因此濃度達 99%以上時風險很高。

(3) 尾氣濃度小於 10ppmv。

G.3.2.2. 洗滌方式

● 洗滌方式是以常溫RO水用水洗方式截取NMP。此種回收方法可以取得的NMP廢液含水率低於85%時回收精煉，可減輕NMP蒸餾純化塔的負荷。

系統設備圖 (取材：和漾科技有限公司-Jacky)

設計理念：

(1) 用水洗方式-至少 RO。

(2) 用三段式，以 Over Flow 方式往前流通，第一段達到一定濃度後回收，經過精煉塔純化後再供製程使用。

(3) 各階段含水率

| 第一段 Stage 1：85%以下。 |
| 第二段 Stage 2：~45%。 |
| 第三段 Stage 3：~0.3%以下。 |

(3) 尾氣濃度小於 10ppmv。

(4) 系統圖示

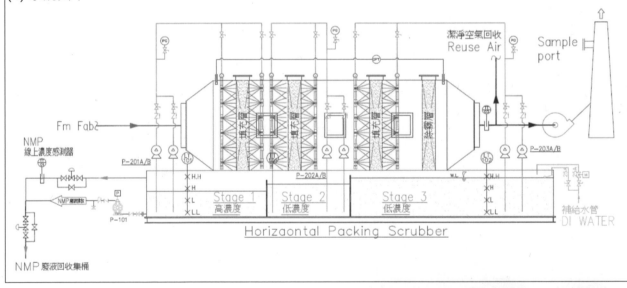

G.3.2.3. 排放廢氣測量

● NMP 煙囪排放口量測經驗，用手提簡易式的量測儀很難量出NMP的濃度，因此量測方式建議應比照 GC-FID方式。

G.4. 配管設計

● 本節介紹防治設備的配管相關工作，高溫風管、水管和煙囪排放。

G.4.1. 高溫風管

● 有機風管 (VOC)，一般採用全焊風管，材質有SUS，鍍鋅。
有機廢氣的處理，當在處理廢氣過程中氧化產生高溫廢熱 (800℃)再利用 (經熱交換器後進行轉輪脫付段的風管)。

● 計算風管時，常溫氣體流量必須轉換成高溫時的空氣流量，因此影響風管的設計尺寸，常溫狀態風管-詳本書Ch風管設計。
本節研究高溫時的氣體變化量，風管壓損計算時需要修正項目 (1) 風量、(2) 密度、(3) 黏度-(動力黏度、運動動力黏度)。

G.4.1.1. 風管壓損計算公式

● 壓損公式，相同於一般風管，當空氣高溫時須修正溫度等相關數據

主要損失	達西-魏斯拔公式。$h_{L-M} = f \times (L/D_h) \times (V^2/2g)$					
f 摩差損失係數	$f = 0.055 [1 + (20{,}000 \times \varepsilon / D_h + 106 / Re)^{1/3}]$					
Re 雷諾數	$Re = V \times D_h \times (\rho/\mu) = D_h V \nu$。					
	Re	V	D_h	ρ	μ	$\nu = \mu/\rho$
	雷諾數	平均流速	配管口徑	密度	動力黏性係數	運動黏性係數
	無單位	m/s	mm	kg/m^3	Pa-s	m^2/s

高溫時：風量、空氣密度ρ、動力黏性係數μ、運動黏性係數ν，受溫度影響需要修正

G.4.1.2. 高溫空氣流量

● 高溫的空氣體積的變化，依理想氣體理論PV＝nRT，到查理定律。
查理定律(又稱-查理-給呂薩克定律)：當壓力不變時，理想氣體的體積和溫度成正比。

● 一氣體在t℃的體積V_t和其溫度t、其在0℃的體積V_0有以下關係：

$$V_t : V_0 = T_{t\text{-絕對溫度}} : T_{0\text{-絕對溫度}} \rightarrow V_t = V_0 (1 + \frac{t}{273}) \rightarrow V_t = V_0 \frac{273 + t_t}{273 + t_0}$$

(Ex) 公式符號/單位說明

Air Volu.	基準條件			實際條件		
Q @ Temp. Condition	Abs. Temp.	Normal Temp.	Normal Abs. Temp.	Design Temp.	Design Abs. Temp.	Const. P Air Volume
Std : 0℃ Nor : 20℃ Act : XX℃	$T_{(K)}$ 標準 絕對溫度	$T_{S(℃)}$ 基準 攝氏溫度	$T_{S(K)}$ 基準 絕對溫度	$T_{A(℃)}$ 實際 攝氏溫度	$T_{A(K)}$ 實際 絕對溫度	定壓下 T_A 真實 空氣風量
$Q = V_0$	273.1	0	273.13	0	t_t	V_t
Std_cmh	℃	℃	K	℃	K	A_cmh
10,000	273.1	0.0	273.1	65.0	338.1	12,380
10,000	273.1	25.0	298.1	800.0	1,073.1	35,995

注意事項，標準/基準/實際溫度的空氣條件(Stanard、Normal and Activity)。

G.4.1.3. 高溫空氣密度 ρ

● 高溫空氣密度：配合溫度修正
依理想氣體理論，空氣質量不變：M [質量]= V [體積] x ρ [密度]

$\rho_{Std} \times t_{Std} \div P_{Std} = \rho_{Act} \times t_{Act} \div P_{Act}$

標準狀態 1atm、0℃ (Standard)			實際狀態 (Activity)			
物理大壓力	空氣密度	空氣溫度	實際壓力	實際空氣溫度		乾空氣密度
P_{Std}	ρ_{Std}	T_{Std}	P_{Act}	T_{Act}		ρ_{Act}
kPa	kg/m^3	K	kPa	℃	K	kg/m^3
101.325	1.293	273.15	101.325	160	433.15	0.815
101.325	1.293	273.15	101.325	20	293.15	1.205

空氣基準狀態：0℃, 101.3kPa, 空氣密度 1.293kg/m^3。

G.4.1.4. 高溫空氣動力黏性 μ

● 空氣動力黏性 [μPa-s；kgs/m^2]：配合溫度t修正公式

Sutherland's formula 薩瑟蘭公式 [℃]：$\mu = \mu_0 \frac{(T_0 + C)}{(C + T)} \left(\frac{T}{T_0}\right)^{\frac{3}{2}}$

公式符號/單位說明

μ_0	$T_{0\ [K]}$	C	$t_{0\ [℃]}$	T	μ
參考動力黏度	參考絕對溫度	Sutherland's 常數	工作溫度		動力黏度
μ-Pa-s	K	gas	常數	℃	K	μ-Pa-s
19.6	273.15	Air	120	20	293.15	18.16

● 不同氣體的薩瑟蘭氣體係數

Gas			C	T_0		μ_0	
			薩瑟蘭常數	℃	K	Pa-s	μ-Pa-s
Std.	Air	空氣	120	18.0	291.2	18.27 x 10^{-6}	18.27
N$_2$	Nitrogen	氮氣	111	27.4	300.6	17.81 x 10^{-6}	17.81
O$_2$	Oxygen	氧氣	127	19.1	292.3	20.18 x 10^{-6}	20.18
CO$_2$	Carbon Dioxide	二氧化碳	240	20.0	293.2	14.80 x 10^{-6}	14.80
CO	Carbon Monoxide	一氧化碳	118	15.0	288.2	17.20 x 10^{-6}	17.20
H$_2$	Hydrogen	氫氣	72	20.7	293.9	8.76 x 10^{-6}	8.76
NH$_3$	Ammonia	氨	370	20.0	293.2	9.82 x 10^{-6}	9.82
SO$_2$	Sulfur Dioxide	二氧化硫	416	20.5	293.7	12.54 x 10^{-6}	12.54
He	Helium	氦	79.4	-0.1	273.0	19.00 x 10^{-6}	19.00
Water	Stean	蒸氣	1,064	350	623.0	11.21 x 10^{-6}	11.21

Note：Pa-s = N-s/m^2
每種氣體都有自己的薩瑟蘭常數。

G.4.1.5. 空氣運動動力黏性 ν

● 查表：乾空氣在標準大氣壓力下的黏性, 密度

溫度 (空氣)	Absolute **or** Dynamic Viscosity μ (空氣動力黏性)		Air Density ρ	Specific Weight (SG)	ν 運動黏性係數 Kinematic Viscosity
°C	Pa-sec	N-s/m²	kg / m³	N / m³	m²/s
0	17.238×10^{-6}	17.2×10^{-6}	1.2922	12.7	13.30×10^{-6}
10	17.708×10^{-6}	17.7×10^{-6}	1.2467	12.2	14.20×10^{-6}
20	18.178×10^{-6}	18.1×10^{-6}	1.2041	11.8	15.11×10^{-6}
30	18.648×10^{-6}	18.6×10^{-6}	1.1644	11.4	16.00×10^{-6}
40	19.118×10^{-6}	19.1×10^{-6}	1.1272	11.0	16.97×10^{-6}
50	19.588×10^{-6}	19.5×10^{-6}	1.0924	10.7	17.90×10^{-6}

G.4.1.6. 高溫風管壓力損失

● 不同溫度下的壓損、風量比較 T_A 真實空氣風量

Air Volu.	Duct Design			Sum P_F			
Q @ Temp. Condition	Equi. Volu. Diam.	Round Velocity	Length 風管長	Normal Temp. 基準 T_S 溫度	Design Temp. 真實 T_A 溫度	Const. P Air Vol. 定壓下 T_A 真實 空氣風量	Friction Rate 比摩擦 @T_A 溫度
S： 0 ℃ N：20 ℃ A：XX ℃	等效風量 風管尺寸	V_A 圓管風速					
Q = V_1	Dg=De	V_A	L	T_s	T_A	V_2	R_m
Std_cmh	mm	m / s	m	°C	°C	A_cmh	Pa / m
6,000	550	7.0	1.0	22.0	22	6,000	0.9
6,000	550	25.5	1.0	22.0	800	21,817	13.6

因為溫度的不同，造成空氣風量不同，也因此壓損也差異非常大。

G.4.2. 消防系統

● 有機廢氣系統的消防防護，包含：
(1) 風管系統：依據 NFPA 318 的標準。
(2) 轉輪 Rotor 防護：N_2、CO_2、撒水、水務、......等，依使用者需求。
(3) 有機物的處理設備區域環境的防護：消防系統可以用自設撒水或依消防法規原則設置警報及滅火設備、
(4) 設有瓦斯燃料時需設計通風 (防爆疑慮)。

● 轉輪Rotor防護，為避免消防系統對轉輪的傷害，採用滅火的系統是要避免對轉輪設備的傷害。
因此選用廠內既有系統滅火，(1) N_2 – 窒息缺氧滅火，(2) 撒水/水霧。
滅火時優先選用 N_2，再次是水系統 (轉輪設備會因浸水問題造成設備的水損)。
因為消防滅火需求，各 Port 進出口風門必須要連動控制風門，火災發生時關閉風門，施行滅火動作。

G.4.3. 排水管

● 有機廢氣的排水來源，有：製程設備排氣本體含水氣高-凝結水在風管內、風管冷凝排水、風管內消防撒水系統-撒水噴放後的排水、或保養清洗轉輪的排水。排水管的材質一般採用SUS#304的水管焊接或法蘭工法，排放點銜接系統製程有機排水系統，配管完成後進行滿水試驗，確保水管不洩漏。

● 風管排水示意圖-各公司作法大同小異，詳細設計應與使用者討論。

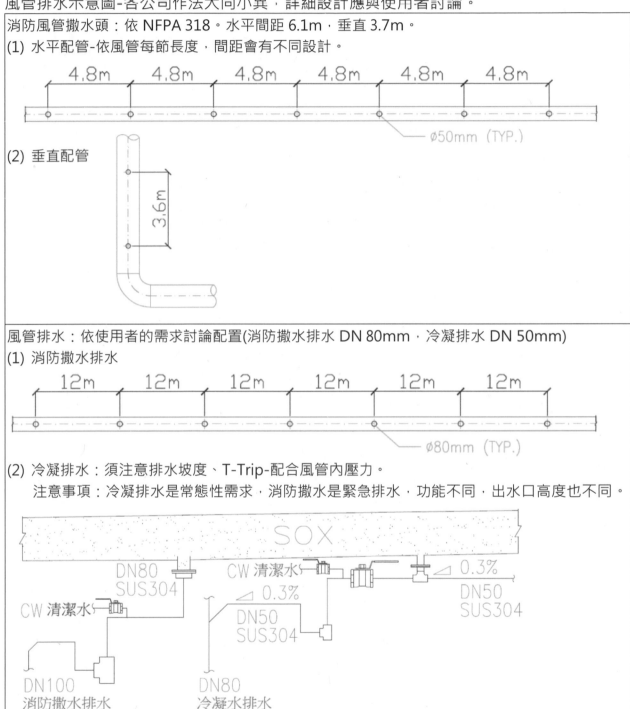

消防風管撒水頭：依 NFPA 318。水平間距 6.1m，垂直 3.7m。

(1) 水平配管-依風管每節長度，間距會有不同設計。

4.8m　4.8m　4.8m　4.8m　4.8m　4.8m

ø50mm (TYP.)

(2) 垂直配管

3.6m

風管排水：依使用者的需求討論配置(消防撒水排水 DN 80mm，冷凝排水 DN 50mm)

(1) 消防撒水排水

12m　12m　12m　12m　12m　12m

ø80mm (TYP.)

(2) 冷凝排水：須注意排水坡度、T-Trip-配合風管內壓力。

注意事項：冷凝排水是常態性需求，消防撒水是緊急排水，功能不同，出水口高度也不同。

SOX

DN80 SUS304　CW 清潔水　0.3%　DN50 SUS304

CW 清潔水　0.3%　DN50 SUS304

DN100 消防撒水排水　DN80 冷凝水排水

G.4.4. 即時監控

● 有機廢氣處理後的排放，詳空污排放的法規，排放的方式詳煙囪的章節。
出口煙囪，至少需檢測 THC 去除效率 (連續監測 2 小時取平均值)、風量及溫度。

G.4.4.1. 監控位置點

流量監控	依需求選擇：(1) 8D/2D、(2) 1.5D/0.5D。 (1) 8D/2D：安裝於煙囪位置。 　　依現場空間配置，當現場特殊環境不足時，可專案申請採取 1.5D/0.5D。 (2) 1.5D/0.5D：安裝於轉輪入口及出口位置。
濃度監控	濃度監控依需求及規格選擇：2D/2D。

● 煙囪開孔方式，詳本書Ch製程廢氣基礎-空污排放-煙囪的說明。

G.4.4.2. 檢測方法

● 大氣中VOCs 的量測技術 (取材：科儀新知第二十六卷第五期94.4，王介亨、王家麟)

光學式偵測	(1) 開放式傅立葉紅外線光譜儀(open-path FTIR)、 (2) 封閉式傅立葉紅外線光譜儀(close-cell FTIR)、 (3) 差異式光學吸收光譜法偵測儀(IR-DOAS) 進行量測。 這類方法優點為監測的反應時間快速。 缺點：易受到水氣與二氧化碳的干擾，且 VOCs 在大氣中濃度相當低，不容易使用這類型方法做全面的檢測。
層析偵測法	(1) 氣相層析儀如 GC-ECD (氣相層析 - 電子捕獲偵測器)、 (2) GC-FID (氣相層析 - 火焰離子偵測器)、 (3) GCMS(氣相層析 - 質譜儀)。

GC-ECD	對大氣中鹵碳化合物做定量分析
GC-FID	對碳氫化合物做定量偵測
GC-MS	對所有 VOCs 做定量與定性的分析

高科技廠房的有機排氣量測-採用 GC-FID 設備。

● 環保針對VOC的即時監控，配備VOC的採樣設備。
由於氣相層析乃基於氣相與液相之平衡而達到分離效果，因此在過去也常稱為氣相液相層析(gas-liquid chromatography)，簡稱 GLC，也稱為蒸氣相層析(vapor phase chromatography)，簡稱 VPC，但現在多數稱之為氣相層析(gas chromatography)，簡稱 GC。

● GC-FID檢測設備的組織架構 (取材：楊健華)

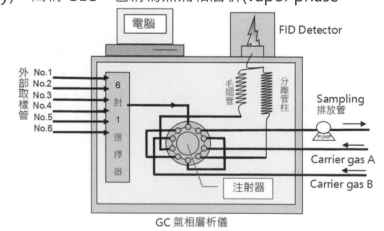

GC 氣相層析儀

Chapter H
真空系統
Vacuum

Chapter H. 壓縮空氣系統 CDA

- 空氣壓縮系統 (CDA，Compressor Dry Air)是將電能轉為機械能後，再將空氣壓縮轉為壓力能。藉各種控制閥將壓力能傳輸驅動設備做動。
  壓縮空氣在 100℃以下不會產生爆炸的危險，一般工廠供氣使用約 8~9Bar，依設據需求 (末端壓力-設備端)及輸送距離決定供氣的壓力。

- 壓縮空氣的應用可供：
  (1) 應用於設備機台的驅動，工具機驅動，機電系統驅動器 (風門、閥門)，清潔....等。
  (2) 應用於緊急的呼吸供氣系統 (BA)。BA System (呼吸系統)：Breath Air System 空壓系統將空氣處理到可以呼吸的品質。
  (3) 應用於 N_2：提供 N_2 處理設備一次側的壓縮空氣，再經 N_2 設備產出高純度的 N_2。

- 依目的使用壓力範圍分為：

系統壓力	壓力範圍	用途
低壓系統	0.0005~0.500 bar	無移動另件之氣壓邏輯元件-流子。
中壓系統	1~4 bar	有移動另件之邏輯元件。
常壓系統	3~8 bar 之間	最常用應為 5~6 bar。
高壓系統	10 bar 以上	特殊氣壓用途，一般在此種壓力

- 空壓系統的儲氣槽：依CNS鍋爐及壓力容器安全規則
  第二種壓力容器，指內存氣體之壓力在2kg/cm² 以上或0.2MPa以上之容器而合於下列規定之一者：
  胴體內徑在二百毫米 200cm 以上，長度在一千毫米 1,000cm 以上之容器。
  前項壓力容器如屬高壓氣體特定設備、高壓氣體容器或高壓氣體設備，應依高壓氣體安全相關法規辦理。
  第二種壓力容器 (消毒鍋) 空氣儲櫃，其內存壓力 P > 2 kg/cm²，V > 0.04 m³。

- 鋼瓶式的壓縮空氣：
  (Ex) 鋼瓶內部體積 2m³ 的壓縮空氣鋼瓶內灌裝壓 6 bar, 298K (25℃) 的壓縮空氣, 請問鋼瓶內裝空氣之正常體積為：$P_{1abs} * V_1 = P_{2abs} * V_2$
  公式符號/單位說明，錶壓力 (P_g) = 絕對壓力 (P_{abs}) - 大氣壓力 (P_{atm})。

P_{2abs}	V_2	P_{1abs}	V_1
鋼瓶 Bar	NCMH	大氣 Bar	ACMH
1+6 = 7	2	1.00	14

H.1. CDA 基礎

H.1.1. 空氣標準

- 日本 JIS 標準狀態：760mmHg，20℃，75%RH，1.2kg/m³
  壓縮機製造廠亦有採用：760mmHg，0℃，0%RH，1.293kg/m³
- 美國Compressed Air Institute 標準狀態：14.696Psia，68℉-Dry Air
  因為空氣的標準不同，在精密計算時須考慮製造標準，然後換算成實際需求的空氣標準，此時風量會有一點變化，風量誤差 10%~15%的範圍。

H.1.2. 大氣中空氣成份

● 乾燥空氣在海平面的主要成分

氣體	化學式	體積比	質量比
氮	N_2	78.084%	75.518%
氧	O_2	20.942%	23.135%
氬	Ar	0.934%	1.288%
	總質量：	99.96 %	99.94%

● 微量氣體 (取材：維基百科)，數據工精密製程需求，現代製程進入奈米世代。

氣體	化學式	體積比	質量比
二氧化碳	CO_2	0.040%	0.058%
氖	Ne	18.180 ppm	12.67 ppm
氦	He	5.240 ppm	0.72 ppm
甲烷	CH_4	1.760 ppm	0.97 ppm
氪	Kr	1.140 ppm	3.30 ppm
氫	H_2	約 500 ppb	36 ppb
一氧化二氮	N_2O	317 ppb	480 ppb
一氧化碳	CO	50-200 ppb	50-200 ppb
氙	Xe	87 ppb	400 ppb
二氯二氟甲烷（CFC-12）	CCl_2F_2	535 ppt	2200 ppt
一氟三氯甲烷（CFC-11）	CCl_3F	226 ppt	1100 ppt
一氯二氟甲烷（HCFC-22）	$CHClF_2$	160 ppt	480 ppt
四氯化碳	CCl_4	96 ppt	510 ppt
三氟三氯乙烷（CFC-113）	$C_2Cl_3F_3$	80 ppt	520 ppt
1,1,1-三氯乙烷	CH_3-CCl_3	25 ppt	115 ppt
二氯一氟乙烷（HCFC-141b）	CCl_2F-CH_3	17 ppt	70 ppt
二氟一氯乙烷（HCFC-142b）	$CClF_2-CH_3$	14 ppt	50 ppt
六氟化硫	SF_6	5 ppt	25 ppt
溴氯二氟甲烷	$CBrClF_2$	4 ppt	25 ppt
三氟溴甲烷	$CBrF_3$	2.5 ppt	13 ppt
總質量（乾燥）			5.135×10^{15} t
總質量（潮濕）			5.148×10^{15} t

H.1.3. 壓縮空氣標準

● 壓縮空氣規格（空氣品質）
壓縮空氣品質要求規格有三個數字，[例如] **1-2-1**。
(1) 位置：是數字共三個數字其意義是

Solid Particulate	➡	Water	➡	Oil

(2) 位置：數字表示 CDA Class，填入的數字 0、1、2、3、4、5、6、7、8、9。

● [例題] CDA 1-2-1 代表的意義：

Class	規格
1	Solid Particulate：0.5-1μm – 1 顆/m^3
2	Dewpoint：-40℃
1	Total Oil (aerosol liquid and vapour)：0.01 mg/m^3

● [例題] CDA 2-4-2 代表的意義：

Class	規格
2	Solid Particulate：0.1-0.5μm – 100,000 顆/m^3
4	Dewpoint：+3℃
2	Total Oil (aerosol liquid and vapour)：0.1 mg/m^3

這些數字的標準，依據 ISO 8573-1 規定

H.1.3.1. ISO 8537-1：2001

● ISO 8573-1：2001 壓縮空氣品質

CDA Class 空氣品質等級	Solid Particulate					Water		Oil
	Max. No. of particles per m^3 Mass			Particle Size	Mass Concentration	Vapour Pressure Dewpoint	Liquid	Total Oil
	0.1-0.5μm	0.5-1μm	1-5μm	μm	mg/m^3	℃	g/m^3	mg/m^3
0	As specified by the equipment user or supplier and more stringent than Class 1							
1	10	1	0	---	---	-70℃	---	0.01
2	100,000	1,000	10	---	---	-40℃	---	0.1
3	---	10,000	500	---	---	-20℃	---	1
4	---	---	1,000	---	---	+3℃	---	5
5	---	---	20,000	---	---	+7℃	---	---
6	---	---	---	5	$\leqq 5$	+10℃	---	---
7	---	---	---	40	5-10	---	$\leqq 0.5$	---
8	---	---	---	---	---	---	0.5-5	---
9	---	---	---	---	---	---	5-10	---

Total Oil：aerosol liquid and vapour

H.1.3.2. ISO 8573-1 : 2010

- ISO 8573-1 : 2010 壓縮空氣品質

Reference conditions：Air temperature 20 °C，Air pressure 1 bar absolute．
Relative water vapour pressure 0。

| CDA Class | Solid particle classes | | | | | | Pressure Dewpoint | Concentration | |
| | Max. No. of particles per m³ Mass Particle size，d [μm] | | | | Concentration | | | of liquid water Cw | total oil |
	≤0.10	0.10<d≤0.5	0.5<d≤1.0	1.0<d≤5.0	Particle size μm	Concentration mg/m³	°C	g/m³	mg/m³
0	As specified by the equipment user or supplier and more stringent than Class 1								
1	Not specified	100	1	0	Not Applicable		≤-70°C	---	≤0.01
2	Not specified	100,000	1,000	10			≤-40°C	---	≤0.1
3	Not specified	Not specified	10,000	500			≤-20°C	---	≤1
4	Not specified	Not specified	Not specified	1,000			≤+3°C	---	≤5
5	Not specified	Not specified	Not specified	20,000			≤+7°C	---	---
6	Not specified				≤5	≤5	≤+10°C	---	---
7	Not specified				5-10	5-10	---	Cw≤0.5	---
8	---				---	---	---	0.5<Cw≤0.5	---
9	---				---	---	---	5<Cw≤10	---

total oil：aerosol, liquid, and vapour

- ISO 8537-1，2001與2010 2010的更新版，是為更精密產業提供更嚴謹的規範 (針對更小粉塵的規範)。

H.1.4. 理論功率

● 壓縮比 r = P2/P1 = (絕對進氣壓力) / (進氣排氣壓力)。壓力單位 kg/cm^2。
  當壓力比 r = P2/P1 >1.03 且絕熱變化 (adiabatic change，又稱為 entropy 等熵變化)。以下，用例題說明壓縮比的觀念。

● [例題] 空壓機出口壓力 $7kg/cm^2$ / 入口壓力 $1kg/cm^2$ = 4 > 1.03。
  [Ans]空壓機動力公式：

$$公式：kW = Q \times \frac{P_1}{0.612} \times \frac{nK}{K-1} \times \left(\frac{P_2^{\frac{K-1}{nK}}}{P_1} - 1 \right)$$

公式符號/單位說明

kW	$= Q \times (P_1/6{,}120) \times (nK/(K-1)) \times ((P_2 / P_1)^{(K-1/nK)} - 1)$
Hp	$= Q \times (P_1/4{,}500) \times (nK/(K-1)) \times ((P_2 / P_1)^{(K-1/nK)} - 1)$
風量 Q	cmm
比熱比	K = Cp / Cv，K=1.4 時，為空氣的斷熱指數。
n	n = 1：單段壓縮；n = 2：雙段壓縮。
排氣溫度	$T_2 = T_1 \times r (K-1)/K$。

● 壓力單位換算

壓力 單位換算	kgf/cm^2	Pa Nt/m^2	mm Aq $mm\ H_2O$	atm 標準氣壓
kgf/cm^2	1	98,067	10,000	0.968
Pa	0.000010	1	0.101972	0.000010
mm Aq=WG	0.000100	9.806650	1	0.000097
atm	1.0332	101,325	10,333	1

H.1.5. 功率公式

● [例題] 設計一台空壓機的排氣量14cmm，排氣需求壓力7Kg/cm2，　請問單壓、雙壓與3壓縮段的馬力、排氣溫度多少?

● [Ans] 注意公式單位的轉換 Q = cmm；P = mmAq。
  下列用(1) 單段式，(2) 雙段式與，(3) 多段式說明公式應用
  (1) 單段式：kW=Qcmm x (P_1-mmAq / 6,120) × K/(K-1) × ((P_2-mmAq/P_1-mmAq)$^{(K-1)/K}$-1)
  [例題] 公式符號/單位說明

Q	6,120	P_1	P_2	r	K=Cp/Cv	K-1	K/(K-1)	(K-1)/K	kW
實際 排氣量	係數	吸入 絕對壓力	排氣 絕對壓力	壓力比	空氣時 K=1.4，為空氣的斷熱指數				理論功率
m^3/min	6,120	mmAq-abs		none	1.4	0.4	3.5	0.2857	kW
14	6,120	10,336	82,688	8.0	1.4	0.4	3.5	0.286	67.2

(2) 雙段以上 kW=Qcmm x (P1-mmAq/6,120)×nK/(K-1)×((P2-mmAq/P1-mmAq)$^{(K-1)/nK}$-1)

[例題] 公式符號/單位說明，

Q	6,120	P1	P2	K=Cp/Cv	n	nK	nK/(K-1)	(K-1)/nK	kW
實際排氣量	係數	吸入絕對壓力	排氣絕對壓力	空氣時 K=1.4，為空氣的斷熱指數					理論功率
m^3/min	6,120	mmAq-abs		1.4	2 壓縮段	2.8	7	0.1429	kW
14	6,120	10,336	82,688	1.4	2 壓縮段	2.8	7.0	0.143	57.3

(3) 多段以上 kW=Qcmm x (P1-mmAq/6,120)×nK/(K-1)×((P2-mmAq/P1-mmAq)$^{(K-1)/nK}$-1)

[例題] 公式符號/單位說明

Q	6,120	P$_1$	P$_2$	K=Cp/Cv	n	nK	nK/(K-1)	(K-1)/nK	kW
實際排氣量	係數	吸入絕對壓力	排氣絕對壓力	空氣時 K=1.4，為空氣的斷熱指數					理論功率
m^3/min	6,120	mmAq-abs		1.4	3 壓縮段	4.2	10.5	0.0952	kW
14	6,120	10,336	82,688	1.4	3 壓縮段	4.2	10.5	0.095	54.4

實務上馬力數不大時，不會用多段壓縮，除非是要獲得更高的壓力。若為節能多採用變頻方式來節能。

H.1.6. 排氣溫度

● T$_2$ = T$_1$ * r (K-1)/K。

壓縮比 r = P$_2$ / P$_1$ = (絕對進氣壓力) / (進氣排氣壓力)。壓力單位 kg/cm^2。

因為排氣溫度很高，所以選機要用氣冷或水冷來降低排氣溫度。

[例題] 公式符號/單位說明

t1	T1	P1	P2	r	K=Cp/Cv	K-1	(K-1)/K	T2	t2
吸入絕對溫度	吸入絕對溫度	吸入絕對壓力	排氣絕對壓力	壓縮比 r =P2/P1	空氣時 K=1.4，為空氣的斷熱指數			排氣絕對溫度	排氣溫度
℃	K	kg/cm^2-Gabs		none	1.4	0.4	0.2857	K	℃
27	300	1	8	8	1.4	0.4	0.286	686	412.7

H.1.7. 能源轉換效率

● 壓縮空氣是工業能源中能源轉換效率最低的一種。空氣是免費，壓縮空氣卻是極為昂貴一般而言 4kW 的能源輸入，最高只能有 1kW 的壓縮能輸出；

能源的成本，一般工廠電力成本 1.5~2.0 元/kWh，壓縮空氣成本 10~20 元/kWh。

(科技廠房的電價 4~5 元/kWh，依台電費率調整)。

空壓機設定壓力每減少 1 Kg/cm^{2}G 可增加約 8%的風量，減少約 5~7%的電力消耗。

歐美地區與電、水、蒸氣及壓縮空氣並稱四大工業能源。

(取材：工業節能服務網-能源查核與節約能源案例手冊-壓縮空氣系統)

H.1.8. CDA的設備元件

● 空壓機系統的設備組成：
(1) 空氣壓縮機
(2) 儲氣筒
(3) 冷凍式乾燥機
(4) 吸附式乾燥機
(5) 精密過濾器。

H.1.8.1. 非精密用途

● 系統架構 (取材：復盛)

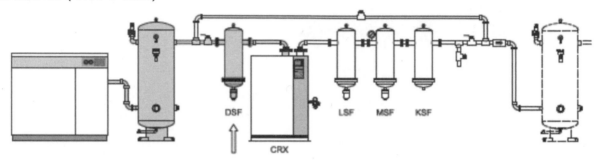

H.1.8.2. 精密用途

● 設備選擇標準：依據 ISO 8573-1. Rev.2010的空氣標準。系統架構與非精密用途類似。
各段基本設備與現場管路配管材質、施工工法，請與設備供應商討論與澄清。
[Ex.] 於施工前必須澄清規範的要求：CDA 1-1-1
(1) 空氣品質粉塵 10 pcs/m^3、@0.1~ 0.5μm 或更嚴格。
(2) 露點溫度 -70℃ 或更嚴格。
(3) 油氣含量 0.01mg/m^3，或更嚴格者。
(4) 各階段的濾材規格。
(5) 配管材料 BA、自動氬焊接。
(6) 驗收基準。

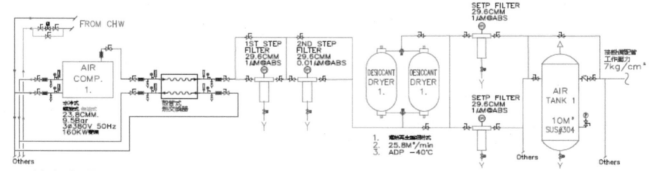

● 注意事項：
(1) 若壓縮空氣含有過飽和水流入乾燥機時，於乾燥機的前端加裝水滴過濾器，尤其是吸
附式造機的前端請加裝水滴過濾器。
(2) 壓縮空氣使用量或使用壓力經常會有變化時，於乾燥機的二次側加裝空氣儲氣筒。
(3) 於乾燥機、過濾器加裝旁通回路
(4) 無油式空壓機其管內容易產生鐵垢，可在乾燥機前安裝過濾器。

H.2. 壓縮機設備

- 空氣壓縮機是將大氣的空氣，壓縮成比大氣壓力大的空氣。

H.2.1. 壓縮機概念

- 輸出的空氣品質分為：(1)有油 (2)微油 (3)無油。
  給油式提供壓縮機汽缸的潤滑，防止汽缸磨損。電子產業廠多採用無油式，其他傳統產業都依需求取捨使用。
  機電常用壓縮機壓縮方式分為：(1)往復式 (3)離心式 (4)螺旋式-噪音最小。
- 空壓機的冷卻：冷卻方式可分為
  (1)氣冷式、
  (2)水冷式。一般冷卻系統設計取 5 ~10℃.範圍（或常溫水，詳細資料 - 請詢問供應商），設備冷卻的容許範圍為溫差 20℃ 以內且設備溫度不超過 40℃ 的上限。但環境溫度以不超過 40℃ 以上為標準。
- 一般馬達的起停都限制在6次/hr。壓縮機也是限制6次/hr，雖然有儲氣筒緩衝，但也不能超過起停的限制，所以周期負荷不能太小。可依系統需要時設置2台，減少起停次數。
  馬達的負荷周期 = 空氣之消耗量 (N-LPM) / 壓縮機空氣之輸出量 (N-LPM)。
  負荷週期：一般定為>50%。

H.2.2. 壓縮機

- 壓縮機需求的輸出壓力與輸出容量選定：(1) 空氣消耗量 Nm^3/min、(2) 工作壓力 Bar。
- 壓縮機無負載調節：當無負荷時馬達在運轉。壓縮機的運轉：全負載或靜止。

<1>	排放調節：當儲氣筒壓力達到設定壓力時.洩壓打開 - 馬達變成無負荷運轉。
<2>	切斷調節：當儲氣筒壓力達到設定壓力時，切斷壓縮機的進氣，使壓縮機在真空狀態下運轉。用於往復式壓縮機。
<3>	握柄調節：當儲氣筒壓力達到設定壓力時，握柄的操作使壓縮機的進氣閥門頂開，壓縮機便沒有空氣可壓。用於往復式壓縮機。

- 斷續調節：壓縮機的馬達在壓力達 Pmax 時便停止，當壓力降到 Pmin 時，馬達再度啟動。這型壓縮機的後面需要一個大的儲氣筒。現代都用變頻取代隨時運轉。

H.2.2.1. 規格選用

- 壓縮機設備規格選用，注意事項：

(1)	運轉時間	空壓設備的運轉時間。
(2)	空氣品質	壓縮機選擇有油，微油或無油。
(3)	冷卻方式	(1)氣冷式 (2)水冷式。
(4)	空氣需求消耗量	考慮設備需求 + 管路與閥門的洩漏。
(5)	工作壓力	壓縮機設備出口的壓力。 考慮設備操作所需壓力及管路與閥門壓降 (5~10%損失)。
(6)	運轉模式	選擇壓縮機工作的台數及備載量。
(7)	噪音的大小	工作環境考慮噪音的大小
(8)	需求壓力相差很大	可以考慮採用不同供氣壓力的空壓系統。當使用壓力每降 $0.1kg/cm^2$，則可節省 0.8%之電力。

H.2.2.2. 輸出壓力

● 輸出壓力分為

<1>	工作壓力：壓縮機出口壓力或儲氣筒中的壓力及達到使用者管路中的壓力。
<2>	操作壓力：操作位置所需的壓力。

H.2.2.3. 輸出容量

● 壓縮機輸出容量 = 輸出壓縮空氣體積，輸出容量有2種 (有的壓縮機廠商是標示 " 理論輸出量")

<1>	理論輸出容量 = (衝程體積) x (衝程循環數)
<2>	有效輸出容量 = (理論輸出容量) x (體積效率)

● 實際空氣的消耗量

<1>	作動氣壓系統之空氣消耗量
<2>	未來擴充時的需求量
<3>	10% ~ 20% 漏氣的額外裕量. 配管及 Hook up 的洩漏.

H.2.3. 型錄-復盛

● 科技產業的空壓機容量需求很多，設計上有500HP~3,000HP屬於特殊規格，因此需要承商協助選機。本節提供小型簡易的參考型錄 (取材：復盛)。

● 固定轉速迴轉式空氣壓縮機

型號	操作壓力	風量	馬力		電壓	潤滑油量	壓縮機空氣出口尺寸	長度	寬度	高度	重量	噪音
	kgf/cm².G	m³/min	kW	HP	V	Liter	inch	mm	mm	mm	kg	dB(A)
SA08 PLUS	7	1.26	7.5	10	220 380 440	7.5	G 3/4"	800	670	1,100	300	64
	8	1.23										63
SA11 PLUS	7	1.82	11	15							360	65
	8	1.70										64
SA15 PLUS	7	2.48	15	20		15	G1"	1,250	880	1,515	700	72
	8	2.39										71
SA22 PLUS	7	3.78	22	30							795	72
	8	3.59										71
SA37 PLUS	7	6.51	37	50		18.5	G 1-1/2"	1,350	940	1,680	1,035	72
	8	6.16										
SA37 PRO	7	6.87	37	50		18.5	G 2"	1,900	1,100	1,620	1,310	73
	8	6.46										
SA55 PLUS	7	10.60	55	75		52	G 2"	2,180	1,330	1,850	2,250	76
	8	10.40										
SA75 PLUS	7	13.00	75	100		52	G 2"	2,180	1,330	1,850	2,300	77
	8	12.80										
SA110 PLUS	7	21.30	110	150		120	3" Flange	2,740	1,710	1,725	4,000	81
	8	21.30										
SA150 PLUS	7	27.19	150	200	380 440	120	DN 100	2,900	1,860	1,945	4,950	A : 78±3 W : 77±3
	8	27.07										
	9	27.13										
SA150 T	7	31.44	150	200		120	DN 100	3,300	2,000	1,998	6,250	A : 85±3 W : 82±3
	8	30.75										
SA200 T	7	40.96	200	270		120	DN 100	3,300	2,000	1,998	6,400	A : 85±3 W : 82±3
	8	40.45										

- 可變轉速迴轉式空氣壓縮機：SAV系列

型號	操作壓力	風量	馬力		電壓	潤滑油量	壓縮機空氣出口尺寸	長度	寬度	高度	重量	噪音
	kgf/cm²G	m³/min	kW	HP	V	Liter	inch	mm	mm	mm	kg	dB(A)
08	7	1.35~0.68	7.5	10	220 380 440	7.5	G 3/4"	1,200	670	110	345	64
	8	1.25~0.63										63
11	7	1.83~0.92	11	15							405	65
	8	1.73~0.87										64
15	7	2.33~0.78	15	20		15	G1"	1,250	880	1,515	630	72
	8	2.11~0.70										71
22	7	3.50~1.17	22	30							820	72
	8	3.45~1.15										71
37	7	6.66~2.22	37	50		18.5	G 1-1/2"	1,350	940	1,680	1,090	72
	8	6.34~2.11										
55	10	8.65~2.88	55	75		52	G 2"	2,180	1,330	1,850	2,010	76
75 PLUS	7	14.0~4.67	75	100							2,380	77
	8	12.8~4.27										
110 PLUS	7	20.5~6.83	110	150		80	3" Flange	A：2940 W：2740	1,710	1,725	4,100	78
	8	20.4~6.80										
150 PLUS	7	29.6~9.87	150	200		120	4" Flange	A：3300 W：2900	1,860	1,945	4,950	78
	8	28.5~9.50										
200 PLUS	7	42.8~14.3	200	270	380 440	120	DN 100	3,500	2,000	2,148	6,600	A：85±3 W：82±3
	8	40.5~13.5										

H.2.4. 快速選空壓機型

空氣需求量	馬力	機型
CFM	HP	
100 以下	25 以下	往復式
100~1,200	25~300	往復式、螺旋式
1,200~3,000	300~600	往復式、螺旋式、離心式
3,000~6,400	600~1,250	螺旋式、離心式
6,400~18,000	1,250~4,000	離心式

H.3. 儲氣筒

- 儲氣筒設計考慮因素：
(1) 壓縮機的供氣平穩，減少浪壓的產生，壓縮機的起停次數少。
(2) 減少空氣網路中的壓力波動。空氣瞬間消耗需要的儲存補充。
(3) 儲氣桶的大表面積散熱，使空氣中一部分的水份凝結為水，可自儲氣筒排放。

- 儲氣筒的設計：$V_B = 15 \times Q \times P_{abs} / \Delta Pz$

常數	壓縮機輸出量	壓縮機絕對壓力		製成設備端輸入	允許供-需壓力差	壓縮機啟-停	儲氣筒內容積
		輸入端	輸出端				
15	Q	P_{abs}	P_{abs}	P_{abs}	ΔP	z	V_B
None	Ncmm	Bar	Bar	Bar	Bar	<10 次/Hr	m³
15	19.5	1.0	8.0	7.0	1.0	10	29.3

● 檢易估算儲氣筒容量：空氣儲氣桶之體積以空壓機出口流量L/sec × (5~10)倍設計。
  標準空氣壓縮儲氣筒規格：

設計壓力	容積	直徑	厚度	高度	材質
Kg/cm²-G	Liter	mm	mm	mm	
10	155	390	4	1,410	SS400
10	304	485	5	1,770	SS400
10	660	780	8	1,524	SS400
10	1,300	975	8	1,850	SS400
10	2,283	1,160	10	2,430	SS400
10	2,880	1,160	10	3,010	SS400
10	304	485	3	1,770	SUS304
20	300	485	8	1,770	SS400
20	600	780	12	1,520	SS400
20	1,220	975	15	1,880	SS400
40	120	390	12	1,140	SS400
40	300	485	7	1,770	SPV450
40	300	485	15	1,770	SS400

● 圖示

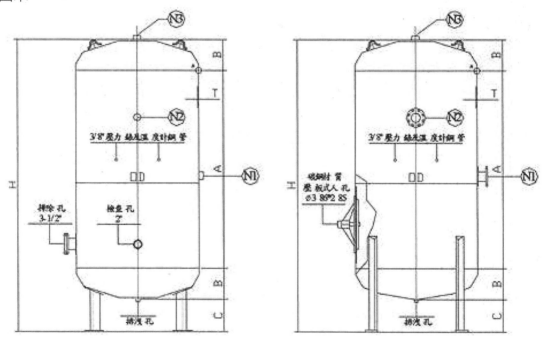

H.4. 乾燥機

● 市面常用的乾燥機分為：(1) 冷凍式乾燥機(2) 吸附式乾燥機。
  空壓機將大氣中壓縮成高壓後，變成含水分量高的氣體，遇冷後會凝結成水，冷凍式乾燥機將混於空氣中之冷凝水、雜質及油氣等，隨著空氣被導入分離器將水份及雜質分離出，再經由自動排水器排放。

● 經過乾燥機的空氣已將空氣處理成潔淨空氣，避免管線銹蝕，阻塞，而用於儀表的壓縮空氣稱為ICA。

H.4.1. 冷凍式乾燥機

● 用冷凍方式除去大部分在壓縮空氣後，空氣中所含有的水份。
  經過冷凍式乾燥機後的空氣露點：-17°C 至-23°C。(露點越低，越耗能)

● 介紹簡易的乾燥機型錄-各廠商性能資料不同：(取材：SWAN)
  (1) 高壓型 High Working Pressure

說明			SDE-4H	SDE-8H	SDE-15H	SDE-22H	SDE-37H	SDE-55H	SDE-75H
處理量	Flow Rate	$[m^3/min]$	0.5	1.5	3.0	4.0	7.0	10.0	14.0
出口露點	Dew Point		2~15°C						
入口溫度	Inlet Temp [°C]		max.50	max.80°C					
環境溫度	Ambient Temp		2~40°C						
工作壓力	Working		max. 16 Bar						
管徑	in/out Port Thread		1/2"	3/4"	1"	1"	1-1/2"	2"	2"
電源	Power		單相						3 相
冷媒型式	Type of Refrigerant		R 134a				R 427a		
長	L	[mm]	555	650	800	800	800	1,200	1,200
寬	W	[mm]	355	370	400	400	400	550	550
高	H	[mm]	603	843	1,103	1,103	1,120	1,370	1,370
重量	Weight	[kg]	45	65	95	95	120	250	280
適用馬力	Applicable Ranges		5	10	20	30	50	75	100

The normal condition of H type refers to an ambient temperature of +25°C with
inlet air at 7bar.g and +35°C type refers to an ambient temperature of +35°C with
inlet air at 7bar.g and +45°C。

(2) 標準型 Standard Working Pressure

說明		4E	8E	11E	15E	22A	37A	55A	75A	110A	150A
處理量	$[m^3/min]$	0.6	1.2	1.6	2.4	4.4	7.0	10.0	14.0	14.0	14.0
出口露點	Dew Point	2~15°C				2~10°C					
入口溫度	Inlet Temp	max.80°C				max.50°C					
環境溫度	Ambient T	2~43°C				2~40°C					
工作壓力	Working	2~10Bar				2~10Bar					
	in/out Port	1/2"	3/4"	1"	1"	1"	1-1/2"	1-1/2"	2"	2-1/2"	3"
電源	Power	單相	單相	單相	單相	單相	3 相	3 相	3 相	3 相	3 相
冷媒型式		R 134a	R 134a	R 407C	R 410A	R 410A				R 407C	
長	L [mm]	254	254	254	254	254	305	305	470	592	780
寬	W [mm]	722	722	797	797	816	963	963	963	1,022	1,280
高	H [mm]	515	515	626	626	626	922	922	1,139	1,169	1,420
重量	[kg]	34	34	40	42	44	73	88	114	172	300
適用馬力	Applicable Ranges	5	5~10	10~15	10~20	20~30	30~50	50~75	75~100	100~150	150~200

Standard products supplied with 220V, and refer to us the different voltage or
higher capacity and urgent delivery.

H.4.2. 吸附式乾燥機

● 吸附式乾燥機設備大都是分2槽，一槽吸附，另一槽脫附，過程會有壓縮空氣的損耗。
目前常被選用的吸附式乾燥機可提供-70℃的壓力露點。

● 吸附式乾燥機的工作原理：是用與水分結合力強的吸附劑。吸附劑種類分為：

分子篩 Molecular Sieve	露點-100℃，at 7kg/cm^2	壽命 3~5 年
活性氧化鋁 Activated alumina	露點-40℃， at 7kg/cm^2	壽命 3~5 年
矽膠 Silica Gel	露點-40℃， at 7kg/cm^2	壽命 8~10 年

● 吸附劑的再生溫度/方式

分子篩 Molecular Sieve	再生溫度 200~250℃	應用於加熱或熱回收式乾燥機
活性氧化鋁 Activated alumina	再生溫度 170~200℃	應用於加熱式乾燥機。
矽膠 Silica Gel	再生溫度 120~150℃	壽命 8~10 年

● 吸附式乾燥機的脫附方法分類：可依需求選用。
(1) 無熱式吸附型乾燥機
(2) 加熱式吸附型乾燥機
(3) 熱回收式吸附型乾燥機。

● 吸附式乾燥機 (取材：台塑)

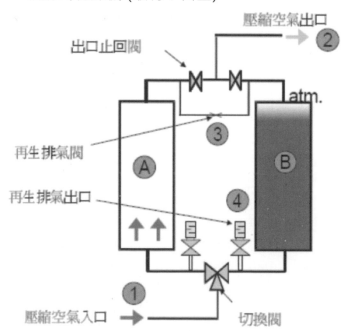

原理：

a. 壓縮空氣自底部①進入A桶吸附

b. 乾燥壓縮空氣由桶槽頂部自②出口使用

c. 再生空氣自③引入B槽再生

d. 再生排氣自④排放大氣

● 型錄-無熱式吸附型乾燥機 (取材：高乾機械)

型號		5M	15M	30M	50M	75M	100M	200M	400M	600M	800M	1000M
處理量 [m³/min]		0.65	1.9	3.9	6.5	9.7	13	26	52	78	104	130
使用壓力 MPa		0.7 ~ 1MPa						0.7 ~ 1MPa				
空氣進口-溫度		≦40°C						≦40°C				
運轉方式		定時切換兩塔交替吸附、再生						定時切換兩塔交替吸附、再生				
出口空氣-露點		-40°C ~ -70°C 以下						-40°C ~ -70°C 以下				
電源		220V 1P 50HZ/60HZ						220V 1P 50HZ/60HZ				
吸附劑		分子篩						分子篩				
出入口管徑		1/2"	3/4"	11/4"	11/2"	11/2"	2"	21/2"	4"	5"	5"	6"
外形 尺寸 (mm)	長	500	500	600	650	800	750	1270	1600	1850	2050	2250
	寬	450	560	680	900	1010	1085	1000	1200	1600	1550	1800
	高	1085	1590	1760	1880	2070	2020	2505	2765	2865	3165	3070

● 型錄-加熱式吸附型乾燥機 (取材：高乾機械)

型號		100ME	150ME	200ME	300ME	400ME	500ME	600ME	700ME	800ME	1000M
處理量 [m³/min]		13	19.5	26	39	52	65	78	91	104	130
使用壓力 MPa		0.7 ~ 1MPa									
空氣進口-溫度		≦40°C									
運轉方式		定時切換兩塔交替吸附、再生									
出口空氣-露點		-40°C ~ -70°C 以下									
電源		220V 1P 50HZ/60HZ									
外加熱功率 kW		5	7.5	10	15	21	27	30	36	42	47
吸附劑		分子篩									
出入口管徑		2"	2"	21/2"	3"	4"	4"	5"	5"	5"	6"
外形 尺寸 (mm)	長	750	1185	1270	1450	1600	1750	1850	1950	2050	2250
	寬	1085	900	1000	1100	1200	1300	1600	1500	1550	1800
	高	2020	2345	2505	2585	2765	2655	2865	2965	3165	3070

● 型錄-熱回收式吸附型乾燥機-氣冷式 (取材：正鐘)

型號		20RDMS-A		50RDMS-A		100RDMS-A		200RDMS-A		300RDMS-A		400RDMS-A	
處理氣量 [cmm]		2.8		7.0		14.5		26		38		49	
空氣出入口管徑		1" PT		1-1/2" PT		2" PT		2-1/2" PT		3" PT		4" PT	
空氣入口溫度		≦60°C 其他溫度額定風量須修正											
再生風量		設計標準為 3% (可接受訂製 3% 以下，可達 1%)											
操作壓力		7kg/cm² 其他壓力額定風量須修正											
電源		1P220V						3P 220 / 380 / 440V、50/60HZ					
外形 尺寸 (mm)	長	1,800	2,000	2,150	2,150	2,200	2,400	2,400	2,650	2,600	2,750	2,800	3,100
	寬	1,250	1,250	1,400	1,450	1,500	1,550	1,900	1,950	2,200	2,300	2,400	2,500
	高	900	950	1,000	1,100	1,200	1,300	1,400	1,500	1,750	1,850	2,100	2,200
淨重 [kg]		380	450	830	860	1,200	1,300	1,600	1,700	2,000	2,100	3,300	3,600
型式		RD	RDU	RD	RDU	RD	RDU	RD	RDU	RD	RDU	RD	RDU

● 型錄-熱回收式吸附型乾燥機-水冷式 (取材：正鐘)

型號	100RDMS-W		200RDMS-W		250RDMS-W		700RDMS-W		1200RDMS-W		2000RDMS-W	
處理氣量 [cmm]	14.5		26		31		81		130		200	
空氣出入口管徑	2" PT				3" PT		5" PT		8" PT		10" PT	
空氣入口溫度	≦60°C 其他溫度額定風量須修正						≦60°C 其他溫度額定風量須修正					
再生風量	設計標準為 3% (可接受訂製 3% 以下，可達 1%)						設計標準為 3% (可接受訂製 3% 以下，可達 1%)					
操作壓力	7kg/cm² 其他壓力額定風量須修正						7kg/cm² 其他壓力額定風量須修正					
電源	3P 220 / 380 / 440V、50/60HZ						3P 220 / 380 / 440V、50/60HZ					
冷卻水管徑	1" PT		1-1/4" PT		1-1/2" PT		2" PT		2-1/2" PT		3" PT	
冷卻水量 [LPM]	60		90		105		240		450		750	
外形 尺寸 (mm)	長	2,100	2,300	2,400	2,650	2,500	2,700	3,000	3,150	3,500	365	3,800	4,050
	寬	1,500	1,600	1,900	2,000	2,000	2,100	2,800	2,900	2,700	2,800	3,300	3,400
	高	1,200	1,300	1,400	1,500	1,500	1,600	2,400	2,500	3,700	3,800	4,300	4,400
淨重 [kg]	1,250	1,350	1,600	1,760	2,200	2,400	3,800	4,300	5,950	6,400	9,000	9,200
型式	RD	RDU	RD	RDU	RD	RDU	RD	RDU	RD	RDU	RD	RDU

H.5. 過濾器

H.5.1. 過濾器分類

● 空壓系統的過濾器分為幾種類型：

(1) 水滴過濾器，濾除水滴及 5μm 以上的固體物。

(2) 管路過濾器，濾除 1μm 以上的固體物。

(3) 油霧過濾器，濾除固體物 0.01μm 及 0.01wt ppm 以上的油分。

(4) 活性碳過濾器，濾除油分及臭氧(出口油分濃度 0.003wt ppm)。

● 濾材 (取材：中俊企業、ORION)

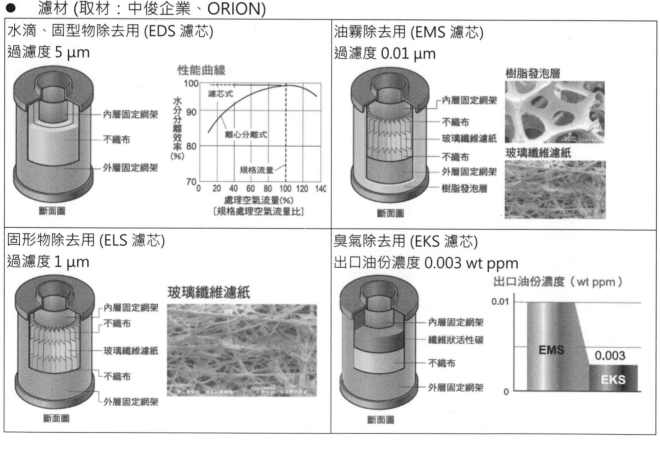

H.5.2. 過濾器系統

● 過濾器系統系統圖，含設備位置、規格、旁通、維修、.....等，請與使用者討論實際需求

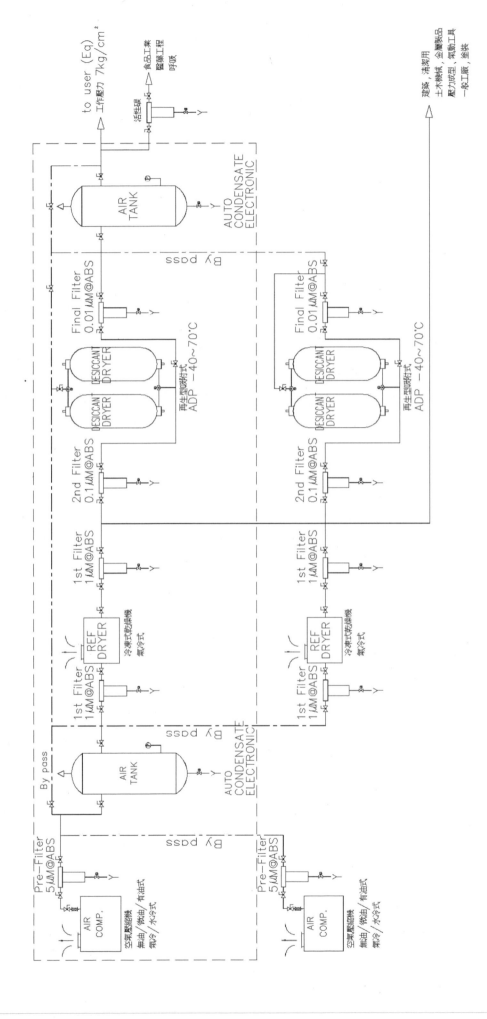

過濾器	初始壓力	末端壓力	備註
除塵過濾器	0.03 Bar	0.5 Bar	過濾 >3~5μm 塵粒 & 無法過濾油滴
精密過濾器	0.1 Bar	0.7 Bar	過濾水氣 & >0.1~0.01μm 油滴及塵粒
活性碳過濾器	0.02 Bar	0.1 Bar	吸附捕捉 >0.01μm 塵粒 & 過濾 >0.005μm 油氣

H.5.3. 過濾器型錄-中/小型

● 各製造商的過濾器略有不同，詳細規格、尺寸請詢問供應商。介紹4種過濾器：管路、精密、活性碳、水滴過濾器。
(取材：中後企業有限公司 orion)。
處理空氣量為空氣壓縮機之吸入狀態的換算值 (大氣壓力、30℃、75%rh)。
處理空氣條件為入口空氣壓力 0.69MPa (LSF/MSF/KSF)，壓力下露點 10℃ (LSF/MSF/KSF)，入口油份濃度 3wt ppm (LSF/MSF)、0.01 wt ppm(KSF)。

H.5.3.1. 活性碳過濾器

活性碳過濾器 KSF	中/小型		150B-ALT	200B-ALT	250B-ALT	400B-ALT	700B-ALT	1000B-ALT	1300-ALT	2000-ALT	400-T	700-T	1000-T	1300-T	2000-T
處理空氣量		m³/min	1.2	1.8	2.7	3.9	6.6	10.6	13.8	20.0	3.9	6.6	10.6	13.8	20.0
過濾器外殼材質			鋁壓鑄								不銹鋼				
使用範圍	使用流體		壓縮空氣												
	使用壓力範圍(錶壓力)	MPa	0.05 - 0.98												
	入氣/周圍溫度範圍	℃	5 - 60 / 2 - 60												
過濾方式		μm%	活性碳纖維吸附方式												
出口油份濃度/壓力損失		wt, ppm/MPa	0.003 / 0.009												
濾芯更換時間/使用期間			8,000 小時 或 1 年												
主要尺寸	差壓計接續口徑		Rc 1/4								高壓側：Rc 1/4；低壓側：M5				
	配管接續口徑		Rc 3/4		Rc 1		Rc 1-1/2		Rc 2		Rc 1	Rc 1-1/2		Rc 2	
	重量	kg	1.0	2.0	2.1	2.6	5.0	6.0	6.5	9.0	3.0	3.3	3.7	4.3	6.0
使用濾芯：型式/支數		EKS	150/1	200/1	250/1	400/1	700/1	1000/1	1300/1	2000/1	400/1	700/1	1000/1	1300/1	2000/1

H.5.3.2. 管路/精密/水滴過濾器

管路過濾器：LSF / MSF / DSF			75B-ALT	150B-ALT	200B-ALT	250B-ALT	400B-ALT	700B-ALT	1000B-ALT	1300-ALT	2000-ALT	400-T	700-T	1000-T	1300-T	2000-T
處理空氣量	中/小型	m³/min	0.35	1.2	1.8	2.7	3.9	6.6	10.6	13.8	20.0	3.9	6.6	10.6	13.8	20.0
過濾器外殼材質			鋁壓鑄									不銹鋼				
使用範圍	使用流體		壓縮空氣													
	使用壓力範圍(錶壓力)	MPa	0.05 - 0.98													
	人氣/周圍溫度範圍	°C	5 - 60 / 2 - 60													
主要尺寸	壓力計接續口徑		高壓側：Rc 1/4；低壓側：M5													
	配管接續口徑		Rc3/8	Rc 3/4		Rc 1		Rc 1-1/2		Rc 2		Rc 1		Rc 1-1/2	Rc 2	
	凝結水排出口口徑		Rc 1/4									Rc 1/4・外型Φ16				
	重量	kg	1.0	2.0	2.1	2.6	5.0	6.0	6.5	9.0		3.0	3.3	3.7	4.3	6.0
使用濾芯：型式/支數		ELS	75/1	150/1	200/1	250/1	400/1	700/1	1000/1	1300/1	2000/1	400/1	700/1	1000/1	1300/1	2000/1
自動排水器型式			NH-503MR (內置)									FD-1D (外置)				

管路過濾器：LSF

過濾	過濾度/捕集效率	μm%	1 / 99.999
	壓力損失	MPa	初期 0.005
濾芯	壓力損失	MPa	Max. 0.07
濾材	更換時間/使用期間		8,000 小時 或 1 年

精密過濾器：MSF

過濾	過濾度/出口油份濃度	μm%	0.01 μm / 0.01 wt ppm
	捕集效率/壓力損失	%MPa	99.999 / 初期 0.01，初期 0.02
濾芯	壓力損失	MPa	Max. 0.07
濾材	更換時間/使用期間		8,000 小時 或 1 年

水滴過濾器：DSF

過濾	過濾度/水滴分離效率	μm%	5 / 99
	壓力損失	MPa	初期 0.005
濾芯	壓力損失	MPa	Max. 0.02
濾材	更換時間/使用期間		8,000 小時 或 1 年

H.5.4. 過濾器型錄-大型

● 各製造商的過濾器略有不同，詳細規格、尺寸請詢問供應商。介紹4種過濾器：管路、精密、活性碳、水滴過濾器。
(取材：中接企業有限公司 orion)。
處理空氣量為空氣壓縮機之吸入狀態的換算值 (大氣壓力、30℃、75%rh)。
處理空氣條件為入口空氣壓力 0.69MPa (LSF/MSF/KSF)，壓力下露點 10℃ (LSF/MSF/KSF)，入口油份濃度 3wt ppm (LSF/MSF)，
0.01 wt ppm(KSF)。

H.5.4.1. 活性碳過濾器

活性碳過濾器 KSF		大型	2700B	3200B	4000B	5000B	6000B	7700B	10300B	12900B	15500B	20700B	31800B
處理空氣量		m³/min	27.60	32.0	40.0	50.0	60.0	77.8	103.7	129.7	155.6	207.5	318.9
使用範圍	使用流體		壓縮空氣										
	使用壓力範圍(錶壓力)	MPa	0.05 - 0.98										
	入氣/周圍溫度範圍	℃	5 - 60 / 2 - 60										
過濾材	濾材	μm%	活性碳纖維吸附方式										
	出口油份濃度/壓力損失	wt ppm/MPa	0.003 / 0.009										
	濾芯更換時間/使用期間		8,000 小時 或 1 年										
	差壓計接續口徑		Rc 1/4										
主要尺寸	配管接續口徑	in/mm	2-1/2" ; 65	3" ; 80	4" ; 100			5" ; 125	6" ; 150		8" ; 200		10" ; 250
	凝結水排出口口徑		Rc 1/4、外型Φ16								Rc 3/8		
	重量	kg	57	61	73			95	155	190	250	310	380
使用濾芯	型式	EKS	1300						2000				
	使用支數	支	2		3			4	6	7	9	12	18

H.5.4.2. 管路/精密/水滴過濾器

管路過濾器：LSF/MSF/DSF　大型

		2700B	3200B	4000B	5000B	6000B	7700B	10300B	12900B	15500B	20700B	31800B
處理空氣量	m³/min	27.60	32.0	40.0	50.0	60.0	77.8	103.7	129.7	155.6	207.5	318.9
使用範圍　使用流體							壓縮空氣					
使用壓力範圍(錶壓力)	MPa				0.05 - 0.98				0.20 - 0.98			
入氣/周圍溫度範圍	°C					5 - 60 / 2 - 60						
主要尺寸　差壓計接續口徑						Rc 1/4						
配管接續口徑	in/mm	2-1/2"；65		3"；80	4"；100		5"；125	6"；150		8"；200		10"；250
凝結水排出口口徑				Rc 1/4、外型Φ16						Rc 3/8		
重量	kg	57		61		73	95	155	190	250	310	380
使用濾芯　型式	ELS	1300					2000					
使用支數	支		2			3	4	6	7	9	12	18

管路過濾器 LSF

過濾材	過濾度/捕集效率	μm%	1 / 99.999
	壓力損失	MPa	初期 0.005
	濾芯　壓力損失	MPa	Max. 0.07
	更換時間　使用期間		8,000 小時 或 1 年

精密過濾器 MSF

過濾材	過濾度/出口油份濃度	μm	0.01 μm / 0.01 wt ppm
	捕集效率/壓力損失	%MPa	99.999 / 初期 0.01、初期 0.02
	濾芯　壓力損失	MPa	Max. 0.07
	更換時間　使用期間		8,000 小時 或 1 年

水滴過濾器 DSF

過濾材	過濾度/水滴分離效率	μm%	5 / 99
	壓力損失	MPa	初期 0.005
	濾芯　壓力損失	MPa	Max. 0.02
	更換時間　使用期間		8,000 小時 或 1 年

H.6. 空氣壓縮配管設計

● 空氣壓縮管路設計，應考慮初設成本與運轉維護費用。

H.6.1. 空壓配管

● 配管注意事項：

(1) 配管材質依需求分類：鍍鋅鋼管，不銹鋼管或 PVC 管......等，或規範需求。

(2) 配管壓力等級。

(3) 空氣品質需求，建議配管材料：SUS-AP，SUS-BA and SUS-EP，或規範需求。

(4) 系統管路壓降不超過系統供氣壓力的 5~10%為原則，壓損大、耗能越大。

(5) 壓縮機工作方式：

當壓縮機的馬達壓縮空氣達到 Pmax(9.5 kg/cm^2) 時停止，當空氣壓力降至 Pmin (設備需求 4kg/cm^2) 時，馬達在次啟動，期間有儲氣筒與配管內空間的儲氣量，致使馬達啟動的次數不超過 10 times/hr。

(6) 系統用環路配管，增加系統儲氣量，而使系統更加穩定，降低供氣壓損。

(7) 冷凝水排放，配管路坡度及 hookup 配管須有鵝頸工法，防止冷凝水回流。

(8) 末端使用需求：二點式或三點式。

H.6.2. 配管壓損

● 配管壓損計算公式：

$$\Delta P = 7.57 \times Q^{1.85} \times L \times 10^4 / (d^5 \times P_{abs})$$

公式符號/單位說明

ΔP_{abs}	配管壓力降 pressure drop (kg/cm^2)
Q	配管風量 air volume flow (m^3/min)
L	配管長度 length of pipe (m)
d	配管內徑 inside diameter of pipe (mm)
P_{abs}	配管啟始絕對壓力 initial pressure (kg/cm^2)

● 配管計算應用

[例題] 公式符號/單位說明

係數	流量	係數	長度	係數	內徑	絕對壓力	壓降	壓降率
7.57	Q	1.85	L	10,000	d	P_{abs}	ΔP	ΔP %
None	m^3/min	係數	m	係數	mm	kg/cm^2	kg/cm^2	%
7.57	50	1.85	10	1.E+04	100.0	8.0	**0.01**	0.2%
7.57	100	1.85	100	1.E+04	100.0	8.0	**0.47**	5.9%

● 單位換算

流量換算	lpm	cmm	cmh	cfm
lpm	1	0.00	0.1	0.0
cmm	1,000	1	60.0	35.3
cmh	17	0.02	1	0.6
cfm	28	0.03	1.7	1

H.6.3. 配管路設計表

● $\Delta P = 7.57 \times Q^{1.85} \times L \times 10^4 / (d^5 \times P_{abs})$。預估計算的基準最大壓降0.3Bar（預設系統壓降3~5%），不同的壓降流量也會隨之改變。

風量	大氣壓力	系統壓力	空壓出力	配管長度		NPS-inch	1/8	1/4	3/8	1/2	3/4	1	1 1/4	1 1/2	2	2 1/2	3	3 1/2	4	5	6
	P_{abs}	P_G	P. P_{abs}	L		DN-mm	6	8	10	15	20	25	32	40	50	65	80	90	100	125	150
cmm	1.0	7.0	8.0 Bar-G	1.0	kg/cm²-G	JIS-40s ID-mm	7.1	9.4	12.7	16.1	21.4	27.2	35.5	41.2	52.7	65.9	78.1	90.2	102.3	126.6	151.0
				mtr		Max.dP 0.3															
0.1	1.0	7.0	8.0 Bar-G	1.0	Max.dP 0.3		0.01														
0.2	1.0	7.0	8.0 Bar-G	1.0	Max.dP 0.3		0.03	0.01													
0.3	1.0	7.0	8.0 Bar-G	1.0	Max.dP 0.3		0.06	0.01													
0.4	1.0	7.0	8.0 Bar-G	1.0	Max.dP 0.3		0.10	0.02	0.01												
0.5	1.0	7.0	8.0 Bar-G	1.0	Max.dP 0.3		0.15	0.04	0.01												
0.6	1.0	7.0	8.0 Bar-G	1.0	Max.dP 0.3		0.20	0.05	0.01												
0.7	1.0	7.0	8.0 Bar-G	1.0	Max.dP 0.3		0.27	0.07	0.01												
0.8	1.0	7.0	8.0 Bar-G	1.0	Max.dP 0.3			0.09	0.02	0.01											
0.9	1.0	7.0	8.0 Bar-G	1.0	Max.dP 0.3			0.11	0.02	0.01											
1.0	1.0	7.0	8.0 Bar-G	1.0	Max.dP 0.3			0.13	0.03	0.01											
2.0	1.0	7.0	8.0 Bar-G	1.0	Max.dP 0.3				0.10	0.03	0.01										
3.0	1.0	7.0	8.0 Bar-G	1.0	Max.dP 0.3				0.22	0.07	0.02										
4.0	1.0	7.0	8.0 Bar-G	1.0	Max.dP 0.3					0.11	0.03	0.01									
4.5	1.0	7.0	8.0 Bar-G	1.0	Max.dP 0.3					0.14	0.03	0.01									
5.0	1.0	7.0	8.0 Bar-G	1.0	Max.dP 0.3					0.17	0.04	0.01									
5.5	1.0	7.0	8.0 Bar-G	1.0	Max.dP 0.3					0.20	0.05	0.01									
6.0	1.0	7.0	8.0 Bar-G	1.0	Max.dP 0.3					0.24	0.06	0.02									
6.5	1.0	7.0	8.0 Bar-G	1.0	Max.dP 0.3					0.28	0.07	0.02	0.01								

NPS Pipe Size / Innside Diameter (mm)

ΔP = Pressure Drop. (kg/cm²-m)

336

風量 cmm	大氣壓力 Pabs	系統壓力 PG	空壓出力 P. Pabs	配管長度 L mtr	Max.dP 0.3	1/8 / 6 / 7.1	1/4 / 8 / 9.4	3/8 / 10 / 12.7	1/2 / 15 / 16.1	3/4 / 20 / 21.4	1 / 25 / 27.2	1 1/4 / 32 / 35.5	1 1/2 / 40 / 41.2	2 / 50 / 52.7	2 1/2 / 65 / 65.9	3 / 80 / 78.1	3 1/2 / 90 / 90.2	4 / 100 / 102.3	5 / 125 / 126.6	6 / 150 / 151.0
7.0	1.0	7.0	8.0 Bar-G	1.0	Max.dP 0.3					0.08	0.02	0.01								
8.0	1.0	7.0	8.0 Bar-G	1.0	Max.dP 0.3					0.10	0.03	0.01								
9.0	1.0	7.0	8.0 Bar-G	1.0	Max.dP 0.3					0.12	0.04	0.01								
10.0	1.0	7.0	8.0 Bar-G	1.0	Max.dP 0.3					0.15	0.04	0.01								
20	1.0	7.0	8.0 Bar-G	1.0	Max.dP 0.3						0.16	0.04	0.02	0.01						
25	1.0	7.0	8.0 Bar-G	1.0	Max.dP 0.3						0.25	0.06	0.03	0.01						
30	1.0	7.0	8.0 Bar-G	1.0	Max.dP 0.3							0.09	0.04	0.01						
40	1.0	7.0	8.0 Bar-G	1.0	Max.dP 0.3							0.15	0.07	0.02	0.01					
50	1.0	7.0	8.0 Bar-G	1.0	Max.dP 0.3							0.23	0.11	0.03	0.01					
60	1.0	7.0	8.0 Bar-G	1.0	Max.dP 0.3								0.16	0.05	0.01	0.01				
70	1.0	7.0	8.0 Bar-G	1.0	Max.dP 0.3								0.21	0.06	0.02	0.01				
80	1.0	7.0	8.0 Bar-G	1.0	Max.dP 0.3								0.26	0.08	0.03	0.01	0.01			
90	1.0	7.0	8.0 Bar-G	1.0	Max.dP 0.3									0.10	0.03	0.01	0.01			
100	1.0	7.0	8.0 Bar-G	1.0	Max.dP 0.3									0.12	0.04	0.02	0.01			
150	1.0	7.0	8.0 Bar-G	1.0	Max.dP 0.3									0.25	0.08	0.03	0.02	0.01		
200	1.0	7.0	8.0 Bar-G	1.0	Max.dP 0.3										0.14	0.06	0.03	0.02	0.01	
300	1.0	7.0	8.0 Bar-G	1.0	Max.dP 0.3										0.29	0.12	0.06	0.03	0.01	
400	1.0	7.0	8.0 Bar-G	1.0	Max.dP 0.3											0.21	0.10	0.06	0.02	0.01
500	1.0	7.0	8.0 Bar-G	1.0	Max.dP 0.3												0.16	0.08	0.03	0.01

NPS Pipe Size / Innside Diameter (mm)

ΔP = Pressure Drop. (kg/cm²-m)

- 計算壓力降：Targe System dP 4% ↓ （預設系統壓降3~5%，亦有設計達壓降10% - 運轉耗能）。
- 計算風速降：Main PipingTarget 8 ~ 15 m/s。

337

H.6.4. 噴出口流量

H.6.4.1. 氣動工具的耗氣量

氣動工具	規格		耗氣量 m³/min	氣動工具	規格		耗氣量 m³/min
氣動起子 Air screw drivers	螺絲能力	3mm	0.15	氣動鑿子 Air chipders	內徑×衝程×打擊數		
		5mm	0.25		18m/m*45m/m*380pm		0.30
		6mm	0.30		28m/m*65m/m*2,400pm		0.70
氣動板子 Air impact wrenchs	螺絲能力	6mm	0.32		28m/m*111m/m*1,700pm		0.70
		8mm	0.40	氣動石鑿 Air breakers	重量	20kg	1.20
		12mm	0.65			41kg	1.70
		19mm	1.30	氣動切刀 Rotary saw	圓鋸直徑	200m/m	1.30
		32mm	2.00			250m/m	1.40
氣動磨輪 Air grinedrs	輪值徑	25mm	0.30			300m/m	1.80
		65mm	0.70	氣動吊車 Air hoists	吊重能力 1/2Ton 每吊升 1m		0.08
		100mm	1.00	氣動春砂器 Sand rammers	重量	3kg	0.40
		150mm	1.40			9kg	0.60
		200mm	1.90			12kg	0.80
氣動鑽孔機 Air drills	鑽孔能力	6mm	0.55	吹氣槍, 噴槍 Blow gum	噴嘴口徑	1.7m/m	0.16
		12mm	0.80		噴嘴口徑壓送式	0.8	0.20
		19mm	1.30		噴嘴口徑吸上式	1	0.075
		25mm	2.20		噴嘴口徑費力式	1	0.075
氣動鉚鎚 Air riveting hammers	鉚釘能力	6mm	0.35			1.5	0.165
		10mm	0.50				
		16mm	0.90				
		22mm	1.00				
		32mm	1.10				

H.6.4.2. 流量計算應用公式

- $Q = 215 \ (60 * C * A / J) * (P_1 / V_1)^{1/2}$

  $V_1 = 1 / [\rho \times (T_0 P_1 / T_1 P_0)]$

  [例題] 公式符號/單位說明

C	A		J	ρ	P₀	T₀	P₁	V₁	T₁	Q
流量係數	噴出口		空氣	氣體	大氣壓力	絕對	噴出口空氣			
出口	最狹部面積		比重	密度		溫度	絕對壓力	比容積	絕對溫度	流量
端形狀	mm	m²	kgf/m³	kgf/m³	kgf/cm²-g	K	kgf/cm²-abs	m³/kg	K	cmm
0.97	6.35	3E-05	1.205	1.293	1.033	273	8.211	0.1069	300	2.882

空氣比重：1.205Kgf/m³，at 20 ℃

H.6.4.3. 氣動工具計算

- W = 0.2303 A * C * P / (T)1/2

[例題] 公式符號/單位說明

A	C	P	T	W
噴出口最狹部面積	流量係數	上流總壓力	上流溫度	每秒排出磅數
in	None	psi	絕對°F	Lb/sec
1	0.65	15	530	0.0975

H.6.4.4. 噴嘴口壓力與流量關係

- 比較壓力不同的條件，噴出口量量不同

使用壓力 噴嘴口徑	4 kg/cm^2-g	5 kg/cm^2-g	6 kg/cm^2-g	7 kg/cm^2-g
	耗氣量 m^3/min			
1/16"	0.11	0.14	0.16	0.18
3/32"	0.24	0.31	0.37	0.43
1/8"	0.46	0.55	0.64	0.73
3/16"	1.00	1.20	1.40	1.60
1/4"	1.80	2.20	2.50	2.90
5/16"	2.80	3.40	4.00	4.50
3/8"	4.10	4.90	5.70	6.50
1/2"	7.20	8.70	10.20	11.60

- 比較不同壓力條件下，噴出流量

管徑	---	---	---	---	---	---	1/8 B	1/4 B	3/8 B	1/2 B	3/4 B
噴出前壓力 kgf/cm^2-G	1.0 mm	2.0 mm	3.0 mm	4.0 mm	5.0 mm	6.0 mm	6.5 mm	9.2 mm	12.7 mm	16.1 mm	21.6 mm
	噴出量 m^3/min (cmm)										
0.5	0.01	0.05	0.12	0.22	0.34	0.50	0.58	1.17	2.24	3.60	6.49
1.0	0.01	0.07	0.16	0.29	0.46	0.66	0.77	1.56	2.97	4.78	8.61
1.5	0.02	0.09	0.20	0.36	0.57	0.82	0.97	1.94	3.70	5.96	10.73
2.0	0.02	0.11	0.24	0.44	0.68	0.99	1.16	2.33	4.44	7.13	12.84
3.0	0.03	0.14	0.32	0.58	0.91	1.31	1.54	3.09	5.90	9.49	17.08
4.0	0.04	0.18	0.41	0.73	1.14	1.64	1.93	3.86	7.37	11.84	21.32
5.0	0.05	0.21	0.49	0.87	1.36	1.97	2.31	4.63	8.83	14.19	25.55
6.0	0.06	0.25	0.57	1.02	1.59	2.29	2.69	5.40	10.29	16.55	29.79
7.0	0.07	0.29	0.65	1.16	1.82	2.62	3.08	6.17	11.76	18.90	34.03
8.0	0.08	0.32	0.73	1.31	2.05	2.95	3.46	6.94	13.22	21.26	38.26
9.0	0.09	0.36	0.81	1.45	2.27	3.27	3.84	7.71	14.69	23.61	42.50
10.0	0.10	0.40	0.90	1.60	2.50	3.60	4.23	8.47	16.15	25.96	46.74
12.0	0.11	0.47	1.06	1.89	2.95	4.26	4.99	10.01	19.08	30.67	55.21
15.0	0.14	0.58	1.31	2.32	3.63	5.24	6.15	12.32	23.48	37.73	67.92

不同配管材料的內徑不同，會有 5%的流量誤差。

H.6.4.5. 終端出氣口流量 (取材：復盛計算表)

孔口前 錶壓力		孔 口 直 徑 (mm)									
		1/64"	1/32"	1/16"	1/8"	1/4"	3/8"	1/2"	3/4"	7/8"	1"
		0.4mm	0.8mm	1.6mm	3.2mm	6.4mm	9.5mm	12.7mm	19.1mm	22.2mm	25.4mm
Kg/cm^2	PSI	排氣，自由空氣 LPM				排氣，自由空氣 CMM					
0.068	1	0.79	3.17	12.74	50.98	0.20	0.46	0.81	1.83	2.50	3.26
0.136	2	1.13	4.48	17.93	71.65	0.29	0.65	1.15	2.58	3.51	4.59
0.211	3	1.36	5.49	21.95	87.79	0.35	0.79	1.40	3.14	4.31	5.61
0.272	4	1.59	6.32	25.26	100.82	0.41	0.91	1.61	3.63	4.96	6.46
0.34	5	1.76	7.02	26.42	112.43	0.45	1.01	1.80	4.05	5.52	7.19
0.408	6	1.93	7.70	30.87	122.91	0.49	1.11	1.97	4.42	6.03	7.87
0.476	7	2.07	8.30	33.13	132.54	0.53	1.20	2.12	4.76	6.51	8.50
0.612	9	2.35	9.37	37.38	150.10	0.60	1.35	2.40	5.41	7.36	9.60
0.816	12	2.69	10.73	43.05	171.90	0.69	1.55	2.75	6.17	8.41	10.99
1.02	15	2.97	11.89	47.58	190.31	0.76	1.71	3.06	6.85	9.32	12.18
1.36	20	3.48	13.91	55.51	222.60	0.89	2.00	3.57	8.02	10.90	14.25
1.701	25	3.97	15.92	63.72	254.31	1.02	2.29	4.08	9.15	12.46	16.28
2.041	30	4.48	17.93	71.65	286.03	1.15	2.58	4.59	10.34	14.05	18.35
2.381	35	4.98	19.09	79.58	320.02	1.27	2.86	5.10	11.47	15.60	20.39
2.721	40	5.49	21.92	87.79	351.17	1.41	3.17	5.61	12.63	17.19	22.46
3.061	45	5.98	23.93	95.72	382.32	1.53	3.46	6.12	13.79	18.75	24.50
3.401	50	6.49	25.94	103.65	416.30	1.66	3.74	6.66	14.95	20.33	26.56
4.082	60	7.48	30.02	119.79	478.61	1.91	4.31	7.68	17.25	23.45	30.64
4.762	70	8.50	33.98	135.65	543.74	2.17	4.90	8.69	19.54	26.59	34.75
5.442	80	9.49	37.95	151.80	606.05	2.43	5.47	9.71	21.84	29.74	38.83
6.122	90	10.48	41.91	167.65	671.18	2.69	6.03	10.73	24.16	32.80	42.93
6.803	100	11.50	45.88	183.80	736.32	2.95	6.63	11.75	26.45	36.02	47.04
7.483	110	12.49	49.84	199.66	798.62	3.20	7.19	12.80	28.77	39.17	51.15
8.163	120	13.48	54.09	215.80	863.76	3.46	7.76	13.82	31.07	42.31	55.25
8.503	125	13.99	56.07	223.73	894.91	3.57	8.04	14.30	32.23	43.87	57.29

● 根據百分之百之流量係數，設若進口極圓時，則以 0.97 乘以值，設若為一銳緣孔口時，則乘數用 0.65。

● 此表僅能產生近似之結果，若欲作精確之測量，則請見 ASME 動力試驗規格流動容積速度之測量。

● 1 至 15psig 壓力值之計算，係使用標準絕熱公式。超過 15psig 壓力值計算，係使用此近似之公式：w=0.5303 * a * c * p./(√T)。
其中：w = 每秒排出之磅數；a = 孔口面積，in^2；c = 流量係數：p = 上流總壓力，psia；T= 上流溫度 F 絕對溫度。
上述情況值之計算係：c+1.0；p= 錶壓 +14.7psia；T= 530F 絕對溫度。

● 重量數改為容量時，則使用每立呎 0.0749 磅密度因素，此係用於 14.7psia 則此 70F 乾空氣之修正。

● 此公式不能用於p，少於兩倍大氣壓。

H.6.5. 配管閥件

● 系統用閥有球閥、蝶閥，請參考本書的閥的特性。本節介紹CDA常看到的末端調壓閥組、快速接頭。

H.6.5.1. CDA 閥類

● CDA 常用的閥

調壓閥
調壓閥 CDA 系統因為需求不同，如果用於儀表控制時稱為ICA。 ICA 於應用上會採是潔淨無油的空氣。因為系統壓力太大，所以需要用調壓閥將壓力降到需求範圍內。 
三點組合 F.R.L. (Filtration Regulation Lubricant)： (1)空氣濾清器 Filtration：5 um (2)調壓閥 Regulation (附壓力錶) 最大使用壓力 9.5 kg/cm^2， 使用壓力範圍 0.5~8.5 kg/cm^2 (3)潤滑器 Lubricant (注油器) (Ex) 空氣過濾器 5μm + 油霧過濾器 0.3μm + 調壓閥 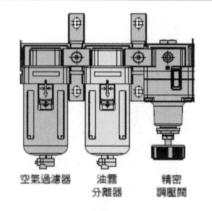 空氣過濾器　油霧分離器　精密調壓閥
二點組合 FR.L.： 將過濾器，調壓閥及注油器合併一起。 (Ex) 空氣過濾器 5μm + 油霧過濾器 3μm (Ex) 空氣過濾器 0.3μm + 油霧過濾器 0.01μm (Ex) 除水滴 99%±1 +油霧過濾器 3μm 

H.6.5.2. 快速接頭

● 快速接頭 (Quick Coupling) 應用的行業廣泛，如下：
超高壓快速接頭、塑化材質快速接頭、醫療用快拆接頭、空油壓快速接頭、平面無洩漏型、快速偶合接頭、食品級快速接頭、化學品用快速接頭、生化用快速接頭 and 電器快拆接頭。本節主要研究空壓系統應應用於機電的快速接頭。

● 快速接頭材質有：
不銹鋼(貴 1/2"-$600)、鐵(中等 1/2"-$150)、鋅(便宜 1/2"-$50) and 塑膠類 (水、化學品) 製品 (機電系統很少用到銅材質)。

● 快速接頭規格

說明	Socket	Plug	尺寸、材質
插管快接 SH/PH	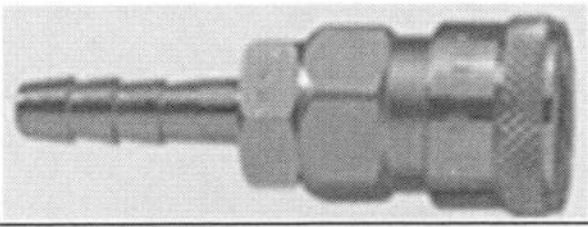	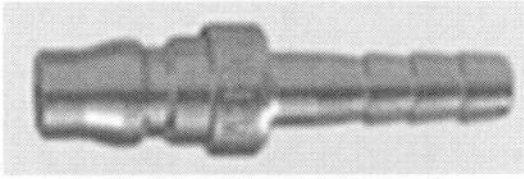	5/16"、3/8"、1/2"、3/4"、1" 膠管
外芽快接 SM/PM	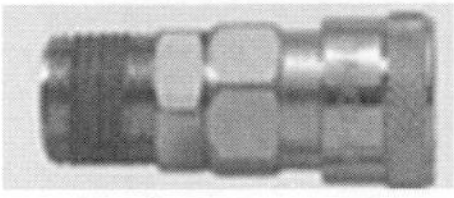		1/2"、3/4"、1" 外芽
內芽快接 SF/PF		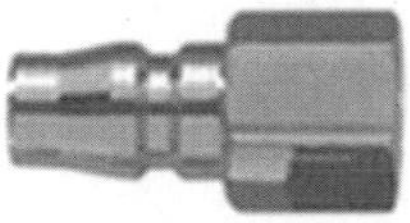	1/2"、3/4"、1" 內芽
風管快接 SP/PP	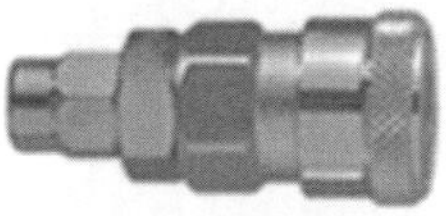	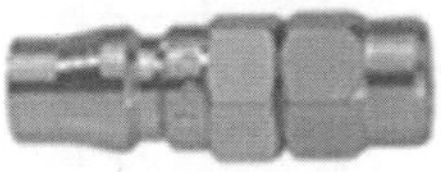	6mm 或 8mm PU 空壓管 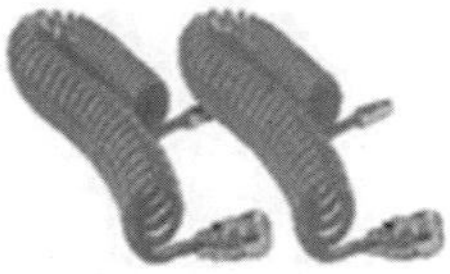
中壓快速接頭		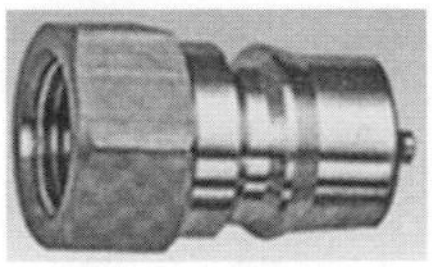	銅質
高壓快速接頭			銅質
塑膠快速接頭	  		PP / PVDF

一般尺寸大於 1/2"稱為大型流量接頭。各製造商產品不同，詳細資料請詢問供應商。

H.6.6. 壓力、露點換算

● 壓力、露點可用空氣線圖的公式計算 (詳第一冊的空調篇)或查表。
壓力、露點查表法 (取材：復盛型錄)

壓力—露點換算表
Pressure-Dew Point Conversion Table

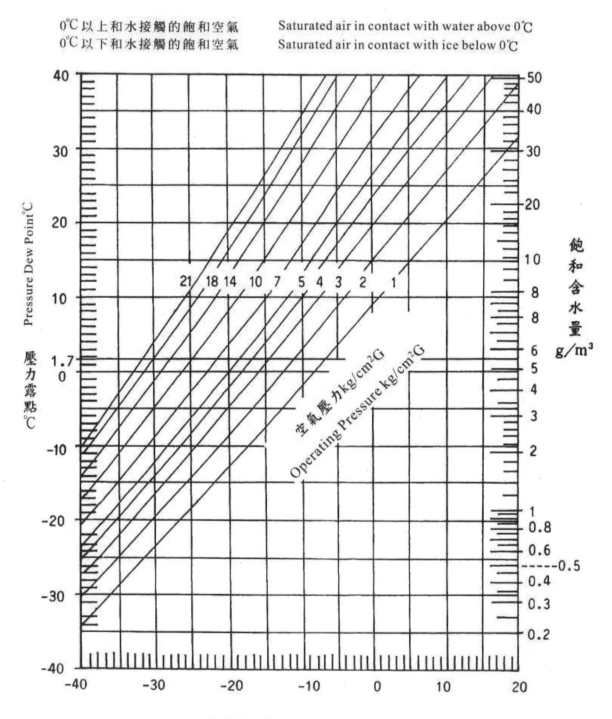

0℃以上和水接觸的飽和空氣　　　Saturated air in contact with water above 0℃
0℃以下和水接觸的飽和空氣　　　Saturated air in contact with ice below 0℃

大氣壓露點℃
Atmospheric Pressure Dew Point℃

H.7. 維護保養 日常保養項目

	項目說明	檢查結果
1.	每日或每次運轉前：	
(1)	油氣桶泄水	
(2)	檢查油位	
(3)	周邊設備準備，如送水送電，打開壓縮機出口等	
2.	運轉 500 小時：	
(1)	空氣濾芯取下清潔，用 0.2MPa 以下低壓壓縮空氣由內向外吹乾淨。	
(2)	新機使用後第一次換油過濾器。	
(3)	更換冷卻液。	
(4)	清潔空氣濾水杯的濾芯；	
(5)	清潔泄水閥濾芯。	
3.	運轉 1000 小時：	
(1)	檢查進氣閥動作及活動部位，並加注油脂。	
(2)	清潔空氣濾清器。	
(3)	檢視管接頭緊固螺栓及緊固電線端子螺絲。	
4.	運轉 2000 小時或 6 個月	
(1)	檢查各部管路	
(2)	更換空氣濾芯	
(3)	更換油過濾器	
(4)	更換空氣濾水杯的濾芯	
(5)	更換自動泄水閥濾芯	
(6)	補充電機的潤滑脂	
5.	運轉 3000 小時或一年：	
(1)	檢查進氣閥動作情況及閥板是否關嚴。	
(2)	檢查所有的電磁閥。	
(3)	檢查各保護壓差開關是否動作正常。	
(4)	更換油細分離器。	
(5)	檢查壓力維持閥。	
(6)	清洗冷卻器，更換○型環。	
(7)	更換空氣濾芯、油濾芯。	
(8)	檢查起動器之動作。	
6.	每 6000 小時：	
(1)	清洗冷卻液路系統	
(2)	更換螺桿空壓機高級冷卻液（排氣溫度在 85 度以下的更換周期）。	
7.	1 年或 2 年內：	
(1)	更換機體軸承、各油封，調整間隙。	
(2)	測量電動機絕緣，應在 1MΩ以上。	

Chapter I

真空系統
Vacuum

Chapter I.　真空系統 Vacuum

● 真空系統在產業界的應用廣泛，本章介紹科技廠房真空設備、廠務端的配管。
  (1) 高真空-應用於去除空氣(濺鍍)、脫水、吸附、搬運、清潔.....等。
  (2) 低真空-應用於潔靜室的清潔、一般家庭的清潔。

I.1. 真空壓力等級

● 真空等級的定義，基本上沒有國際的標準，所以本節說明是依製造廠商的定義為基準。
  (取材：Pfeiffer Vacuum)

真空等級	代碼	壓力 [Pa]	應用	氣體分子數密度/cm³
大氣壓 (1 atm)	atm	101,325 .		$2.7 \times 10^{19.}$
低真空	LV	$3 \times 10^{5} \sim 10^{2}$	真空吸著-搬運/清潔/塑膠射出	$10^{19} \sim 10^{16.}$
中真空	MV	$10^{2} \sim 10^{-1}$	濺射/沉積/電燈泡、日光燈	$10^{16} \sim 10^{13.}$
高真空	HV	$10^{-1} \sim 10^{-5}$	晶體成長/電子束微影術	$10^{13} \sim 10^{9.}$
超高真空	UHV	$10^{-5} \sim 10^{-10}$	高純度的薄膜成長	$10^{9} \sim 10^{4.}$
極高真空	XHV	$< 10^{-10}$		$< 10^{4.}$

I.1.1.　壓力錶

● 壓力名詞說明：正壓、絕對壓力、負壓。
  錶壓力 (P_g) = 絕對壓力 (P_{abs}) - 大氣壓力 (P_{atm})。

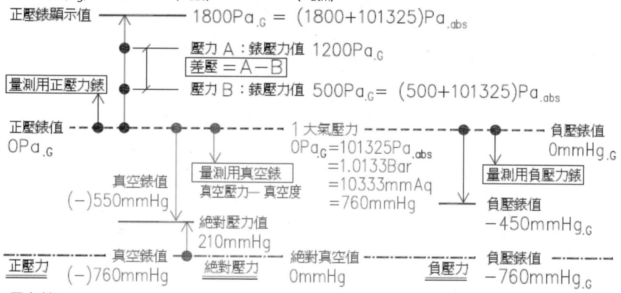

● 壓力錶

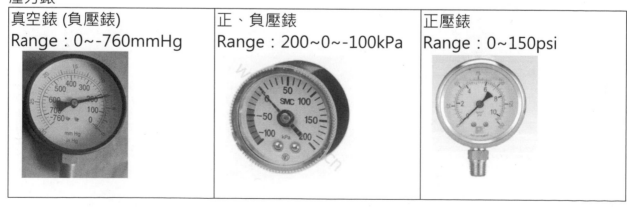

真空錶 (負壓錶) Range：0~-760mmHg	正、負壓錶 Range：200~0~-100kPa	正壓錶 Range：0~150psi

I.1.2. 真空單位換算

I.1.2.1. 水銀柱/水柱

● 液體壓力 (P) = 密度 (ρ) x 重力加速度 (g) x 高度 (h)

P	液體中的壓力	N/m² (Pa)	lbf/ft² (psf)
ρ	液體密度	kg/m³	slugs/ft³
g	重力加速度	9.81 m/s²	32.17405 ft/s²
h	液體高/深	m	ft

物質	密度 [g/cm³]
汞 Hg	13.6
水 Aq	1

g/cm³ = 1,000 kg/m³

● [例題] 720 mmHg = 多少水柱?
[Ans] 公式：液體壓力 (P) = 密度 (ρ) x 重力加速度 (g) x 高度 (h)
$0.72(mHg) \times 9.8(m/sec^2) \times (13.6 \times 1,000(kg/m^3)) = 95,962 (Pa)$
$Z_2 (m) \times 9.8(m/sec^2) \times 1,000 (kg/m^3) = 95,962 (Pa)$。
$Z_2 = 9.792m (Aq)$
[例題] 公式符號/單位說明

Hg			Water				
Height	重力加速度	Hg-密度	液壓力	重力加速度	水-密度	Water	
mm (Hg)	9.8 m²/s	13.6 g/cm³	Pa=N/m²	9.8 m²/s	1,000 kg/m³	m (Aq)	mm (Aq)
760	9.8	13.6	101,293	9.8	1,000	10.336	10,336
720	9.8	13.6	95,962	9.8	1,000	9.792	9,792
150	9.8	13.6	19,992	9.8	1,000	2.040	2,040

I.1.2.2. 壓力/風量

● 公式：$P_{1.abs} \times V_1 = P_{2.abs} \times V_2$　　理想氣體公式-
當業主提出真空需求是真空的條件，真空泵設備需要單位轉換，用以下例子說明真空需求轉換成大氣需求：

● [例題] 真空需求24 Ncmh，-85KPa 求真空之風量?
[Ans] $P_{1.abs} \times V_1 = P_{2.abs} \times V_2$
$P_{1.abs} = -85kPa = -850 mBar$
$P_{2.abs} = -850 + 1013 (mBar，1 atm) = 163 mBar$
$V_1 = 1013 \times 24Ncmh = 163 \times V_2$
$V_2 = 149 cmh$ (稱為 Acmh)
[例題] 公式符號/單位說明

$P_{1.abs}$	V_1	P	$P_{2.abs}$	V_2
大氣壓力	大氣排氣量	真空度	真空泵排氣壓力	真空泵排氣量
常數	業主需求	業主需求	大氣壓力下	
mBar	Ncmh	N-mBar	A-mBar	Acmh
1,013.0	24.0	-850	163.0	149.2

$P_{1.abs} \times V_1 = 1,013 \times 24Ncmh = 24,312 = P_{2.abs} \times V_2 = 163 \times 149.2Acmh$

- 1atm = 14.7psi。 1Bar = 14.5psi

psig	psia	inHg	Pa	kgf/cm²	
0.0	14.7	0.00	0.00	0.0000	Atmospheric Pressure 14.7 PSI (SEA LEVEL)
-1.0	13.7	2.04	6,908	0.0704	
-2.0	12.7	4.07	13,783	0.1405	
-4.0	10.7	8.14	27,565	0.2811	
-6.0	8.7	12.20	41,314	0.4213	Working Vacuum Level (Example)
-8.0	6.7	16.30	55,198	0.5629	
-10.0	4.7	20.40	69,082	0.7044	
-12.0	2.7	24.40	82,628	0.8426	
-14.0	0.7	28.50	96,512	0.9841	
-14.6	0.1	29.70	100,575	1.0256	
-14.7	0.0	29.92	101,320	1.0332	Perfect Vacuum (Zero Pressure Reference)

I.2. HV 高壓力真空 PVAC

I.2.1. HV 真空設備

- HV 高壓力真空系統，業界有不同的稱呼，有HV、PVAC，......等。

I.2.1.1. 設備架構

- HV其設備系統設計與CDA非常類似，參考下圖的平面圖。
  (Ex.) 主要設備：真空泵，Filter、儲氣筒、儀表。
- 設備冷卻的形式有：
  (1) 水冷式。(2) 氣冷式，科技產業界真空採用氣冷式設備。
  需注意設備發熱，與設備排氣通風，目的用來冷卻真空泵設備所產生的熱與排放廢氣造成環境污染。

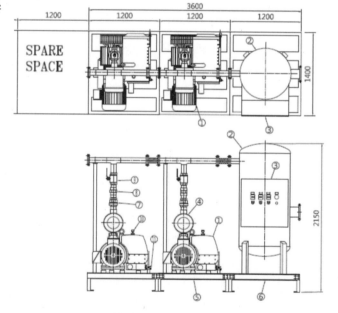

- 氣流通量：流過真空系統中某一斷面的氣體分子數。
  真空系統中各點的壓力與抽氣速率：
  $Q_1 = Q_2$ and $P_1 S_1 = P_2 S_2$。
  漏氣率：真空系統外部洩漏進入系統中的氣體量。$1Pa.m^3/s = 9.87atm.cc/s$
  放氣率：真空系統內部的從表面上釋放出的氣體量。
  抽氣速率：真空幫浦單位時間抽氣的量。
  抽真空時間：從起動至實際運作所需要的時間。是操作真空系統的主要參數。
  $t_{f\text{-抽真空時間}} = (V/S) \ln((P_0-Q_0/S) / (P_f-Q_0/S)) \fallingdotseq (V_{體積}/S_{抽氣速率}) \ln(P_{0\text{-大氣壓}}/P_{f\text{-真空度}})$。

I.2.1.2. 設備型錄

● 各家製造商大致略同，(設備型錄取材：SULLAIR 壽力)

Model	Motor		Shaft Power	Air Suction Capacity	Max.Vacuum Degree	Wt	Inlet/outlet Conn. Dim.	L	W	H
	HP	kW	kW	cmm	in.Hg$_V$	kg	inch	mm	mm	mm
VS12-15	15	11	9.2	7.2	29.9	671	2.5 / 3	1,664	973	1,240
VS12-20	20	15	13.7	9.4	29.9	671	2.5 / 4			
VS16-30	30	22	14.9	14.5	29.9	1,535	4 / 4*	2,200	1,280	1,610
VS16-40	40	30	20.5	18.8	29.9	1,535				
VS16-50	50	37	25.5	20.5	29.9	1,735	4 / 6*			
VS16-60	60	45	28.8	26.8	29.9	2,180	5 / 6*			
VS16-75	75	55	44.1	33.6	29.9	2,180				
VS25-75	75	55	48.9	41.8	29.9	3,520	6 / 8*	2,920	1,850	2,150
VS25-100	100	75	68.4	55.2	29.9	3,550				
VS32-125	125	90	69.1	66.8	29.9	5,200	8 / 8*	3,455	1,850	2,150
VS32-150	150	110	95.6	83.4	29.9	5,400				
VS32-200	200	150	110.2	100.2	29.9	5,600				

● Note : Air suction capacity and Shaft power at 24 in.Hg (in.Hg$_G$. absolute 198mbar) vacuum degree, measured at standard sea level conditions.

● 性能曲線

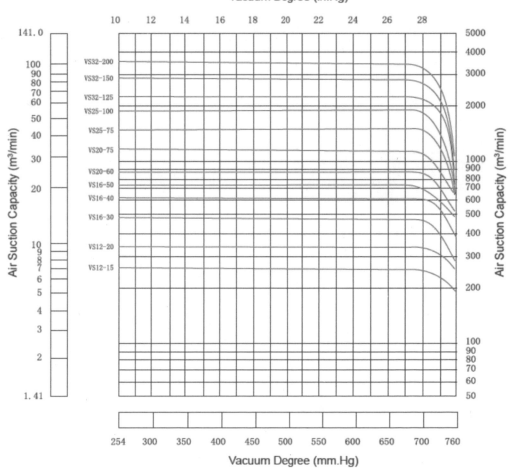

I.2.2. 配管容量

- 真空系統壓力從1atm開始下降，其氣體被幫浦抽出時如一般的流體狀態，若壓力愈來愈低時，此種氣流狀態漸漸轉變成氣體分子運動狀態。真空系統的氣流狀態：
黏滯性氣流 viscous flow→過渡氣流 transition flow→分子流 molecular flow。

說明	壓力範圍 [mBar]	氣流形態	計算公式
粗略真空	$10^3 \sim 1$	黏滯流	$C = 1.35 (d^4/L) P + 12.1 d^3/L (1 + 192Pd)/(1+237Pd)$
中度真空	$1 \sim 10^{-3}$	過渡流	$C = 1.35 (d^4/L) P$，P：Pressure [Pa]。
高真空	$10^{-3} \sim 10^{-7}$	分子流	$C = 12.1 d^3/L$，C：Conductivity [l/s]。
超高真空	10^{-7} 以下	分子流	d：Pipe Dia [cm]。L：Pipe Length [cm]。

- 配管材料依規範有SUS、GIP、CS and PVC Sch#80 等，配管應注意靜電防護的接地。

I.2.2.1. 配管摩擦損失

- 配管壓損計算公式，方法供參考：
(1) 直管損失，查右表
入口空氣基準 70°F、14.7psia。

(2) 參考空壓壓損公式：
$\Delta P = 7.57 \times Q^{1.85} \times L \times 10^4 /(d^5 \times P_{abs})$。

(3) 真空管路的氣導 C：真空管路中，通過該管路點 1 與 2 之間氣流通量與該管路兩端壓力比。1~2 管路段的氣導。
$C = Q/(P_1 - P_2)$。
真空管路的氣流阻 R：$R = 1/C$。

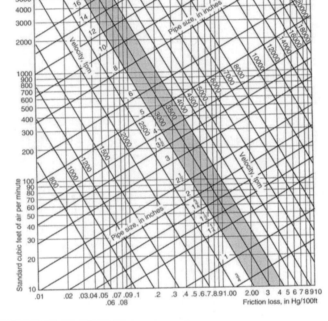

I.2.2.2. 另件損失

- 等效長度

配管尺寸	[inch]	1 1/4	1 1/2	2	2 1/2	3	4	5	6	8
90° 彎頭	等效壓損 [ft]	3	4	5	6	7	10	12	15	20
40° 彎頭		1 1/2	2	2 1/2	3	4	5	6	7 1/2	10

I.2.2.3. 配管容量

- 配管方式：一般採用風速法，大約依流速 10 ~ 25 m/s。
(Ex.) PVAC 配管容量，依配管的流速 10 ~ 15 m/s.計算容量

item	日制 A	英制 inch	OD Sch40	ID mm	Capacity LPM	Capacity CMH	Velocity Min. m/s	Capacity LPM	Capacity CMH	Velocity Max. m/s
1	6 A	1/4"	10.3	6.8	22	1.32	10.0	33	1.98	15.0
2	8 A	5/16"	13.7	9.2	40	2.40	10.0	60	3.60	15.0
3	10 A	3/8"	17.1	12.5	74	4.41	10.0	110	6.60	15.0
4	12 A	1/2"	21.3	15.8	117	7.02	10.0	175	10.50	15.0
5	20 A	3/4"	26.7	21.0	208	12.48	10.0	310	18.60	15.0
6	25 A	1"	33.4	26.6	335	20.10	10.0	500	30.00	15.0

I.3. 中央集塵 PCVC

● 中央集塵系統 (Central Vacuum Cleaner) 應用於一般家庭，工廠的環境清潔。
● 中央儲塵系統 (低真空系統) 包含有：
真空設備 (真空產生器、過濾桶、污物收集桶)、配管、控制系統、清潔工具。本節介紹設備的選機及配管。(取材：貿立)

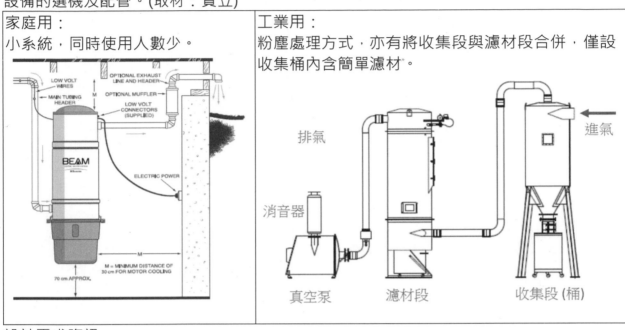

家庭用：	工業用：
小系統，同時使用人數少。	粉塵處理方式，亦有將收集段與濾材段合併，僅設收集桶內含簡單濾材。

● 設計需求資訊

1	系統處理廢氣粉塵材質，一般廢棄物屬於 CVC，特殊廢棄物屬於製程的集塵系統。
2	同時使用的吸入口數量。
3	集塵工作時間。
4	配管總長度。
5	吸入口尺寸、軟管長度。

I.3.1. 中央除塵設備

● 中央集塵系統的壓力約 20,000 Pa (20kPa)，依設計需求選擇適當的壓力。
(Ex) 40kPa、30kPa、20kPa、15kPa，......等。

I.3.1.1. 真空設備

● 管路長度預估設備所需的真空度

管路長度	8Hr 運轉 (中量集塵)	16-24Hr 運轉 (大量集塵)
feet	預估真空度 Hg	
30 ~ 50	4.5" ~ 5"	5" ~ 5.5"
50 ~ 100	5.5"	5.5" ~ 6"
100 ~ 175	5.5" ~ 7.5"	6.5" ~ 7.5"
175 ~ 250	6" ~ 7"	7" ~ 8"
250 ~ 350	7" ~ 8"	9" ~ 10"
up to 350	9" ~ 10"	10" ~ 12"

I.3.1.2. 收集段/過濾段

● 選擇離心式分離器(較重粉粒塵使用)、過濾段原則。

1	一般使用時間為 8 小時，使用袋式過濾分離器附收集桶。（一般無塵室常使用）
2	使用時間為 16 小時或 24 小時，運轉時則需加裝離心式分離器及袋式過濾分離器附收集桶。一般工業、大風量、大數量、大摩擦廢料使用。
3	離心式分離器可處理較大或較重的粉粒塵約 75~95% 5%~25%較小或較輕之粉粒塵由袋式過濾分離器來處理，兩者皆可附收集桶。

● 離心式分離器規格

分離器	收集桶儲存量 ft^3		處理風量
尺寸	Hopper Type	Dirty Can Type	I.C.F.M.
Φ24"	5.6	4.2	320
Φ30"	11.6	7.2	640
Φ38"	28	7.2	1,300
Φ42"	54	7.2	1,900
Φ53"	91	7.2	2,200
Φ60"	120	7.2	4,000
Φ67"	153.5	7.2	5,000
Φ72"	181.4	7.2	7,000
Φ84"	257.5	7.2	9,000

● 袋式過濾分離器規格

分離器	收集桶儲存量 ft^3		袋式過濾面積	袋式過濾器可處理風量 ICFM			
尺寸	Hopper Type	Dirty Can Type	ft^2	2/1	3/1	5/1	7/1
Φ24"	1.8	4.2	38	76	114	190	266
Φ30"	3.7	7.2	76	152	228	380	532
Φ38"	8.4	7.2	141	282	423	705	907
Φ42"	11.8	7.2	244	488	732	1,220	1,708
Φ53"	24.7	7.2	375	750	1,125	1,875	2,625
Φ60"	36.6	7.2	488	976	1,464	2,440	3,416
Φ67"	51.7	7.2	610	1,220	1,830	3,050	4,270
Φ72"	65.7	7.2	680	1,360	2,040	3,400	4,760
Φ84"	105.5	7.2	898	1,796	2,694	4,490	6,286

● 氣布比

氣布比	說明	應用
2/1 ratio	用在大數量，較大粉塵，大摩差材質	煤灰、鐵屑、硼砂
3/1 ratio	用在中數量，較大粉塵，中摩差材質	碳化鈣、石灰石、石墨、鉛屑
5/1 ratio	用在中數量，較小粉塵，小摩差材質	鉛屑、鋁碎片、碎棉、樹脂
7/1 ratio	用在中數量，較多粉塵，微摩差材質	咖啡、穀粒、鉛屑、肥皂粉、砂灰塵

過濾分離器若為 5/1 時表示過濾器 1 ft^2 可通過風量 5 ICFM，若風量為 380 ICFM 時則需選擇 76 ft^2 袋式過濾分離器，收集桶儲存量 HOPPER 3.7 ft^3，分離器 Φ30"。

真空設備Hg風量SCFM or ICFM.與馬力Hp規格

HP	3" Hg SCFM	3" Hg ICFM	4" Hg SCFM	4" Hg ICFM	5" Hg SCFM	5" Hg ICFM	6" Hg SCFM	6" Hg ICFM	7" Hg SCFM	7" Hg ICFM	8" Hg SCFM	8" Hg ICFM	9" Hg SCFM	9" Hg ICFM	10" Hg SCFM	10" Hg ICFM	11" Hg SCFM	11" Hg ICFM	12" Hg SCFM	12" Hg ICFM
5	250	280	280	325	190	230	130	165	115	150										
8	650	725	400	470	325	390	225	280	190	250	165	225	100	145						
10	850	950	575	700	435	525	320	400	250	330	220	300	185	255	150	225				
15	1,275	1,425	900	1,050	625	750	520	650	400	520	350	477	275	400	200	300	125	196	170	285
20	1,700	1,900	1,250	1,450	925	1,100	680	850	560	730	475	650	400	580	300	450	260	410	240	400
25	2,050	2,300	1,550	1,800	1,150	1,375	920	1,150	770	1,005	600	825	475	680	400	597	335	525	315	525
30	2,500	2,800	1,900	2,200	1,400	1,675	1,100	1,400	880	1,150	725	1,000	625	905	540	812	430	680	400	675
40	3,600	4,000	2,500	2,900	1,825	2,200	1,475	1,800	1,225	1,600	1,040	1,420	825	1,180	650	975	565	900	585	975
50	4,200	5,000	3,200	3,700	2,325	2,800	1,875	2,300	1,530	2,000	1,320	1,800	1,100	1,580	900	1,350	725	1,150	750	1,250
60			3,900	4,500	3,000	3,600	2,240	2,800	1,900	2,480	1,575	2,150	1,325	1,900	1,050	1,575	925	1,450	900	1,500
75			4,600	5,350	3,600	4,325	3,000	3,750	2,400	3,150	1,830	2,500	1,625	2,320	1,400	2,100	1,180	1,825	1,125	1,875
100					4,600	5,500	4,000	5,000	3,300	4,300	2,600	3,500	2,280	3,250	1,850	2,750	1,600	2,550	1,560	2,600
125									4,000	5,200	3,400	4,600	2,800	4,000	2,325	3,500	2,000	3,200	1,950	3,250
150											4,000	5,500	3,250	4,640	2,800	4,200	2,400	3,850	2,400	4,000
200															3,650	5,500	3,200	5,100	3,120	5,200

Notes：

ICFM：排氣入口的真空風量 CFM。

SCFM：排氣出口的真空風量 CFM，標準空氣條件。

真空設備的通風：真空設備冷卻的需求，1 kW 需要冷卻風量約 20cmh/kW。(Ex) 設備規格 11kW，需要設備冷卻風量 220cmh。

I.3.2. 配管基準

● 配管設計原則以風速維基準不同於水或空調風管，因為需要用風速的動力帶走廢棄物。
● 配管材料依需求選用：PVC Sch40 / Sch80、SUS-304 and Galvanized Steel。

I.3.2.1. 末端吸入口風量

● 標準吸入口有：Φ1-1/4"、Φ1-1/2" and Φ2" 三種。

吸入口		吸入口風量	吸入口壓損	軟管			備註
in	mm	SCFM/個	inHg	Feet	inHg/25ft	inHg/50ft	
Φ1-1/4"	Φ32	45-60		25 / 50	1.2"-1.4"	2.4"-2.8"	家庭用
Φ1-1/2"	Φ40	65-90	0.5-0.7	25 / 50	1.3"-1.5"	2.6'-3.0"	無塵室用規格 25Ft
Φ2"	Φ50	120-150		25 / 50	1.4"-1.6"	2.8"-3.2"	工業用

I.3.2.2. 另件壓損

另件	管徑 2"	管徑 2-1/2"	管徑 3"	管徑 4"	管徑 6"
	等效壓損				
	Feet	Feet	Feet	Feet	Feet
標準 45° 彎頭	1.5	2.0	2.5	3	5
90° 彎頭 (R/D = 0.75)	6	8	10	12	20
90° 彎頭 (R/D = 1.8)	3	4	4	6	10
Tee - 分流	3	4	4	6	10
Tee - 直流	7	8	9	15	25
Tee - 斜插	4	4	5	7	12
Tank	14	---	20	40	---
Plastic Sanitrap Trap and Receiver	33	---	20	40	---
SS Sanitrap Trap and Receiver	33	---	20	---	---

I.3.2.3. 直管壓損-查表

● 直管材料有：PVC、鍍鋅鋼管 或 SUS。下表直管壓損 in/100ft - 鍍鋅管

風量	1-1/2"	2"	3"	4"	6'	風量	2"	3"	4"
cfm	直管壓損 inHg/100ft					cfm	直管壓損 inHg/100ft		
40	1.70	0.40	---	---	---	40	0.50	---	---
50	2.50	0.60	0.08	---	---	50	0.80	0.12	---
60	3.20	0.75	0.12	---	---	60	1.20	0.17	---
70	4.20	0.95	0.16	---	---	70	1.50	0.22	---
80	5.50	1.20	0.20	0.05	---	80	---	0.28	0.05
90	---	1.40	0.25	0.07	---	90	---	0.35	0.09
100	---	1.70	0.30	0.08	0.01	100	---	0.42	0.11
150	---	3.70	0.60	0.16	0.02	150	---	0.90	0.22
200	---	---	1.10	0.26	0.04	200	---	1.50	0.37
250	---	---	2.10	0.40	0.06	250	---	---	0.56
300	---	---	---	0.50	0.08	300	---	---	0.80
350	---	---	---	0.70	0.10	350	---	---	1.00
400	---	---	---	0.90	0.13	400	---	---	1.30

I.3.2.4. 直管壓損-查圖

● 直管壓損-查表：
  每 100ft 直管摩差損失，入口空氣 68°F，29.92Hg。(2-1/2″ 管等於工業配管的 2″)

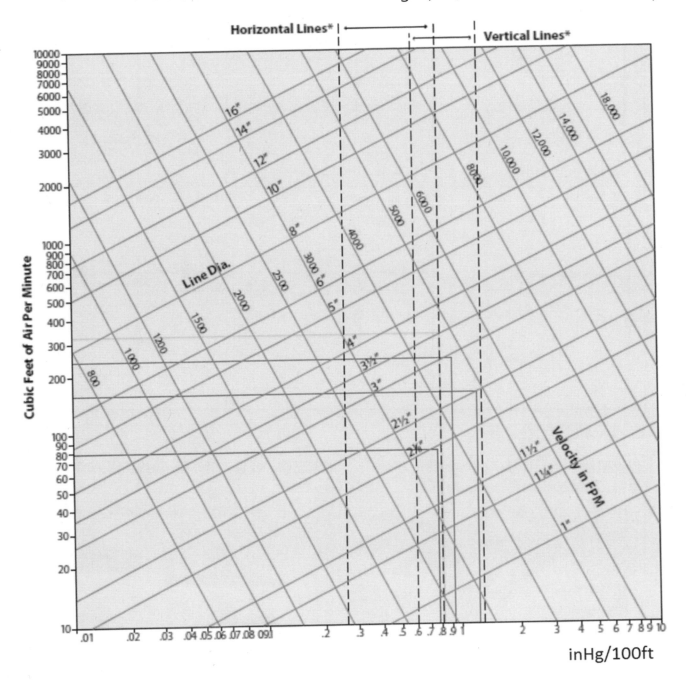

● 風速基準

配管方式	風速 [m/s]
水平配管	20 - 25
垂直配管，氣流向下	15 - 20
垂直配管，氣流向上	25 - 30

管線的壓損不論查表、查圖都有很大誤差，於設計時都包含安全系數，因此依據經驗操作時都可達到需求。

- 配管安裝 (比較配管方式的正確與錯誤)

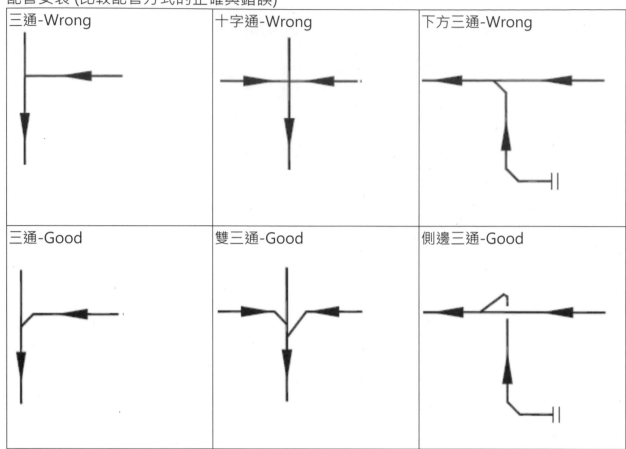

I.3.3. 清潔工具

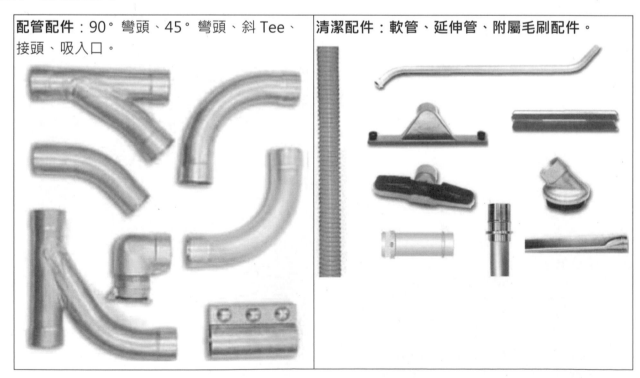

配管配件：90°彎頭、45°彎頭、斜 Tee、接頭、吸入口。

清潔配件：軟管、延伸管、附屬毛刷配件。

I.3.4. 軟管壓損

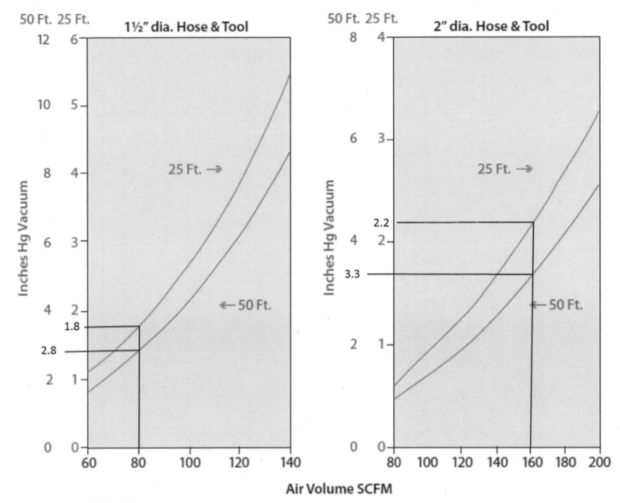

I.3.5. 控制系統

● 風機啟動的控制模式

遠端控制	於遠端處的控制器啟動系統。亦可於吸入口連接感應器,當開啟吸入口時感應而啟動系統。或於終端附有啟動開關。
電話啟動	用公司內部電話啟動系統
壓力控制	用靜壓傳訊器傳遞訊號啟動風機。PID 控制器 (4~20mA),控制變頻器頻率改變馬達轉速。

I.3.6. 例題

● 中央集塵需求，尺寸詳ISO圖，4口同時運轉

項次 ITEM	節點編號 Node No.		區段說明 Description	設計風管 Design Duct			直管損失 Straight Loss				另件／附屬損失 Minor Loss			總壓損 Total Lose
	From	Dest		風量 Air Vol Q	直徑 Dia.r Dg	風速 V	長度 Length L	比摩擦 F.Rate Rm	直管損失 Main Loss $P_F=L \times Rm$	動壓壓力 Dy dP P_V	風管另件 Parts Coff. ξ	另件損失 MinorLoss $P_R=P_V \times \xi$	附屬設備 Eq. Loss P_{EQUIP}	$\Delta Pt=P_F+P_R+P_{EQ}$ ΔPt
				CMH		m/s	m	Pa/m	Pa	Pa	None	Pa	Pa	Pa
1	End	443	軟管 1-1/2"-37.5ft	120	0	0	11.5	0	0	0	1	0	11,170	11,170
2	443	440	終端立管	120	50	17	5.0	100	499	149	2	225	0	725
3	440	430	30FL-1	120	50	17	15.0	100	1,498	149	1	172	0	1,670
4	430	420	30FL-2	240	50	34	10.0	387	3,866	597	1	758	0	4,624
5	420	410	30FL-3	360	80	20	30.0	78	2,346	212	1	258	0	2,605
6	410	400	30FL-4	480	100	17	20.0	43	856	153	1	175	0	1,031
7	400	100	30FL~B1FL 立管	480	100	17	30.0	43	1,283	153	1	186	0	1,470
8	100	030	B1FL-1	480	100	17	1.0	43	43	153	2	230	3,386	3,659
9	030	020	集塵桶	480	0	0	5.0	0	0	0	1	0	0	0
10	020	010	風機	480	100	17	10.0	43	428	173	1	249	0	677
11	010	Out	風機排氣管	480	100	17	0.0	43	0	173	1	232	0	232
21	X											SUM :		27,862
22	Y											Safety Factor :	0.10	2,786
23	Z											Total :		30,648 Pa
													in Hg	9.05

359

● ISO 圖

圖例	說　明
+23	節點的高程 單位 m
420	"420"：節點編號
ø100-10m-540cmh	配管尺寸：□ 配管長度：m 風量：cmh

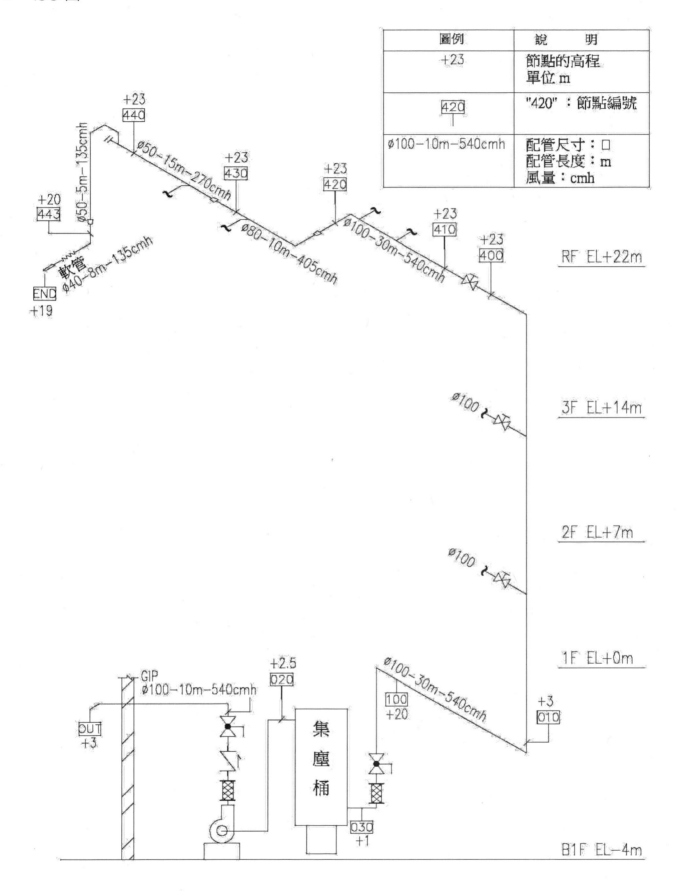

Chapter J

超純水系統 UPW

Chapter J. 超純水系統 UPW

● 本章說明製程用水分為供水與排水。製程供水系統本章研究：RO 逆滲透水，DI 純水、UPW 超純水 (Ultra Pure Water) and WFI 注射用水 (Water for Injection)介紹。

J.1. 純水基礎

J.1.1. 水源

● 水源的名詞

<table>
<tr><td>原水</td><td colspan="3">天然水、自來水，澄清水，....等稱為生水。</td></tr>
<tr><td rowspan="9">天然水</td><td colspan="3">天然水含有基本成分：電解質，有機物質，顆粒物，微生物，溶解氣體，.....等</td></tr>
<tr><td rowspan="3">(1)</td><td colspan="2">電解質是包括帶有電粒子：(1) 陽離子、(2) 陰離子</td></tr>
<tr><td colspan="2">陽離子：H^+、Na^+、K^+、NH_4^+、Mg^{2+}、Ca^{2+}、Fe^{3+}、Cu^{2+}、Mn^{2+}、Al^{3+}等</td></tr>
<tr><td colspan="2">陰離子：F^-、Cl^-、NO_3^-、HCO_3^-、SO_4^{2-}、PO_4^{3-}、$H_2PO_4^-$、$HSiO_3^-$等。</td></tr>
<tr><td>(2)</td><td colspan="2">有機物質：有機酸、農藥、烴類、醇類和酯類等</td></tr>
<tr><td>(3)</td><td colspan="2">顆粒物</td></tr>
<tr><td>(4)</td><td colspan="2">微生物</td></tr>
<tr><td>(5)</td><td colspan="2">溶解氣體：N_2、O_2、Cl_2、H_2S、CO、CO_2、CH_4 等</td></tr>
<tr><td rowspan="5">硬水</td><td colspan="3">水中金屬鈣離子 (Ca^{2+})、鎂離子(Mg^{2+})的含量。
水質硬度指數，一般以碳酸鈣 $CaCO_3$ 的含量來計算，單位 ppm。</td></tr>
<tr><td colspan="3">水的硬度分為碳酸鹽硬度和非碳酸鹽硬度兩種。</td></tr>
<tr><td rowspan="2">(1)</td><td colspan="2">碳酸鹽硬度-暫時硬度</td></tr>
<tr><td colspan="2">水中 Ca^{2+}、Mg^{2+}以酸式碳酸鹽的形式存在，遇熱形成碳酸鹽沉澱可被除去，稱為暫時硬度。</td></tr>
<tr><td rowspan="2">(2)</td><td colspan="2">非碳酸鹽硬度-永久硬度
以硫酸鹽、硝酸鹽和氯化物等的形式存在，遇熱不會被除去，稱為永久硬度。</td></tr>
<tr><td colspan="2"></td></tr>
<tr><td>軟水</td><td colspan="3">水中含高濃度的鈣、鎂離子，將水中硬度去除或降低一定程度的水-稱為軟水。水在軟化的過程中，僅硬度降低而總含鹽量不變。硬度低於 8 度的水稱為軟水。
軟化水用離子交換，介質是樹脂。
樹脂交換水中的鈣、鎂離子被樹脂吸附，同時釋放出鈉離子。
樹脂飽和度後，利用較高濃度的氯化鈉溶液(鹽水)通過樹脂，使失效的樹脂重新恢復至鈉型樹脂。</td></tr>
<tr><td>澄清水</td><td colspan="3">Clarified water，原水中去除了懸浮雜質的水。</td></tr>
<tr><td rowspan="2">中水</td><td colspan="3">Reclaimed Water，Grey Water，污水系統 (澄清水)、冷凝水、RO 廢水，稱為再生水或回用水，一般以水質作為區分。</td></tr>
<tr><td colspan="3">指城市污水或生活污水經處理後達到一定的水質標準，可在一定範圍內重複使用的非飲用水。再生水水質介於上水（飲用水）和下水（生活污水之間），這也是中水得名的由來，人們又將供應中水的系統稱為中水系統。</td></tr>
<tr><td rowspan="3">濁度</td><td colspan="3">濁度是在外觀上判斷水是否遭受污染的主要特徵之一。</td></tr>
<tr><td colspan="3">水的渾濁程度，是因水中含有一定的懸浮物（包括膠體物質），藉由光線散射原理(藉由光線散射原理)，量測工具為濁度計。單位：NTU (Nephelometric Turbidity Unit)。</td></tr>
<tr><td colspan="3">濁度的標準單位規定為 $1mg$ SiO_2 所構成的渾濁度為 2 度。</td></tr>
</table>

J.1.2. 導電度

- Conductivity 簡易翻譯說明，電導度 and 導電度：
  (1) 翻譯 Conductivity 的翻譯各系統不同，但意思都表明同一意義：電導度 =導電度。
  (2) 導電度：常見儀表，Exhaust Scrubber System，熱傳學。
  (3) 電導度：常見於純水，化學，基礎電路學、電子學。
  (4) 使用者、教學者的個人學習背景與喜好。

- 導電度 EC (Electrical Conductivity)是水中含鹽量的多少，是水的純淨程度的一個重要指標，水越純，含鹽量越少，電阻越大，導電越小。
  導電是電阻的倒數，即 $G = L/R$。

G	L	R
電導 (or 導電)		電阻
姆歐(mho)：物理學 西門子 (S)：電力學	常數	Ω (歐姆)：電力學

$R = \rho \times (L/A)$

- 水中溶解的鹽份和離子具有導電能力，若通電插入一對電極後，水中的離子與電極之間發生定向移動，使水溶液產生導電效應。
  $H_2O + H_2O \leftrightarrow H_3O^+ + OH^-$。其中 H_3O^+簡寫為 H^+。
  水中的鹽份和離子具有導電能力，$G = L/R = 1/\rho * (A/L) = K * (1/J)$。其中$\rho = 1/K$。

G	K	ρ	J
電導	電導率	電阻率	電極常數
S (西門子)	S/cm	Ω-cm	

單位換算	μS/cm	MΩ-cm
μS/cm	0.1	10
MΩ-cm	1	1

導電率的標準測量中，皆以單位 S/cm 來表示。

J.1.2.1. 導電率、電阻率

- 導電率、電阻率之間是倒數關係

導電率 Conductivity	電解質導電能力的物理量 (水中的離子含量)。 定義：一定溫度下，截面積為 $1cm^2$，相距 1cm 的兩平行電極間溶液的導電。可以間接表示水中溶解鹽的含量。(Ex) 0.055μS/cm 量測方法：固定交流低電壓的陰/陽電極放置在待測水中，測試其電流大小，因為電流大小與水中陰陽離子濃度成正比關係，離子愈少電流就愈小。 常用單位：μS/cm。
電阻率 Resistivity	水的導電能力的一個指標 (表示水中無機鹽類的含量)。 水的電阻率越大，水的導電能力越差，水中所含的離子就越少。 (Ex) 18.2MΩ.cm 是水質檢測數據，檢測水中陰陽離子濃度，以電阻率表示， 常用單位：MΩ-cm。

- 導電度 EC (Electrical Conductivity)：表示水傳導電流的能力，導電度與水中離子總濃度、移動性、價數、相對濃度及水溫等有關。
  導電率是零的純水(表示離子濃度是零)是不存在的，技術上無法完全拿掉水中所有離子，尤其是考慮到水的解離平衡式。

$H_2O \rightarrow H^+ + OH^-$ 。

$[H^+] \times [OH^-] = 1 \times 10^{-14}$ (25°C)

當水的電阻率 18.2MΩ.cm 表示水的純淨程度到了極限 (總鹽類濃度在 1ppb 以下)，
水中可以導電的陰、陽離子，僅 1×10^{-7}M 的[H^+]及 1×10^{-7}M 的[OH^-]。

溫度 25°C時，水不可能製造出再低於 0.055μS/cm 的超純水出來，也就是不能製造出再
高於 18.2MΩ.cm 的超純水。

- Note：
  有些無機物如矽酸鹽等， 導電的能力不高，所以導電率無法真正反映水中矽酸鹽的實際
  濃度。

- 水中的總離子濃度

18.2 MΩ.cm	1 ppb
10 MΩ.cm	50 ppb
1 MΩ.cm	500 ppb

依使用需求濃度 50 ppb，當解析度超過 50 ppb 時，就請立即更換耗材。

J.1.2.2. 單位應用

- 水導電度標示：依水用途的習慣，表示導電度的單位方法

自來水、蒸餾水、酸鹼廢水	水中含離子較多	以導電率來表示，μS/cm，mS/cm
RO、純水、超純水	水中含離子較少	以電阻率 (比阻抗值)來表示，MΩ-cm

水溫度愈高離子運動速率愈快，導電度值增加，水導電度是溫度的函數。

- 電解質導電率單位：1 mho/m = 1 S/m = 100 S/cm。
  電解質導電率單位，用於儀錶 EC：1 S/cm = 10^6 μS/cm = 10^3 mS/cm。
  EC (Electrical Conductivity)：1 EC = 1 μS/cm

水類別	導電率 [μS/cm]
超純水	0.055
蒸餾水 (新)	0.2~2
蒸餾水 (舊)	2~4
天然水	50~500
礦泉水	500~1000
酸鹼廢水	10,000
海水	30,000

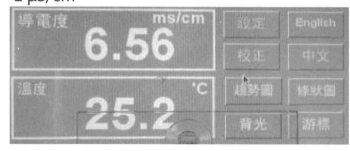

數字僅供參考，考慮地區性、用水的定義標準會有所不同。

- 單位換算：互為倒數，導電率 = (1÷電阻率)

導電率，μS/cm	18.248	18	15	10	1	0.1	0.025	0.0063	0.0032
電阻率，MΩ-cm	0.055	0.056	0.067	0.1	1	10	40	158.7	312.5

1 μS/cm = 1 MΩ-cm = 10^{-3} mS/cm = 10^{-6} S/cm ；
[μ = 10^{-6} ；M = 10^6 ；m = 10^{-3}]

J.1.2.3. 導電度和硬度

● 硬水主要成分是溶解的鈣離子或鎂離子。水的導電度和硬度簡易對照表

硬度	μS/cm	ppm	mg/l	°f [法國度]
非常軟	0-140	0-70	0-70	0 ~ 7
軟	140-300	70-150	70-150	7 ~ 15
微硬	300-500	150-250	150-250	15 ~ 25
中度硬	500-640	250-320	250-320	25 ~ 32
硬	640-840	320-420	320-420	32 ~ 42
非常硬	840 以上	420 以上	420 以上	42 以上

水的硬度如以導電度計或總固體溶解量計測量,僅適用於硬水軟化處理前。

● 利用導電度計或總固體溶解量計可以接近地得到水的總硬度值,單位 " 法國度 = °f " 表示硬度。

把總固體溶量 ppm 值除以 10,即可得水之硬度值,誤差在 2~3 °f 左右。

● 電導率和溶解固體量濃度1.4μs/cm電導率 = 1ppm硬度。

J.1.2.4. 量測儀器

● 導電度儀器 (取材:上泰)

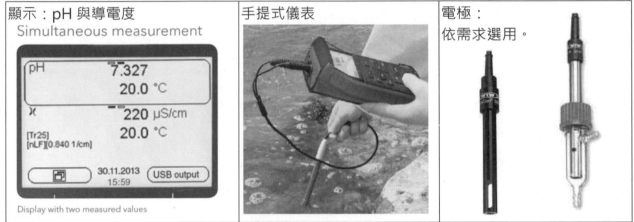

顯示:pH 與導電度	手提式儀表	電極:依需求選用。

電極常數常選用已知電導率的標準氯化鉀溶液測定。

J.2. 純水規格

● 介紹 ISO 與 ASTM 的純水規格說明

J.2.1. ISO 3696-1987

範圍	Grade 1	Grade 2	Grade 3
酸/鹼值,pH,25℃	---	---	5.0~7.0
導電率,max 25℃,μS/cm	0.1	1.00	5.0
可氧化物質氧氣含量,mg/L	---	0.08	0.4
254nm and 1cm,程長度處的吸光度,最大吸光度單位	0.001	0.01	---
加熱至 110℃(mg/kg)時蒸發蒸發後的殘留物,最大值	---	1 個	2 個
二氧化矽(SiO₂)含量(mg/l),最大值	0.01	0.02	---

J.2.2. ASTM D1193

- 參考規格 (取材)：ASTM D1193-06_TABLE 1 Processes for Reagent Water Production)

Type	Grade	Production Process	導電率 μS/cm max 25°C	電阻率 MΩ·cm min 25°C	酸/鹼值 pH 25°C	TOC μg/L max 有機	Sodium μg/L max 鈉	Chloride μg/L max 氯	Total Silica μg/L max 矽	HBC cfu/mL max	Endotoxin EU/mL max
I		Purify to 20 μS/cm by dist. or equiv., followed by mixed bed DI, 0.2 μm filtration	0.0555	18	---	50	1	1	3		
I	A									10/1,000	0.03
I	B									10/100	0.25
I	C									100/10	
II		Distillation	1.0	1.0	---	50	5	5	3		
II	A									10/1,000	0.03
II	B									10/100	0.25
II	C									100/10	
III		Distillation, DI, EDI, RO, or a combination thereof followed by 0.45 μm filtration.	0.25	4.0	---	200	10	10	500		
III	A									10/1,000	0.03
III	B									10/100	0.25
III	C									1,000/100	
IV		Distillation, DI, EDI, RO, or a combination thereof.D	5.0	0.2	5.0~8.0	沒有限制	50	50	沒有限制		
IV	A									10/1,000	0.03
IV	B									10/100	0.25
IV	C									100/10	

I型：需要用 0.2μm 的濾膜。

II型：通過蒸餾製備。

III型：需要使用 0.45μm 的膜濾器。

I、II、III、IV：說明純水標準的等級（數字越小要求越嚴苛）。

A、B、C：說明細菌標準的等級。

J.3. 純水製造

● 本節介紹純水系統的製水程序，並說明各步驟的基礎介紹與說明。

J.3.1. 處理後的水質

● 潔淨製程的水：潔淨製程各階段性水處理後的名稱說明。

1.	蒸餾水	是將原水加熱汽化，再將蒸汽冷凝成的水稱為蒸餾水。
		一般蒸餾水導電率為 10μs/cm 左右，將一次蒸餾水再次蒸餾得到二次蒸餾水，多次蒸餾得到多次蒸餾水，導電率可降至很低達 1.0μs/cm 左右。
2.	除鹽水	水的含鹽量也稱礦化度，是表示水中所含鹽類的數量。
		Desalted Water 是水中的陽、陰離子低到一定程度的水稱為除鹽水。
		除鹽的方法：離子交換、電滲析、反滲透、蒸餾，....等。
		反映膜的性能的參數，通常一級 RO 膜系統脫鹽率在 97%以上。
3.	軟水	去鹽水僅去除了鈣、鎂。軟水去除了部分或全部鈣、鎂離子的水，應用上鍋爐水系統採用軟水，避免鍋爐系統結垢。
4.	純水	指既將水中易去除的強電介質去除，難以除去的矽酸及二氧化碳等弱電解質去除至一定程度的水。
		純水的含鹽量在 1.0mg/L 以下，導電率小於 3μs/cm。
5.	超純水	是指將水中的導電介質幾乎全部去除，又將水中不離解的膠體物質、氣體和有機物均去除至很低程度的水。
		超純水的含鹽量在 0.1mg/L 以下，導電率小於 0.1μs/cm。
		純水和超純水除了對含鹽量或導電率有嚴格要求外，對水中各種金屬離子含量，有機物含量、微粒粒徑及數量和微生物數量也有嚴格指標限制。
6.	EDI	連續電除鹽,是一種新型超純水製備技術.它巧妙地融合了電滲析技術和離子交換技術。
		通過陰陽離子交換膜對陰陽離子的選擇透過作用及離子交換樹脂對離子的交換作用，在直流電場的作用下實現離子定向遷移至濃水室，從而完成水的深度除鹽而獲得超純水，同時水分子電解為氫離子和氫氧根離子，對樹脂進行再生，免去傳統的酸鹼化學再生。

J.3.2. 純水製造流程

● 本節主要說明各流程的設備，潔淨製程用水階段性功能說明。純水製造有多種設備組合，依需求整合/排列設備的功能。

● 純水系統：製水流程重要的程序分類，包含

Item	處理過程	Make UPW Process
1	前處理系統	ultrapure water production system
2	主處理系統	pretretment system
3	超純水系統	preimary treatment system
4	管路系統	piping system
5	廢水再生系統	waste water reclamation system

● 純水系統處理分類：(1) 水的品質、(2) 處理程序、(3) 處理主設備、(4) 產生的廢水。

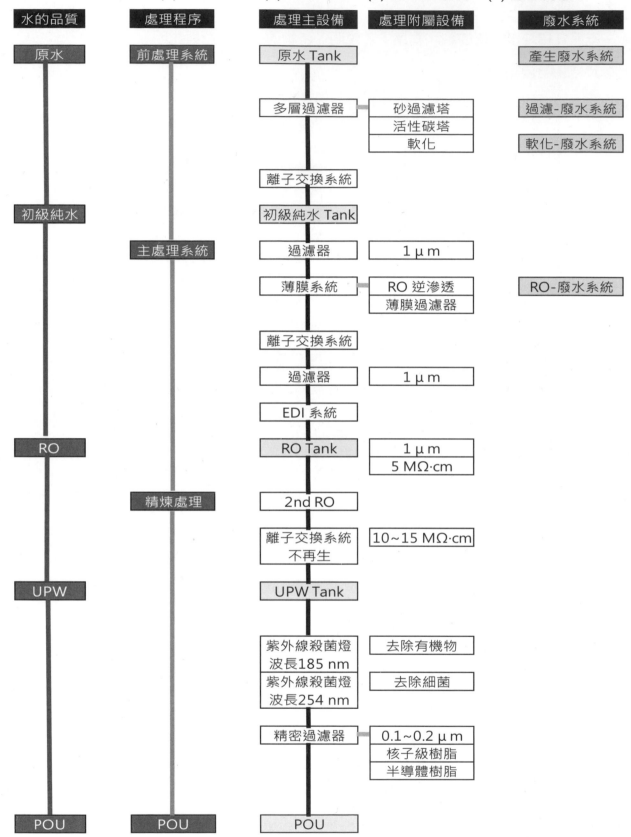

J.3.3. 軟水流程

● 軟水是將原水 (Raw Water) 中的大部分懸濁物質去除,以減輕後段系統負擔為目的。
  軟水處理過程:(1) 過濾 → (2) 硬水的軟化。

J.3.3.1. 水的硬度

● 世界衛生組織(WHO)將硬度範圍分成四類

軟水	0 ~ 60 ppm	硬度過低的水較有侵蝕性,容易將保護血管壁上的微量元素氧化,發生心血管疾病。
稍硬水	60 ~ 120 ppm	好水,最受歡迎的飲水
硬水	120 ~ 180 ppm	好水,硬度較高的水,口感較差
極硬水	181 以上 ppm	亦非良好的飲水

● 台灣區水質硬度

地區	北部地區	中部地區	南部地區	東部地區
水質硬度	70~250ppm	180ppm 以上	150~300ppm	150~250ppm

0~75ppm 為軟水,76~150ppm 硬度適當,151~300ppm 以上為非常硬水。

J.3.3.2. 硬水軟化

● 原水基本過濾處理→軟化 (應用離子交換樹脂的設備進行軟化)
● 硬水軟化:用離子交換樹脂吸收水中的鎂、鈣離子,釋放鈉離子替代作用,將硬水轉化為軟水。當樹脂飽和後(鎂、鈣離子),採用粗鹽進行"離子交換樹脂"的再生,再生後的樹脂可重複使用。
  市面另有去離子技術,不需要用粗鹽做逆洗,以不同的材料來處理水中的鎂、鈣離子。
  (詳下節說明)
● 維護保養:交換樹脂非常容易被水中的懸浮顆粒、有機污染物阻塞,使用時要注意水質。經逆滲透能去除98%以上水懸浮顆粒、有機污染物。因此,水經逆滲透過濾的交換樹脂壽命可增加50倍。

J.3.3.3. 原水過濾

● 原水基本過濾處理三個單元有:凝集沉澱槽、砂過濾塔、活性碳塔。
  原水過濾設備的演進:多層過濾器-MMF(Multi-Media Filter) = 凝集沉澱槽 + 砂過濾塔 -SF(Sand Filtration) + 活性碳塔-ACF(Activated Carbon Filter)。
  其中濾材依功能選用:石英砂,活性碳,無煙煤,錳砂,除鐵濾石,....等。

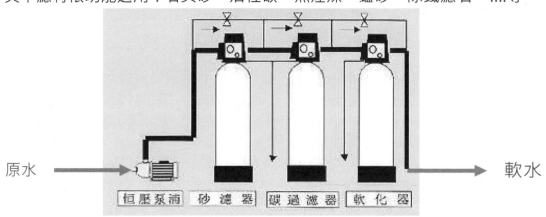

J.3.4. 過濾 Fitration

● 純水的過濾 (薄膜 membrane：RO、UF、NF) 是為產生潔淨高純度的水：
(1) 去顆粒類：RO 逆滲透；UF 超過濾。NF 納濾。主要處理懸浮顆粒、有機污染物。
(2) 去氣體類：脫氣膜 (去除水中的 O_2，CO_2，...)。
(3) 去有害物質：離子交換樹脂是固體和液體（例如水）之間離子的可逆交換。

● 濾芯(膜)：
主要功能是特定的孔徑，不允許污染物通過。
按去除水中污染物質的顆粒大小、種類而有不同規格，其材質及濾材的製造方法。各公司製造方法不同，詳細技術資料請詢問供應商。

● 濾膜的技術資料：
(1) 膜孔徑的大小順序，分為微孔濾膜、超濾膜 (0.001～0.1μm)、逆滲透膜等。
(2) 應用於各等級純水中，可處理細菌、微生物、蛋白質、懸浮膠體物質、小分子有機物質與離子的去除。
(3) 膜以壓力方式驅動水過濾，一般壓損~15psi (~1Bar)。水量依產品規格設計。

J.3.4.1. RO 逆滲透

● 滲透理論：
在普通滲透中，當半透明膜分離不同溶液濃度的溶液時，低濃度溶液流入高濃度溶液，試圖達到平衡：膜兩側的溶液濃度相等。隨著高濃度一側溶液量的增加，水柱上的壓力會升高，直到其足夠高，阻礙低濃度溶液在膜上的流動。這是滲透壓力的行為。

● 反(逆)滲透，是一種淨化水的方法：
原理是利用滲透作用，將清水（低張溶液）和鹹水（高張溶液）置於一管中，中間以一支允許水通過的半透膜分隔開來，可見到水從滲透壓低（低張溶液）的地方流向滲透壓高（高張溶液）的地方。然若在高張溶液處施予力，則可見水由滲透壓高的地方流向滲透壓低的地方。
逆滲透是「正滲透」的反向，通常比正滲透的自然過程，耗費更多的能量。

● RO 逆滲透的設計考慮，可能模式有 (1) 離子樹脂 → RO (2) RO → 離子樹脂。大致上是考慮原水的水質來決定順序。
軟水達到要求後，可配置 Bag Type Filtration 1~5μm 的預過濾設備(減少 RO 過濾顆粒的損耗)，然後導入 RO 逆滲透(Reverse Osmosis)。

● RO 膜（名目分子量100～300 dalton）是一種可將水中污染物質去除 90～99％ 的方法，包括其它純化方法無法去除的有機物質、次微米粒子、微生物與無機鹽類。
RO 是一種去除污染物的高效方法，例如：內毒素/養生素。殺蟲劑/農藥。除草劑。抗生素。硝酸鹽。糖。可溶性鹽。金屬離子。
影響膜性能的因素：溫度，pH，鹽類濃度，廢水回收量，運轉操作因素，....等。

RO 設備 (取材：康淳)　　RO 的濾芯(取材：康淳)

- RO處理後的廢水~30%，因此有必要做回收水的再精鍊。也就是回收水部分再加一道 RO處理取得更多的純水。Ie. 多道RO的處理程序 (一次，二次，......等)。

- 純水製程各段水質 (取材：工業污染防治，超純水製造技術-莊順興、柯貴城、歐陽嶠暉)

水質 項目	單位	工業用水	前處理系統出口	一次純水系統出口	二次處理系統出口	排水回收原水	排水回收系統出口
pH		6~7	6~7	(7)	(7)	2~7	6~7
導電度	μS/cm	100~200	100~200	-	-	10~500	1~20
電阻	MΩ-cm	-	-	10~15	18.24	-	-
TOC	μg/L	400~2,000	300~1,600	5~20	1~5	10~3,000	10~300
生菌	cfu/L	-	-	1~10	1.0 以下	-	1~100
濁度 (度)	MF	1~20	0.5 以下	-	-	-	-
	(分/L)	-	3~4	3 以下	-	3~5	3 以下
微粒子	個/mL	1×10^5~1×10^6	1×10^3~1×10^4	10~100	1~5	1×10^3~1×10^4	100~1,000
矽	mg/L	10~45	10~45	-	-	-	-
	μg/L	-	-	1~5	1~5	1~1,000	1~100
溶氧	mg/L	8~10	8~10	0.005~0.010	0.001~0.005	6~7	6~7
重金屬	μg/L	1~300	1~10	-	-	-	-
	ng/L	-	-	10~50	0.1~5	10~50	1~10
Na	mg/L	5~20	5~20	-	-	-	-
	μg/L	-	-	1~2	-	10~1,000	1~100
	ng/L	-	-	-	0.5~5	-	-
Cl	mg/L	5~30	5~30	-	-	-	-
	μg/L	-	-	1~2	-	10~1,000	1~100
	ng/L	-	-	-	0.5~5	-	-

J.3.4.2. 有機類

● 超過濾膜UF (Ultra Filtration)：
超濾膜的孔徑小於 100nm，所以不以孔徑尺寸表示，而是以被分離物質的分子量
(Molecular Weight Cut-Off：截留分子量) 來表示其分離範圍。
超濾膜排除顆粒 0.02~0.05μm，包括細菌、病毒和膠體。
UF，主要用途為去除水中之微粒，而 UF 可附帶去除部份 TOC（總有機碳）。
UF 外型類似 RO 膜的架構

優點	缺點
能夠去除內毒素。	為了去除附著在 UF 膜表面的有機物質、內毒素，
能夠去除 RNase。	以及成為內毒素來源的微生物，應定期的進行膜的
能夠去除懸浮膠體物質。	洗淨。

J.3.4.3. 離子交換系統

● 離子交換系統 IX（ion-exchange system）：
IX 是固體和液體（例如水）之間離子的可逆交換。離子交換樹脂可去除液體中的有害污
染物，並以所需的有益離子取代它們。
離子交換樹脂僅能去除水中陰陽離子，不能去除水中污染物，(Ex) 有機污染物、微生
物、懸浮顆粒，....等。
● 離子交換系統設備，包含：雙濾床超純水單元、混合濾床離子交換塔，目的是去有害物
質。離子交換樹脂功能分為：
(1) 陽樹脂：以氫離子交換 水中之陽離子
(2) 陰樹脂：以氫氧根離子交換水中之陰離子。依需求可獨立設置或混合設置。
● 離子樹脂應用於製造超純水過濾的最後一道濾材有：
(1) 核子級樹脂 (nuclear type) – 指在製程中，用異種和產生結晶式的三度空間同心圓的
離子交換樹脂-價格便宜。
(2) 電子級樹脂 (electronic type) – 指最高純化能力的樹脂-價格貴。
● 電去離子 EDI (Electrodeionization)：將純水再精煉-成為超水的設備。
EDI 是一種連續的，無化學過程的過程，使用直流電源從給水中去除離子化和可電離的
物質。是離子經過半透膜擴散的現象，這種現象與滲透類似。
電去離子(EDI)通常用於 RO 後面，是常規混合床離子交換（IX）的替代品，並且是傳統
混合床離子交換（IX）的有效替代品。處理過程不會產生有害的廢物。
● 電子式去離子：
是二床一塔的組合 (1) 陽離子交換樹脂床，(2) 陰離子交換樹脂床，(3) 脫氣塔。
● 系統應用範例 (取材：3M)

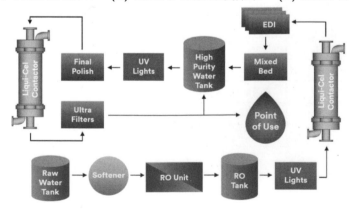

J.3.4.4. 脫氣膜

- 脫氣膜主要是製作超純水的前處理設備：
  純水製造後(水中產生 HCO_3^- and CO_3^{2-}) 因為水中的 CO_2，因此水質偏酸，導電度難以控制，因此設置脫氣膜設備穩定超純水的水質。
- 脫氣膜設備：
  主要功能是去除溶解在水中的 O_2 和 CO_2，系統配合真空泵 N_2 效果更好。
  利用空心纖維膜技術，液體流中添加氣體或去除溶解氣體和氣泡，再加真空泵輸送。
- 3M脫氣膜產品種類很多，詳細技術請詢問供應商，3M可提供包含：本體的材質、尺寸，膜的材質，流量，壓力，氣密材質，去除曲線，重量等。(取材：3M Liqui-Cel)

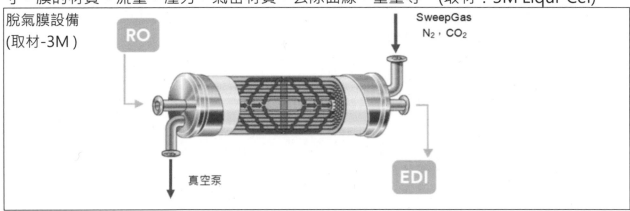

脫氣膜設備
(取材-3M)

J.3.5. 殺菌

- 去菌的方法有：
  EDI (Electrodeionization 電子式去離子)；UF (Ultra Filtration 超過濾)；UV Light (紫外線輻射是減少微生物和有機物的有效方法)。
- UV紫外線照射光的組合185 nm 與254 nm，功能如下：

波長 185 nm	具有 647 kJ/mol 能量，照射到水中的有機物(TOC)，破壞有機物之化學鍵結
波長 254 nm	具有 471 kJ/mol 能量，照射到水中的細菌，破壞細菌內之 DNA 殺死細菌。
UV 紫外線燈管(取材：TROJAN)	
整套處理設備	

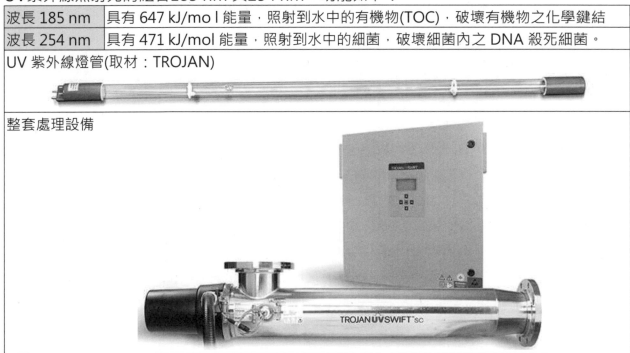

J.4. 配管系統

J.4.1. 配管材料

● 純水塑料配管材質選用，依純水等級，需求選擇適當配管

Description	PVC	CPVC	PP	PVDF
Prone to Leaching 容易分解出雜質	Yes	No	No	No
NSF 61 (ANSI 61) Certified NSF、ANSI 認證	Depends on manufacturer	Yes	Typically, Yes	Yes
Installation free of beads and crevices 無縫隙	No	No	Yes	Yes
Can be installed in return air plenum 可安裝在回風中	No	Yes	No	Yes
Relative cost 相對成本	Low	Low	Medium	High

SUS 316L，或不銹鋼材質亦是種選項。

J.4.2. 配管原則

● 純水配管皆採用密閉循環系統，
配管原則：製造的純水與使用者間維持最佳水質。

(1)	管路設計用流動的水循環 (Circulating Water)，防止水靜止不流動 (Water Entrapment) 造成的水質劣化。
(2)	系統需維持水循環以確保水質-例如循環水量的 10~20% 返回超純水製造系統，因此 POU 用量很少時也是需要維持低量循環。
(3)	設計減少管路的彎曲，不可以有閥件、壓力計、流量計等儀器配管管路的死角產生 (不流動區域，Dead Leg)。
(4)	配管路系統和儲水槽的內壁要光滑，可避免細菌和粒子的黏著。

J.4.2.1. Terminal User

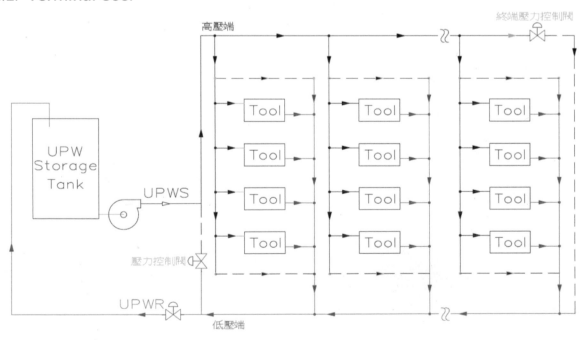

- 系統配管分配，壓力控制流量 (取材：ULTRAPURE WATER Journal)
  分區配管分配，回水方式

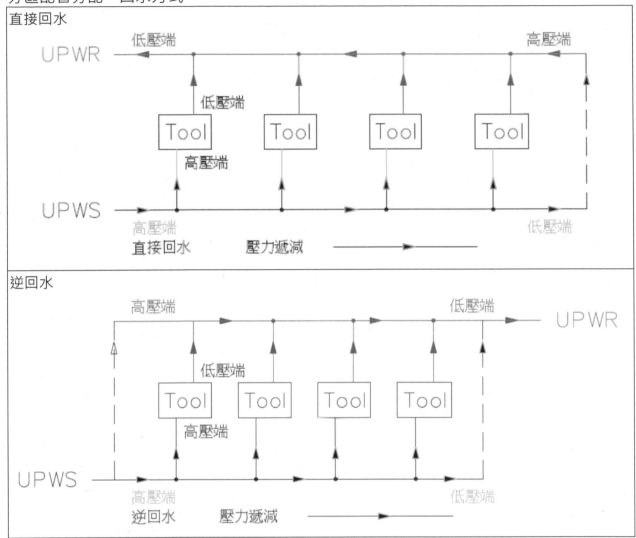

- 終端配管分配照片

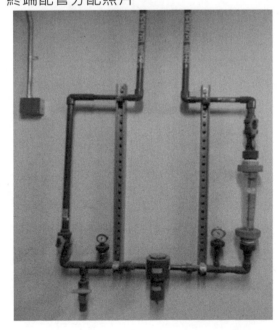

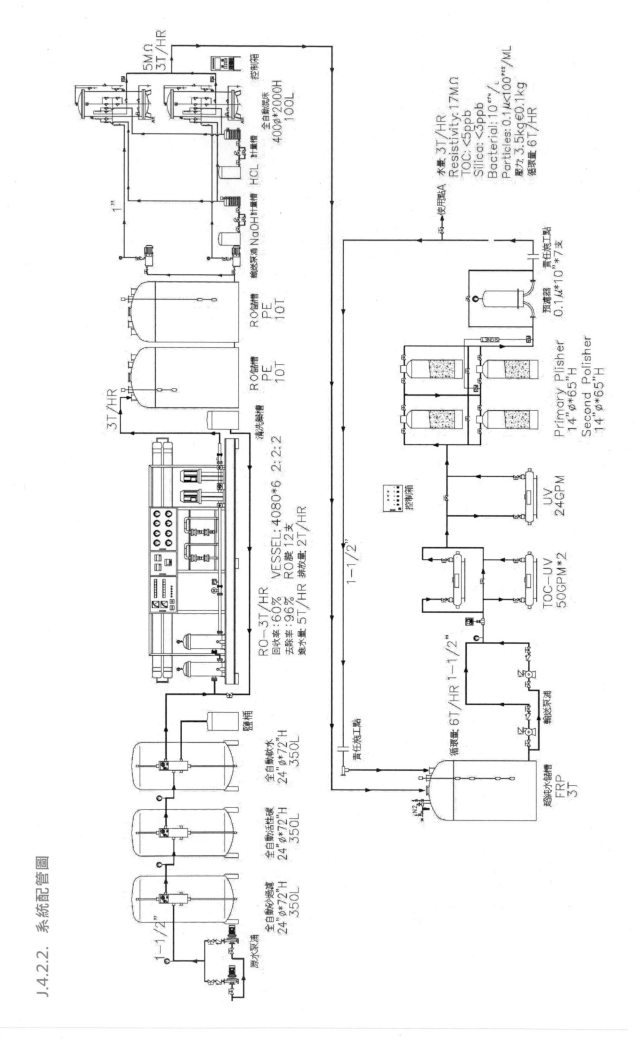

J.5. 系統驗證

● 系統安裝完成後,純水系統驗證缺乏3ʳᵈ Party的單位協助認證。因此,一般由使用端檢查其水質,決定與判斷設備的驗收。

J.5.1. 純水系統的確效

● 超純水系統的確效作業4階段流程:DQ、IQ、OQ and PQ。(取材:MERCK)

DQ	設計驗證(Design Qualification,DQ) 分別針對不同使用用途的水質,決定其比阻抗值、TOC 值、與必要的流量,從所使用的供給水到所要獲得的水質來選擇合適的超純水製造系統。 並基於前述條件,將符合使用者要求的超純水系統的機能與性能加以文件化。
IQ	安裝驗證(Installation Qualification,IQ) 組裝時應紀錄系統的功能與性能。同時,為了對系統識別,包括系統的原有型號與所使用的管匣類的型號都應該完整紀錄。 最後,對於所要求的系統種類、是否在正確的環境中進行系統運作,都應加以確認,並對設置場所等的資訊加以紀錄。
OQ	操作驗證(Operation Qualification,OQ) 對機器的性能與機能是否符合當初 DQ 設計進行確認,並加以紀錄。具體而言,包括電子回路的正常機能、溫度與比阻抗值超出範圍時的警報啟動、純化管匣壽命結束時的警報啟動等。 此外,為了確認溫度與比阻抗值是否正確,應進行校正工作並加以紀錄。定期執行一連串的 OQ,來確認當初 DQ 所設定的系統性能與使用中的系統性能是否相符。
PQ	性能驗證(Performance Qualification,PQ) 進行系統的管理與系統性能的日常試驗。對於 DQ 所設定的比阻抗值、TOC 值、流量等項目加以紀錄。此外,對生菌數、內毒素與其它必要水質管理項目,應按規定進行試驗並加以紀錄。

J.5.2. 實驗室的純水

● 純水系統的校正 (calibration) 與確效 (validation),對器材和樣本的檢測,檢測的誤差應落在檢測儀器的標準內。實驗室的純水機也是相同。依據的標準如下:

ASTM 純水+細菌標準	ASTM D1193-91 純水標準 Type I,II,III,IV 型,純水 4 種型式結合 ASTM 細菌標準又可細分為 A,B 和 C。(詳上節純水規格)
NCCLS 標準	National Committee for Clinical Laboratory Standards (NCCLS) - 1988
CAP 標準	College of American Pathologists (CAP) – 1988

● 實驗室純水的應用分3類:

超純水 Ultrapure Water	應用細胞和組織的培養類,......等。
純水 Purified Water	微生物分析,電化學,.....等。
RO 水 Primary Grade Water	清潔玻璃器皿,介質製備,....等。

J.6. 系統架構圖

- 純水需求的配置依照原水水質、使用率、維護保養的處理方法、(Ex) 水質要求、交換樹脂的處理方式、RO水回收再處理的效率，都會有不同的配置。

- 本節會介紹3個標準的系統架構：(1) RO／DI (2) UPW (3) WFI。（取材：W2 System）

J.6.1. RO/DI

- RO水是基本水質要求，RO經過再精煉的水就是生技用WFI，或是高科技電子廠用UPW。（取材：W2 System）

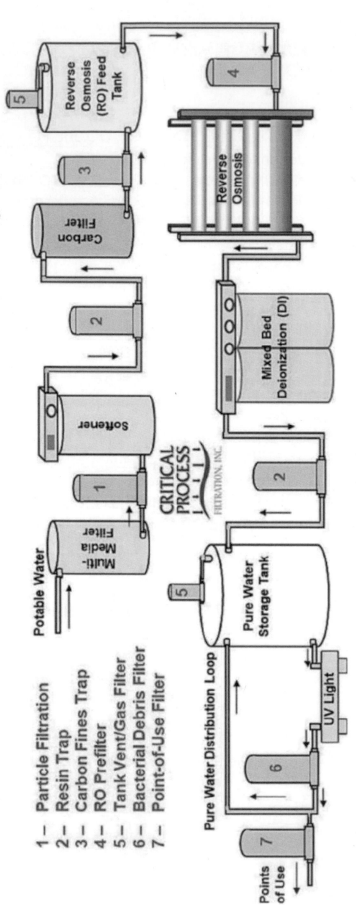

Potable Water

1 – Particle Filtration
2 – Resin Trap
3 – Carbon Fines Trap
4 – RO Prefilter
5 – Tank Vent/Gas Filter
6 – Bacterial Debris Filter
7 – Point-of-Use Filter

J.6.2. WFI

- WFI：Water for Injection 注射用水。(取材：W2 System)

製藥用水系統中，細菌控制通常用系統加熱並保持在 70°C 以上或用其他方法去除細菌。(Ex) 過濾。

此系統需要去除由細菌與殺死的細菌所產生的"細菌碎片"。細菌過濾器是基於膜的，孔徑範圍為 0.10μm 至 0.45μm。

Untreated Water

Multi-Media Filter

Softener

Carbon Filter

Reverse Osmosis (RO) Feed Tank

Reverse Osmosis

Mixed Bed Deionization (DI)

Purified Water (PW) Storage Tank

Purified Water (PW) Distribution Loop

UV Light

Purified Water Uses

Still

Water for Injection (WFI) Storage Tank

UV Light

Water for Injection (WFI) Distribution Loop

Water for Injection Uses

1 – Particle Filtration
2 – Resin Trap
3 – Carbon Fines Trap
4 – RO Prefilter
5 – Tank Vent Filter
6 – Bacterial Debris Filter
7 – Point-of-Use Bacteria Filter (optional)

CRITICAL PROCESS
FILTRATION, INC.

J.6.3. UPW

● 電子工業常用的超純水 (取材：W2 System)

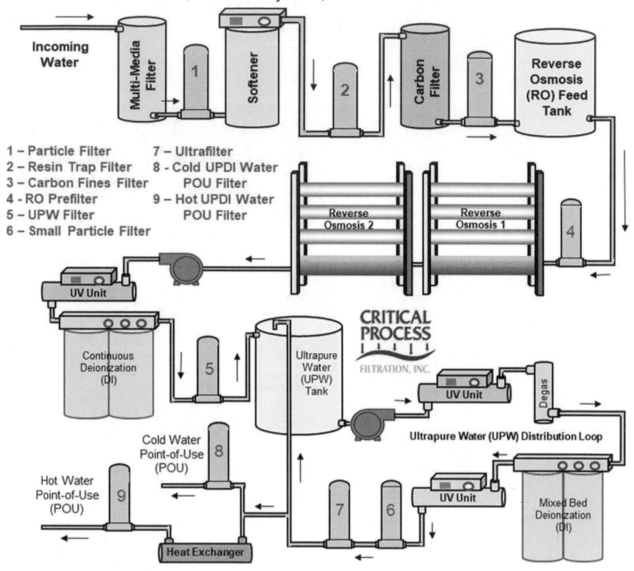

1 – Particle Filter
2 – Resin Trap Filter
3 – Carbon Fines Filter
4 – RO Prefilter
5 – UPW Filter
6 – Small Particle Filter
7 – Ultrafilter
8 - Cold UPDI Water POU Filter
9 – Hot UPDI Water POU Filter

● 綜合說明：
各單元的配置依照需求、討論後調整配置順序，並考慮運轉成本及設備使用壽命，設計最適當的配置。

參考資料

HVAC

- SMACNA Round Industrial Duct Construction Standars
- SMACNA HVAC System Applictions
- SMACNA HVAC System Duct Design
- SMACNA HVAC Duct onstrucyion Standards Metal and Flexible
- SMACNA HVAC System Testing, Adjusting & Balancing
- SMACNA Fire、Smoke and Radiation Damper Installation Guid for HVAC System
- AMCA 99 Fan Direction
- AMCA 200、Air Systems
- AMCA 201-02、Fans and Systems
- AMCA 204-05、Balance Quality and Vibration Levels for Fans
- AMCA 205-10、Energy Efficiency Classification for Fans
- ANSI/AMCA 500-D-07、Laboratory Methods of Testing Dampers for Rating。
- AMCA 803-02、Industrial Process Power Generation Fans: Site Performance Test Standard。

Exhaust

- 環保署網站
- USEPA 網站
- 勞動部勞動及職業安全衛生研究所
- 精密機械研究發展中心，機械安全專輯(十八)。
- 顥葳股份有限公司。Ready Well。
- WINFAN 頂裕風機。頂裕科技股份有限公司
- ACGIH。Industrial Ventilation a manual of recommended practice – 1998
- VERANTIS EDU和瀁科技有限公司-Jacky 簡報
- 拓品系統工程有限公司
- Monroe Environmental
- 鈦城科技股份有限公司
- ARMATEC Environmental Ltd
- 金呈益公司
- 勝發塑膠
- 憶翔精密有限公司
- BETE Fog Nozzle,Inc.
- GOODRICH、Delavan Ltd.
- Teejet、Spraying System Co.
- Virginia Polytechnic Institute and State University
- PNR Spray Nozzle for Industrial Applications
- Spraying Systems (Taiwan) Ltd. (SST)

- Gardner Denver．Gardner Denver, Inc.
- 貿立技術工程股份有限公司．VECTOR
- BEAM Central Vacuum System
- 東辰儀器工業有限公司 DONJON INSTRUMENT COMPANY
- 新政儀器有限公司
- 桓達科技股份有限公司 Fine Tek
- 上泰儀器股份有限公司
- 展林企業股份有限公司

Special Gas / Bulk Gas

- swagelok
- Scientific Hightek Co., Ltd. (RESTEK)
- PALL Microelectronics
- 國家奈米實驗室
- 半導體技術天地
- 明揚特殊氣體有限公司
- 新月應用材料有限公司
- 佛山市科的氣體化工有限公司
- 和淞科技股份有限公司
- 晨皓實業有限公司
- 京和科技 JHSs
- 三福化工

Electrical Power

- 經濟部。屋內線路裝置規則
- 工業技術研究院
- SIEMENS 馬達
- Schneider Electric。施耐德電機股份有限公司
- 羅欽煌。工業配電。全華
- 王廷興。配電工程
- 太平洋電線電纜股份有限公司
- 北譯精機股份有限公司
- Allen Bradley
- 士林電機
- 大同馬達
- 東元電機
- 維基百科

國家圖書館出版品預行編目（CIP）資料

科技廠房:設計工具書. 製程篇 / Douglas Yang 著.
--初版. --臺北市 :智庫雲端有限公司，民112.11
　　面；　公分
ISBN 978-986-06584-8-4(平裝)

1.CST: 電機工程 2.CST: 工廠設備
3.CST: 施工管理 4.CST: 科技業

448　　　　　　　　　　　　112015810

科技廠房設計工具書(製程篇)

作　　者	Douglas Yang
出　　版	智庫雲端有限公司
發 行 人	范世華
封面設計	李雯盈
地　　址	台北市中山區長安東路 2 段 67 號 4 樓
統一編號	53348851
電　　話	02-25073316
傳　　真	02-25073736
E - m a i l	tttk591@gmail.com

總 經 銷	采舍國際有限公司
地　　址	新北市中和區中山路二段 366 巷 10 號 3 樓
電　　話	02-82458786 (代表號)
傳　　真	02-82458718
網　　址	http://www.silkbook.com

版　　次	2024 年 1 月初版一刷
定　　價	1280 元
I S B N	978-986-06584-8-4